W0284519

Erhard Keppler
Sonne, Monde und Planeten

Erhard Keppler

Sonne, Monde und Planeten

Was geschieht im Sonnensystem?

R. Piper & Co. Verlag
München Zürich

ISBN 3-492-02757-1
© R. Piper & Co. Verlag, München 1982
Gesetzt aus der Times-Antiqua
Gesamtherstellung Clausen & Bosse, Leck
Printed in Germany

Inhalt

1. Vorwort

Astronomie oder Astrophysik sind verhältnismäßig populäre Themen, die auch in jedermann verständlichen Büchern oft und gut dargestellt worden sind. Die Planeten standen lange eher abseits, weil in astronomischer Hinsicht nichts Neues zu berichten war und die Physik der Planeten erst in den letzten 20 Jahren gewachsen ist. So findet man zumal in deutscher Sprache wenig, was man jemandem empfehlen könnte, der sich einen Überblick über die derzeitige Kenntnis von unserem Planeten, von dessen näherer Nachbarschaft und fernerer Umgebung verschaffen möchte. Um dem abzuhelfen, habe ich angefangen, dieses Buch zu schreiben.

Es fehlt aber nicht nur allgemeinverständliche Literatur zu diesem Thema, es fehlt auch eine lehrbuch-ähnlich zusammengefaßte Monographie zum Gesamtkomplex. Darum bin ich bei der Abfassung des Buches ein bißchen weiter gegangen und habe viele Sachverhalte genauer dargestellt, als man dies vielleicht erwarten würde. Die Tabellen 3.2 und 8.1 beispielsweise fassen alles zusammen, was wir heute an Zahlen über Monde und Planeten wissen; die Zahlen stellen den Stand Ende 1981 dar.

Ich wollte aber auch, insbesondere bei der Beschreibung unseres Planeten, Zusammenhänge sichtbar machen, Ursachen angeben, auf die Sensibilität der Abläufe hinweisen, auch, daß uns Kenntnisse von anderen Planeten helfen, die Erde besser zu verstehen. Dies alles ist gemeint, wenn von der Physik der Planeten die Rede ist oder von der Physik des Sonnensystems. Um die vielfältigen Gefährdungen unserer Umwelt zu begreifen und zu verstehen, muß man sich schon um die Physik dieser Umwelt bemühen. Schlimm genug, daß unser Schulsystem junge Menschen entläßt, die nur noch rudimentäre

Kenntnisse der Mathematik und schlicht keine Kenntnisse der Physik besitzen. Was wunder, daß Umweltdebatten, insonderheit die über die Nutzung der Kernenergie, fast überwiegend emotional, nur ganz selten sachverständig geführt werden.

So ist dieses Buch über unsere Welt natürlich in der Sprache der Naturwissenschaften abgefaßt. Ich wollte aber trotzdem nahe an der Umgangssprache bleiben, darum habe ich mathematische Formeln weggelassen. Jeder sollte das Buch lesen können. Manches mag man überschlagen; es wird nur wenig rückgegriffen auf vorangegangene Kapitel. Darum hoffe ich, daß dieses Buch ein Lesebuch wird und gleichzeitig eines zum Nachschlagen. Es will auch nachdenklich machen, darum ist darin auch von der Geschichte der Planeten die Rede, von ihren Anfängen – und von ihrem Ende. Es beschreibt den Stand unseres Wissens von Ende 1981, also nach dem Saturn-Vorbeiflug der Voyager-Sonden. Dies scheint so etwas wie eine Zäsur zu werden: Die rasche Vermehrung unserer Kenntnisse und die damit einhergehende Umwälzung unseres Verständnisses ist vorerst wohl zu Ende; sie wird abgelöst von einer langsamer ablaufenden Vertiefung unseres Verständnisses. Darum wird das Buch für eine ganze Weile gültig bleiben und unser Wissen vom Sonnensystem ordentlich genug beschreiben.

Ich möchte mich bei all jenen bedanken, die mich in der Absicht, das Buch zu schreiben, bestärkt haben. Besonderen Dank schulde ich Frau Dr. R. Lüst, den Herren Profs. Kippenhahn und Pfotzer sowie Herrn Dr. Musmann für die kritische Durchsicht des Manuskripts, für viele Verbesserungsvorschläge und Kommentare. Frl. I. Schrader hat das Manuskript und die vielen Verbesserungen besorgt; ihr und den Mitarbeitern des Piper-Verlages danke ich für viele Ratschläge und Hilfen.

Lindau, im Herbst 1981 Erhard Keppler

2. Menschen und Meinungen

Die Geschichte der Entwicklung unseres Wissens vom Planetensystem

2.1 Frühzeit

In der Jungsteinzeit (Neolithikum) haben sich an mehreren Stellen auf der Erde Hochkulturen entwickelt, nämlich dort, wo günstige klimatische Verhältnisse herrschten, wo das Land fruchtbar war und wo es Wasser gab – wie an den Flußläufen des Euphrat, Tigris, Nil, Indus, Hoang-ho und in Mittelamerika. Die Austrocknung großer Gebiete, die Ausbildung der Wüstengürtel in der Jungsteinzeit zwang die Menschen zum Zusammenleben in fruchtbaren Flußoasen, die räumliche Nachbarschaft zur sozialen Anpassung. In ihrem Gefolge entwickelte sich Technik als Hilfsmittel bei Hantierungen; gemeinsame Vorstellungen (Religion) und gemeinsame Ausdrucksformen (Sprache, Kunst) traten auf. Schon früh wurde Überproduktion im Nahrungsmittelbereich erreicht, so daß sich einige Mitglieder jener sozialen Gruppen nicht der Nahrungserzeugung dienenden Tätigkeiten zuwenden konnten: die Gesellschaft differenzierte sich.

Bereits in diesem frühen Stadium menschlicher Kulturentwicklung regte sich Interesse an Sonne, Mond und Sternen: einerseits bildeten sich – meist spekulative – Vorstellungen von der »Welt« und den offenkundigen Bewegungen darin, andererseits entwickelte sich aus genauerer Beobachtung die exaktere Beschreibung: Mathematik und Astronomie. Geometrische Kenntnisse wurden schon ab 5000 v. Chr. überliefert, merkwürdigerweise gleichzeitig in fast allen Kulturkreisen (über den amerikanischen wissen wir allerdings fast nichts). Natürlich rückte das vermutete überirdische Walten die Astronomie von Anfang an in den Umkreis des Religiösen und somit in die Kontrolle der Priester.

In Mesopotamien tauchten um diese Zeit die Sumerer auf, über deren Herkunft wir sonst nichts wissen; wenig später finden wir Zeugnisse von ihnen auch in Ägypten. Unter ihrem Einfluß entwikkelte sich die Kultur jener Länder rasch und erstaunlich vielfältig. Eine wichtige Voraussetzung dieser kulturellen Blüte muß in der Erfindung der Schrift gesehen werden, was vermutlich um 3000 v. Chr. geschah. Sie gelangte schon bald zu den Indusleuten und nach Ägypten.

Nicht weniger prägend war die phantastische Erfindung einer an unsere dezimale erinnernden Zahlenschreibweise. Während das dezimale Zahlensystem, was Aristoteles gelegentlich bemerkt, auf die 10 Finger unserer Hände Bezug nimmt, erkannten die Babylonier – wie das mit Anderen sich mischende Volk der Sumerer später genannt wird – den Vorteil einer durch viele Zahlen ohne Rest teilbaren Grundzahl und benutzten bald die 12, später die 60 als Grundzahl (die durch 10 Zahlen ohne Rest teilbar ist, während die Zahl 10 nur durch 2 Zahlen teilbar ist!). Mit diesem Zahlensystem arbeiteten die Babylonier; Mathematik und Astronomie entwickelten sich zu beachtlicher Blüte. Die Länge des Jahres (der Begriff »Jahr« war den Ägyptern schon 4000 v. Chr. bekannt), die sich ja zunächst nicht exakt feststellen ließ, setzten sie zu 360 Tagen an, gruppiert in 12 Monate zu je 30 Tagen, den Vollkreis entsprechend zu 360 Grad. Die Zahl 60 wurde sowohl in die Winkelmessung als auch in die Zeitmessung eingeführt – und bis auf den heutigen Tag beibehalten. Weil Naturereignisse vom Kalenderdatum abwichen, fügte man später 5 Tage zu und verlängerte das Jahr auf 365 Tage.

Die Ägypter, die den Beginn des Jahres mit dem Aufgang des Sterns Sirius im Sternbild des Großen Hundes zählten, weil dieser anfangs mit der alljährlichen Überflutung des Nil zusammenfiel, bemerkten im Lauf ihrer Geschichte, daß sich trotz 365 Tage-Jahr Ereignis und Datum noch immer auseinanderbewegten. So fügten sie etwa 200 Jahre vor unserer Zeitrechnung, nach über 1000 Jahren Beobachtungszeit (!), in jedem vierten Jahr einen Schalttag ein, legten die Dauer des Jahres also auf 365,25 Tage fest. Diese Praxis hat sich erhalten, weil, wie wir noch sehen, Cäsar sich bei seiner Kalenderreform von einem ägyptischen Astronomen beraten ließ.

Etwa um das Jahr 2000 v. Chr. tauchte das Volk der Griechen auf –

wie die Sumerer ohne überlieferte Spuren, wahrscheinlich indogermanischer Herkunft. Etwa um 1400 v. Chr. hatten sie Kreta erobert, der Zusammenbruch des Hethiterreiches um 1200 v. Chr. ermöglichte ihnen die Besiedlung der Westküste Kleinasiens.

Was sie von Babyloniern und Ägyptern unterscheidet, war ihre ganz andere Art, sich mit den Gegebenheiten der Natur und mit erworbenem Wissen auseinanderzusetzen. Während bei den ersteren Priester Informationen sammelten (mit Einschränkungen auch bewerteten), im Kern aber kontemplativ die Erscheinungen der Welt beschrieben (was im fernöstlichen Kulturkreis bis in die Neuzeit Philosophie und Wissenschaft beherrschte), begannen sich die Griechen dafür zu interessieren, *wie* man die Beobachtungen verstehen könne. Sie waren ein anderes Volk, freier, unbefangener als ihre Nachbarn. Sie brachten ihre Religion mit, sie waren intelligent – so nahm seinen Anfang, was wir heute unter »wissenschaftlicher Betätigung« verstehen, bei und durch die Griechen. Diesen Anfang personifizieren wir Heutigen gerne in der Gestalt des großen Thales von Milet, der um 640 v. Chr. geboren wurde und 78 Jahre alt geworden ist.

Milet war früh eine blühende Handelsstadt geworden (zu jener Zeit lebten in Griechenland schätzungsweise 3 Millionen Menschen!), mit Verbindungen nach allen wichtigen Plätzen im Orient. So ist es nicht verwunderlich, daß mit Handelsgütern auch kulturelle Güter anderer Völker zu den Griechen gelangten. Sie übernahmen die phönikische Buchstabenschreibweise (die zunächst aus nur 22 Buchstaben bestand) etwa um 1100 v. Chr., wobei sie entbehrliche Konsonanten in Vokale umfunktionierten – so entstand die erste Lautschrift. (Aus dem griechischen entwickelt sich später das lateinische Alphabet.) Die Griechen übernahmen aber auch die dezimale Zahlenschreibweise: In diesem glücklichen Umstand muß man den tieferen Grund für die Entwicklung unserer abendländischen Kultur, so wie sie sich vollzogen hat, sehen. Um 600 v. Chr. erhielten die Ionier Zugang zum ägyptischen Papyros, so daß auch bequeme schriftliche Aufzeichnungen möglich wurden. Trotzdem sind keine schriftlichen Aufzeichnungen der frühen ionischen Philosophen an uns überliefert worden. Offenbar war Aristoteles der erste Schriftsteller, der gelegentlich auf die Arbeiten früherer Philosophen verweist.

In dieser blühenden Stadt Milet an der Westküste Kleinasiens begannen zum erstenmal in der Geschichte Einzelpersonen hervorzutreten: Der Individualismus hielt Einzug in die geistesgeschichtliche Szene. Thales war eine jener Personen. Thales hat – natürlich – kosmologische Spekulationen betrieben. Das Wasser des Ozeans ist »das Prinzip oder der Ursprung von allem«. Er führte den Begriff der »ersten Prinzipien« ein, auf den sich das Denken beziehen konnte. Erste Prinzipien sind nicht weiter erklärbar, sie sind aus sich selbst evident. Bei Reisen nach Ägypten hat Thales wahrscheinlich mit den astronomischen Kenntnissen der Ägypter Bekanntschaft gemacht. Dies und seine späteren Leistungen in der Geometrie machten ihn zu einer der strahlenden Figuren frühen griechischen Geistes. Er hat, wie Herodot überliefert, die Sonnenfinsternis von 585 v. Chr. richtig vorausgesagt. Wie aber konnte er das?

Aus Homers Schilderungen griechischer Frühzeit (etwa 1000 v. Chr.) entnehmen wir die Vorstellung, die Erde sei eine flache Scheibe, auf dem »Okeanos« schwimmend. Pythagoras (geboren 580 v. Chr.) wußte, daß die Erde eine Kugel ist – Thales muß das ebenfalls gewußt haben, denn sonst wäre er nicht imstande gewesen, die Sonnenfinsternis vorherzusagen. Wahrscheinlich hatte er sich diese Kenntnisse selbst erarbeitet.

Leukipp (450 v. Chr.) hielt Sonne und Mond für feste Körper, das Licht der Milchstraße für das Licht vieler ferner Sterne. Um 350 v. Chr. erklärte Heraklit den Tag-Nacht-Wechsel korrekt durch die Rotation der Erde um ihre Achse in 24 Stunden. Die Planeten hielt er für erdähnliche Körper, den Kosmos aber sah er als unendlich an. So trat im griechischen Denken zur astronomischen Beschreibung der Ägypter und Babylonier die kosmologische Spekulation hinzu – die aus Mythen entstand, sich von mythologischen Beschränkungen zu befreien vermochte und eigenen Rang erlangte. Über den Anfang der Welt allerdings wußten die Griechen nichts zu vermelden, wohl aber die Ägypter, die glaubten, es habe eine Zeit gegeben, da Himmel und Erde nicht existierten, nur das endlose Urwasser Nû. Dies könnte von den Babyloniern herrühren – jedenfalls kommt dieser Gedanke über den Anfang der Welt von daher in die alttestamentarische Überlieferung.

Die Blüte der Wissenschaften in Milet endete mit dem Beginn der persischen Herrschaft. Die ionischen Naturphilosophen wanderten nach Unteritalien aus. Nach Abwehr der Perser (Perserkriege 500–479 v. Chr.) erleben wir die Blütezeit von Athen mit den Philosophen Sokrates, Plato und Aristoteles (384–322 v. Chr.). Auf diese folgte die Gründung Alexandrias (332 v. Chr.) durch Alexander den Großen (356–323 v. Chr.) und die unglaubliche Blüte dieser Stadt unter den Ptolemäern.

2.2 Zeitwende

Die große astronomische Tradition der Griechen brach ab mit Aristarch von Samos (310–230 v. Chr.), den man als den letzten großen Astronomen der Griechen bezeichnet hat. Er verstand die Welt, wie Archimedes überliefert hat, als heliozentrisches System! Dem folgte in Alexandria eine neue astronomische Tradition, aus der drei große Namen in großen zeitlichen Abständen herausragen: Appolonius (230 v. Chr.), Hipparch (130 v. Chr.) und Claudius Ptolemäus (85–160 n. Chr.). Hipparch baute ein Observatorium in Rhodos, wo er Positionsmessungen von Sternen durchführte, einen Katalog von fast 800 Sternen anlegte, die Präzession der Äquinoktien der Erde mit 45″ pro Jahr (heute rechnen wir mit 50.2″) angab. Er gilt als Begründer der Trigonometrie. Er war auch der erste, der Sterne nach ihrer Helligkeit zu klassifizieren versuchte, indem er sie in 6 »Größenklassen« einteilte.

Alexander der Große wollte in Alexandria das geistige Zentrum seines Reiches schaffen. Darum gründeten seine Nachfolger, die Ptolemäer, das »Museum«. Dieses kann man als Urform unserer heutigen Universität ansehen. Dazu kam die Gründung der großartigen Bibliothek von Alexandria durch Ptolemäus II. (283–246 v. Chr.), die von Anfang an in für damalige Zeit gewaltigem Maßstab angelegt worden war. Sie wurde das Vorbild der später gegründeten Bibliothek von Pergamon in Mysien. Die große Bibliothek von Alexandria enthielt 700000 Buchrollen aus Literatur, Mathematik, Astronomie und Medizin. Sie wurde im Jahr 47 v. Chr. durch Brand vernichtet. Weil die astronomischen Kenntnisse der Griechen nicht präzise genug waren, um die Abweichungen des Kalenders zu erklären, bemühte man sich, die astronomische Beobachtungspraxis zu verbessern. So entstand in Alexandria eine respektable Schule astronomischer Beobachtungskunst. Astronomie wurde zur Wissenschaft.

Ptolemäus hatte diesen außergewöhnlichen Fundus zu seiner Verfügung – das gesammelte Wissen des Mittelmeerraumes. Darum hatte er die einmalige Möglichkeit, den Kenntnisstand der Astronomie seiner Zeit zusammenzufassen, was er in seinem Buch Μεγίστη Σύνταξις (Syntaxis mathematica), dem berühmten »Almagest« tat, freilich mit Ein- und Ausblendungen aus seiner Sicht. Zum Glück, kann man sagen, denn 391 n. Chr. wurde die noch gebliebene (kleinere) Bibliothek mit über 40 000 Buchrollen von christlichem Mob weitgehend zerstört (wahrscheinlich auf Anweisung des Erzbischofs Theophilus von Alexandrien).

Ptolemäus stellt in seinem Buch die grundlegenden Annahmen der Astronomie seiner Zeit zusammen: den sphärischen Himmel, der sich um eine Achse dreht, die kugelförmige Erde im Mittelpunkt der Himmelskugel. Er beschreibt die Bewegung von Sonne, Mond und Planeten, die er, zur Unterscheidung von anderen, »wandernde Sterne« nannte (Merkur, Venus, Mars, Jupiter, Saturn) als rein geometrisches Problem. Er erweitert den Sternkatalog des Hipparch auf über 1000 Sterne. Ptolemäus hat selbst die Theorie der Mondbewegung vorangebracht und die Theorie der Planetenbewegung zusammengefaßt und verbessert: Er bezog ihre Bewegung erstmalig auf die Ebene der Ekliptik. Das so beschriebene »Ptolemäische System« hat die folgenden eineinhalb Jahrtausende geprägt. Ptolemäus' Werke wurden an den Schulen gelehrt; der »Almagest« wurde im 9. Jahrhundert ins Arabische übersetzt (»Kitab Al-magisti«; davon ist »Almagest« – Beispiel sprachlicher Schludrigkeit – abgeleitet worden) und im 12. Jahrhundert aus dem Arabischen ins Lateinische.

Ich habe Aristoteles nur nebenbei erwähnt. In philosophischen Seminaren wird seine und Platos Bedeutung für die Philosophie des Abendlandes gewürdigt und hervorgehoben. Doch wird sehr häufig übersehen, daß dieser Höhepunkt griechischer Philosophie für die Entwicklung der Naturwissenschaften eineinhalb Jahrtausende lang ein rechtes Hindernis darstellte. Plato, selbst kein Mathematiker von Graden, hatte eine hohe Meinung von Mathematik. Den Eingang der »Akademie« zierte der Satz: »Keiner möge eintreten, der nicht Mathematiker ist.« Plato aber meinte »reine« Mathematik; ihre Anwendung auf die »Physis«, die umgebende Natur, war ihm suspekt. Aristoteles dagegen hat zu ungewöhnlich vielen physikalischen Fragen Stellung genommen, wobei er stets zu deduzieren versuchte. Da manche der Voraussetzungen, von denen er ausging, falsch war, kam er auch zu unrichtigen Ergebnissen, die fast ein Jahrtausend lang in Europa als unangreifbar galten. Für die Kirche zumal war der »Aristotelismus« ein unverdächtiges Alibi: Der Mensch als Krönung der Schöpfung vermochte aus seinem Denken abzuleiten, wie die Welt ist. (Der Dogmatismus der katholischen Kirche hat seine Wurzeln darin.) Erst Copernicus, Kepler, Galilei und schließlich Newton haben den Naturwissenschaften den Weg gewiesen, der uns Nachfahren zur Schaffung der modernen Naturwissenschaften befähigte.

2.2 Dunkelzeit

Merkwürdigerweise hat der Islam die aristotelischen Gedanken, die das christliche Denken so nachhaltig beeinflußt haben, niemals angenommen. Das Christentum folgte Aristoteles und verdammte die exakten Wissenschaften; im arabischen Raum aber konservierte sich die naturwissenschaftliche Tradition über die Zeiten. Der Islam führte keinen »Stellungskrieg« gegen Ideen über die Welt. So blieb der Geist der Griechen im Kulturkreis des Islam lebendig. Erst mit dem Vordringen der Mauren nach Spanien gelangten von daher die Kenntnisse der griechischen und der alexandrinischen Mathematik und Astronomie nach Italien und Mitteleuropa: Die Sprache der Griechen nämlich war in Europa in Vergessenheit geraten, nachdem Griechenlands Macht zerbrochen war. Im römischen Imperium, das nach Alexander dem Großen den Mittelmeerraum beherrschte, war fatalerweise eine Zahlenschreibweise eingeführt worden, die mathematischen Kalkül fast unmöglich machte. Entsprechend kennen wir keinen römischen Mathematiker, keinen Naturforscher von Rang. Die Etrusker hatten die griechische Kultur an die Latiner vermittelt (Götter, Mythen), insbesondere aber haben sie die Lautschrift der Griechen den Völkern Europas weitergereicht. Um 400 v. Chr. versprengte die keltische Landnahme die Etrusker, die sich als Träger rätischer Kultur noch in einigen Alpentälern halten konnten.

»Nacht« über Europa wurde es (wie man oft überspitzt sagt), als im Jahr 642 n. Chr. die Reste der Bibliothek von Alexandria zerstört wurden. Zu jener Zeit lag die Geometrie vor allem durch Euklid axiomatisch begründet vor (sie war in der Tat deduzierbar im Sinne des Aristoteles). Algebra gab es noch nicht, Physik war seit den Griechen nicht weiterbefördert worden, die Astronomie nach Aristarch war auch durch Hipparchos in die Sackgasse des »Nur-Beobachtens und -Beschreibens« gedrängt worden: das Interesse an den exakten Naturwissenschaften war verloren gegangen. Im 5. Jahrhundert nach Christi Geburt kam in Indien die positionsbezogene Zahlenschreibweise, wie sie bereits von den Babyloniern geübt worden war, erneut auf. Sie wurde in der Folge von den Arabern übernommen und erreichte Europa schließlich zur Zeit der Scholastik auf dem Umweg über die maurische Besetzung Spaniens.

In der Zeit nach der christlichen Zeitwende gab es eine ganze Reihe bedeutender Mathematiker im arabischen Raum (al-Hazen, al-Kwarzimi, der Begründer der Algebra, Ibu-Ymas und al-Biruni). Die Werke der griechischen Gelehrten wurden vor allem auf Betreiben des großen Kalifen Harun al Raschid ins Arabische übersetzt. Diese Zeit hat auch in der Astronomie Spuren hinterlassen – die Namen von Sternen zeugen davon (Aldebaran, Beteigeuze).

Erst im 12. Jahrhundert wurden, zuerst in Spanien, Texte aus dem Arabischen ins Lateinische übersetzt: die »Elemente« des Euklid in Cordoba und durch Gerard de Cremona (1114–1187) der »Almagest« des Ptolemäus. Später besorgten vor allem die Scholastiker die Verbreitung insbesondere von Aristoteles in Europa.

Ein wichtiges Datum für die weitere Entwicklung des Abendlandes muß man in dem Vorschlag des italienischen Mathematikers Leonardo von Pisa sehen: Er empfahl die Einführung der arabischen Zahlenschreibweise anstelle der römischen. Dieses System wurde zum erstenmal von John de Holywood in einem Textbuch über Arithmetik und Astronomie benutzt. 1252 ließ König Alphonso (der Weise) von einigen Juden in Toledo neue astronomische Tabellen berechnen und dabei diese Schreibweise benutzen (Alphonsinische Tafeln). Am Ende des 13. Jahrhunderts waren die arabischen Zeichen praktisch allgemein bekannt und akzeptiert. Der Islam also hat das Wissen der Griechen bewahrt und nach Mitteleuropa gebracht, und über diesen Kanal gelangte auch die enorm praktische Zahlenschreibweise zu uns. Verschlungene Wege, in der Tat, aber von unübersehbarer Bedeutung für die Evolution des Abendlandes. Die griechische Art nach der Beschaffenheit der Natur zu fragen, die griechische Lautschrift, die von den Arabern tradierte Zahlenschreibweise: dies ist der Grund, von dem aus »abendländische Kultur« möglich wurde. Diese ist aber vor allem anderen Naturwissenschaft. Dichtung, Philosophie, Kunst haben alle Kulturkreise hervorgebracht. Das Abendland allein schuf die Naturwissenschaft, welche die Erde verändert und unser Leben tiefgründiger beeinflußt hat als alles andere.

2.4 Die Befreiung: Copernicus, Kepler, Galilei, Newton

Mit der Scholastik erwachte in Europa auch das Interesse an Astronomie, zumal in Deutschland, wo in jener Zeit viele Universitäten neu gegründet wurden, während England und Frankreich noch unter den Folgen des hundertjährigen Krieges zu leiden hatten. Nikolaus von Kues (1401–1464), Georg Peuerbach (1423–1461), Johannes Müller (Regiomontanus) (1436–1476) und schließlich Nikolaus Copernicus, Michael Mästlin und Johannes Kepler sind die herausragenden Namen jener Epoche, die die Befreiung des naturwissenschaftlichen Denkens, die Geburt der modernen Naturwissenschaften überhaupt, vorbereitet haben.

Der folgende explosionsartige Aufbruch der Naturwissenschaften aber ist nicht denkbar ohne eine technische Neuerung, die die Voraussetzungen für das Betreiben von Wissenschaft radikal veränderte: die Erfindung der Buchdruckerkunst durch Johannes Gutenberg um 1450. Das leichter erhältliche gedruckte Buch trat an die Stelle des mühsamen Studiums von Pergamentrollen in Klöstern und Bibliotheken. Wiederum stand also eine technische Vereinfachung, eine Arbeitserleichterung, am Beginn einer neuen Epoche der Naturwissenschaften. Dieser Aufbruch ist auch personifizierbar: Copernicus erscheint auf der historischen Szene.

Dieser Mann Nikolaus Koppernigk wurde am 14. Februar 1473 in Thorn geboren. Er studierte an der Universität von Krakau und später an der Universität von Bologna. Dort lernte er Griechisch und las Plato. Er hatte engen Kontakt zu dem Astronomen Domenico Maria da Novara, von dem Copernicus (wie sein Name latinisiert geschrieben wurde) in die Astronomie eingeführt wurde. Zurückgekehrt, wurde er Kanonikus in Frauenburg (1497), doch zog es ihn im gleichen Jahr erneut nach Padua, wo er die Rechte und Medizin studieren wollte. Er hatte 9 Jahre in Italien verbracht, als er 1506 zunächst nach Heilsberg als Berater seines Onkels, des Bischofs von Ermland, ab 1512 nach Frauenburg zurückkehrte, wo er bis zu seinem Tode 1543 lebte. Er selbst sagt wenig darüber aus, wie er zum heliozentrischen System gelangte. In seinem Buch »De Revolutionibus« beschreibt er die bisherige Theorie der Planetenbewegung, ihre Schwierigkeiten, ihre offenbaren Fehler, und gelangt zu dem Schluß, daß in der überkommenen Theorie etwas Wesentliches übersehen worden sein mußte. Er hatte die Werke aller Philosophen, deren er habhaft werden konnte, gelesen. Bei Cicero und bei Plutarch hatte er Hinweise auf Philosophen gefunden, die glaubten, die Erde bewege sich. Da, sagt er, habe er selbst angefangen, solche Bewegungen für die Planeten anzusetzen. Über das Weitere schweigt er sich aus. Man darf aber annehmen, daß er von der bemerkenswerten mathematischen Vereinfachung, die er damit erreichte, auf den richtigen Weg geleitet wurde. Gewiß hat er von den griechischen Vorläufern nicht mehr als den Anstoß übernommen. Er kannte zweifellos Aristarchs Ansichten, und er war vermutlich bereits vor 1514 von der Notwendigkeit eines heliozentrischen Systems überzeugt.

Der Krakauer Historiker Mathias von Miechow führte 1514 in einem Verzeichnis seiner Bücher ein Heft auf: »Theorice asserentis terram moveri, solem vero quiescere«, also zur Planetentheorie einer sich bewegenden Erde, aber ruhenden Sonne. Es ist daher wahrscheinlich, daß Copernicus bereits kurz nach seiner Rückkehr aus Italien, also nach 1507, den »Commentariolus« (mit dem vollen Titel »Nicolai Copernici de hypothesibus motuum coelestium a se constitutis commentariolus«) schrieb. Er verfaßte sein Hauptwerk »De Revolutionibus Orbium Coelestium Libri Sex« danach und arbeitete daran gut 30 Jahre. Den »Commentariolus« verfaßte er vermutlich als kurze Zusammenfassung auf Drängen von Freunden und ließ ihn als Manuskript zirkulieren. Schließlich erlaubte er dem jungen Georg Joachim Rheticus aus Wittenberg, sein Manuskript zu lesen. Dieser verfaßte darüber eine Zusammenfassung (»Narratio Prima«), die 1540 in Danzig gedruckt wurde.

Wie nicht anders zu erwarten, löste diese Schrift ein gewaltiges Echo aus. Wohl davon berührt, stimmte Copernicus der Veröffentlichung seines Werkes zu. Es erschien 1543, herausgegeben von dem

Theologen Andreas Osiander, in Nürnberg; eine Kopie davon erreichte Copernicus an dem Tage, an dem er starb, am 24. Mai 1543.

Der »Commentariolus« enthält in axiomatischer Form sieben Sätze (petitiones), die in kurzer klarer Form das »Kopernikanische System« beschreiben. Wir zitieren hier aus der Übersetzung von F. Roßmann[1], um einen Eindruck zu geben, die ersten vier Sätze:

Erster Satz: Für alle Himmelskreise oder Sphären gibt es nicht nur einen Mittelpunkt.

Zweiter Satz: Der Erdmittelpunkt ist nicht der Mittelpunkt der Welt, sondern nur der der Schwere und des Mondbahnkreises.

Dritter Satz: Alle Bahnkreise umgeben die Sonne, als stünde sie in aller Mitte, und daher liegt der Mittelpunkt der Welt in Sonnennähe.

Vierter Satz: Das Verhältnis der Entfernung Sonne–Erde zur Höhe des Fixsternhimmels ist kleiner als das vom Erdhalbmesser zur Sonnenentfernung, so daß diese gegenüber der Höhe des Fixsternhimmels unmerklich ist.

So knapp und klar beschreibt er sein Weltsystem. In »De Revolutionibus« sind die »Sätze« in verschiedene Abschnitte eingebaut, zusammen mit Folgerungen aus diesen Grundsätzen. Außerdem enthält das Werk die astronomische Theorie, mit der er u. a. die kleinen Abweichungen der beobachteten Bahnen zu erklären versucht. Hier führt er ad hoc Annahmen ein, und er braucht »nur« 34 Kreisbahnen, um das ganze Getriebe des Weltalls zu beschreiben. Die Klärung der astronomischen Theorie blieb dann Kepler vorbehalten.

Die Tat des Copernicus läßt sich an den ersten drei seiner Sätze erkennen: Ihn störte am meisten der Umstand, daß die Bewegungen der Planeten im Ptolemäischen System ungleichförmig waren. Die Vollkommenheit eines Systems, wie es Philosophie und Theologie definierten, verlangt aber in seinem Verständnis gleichförmige Bewegung. Um dies zu erreichen, muß ein Grundsatz des alten Systems aufgegeben werden: er tut es im ersten Satz, den er allerdings abschwächt, indem er von den Himmelskreisen spricht. Sein Gedanke, daß eine möglichst kleine Zahl solcher Kreise die Beobachtungen wiedergeben sollen, enthält übrigens ein in der Physik der Neuzeit

---

1 F. Roßmann: Nikolaus Kopernikus – Erster Entwurf seines Weltsystems. Verlag H. Rinn, München. 1948.

wiederkehrendes Prinzip, das oft am Anfang der Erweiterung des Weltbildes stand: Unter den möglichen Beschreibungen eines Systems wird die einfachste als wahrscheinlich richtig angesehen.

Copernicus läßt mit seinem zweiten Satz aber keinerlei Zweifel mehr an der Bedeutung dieser Einsicht: Er gibt den »Mittelpunkt Erde« auf, und er läßt im dritten Satz gar die Bewegung der Erde zu. Physikalisch war dies nur *folgerichtig*. Philosophisch aber ist es der Beginn einer neuen Zeit, die Befreiung vom Dogma des Vorgegebenen: die gedankliche Gleichbehandlung aller möglichen Systeme mit objektiver Bewertung der Qualität dieser Systeme.

Der Rest des 16. Jahrhunderts war eine Übergangsperiode. »De Revolutionibus« rückte von nun an unbestritten an den Platz des »Almagest«. Erasmus Reinhold publizierte die »Tabula Prutenicae« – auf dem Copernicanischen System fußende, die »Alphonsinischen Tafeln« ersetzende Tabellen, die dem ersten astronomischen Beobachter der Neuzeit, Tycho Brahe, von großem Nutzen sein sollten.

Um die Mitte des Jahrhunderts traf der französische Professor Petrus Ramus in Augsburg mit dem Dänen Tycho Brahe (1546–1601) zusammen, wie aus dessen Aufzeichnungen zu entnehmen ist. Ramus bewunderte Copernicus, weil jener alle alten Hypothesen verworfen und praktisch neu begonnen habe. Ebenso müßten, sagte er, als Bahnen der Planeten jene genommen werden, die am besten eine große Zahl von beobachteten Positionen eines Planeten wiedergäben. Brahe hat offenbar den grundlegenden Ansatz in Ramus' Ansichten nicht erkannt; aber er hatte begriffen, daß lange Beobachtungsreihen erforderlich seien, und er stimmte mit Ramus überein, daß Astronomie auf Beobachtung gegründet sein müsse. Das tat Brahe mit bemerkenswertem Geschick und mit unendlicher Geduld.

1597 verließ Brahe Dänemark und ließ sich in Böhmen nieder. Dorthin kam im Jahr 1600 auch Johannes Kepler, der aus Graz wegen religiöser Behelligungen fortgezogen war. Beide kannten sich aus Briefen: Keplers erstes Buch war 1596 erschienen, nachdem er von seinem Lehrer Mästlin auf astronomische Fragen hingewiesen worden war.

Johannes Kepler wurde am 27. 12. 1571 in Weil der Stadt geboren. In der latinisierten Form nannte er sich bald Keplerus. Als Brahe 1601 starb, hinterließ er Kepler den reichen Schatz seiner Beobachtungen. In mühevollen Berechnungen erfüllte Kepler schließlich die Forderung Ramus', nämlich voraussetzungslos an die Beobachtungen heranzugehen. So erkannte er, daß die zwei Jahrtausende lang rätselhaft gebliebenen Bahnbewegungen der Planeten sich ganz einfach erklären ließen, wenn man Ellipsenbahnen annahm, in deren einem Brennpunkt die Sonne steht; ferner, daß der Fahrstrahl zum Planeten in gleichen Zeiten gleiche Flächen überstreiche (Flächensatz); und schließlich, daß das Verhältnis der Quadrate der Umlaufzeiten zu den Kuben der mittleren Entfernungen konstant war. Dies legte er in den nach ihm benannten drei Gesetzen nieder. Ein delikater Aperçu sollte nicht verheimlicht werden: den (korrekten) Flächensatz leitete er ab aus zwei falschen Theoremen, deren Fehler sich kompensierten.

Damit hat Kepler – anders als alle vor ihm – nicht eine neue Hypothese aufgestellt, mit deren Hilfe etwa Planetenpositionen berechnet werden konnten; vielmehr hat er die wirkliche Bahn der Planeten bestimmt: er hat zum erstenmal Physik getrieben. Copernicus konnte für seine Theorie des heliozentrischen Systems nur das Argument ins Feld führen, daß es auf einfache Weise das komplizierte System von Kreisen und Unterkreisen, Epizyklen usw. zu ersetzen imstande war. Er konnte sein System nicht beweisen. Keplers Rechnungen lieferten zum erstenmal die Beschreibung der wirklichen Bahnen. Allerdings konnte er nicht angeben, warum die Bahnen Ellipsen sind und warum die Planeten um die Sonne kreisen. Sein Versuch, eine magnetische Kraftwirkung einzuführen, zeigt, daß er physikalisch richtig ansetzte. Auch Galilei konnte dem begrifflich nichts hinzufügen. Aus dessen Beobachtungen aber erwuchs die Kenntnis, die später das richtige Verständnis ermöglichte. Kepler interessierte sich in seinen späten Jahren für den »Magnetismus des Planeten«. Aus Messungen versuchte er die Lage des magnetischen Pols der Erde zu bestimmen. Er vermutete, daß jeder Planet eine magnetische Achse habe. Denn: er sah in der magnetischen Kraft die das Planetensystem treibende Kraft; die Gravitationskraft kannte er noch nicht. Er suchte eine konstant wirkende Kraft, die die Planetenbewegung aufrechterhalten konnte, und es war ihm klar, daß es etwas anderen nicht bedurfte. Merkwürdigerweise hat er nicht erkannt, daß die Schwerkraft die wirksame Kraft ist, obwohl er die Gezeiten dem Vorhandensein der Körper von Sonne und Mond zuschrieb. Als er am 15. November

1630 starb, hinterließ er das Copernicanische System mathematisch beschrieben, von Hypothesen befreit. Der Anfang für die Physik des Sonnensystems war gesetzt.

Keplers wissenschaftliche Arbeiten sind eingerahmt von einer Fülle mystischer Spekulationen. Andererseits ist man überrascht, wie klar er argumentiert, wenn von astronomischen Dingen die Rede ist. Geht's aber um Philosophie, wird es schwer, ihm zu folgen; zu sehr war er der Tradition des Mittelalters verhaftet. Vielleicht hat er diesen Teil seiner Schriften auch absichtlich aufgebauscht, um sich zu schützen; schließlich war er im katholischen Österreich als Protestant wiederholt Anfeindungen ausgesetzt; dem gewandten Autor könnte man das wohl zutrauen. Seiner Natur nach war Kepler ein mathematischer Theoretiker – am Ende einer Epoche stehend, die er mit der korrekten kinematischen Beschreibung des Sonnensystems abschloß. Albert Einstein (»Aus meinen späten Jahren«. DVA, Stuttgart 1953) schreibt über Kepler die folgenden bezeichnenden Sätze: »Er mußte sich lossagen von der animistischen Forschungsmethode, einer Denkungsart, die sich auf die letzten Ziele bezog. Er mußte erst erkennen, daß auch die einleuchtendste, logisch mathematische Theorie an sich noch keine Garantie für die Wahrheit bot und bedeutungslos war, solange sie nicht den exaktesten Beobachtungen der Naturwissenschaften standhielt. Ohne diese philosophische Orientierung wäre Keplers Werk nicht möglich gewesen.«

Keplers berühmter Zeitgenosse Galileo Galilei war im Gegensatz zu ihm das, was wir einen Experimentalphysiker nennen würden. Eine kleine Geschichte mag das illustrieren: Der holländische Brillenmacher Jan Lippershey hatte ein Fernrohr gebaut. Als die Kunde davon zu Galilei drang, wollte er ein solches Fernrohr haben, wobei es ihm gleichgültig war, wie es funktionierte. Kepler dagegen machte sich an die Ausarbeitung der optischen Theorie des Fernrohres und veröffentlichte 1604 seine Arbeit »Astronomia pars optica«, der 1610 in der »Dioptik« die Theorie der Linsensysteme folgte, von der aus die systematische Weiterentwicklung der Fernrohre möglich wurde. Ein Fernrohr hat er nie gebaut. Galilei hingegen hat seine Fernrohre später wohl nach Keplers Anleitung gebaut und damit die vier großen Jupitermonde entdeckt – die er »Mediceische Monde« nannte. Später wurden sie ihm zu Ehren Galileische Monde genannt. Er entdeckte die Phasen der Venus, beobachtete Sonnenflecken, berechnete, als er sicher war, daß die Flecken auf der Sonne waren und nicht irgendwo im Raum zwischen Erde und Sonne, die Rotationsperiode der Sonne und fand, daß die Flecken nur dunkel im Vergleich zur Umgebung sind, daß ihr Auftreten auf den äquatornahen Bereich beschränkt bleibt, und schließlich auch, daß die Rotationsachse der Sonne nicht genau senkrecht auf der Erdbahnebene steht. Er betrachtete die Mondoberfläche, fand Berge und Täler und berechnete die Höhe der Berge. Schließlich interpretierte er die »Wölkchen und nebelhaften Zusammenballungen« in der Milchstraße als Anhäufungen von Sternen.

Galilei befaßte sich praktisch nicht mit Planetentheorie. Er hatte nicht einmal die Bahnellipse akzeptiert; Kometen – von denen Tycho Brahe und Kepler bewiesen hatten, daß sie nicht-terrestrischen Ursprungs sind – hielt er für irdische Dämpfe, die Licht reflektierten. Galilei war auch sonst ein recht widersprüchlicher Charakter. Einerseits hatte er von Planetentheorie keine Ahnung, auf der anderen Seite konnte er die gegenseitigen Bahnstörungen der Planeten ihrem Wesen nach beschreiben (in »Dialogo sopra i due massimi sistemi del Mondo, Tolemaico e Copernicaus«).

Galileo Galilei wurde am 15.2.1564 in Pisa geboren und starb am 8.1.1642 bei Florenz. Seine epochale, große Leistung waren seine Untersuchungen zur Fall- und Wurfbewegung, mit denen er die Kinematik in die Physik eingeführt hat. Er hat die Relativität der gleichförmigen Bewegung erkannt, und er hat bei seinen Fallversuchen bemerkt, daß Körper mit verschiedenem Gewicht – vom Luftwiderstand abgesehen – im Schwerefeld gleich schnell fallen. Von der Betrachtung des Pendels gelangte er zu der Aussage, daß die Wirkung einer Kraft auf einen Körper in der Veränderung seines Bewegungszustands zu suchen sei. Die Begründung der mathematischen Naturwissenschaft wird ihm zugeschrieben: Ihre Aufgabe sei die Aufstellung allgemeiner Sätze, aus denen Erscheinungen erklärbar sind, womit Hypothesen geprüft werden könnten, wodurch man schließlich zur Aufdeckung von Naturgesetzen käme. Er geriet dadurch natürlich in Gegensatz zum deduzierenden »Aristotelismus«, der herrschenden kirchlichen Lehre. Denn Aristoteles hatte gesagt, daß schwere Körper schneller fallen würden als leichtere und daß sich unter der gleichbleibenden Wirkung einer Kraft ein Körper mit konstanter Geschwindigkeit bewege. Am Beispiel der Flugbahn eines Körpers demonstrierte Galilei die Bedeutung der mathematischen Beschreibung, mit deren Hilfe er Voraussagen über den Ablauf der Vorgänge machen konnte. Seine Beobachtungen unterstützten das Copernicanische System – und die Kirche erkannte, daß sie nicht länger mit einer Minderheitsmeinung zu tun habe. Die scholastischen Philosophen in Pisa bestritten seine Aussagen, weil sie gegen die Autorität des Aristoteles gerichtet seien, also im Gegensatz zum deduzierenden »Aristotelismus« der herrschenden kirchlichen Lehre standen.

1615/16 fand der erste Inquisitionsprozeß gegen ihn statt, in dem er zum Schweigen verurteilt wurde. Als er 1632 in einer Schrift über das Ptolemäische und Copernicanische Weltsystem sein Bekenntnis zum letzteren wiederholte, wurde er in einem zweiten Prozeß 1633 unter Androhung der Folter zum Widerruf gezwungen. Er blieb in Haft, erblindete 1637 und starb 5 Jahre später. Seine Werke wurden erst 1835 vom kirchlichen Index gestrichen (!).

Daß die katholische Kirche 1981 eine »Wiederaufnahme« des Prozesses gegen Galilei – sozusagen zur späten Rehabilitation – einleitete, mutet allerdings in einer von Naturwissenschaft geprägten Welt gespenstisch an. Die Fragen, derethalben Galilei der Prozeß gemacht wurde, sind längst »abgehakt«. Galilei hat längst seinen Platz in der Geschichte der Menschheit als einer der ganz Großen.

Die Copernicanischen Ideen waren bei Theologen, katholischen und lutherischen, nicht beliebt. Darum hat der Theologe Osiander – der Herausgeber – anonym dem Buch »De Revolutionibus« des Copernicus ein Vorwort vorangestellt, in dem er dessen Ideen zu Hypothesen herabminderte. Giordano Bruno war noch im Jahr 1600 seiner Anschauungen wegen als Ketzer verbrannt worden, auch weil er sich das Copernicanische System zu eigen gemacht hatte. Man muß sich dieses vergegenwärtigen: Welche Wirkung mußte die Entdeckung der Jupitermonde durch Galilei haben! Wurde doch damit erstmals offenbar, daß eine Sonderstellung der Erde nicht aufrechtzuerhalten war, daß diese vielmehr ein Planet unter anderen war! Galileis Entdeckung der Sonnenflecken und deren Veränderlichkeit kurz danach hatte ähnliche Wirkung: Das aristotelische Dogma der Unveränderlichkeit himmlischer Körper war widerlegt! Die römische Inquisition erklärte 1616, die »Doktrin« von der Bewegung der Erde sei Ketzerei. Copernicus' Buch mußte »gereinigt« werden, Galileis »Dialog« wurde auf den Index gesetzt ebenso wie Keplers »Epitome«. Glücklicherweise wurden die Copernicanischen Ideen in protestantischen Ländern nicht unterdrückt. Der Widerstand der Kirche konnte daher den Siegeszug dieser Ideen nicht aufhalten.

Isaac Newton schließlich zeigte, daß Keplers zweites Gesetz eine notwendige Folge der Gravitationswirkung war. Hatten frühere Philosophen stets Beobachtungen mit philosophischen Ideen vermengt, der Astronomie eine Reihe höchst merkwürdiger Verrenkungen aufgenötigt, so hat Kepler, wie von Ramus gefordert, von Vorurteilen frei und gestützt auf die ausgezeichneten Beobachtungen Tycho Brahes, die Beobachtungen in ihre eigenen Rechte eingesetzt und dem Copernicanischen System eine von Philosophie befreite eigene Existenz gegeben. Newton beendete alle Kontroversen, als er zeigte, daß das von Copernicus und Kepler beschriebene System nicht nur mit der Wirklichkeit übereinstimmte, sondern vielmehr das einzig mögliche war.

Isaac Newton wurde in dem Jahr, in dem Galilei starb, geboren: am 4. 1. 1643 in Woolsthorpe. Er löste das offene Problem, welche Kraft (K) denn einen Planeten (m_1) im Abstand r um die Sonne (m_2) bewege, und erkannte, daß die Konstante γ in seinem Gravitationsgesetz

$$K = \gamma \frac{m_1 m_2}{r^2}$$

universellen Charakter habe: daß also das Gesetz den Fall eines Körpers auf die Erde ebenso wie die Bewegung des Mondes um die Erde oder die der Erde um die Sonne beschreibe. Danach war klar, daß sich ein Körper um die Sonne in einer Ellipsenbahn (der Kreis ist eine spezielle Ellipse) oder bei sehr hoher Geschwindigkeit in einer Hyperbelbahn bewegen muß. Ebenso folgt daraus der Flächensatz (das zweite der Keplerschen Gesetze), und schließlich konnte er zeigen, daß das dritte der Keplerschen Gesetze, nach dem das Verhältnis der Quadrate der Umlaufzeit zur dritten Potenz der mittleren Entfernung für verschiedene Planeten leicht verschiedene Werte ergab, nur näherungsweise galt. Aus der Analogie des freien Falls auf der Erde mit der Planetenbewegung schloß Newton, daß die Richtung der Kraft radial sein müsse, nicht tangential, wie Kepler noch spekuliert hatte. Schließlich zeigte Newton, daß, weil die Erde eine an den Polen abgeplattete »Kugel« ist, die Schwerkraft von Sonne und Mond auf den Kreisel Erde wirkt und ein Drehmoment auf die Erde ausübt, welches die Erdachse zu einer Präzessionsbewegung zwingt. Deren Periode konnte Newton fast korrekt angeben.

Nach eigenem Zeugnis fand er das Gravitationsgesetz, aus dem er die Keplerschen Gesetze mühelos ableiten konnte, bereits 1665/66. Publiziert hat er es – auf Drängen von Freunden – in seinem Buch »Philosophiae Naturalis Principia Mathematica« – kurz »Principia« genannt –, das erst 1687 erschien.

Das astronomische Problem der Erforschung des Sonnensystems war mit der Formulierung des Gravitationsgesetzes abgeschlossen. Merkwürdigerweise hatte es zuvor vielfältige Hinweise auf das Gravitationsgesetz gegeben: Schon Plutarch schrieb, der Mond sei durch seine Bewegung gegen das Herunterfallen gesichert, wie Gegenstände durch Herumwirbeln in einer Schlinge. Kepler meinte, zwei Steine im leeren Raum würden sich anziehen. Robert Hooke (1635–1703) postulierte, daß, wenn die Anziehungskraft $K \sim 1/r^2$ sei, die Planeten sich auf Ellipsenbahnen bewegen würden. Christian Huygens hatte die Zentrifugalkraft erklärt, René Descartes das Beschleunigungsgesetz, das Galilei zwar bewiesen, aber nicht als Prinzip erkannt hatte. Dies alles faßte Newton zusammen und beschrieb es im Gravitationsgesetz.

2.5 Neuzeit: Seit Newton

Mit der Eroberung von Byzanz durch die Türken im Jahr 1453 beginne, liest man gelegentlich, die Renaissance. Sicher ist, daß in den darauf folgenden Jahren der Schatz der byzantinischen Bibliotheken weit über Europa verstreut worden ist. Die Werke der Griechen, die von Scholastikern zunächst aus dem Arabischen ins Lateinische übersetzt worden waren, wurden nun auch im Original bekannt (z. B. 1475 die »Geographie«, 1515 der »Almagest« des Ptolemäus). Europa begann sich dem Hellenismus zuzuneigen – die Nicht-Naturwissenschaften zumal, die typisch stark individuell geprägt sind, von Imaginationen ausgehen und darin vielfach beharren. Den Naturwissenschaften dagegen half die Wiederentdeckung des griechischen

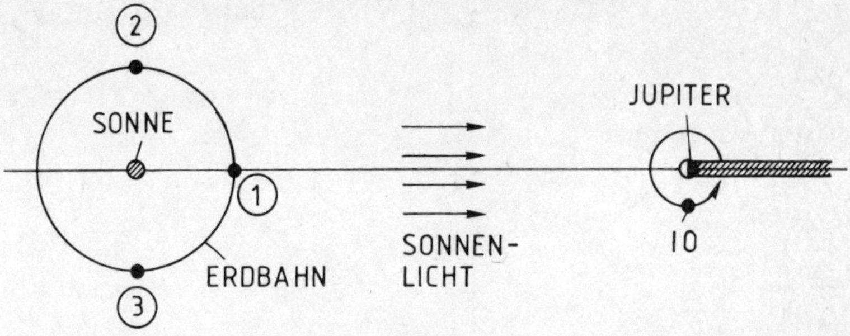

Abb. 2.1 Zur Bestimmung der Lichtgeschwindigkeit durch Olaf Römer im Jahr 1676. Befindet sich die Erde in Position (1), so ist die Entfernung zum Jupiter kleiner als wenn sie in Position (2) oder (3) ist. Die Umlaufzeit des Jupiter-Mondes Io wird als Uhr benutzt: Die Verfinsterungen von Io treten früher ein, wenn sich der Abstand verringert; später, wenn sich der Abstand vergrößert (Pos. 1–Pos. 2). Römer ermittelte für die Lichtgeschwindigkeit einen Wert von 214300 km/sec.

Wissens – der griechischen Art, zu fragen – sich von der Beschränkung durch das christliche Dogma zu befreien. Weil Naturwissenschaft kumulativ ist, vermochten diese aber in der Folge rasch über die Denkansätze und die Methoden der Griechen hinauszuwachsen. Während man die Ära Copernicus, Kepler, Galilei noch als die Zeit der »naturwissenschaftlichen Befreiungskriege« kennzeichnen kann, beginnt mit Isaac Newton die moderne Physik.

Bezüglich der Astronomie des Sonnensystems gab es nach Newton eine ganze Weile nur noch wenig Entwicklung, vergleichbar den letzten Pinselstrichen am fast fertigen Gemälde. Die Astronomen Giovanni Domenico Cassini und Jean Richter hatten 1672 die Mars-Entfernung zum erstenmal absolut und exakt durch Triangulation bestimmt; 1676 errechnete Olaf Römer zum erstenmal die Lichtgeschwindigkeit, indem er den Zeitunterschied bei der Beobachtung der Jupitermonde bestimmte, der auftrat, wenn sich die Erde auf ihrer Bahn zwischen Sonne und Jupiter und wenn sie sich jenseits der Sonne befand (vgl. *Abb. 2.1*). Pierre Simon Laplace bemerkte die Periheldrehung des Merkur[1], Joseph Louis Lagrange behandelte das

1 die wir am Schluß von Kapitel 3 näher besprechen werden.

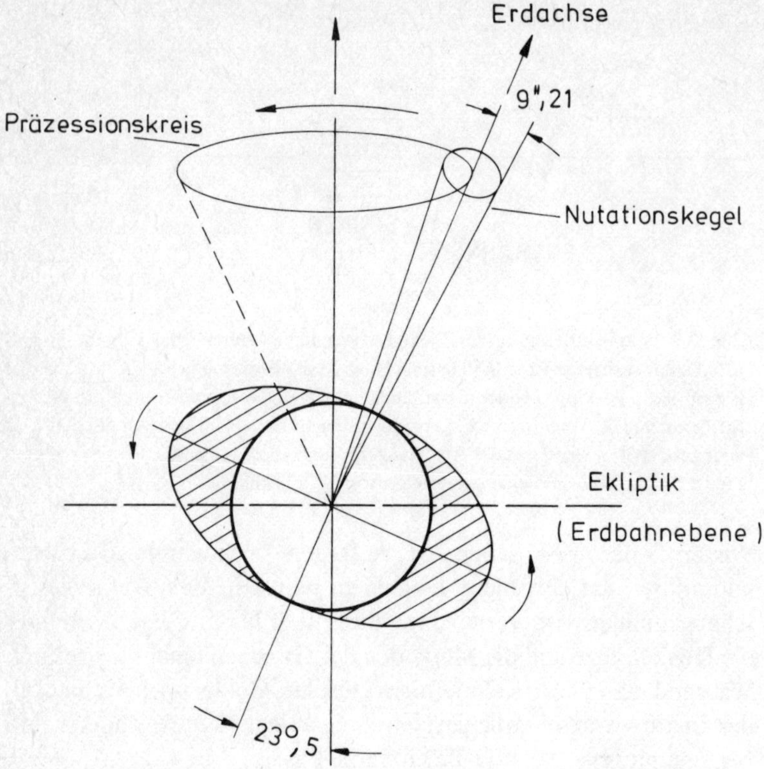

Abb. 2.2 Präzession der Erdachse um die Normale zur Ekliptik unter dem Einfluß der Gravitationskräfte von Sonne und Mond. Die Präzessionsperiode beträgt 25700 Jahre. Die Nutationsperiode, die der wechselnden Größe der Kräfte in der Erdbahn zuzuschreiben ist, beträgt 18,61 Jahre. Die Äquatorwülste der Erde sind stark übertrieben gezeichnet.

schwierige sogenannte Drei-Körper-Problem. Darunter versteht man die kinematische Bahnbeschreibung von drei gegenseitig aufeinander wirkenden bewegten Massen. Lösbar ist das »eingeschränkte« Drei-Körper-Problem; wenn man nämlich voraussetzen kann, daß eine der drei Massen sehr viel kleiner als die beiden anderen ist, dann ist deren Wirkung auf die großen vernachlässigbar. James Bradley bemerkte die Aberration des Lichts (vgl. Anhang 1) und den 18,6jährigen Zyklus der »Nutation« der Erdachse (vgl. *Abb. 2.2*). 1761 beobachtete Edmund Halley den Venusdurchgang vor der Sonnenscheibe – ein seltenes Ereignis, weil die Venusbahnebene gegen die der Erde geneigt ist! – von verschiedenen Erdpunkten aus und konnte damit die absolute Größe der Venusbahnparameter angeben, die vorher nur relativ bekannt waren. Die Planetenmassen wurden in jenen Jahren aus den Umlaufzeiten zu ihnen gehöriger Monde bestimmt, die Masse der Venus aus Erdbahnstörungen. Nur die Merkurmasse wurde nicht richtig bestimmt, worauf wir unten zurückkommen.

1772 machte Johann Elert Bode die auf Kepler (»Mysterium Cosmographicum«, 1595) zurückgehende, zuerst 1766 von Johann Daniel Titius formulierte Regel (vgl. Anhang 3) bekannt und wies auf eine sozusagen unbesetzte Planetenbahn zwischen der Mars- und der Jupiterbahn hin. Am 1. Januar 1801 fand dann der Italiener Giuseppe Piazzi an dieser Stelle den Planetoiden Ceres. Planetoiden nennt man kleine Körper mit Durchmessern unter 1000 km, die nicht »Monde« sind. Das war damals so etwas wie eine Sensation, zumal schon 1781 der von dem Astronomen William Herschel (1738–1822) entdeckte Planet Uranus große Überraschung unter den Astronomen ausgelöst hatte. Denn das Planetensystem hatte immer als »abgeschlossen« gegolten. G. F. W. Hegel, der Philosoph, publizierte 1801 seine Habilitationsschrift »über die Planetenbahnen«, in der er logisch bewies (!), daß die Zahl der Planeten nicht größer als sieben sein könne... Auch herrschte unter den Wissenschaftlern jener Zeit angesichts des gewaltigen Fortschritts der Physik in der Nach-Newton-Ära die euphorische Meinung vor, alle Dinge von Bedeutung seien bereits entdeckt und untersucht worden.

Erst 1846 wurde der Planet Neptun gefunden, Pluto gar erst 1930. Die Neptun-Entdeckung war eine Art Detektivspiel: aus Bahnstörungen des Uranus schlossen die Astronomen John C. Adams und Urbain J. Leverrier unabhängig voneinander, daß da noch ein Planet sein müsse. Als dann Johann Gottfried Galle von der Berliner Sternwarte an der angegebenen Stelle suchte, fand er denn auch prompt den Planeten. Allerdings auch dank des glücklichen Umstands, daß Neptun gerade sichtbar war.

Schon im 19. Jahrhundert waren Physiker und Astronomen im Besitz erheblich verbesserter Meßinstrumente und eines in der Zwischenzeit beachtlich angewachsenen mathematischen Rüstzeugs.

1823 gelang es J. Herschel, Sternspektren zu erzeugen. Er vermutete richtig, daß man aus dem Studium solcher Spektren die chemische Zusammensetzung der Sterne bestimmen könnte. Das war die Geburtsstunde der Astrophysik: Fortan wurde es möglich, andere Himmelskörper physikalisch zu beschreiben.

Der Entstehung des Sonnensystems begann man sich ebenfalls zuzuwenden. Laplace und Immanuel Kant äußerten die Vermutung, daß das Sonnensystem aus einer Gaswolke durch Gravitationskollaps entstanden sein müsse. Über die Energieerzeugung der Sonne hatte sich 1857 Hermann von Helmholtz Gedanken gemacht. Im Sinne des Gravitationskollapses kam er zu einer Schrumpfungsrate der Sonne, derzufolge sie nur 22 Millionen Jahre lang hätte Energie erzeugen können. So ging es also nicht. Verständlich für uns im nachhinein: man konnte dieses Problem nicht erfolgreich angreifen, ehe nicht die Kernverschmelzung bekannt war. Ebenso konnte man sich mit physikalischen Prozessen auf anderen Planeten nicht viel vornehmen, einfach weil der physikalische Kenntnisstand dazu nicht ausreichte.

Die Beschäftigung mit dem Planetensystem wurde im 19. Jahrhundert abgeschlossen. Vorhandene Kenntnisse waren aufgearbeitet, neue kamen nicht hinzu. Für fast ein Jahrhundert kümmerten sich nur Liebhaberastronomen um Planetenbeobachtungen. Das Gros der Astronomen hatte sich längst den Sternen zugewandt. Die eigentliche Erforschung der Planeten begann erst im Raumfahrtzeitalter: nämlich durch Raumsonden, ab 1970. Explosionsartig hat sich seitdem das Wissen über Planeten vermehrt. Die Zahl der Wissenschaftler, die in diesen Forschungsprogrammen in vielen Ländern mitgearbeitet haben, ist längst so groß geworden, daß sich die Nennung von Namen aus einfachen Platzgründen verbietet. Wir werden daher die stark personenbezogene historische Epoche der Evolution der Naturwissenschaften an dieser Stelle abschließen, nunmehr umgekehrt die Physik der Planeten in den Mittelpunkt stellen und Namen nur noch gelegentlich erwähnen.

3. Das Sonnensystem: Astronomische Betrachtungen

Unser Zentralgestirn, die Sonne, ist ein Stern: so nennen wir einen Körper, in dessen Inneren so viel Energie freigesetzt wird, daß eine beachtliche Menge davon nach außen abgegeben werden kann. Andererseits erfolgt die Erzeugung dieser Energie so wohldosiert, daß sie noch in konstanter Dosis abgestrahlt werden kann. Sie könnte ja auch so entstehen, daß der Stern explodiert (das würden wir dann »Nova« oder gar »Supernova« nennen). Von dieser Energie leben wir. Sie fällt in Form von elektromagnetischer Strahlung auf unsere Erdatmosphäre, erwärmt diese, verursacht und treibt deren Zirkulation, erwärmt auch die Oberfläche der Erde und macht unseren Lebensraum wohnlich. Ein Teil der eingestrahlten Energie wird chemisch umgesetzt: das Wachstum der Pflanzen, alles Leben wird so von der uns von der Sonne zugestrahlten Energie erhalten.

Das haben die Menschen von Anfang an begriffen, deswegen finden wir die Sonne oft im Umkreis der Religion: Die Ägypter verehrten den Sonnengott Ra, die Sumerer nannten ihn Utu, die Inder Garnda, die Japaner verehrten die Sonnengöttin Amaterasu. Wissen über die Sonne hatten die Menschen im Altertum und Mittelalter nicht; das begann eigentlich erst mit der Entdeckung der Fraunhoferschen Linien im Sonnenspektrum um 1800. Darauf folgten erste Theorien: Im 19. Jahrhundert wurde die Oberflächentemperatur der Sonne aus ihrer Helligkeit abgeleitet. Aus der Gravitationswirkung war die Masse der Sonne bekannt, die Entfernung von der Erde ebenfalls, so daß auch das Volumen der Sonne berechenbar war. Daraus bestimmte man die mittlere Dichte (vgl. *Tabelle 3.1*), und daraus war zu folgern, daß die Sonne ein Gasball aus heißem Wasserstoff ist, mit geringen Beimengungen anderer Elemente, Helium zumal, das durch seine Spektrallinien im Sonnenspektrum gefunden wurde, noch ehe es von dem englischen Chemiker William Ramsay im Labor hergestellt werden konnte.

Wir wissen aus vielerlei Quellen (vgl. dazu Kapitel 9), daß das Sonnensystem vor rund 4,6 Milliarden Jahren entstanden sein muß und daß die Sonne seit jener Zeit mit nur geringen Schwankungen die gleiche Energieproduktionsrate hatte. Die Energiequelle der Sonne kann daher nicht nur gravitationsbedingt sein (sicher auch das), und sie kann keine chemische Ursache haben. Wir sind heute davon überzeugt, daß die Energieerzeugung in der Sonne auf thermonukleare Weise erfolgt: Vier Wasserstoffkerne können sich in einer Folge von Stößen zu Helium-Kernen vereinigen. Dabei wird pro gebildetem Helium-Kern eine Energie von 26,21 MeV oder $4{,}2 \times 10^{-5}$ erg frei!

Dieser Prozeß – auf den wir hier nicht näher eingehen wollen – findet im innersten Kern der Sonne statt. Von dort aus wird zunächst durch Strahlung und in den äußeren Schichten durch Konvektion die bei diesem Prozeß entstehende gewaltige Energie von 10^{33} erg pro Sekunde nach außen geschafft. Die Strukturen, die den äußeren konvektiven Energietransport widerspiegeln, finden wir bei Betrachtung der Sonnenoberfläche als ein Netz von Konvektionszellen wieder in der »Granulation« (*Abb. 3.1*). Diesen konvektiven Transport hat man sich so vorzustellen, daß eine Gasblase geringerer Dichte aber höherer Temperatur in kühlerem Material aufsteigt (man spricht von einer »konvektiven Instabilität«). In die Photosphäre (»Lichthülle«) – die sichtbare Oberfläche der Sonne – hinein laufen aus diesem Konvektionsbereich Schallwellen, die sich wegen der rasch abnehmenden Dichte zu Stoßwellen aufsteilen und so die darüber liegenden Schichten mit aufheizen. Die Dichteabnahme führt aber auch zu einer relativen Verringerung der kinetischen Energie der Gasströmung gegenüber der nun dominierenden, in lokalen Magnetfeldern gespeicherten Energie. Die Temperatur ist jetzt bereits auf 6000 Grad gefallen. Natürlich ist die Photosphäre gasförmig. Tiefer aber können wir nicht in die Sonne hineinblicken. Andererseits verwehrt uns die darüber liegende, erheblich transparentere »Atmosphäre« der Sonne den Blick zur Photosphäre nicht. Daher beziehen sich alle Dimensionsangaben über die Sonne auf diese sichtbare Oberfläche. Sie erscheint uns als leuchtende Scheibe mit

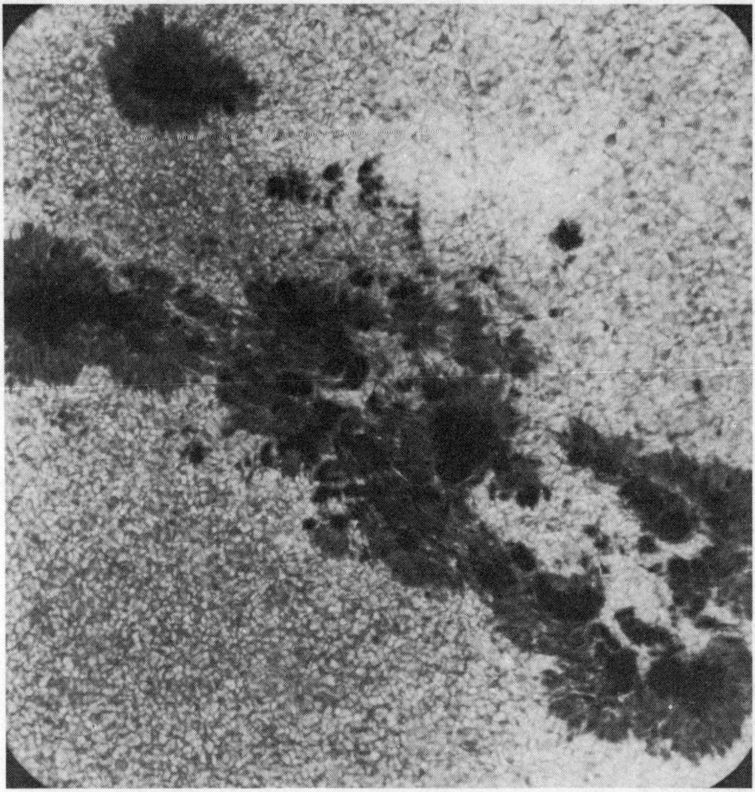

Abb. 3.1 Die Konvektion in den tieferen Schichten der Sonne führt zum Aufsteigen von wärmeren Gasblasen. Während des schnellen Aufstiegs tauschen solche Blasen keine Wärme mit der Umgebung aus. Erst wenn der Temperaturunterschied groß ist, wird die Strömung instabil und reißt ab. Bei Draufsicht auf solche Schichten kann man die »Konvektionszellen« erkennen. Sie erscheinen auf der Sonnenoberfläche als »Granulation«, nicht anders als an der Oberseite von Wolkenformationen. Die dunklen Strukturen sind Sonnenflecken, die gelegentlich schon mit bloßem Auge auf der Sonnenscheibe auszumachen sind.
(Aufnahme: Sacramento Peak Observatory, Nr. 03100)

Tabelle 3.1: Die wichtigsten Daten der Sonne

Sonnenradius:	$6{,}96 \times 10^{10}$ cm = 109 Re	Rotationsgeschwindigkeit der Sonne am Äquator:	1,93 km/sec
Sonnenmasse:	$1{,}966 \times 10^{33}$ g	Siderische Rotationsperiode:	25,03 Tage
Mittlere Dichte:	1,409 g/cm^3	bei höheren Breiten (± 45°):	27,62 Tage
Schwerebeschleunigung an der Sonnenoberfläche:	$2{,}74 \times 10^4$ cm sec^{-2}	Neigung der Rotationsachse gegen Ekliptik:	7° 15′
Solarkonstante (Energiefluß in 1 AE):	$1{,}36 \times 10^6$ erg cm^{-2} sec^{-1} = 0,14 Watt/cm^2 (= 1,96 cal/min/cm^2)	Skalenhöhe H (Photosphäre):	110 km
Strahlungsleistung der Sonne:	$3{,}90 \times 10^{33}$ erg/sec	Spektrale Klasse (gelber Zwerg):	G-2
Effektive Strahlungstemperatur der Oberfläche:	5780 ± 10 °K	(Re: Erdradius)	

einem Scheibenradius von 16′17″,82[1] im Erdperihel, und 15′45″,67 im Erdaphel[2].

In der Erdbahn empfängt ein Körper von 1 cm^2 Fläche eine Leistung von 0,14 Watt, die »Solarkonstante« (*Tabelle 3.1*). Davon erreichen 47 % die Erdoberfläche, ein Teil wird in den Weltraum zurückgestrahlt, aber gut 17 % davon bleiben in der Atmosphäre und treiben unser Wetter. Diese eingestrahlte Energie ist gewaltig: pro Quadratmeter entspricht das einer Leistung von 1,4 kW, auf die gesamte Erdoberfläche umgerechnet (mittlerer Erdradius Re = 6378 km) rund $1{,}8 \times 10^{14}$ kW.

Die Oberflächentemperatur eines Körpers berechnet man aus der Energieverteilung der von dieser ausgesandten elektromagnetischen Strahlung. Das Maximum der Sonnenemission liegt bei einer Wellenlänge von 4680 A°. Daraus ergibt sich als Oberflächentemperatur 5780°K. Über den inneren Aufbau der Sonne können wir auf direktem Wege nichts erfahren. Bekannt sind nur Masse, mittlere Dichte und Oberflächentemperatur. Für den inneren Aufbau lassen sich je-

---

1 16 Bogenminuten und 17,82 Bogensekunden: 60 Sekunden sind eine Minute, 60 Minuten sind ein Grad, 360 Grad der Vollkreis.

2 Aphel: der sonnenfernste, Perihel: der sonnennächste Bahnpunkt.

doch mit Hilfe theoretischer Argumente Modelle konstruieren. Man ist heute ziemlich sicher, daß solche Modelle über den inneren Aufbau von Sternen verhältnismäßig gut zutreffen.

Zu solchen Modellen gelangt man, wenn man die wirkenden Kräfte ins Gleichgewicht setzt (die Körper sind ja stabil). Dies sind: Gasdruck, Strahlungsdruck und Gravitationskraft. Neben dem Kräftegleichgewicht muß natürlich auch Strahlungsgleichgewicht herrschen. Damit ergibt sich der Verlauf von Druck und Temperatur als Funktion des Abstandes vom Mittelpunkt der Sonne. Bei einem Druck von 221 Milliarden Atmosphären, einer Dichte von 134 g/cm^3 erreicht die Temperatur Werte von 15 Millionen Grad. Bei solchen Temperaturen sind alle Atome ionisiert. In dieser Zone findet jene thermonukleare Energieerzeugung statt, die dafür veantwortlich ist, daß sich diese Werte praktisch seit der Entstehung der Sonne unverändert so erhalten haben. Im Inneren der Sonne ist daher der Wasserstoffanteil an der Zusammensetzung des Materials kleiner (49% H, 49%He, 2% andere Elemente), weil der Wasserstoff regelrecht »verbraucht« wird.

Die Konvektionszone liegt knapp unter der nur 400 km dicken Photosphäre. Sie wird charakterisiert durch einen gewaltigen Temperatursprung: Aus der Konvektionszone wird die Innenseite der Photosphäre ständig auf circa 9000° aufgeheizt. Durch Strahlung kühlt sich die Photosphäre außen auf die oben angegebene mittlere Temperatur ab; der äußere Rand der Photosphäre ist in Wirklichkeit nur noch 4300° heiß.

In der Photosphäre zeigen sich auch die Sonnenflecken (*Abb. 3.1*), die meist in Gruppen auftreten. Diese Flecken sind kühler als ihre Umgebung, daher erscheinen sie gegen die hell leuchtende heiße Nachbarschaft dunkel. Die austretende Strahlung kann unter Umständen nur noch 30% der Nachbarschaftsstrahlung ausmachen. Sonnenflecken entstehen und vergehen: sie bilden sich zu Beginn eines Aktivitätszyklus' der Sonne in höheren Breiten (~ 30°), gegen Ende des Zyklus' nahe am Äquator (vgl. *Abb. 3.2*). Diese Drift hat mit der »differentiellen Rotation« der Sonne zu tun: die Äquatorregion rotiert schneller als höhere Breiten (vgl. *Tabelle 3.1*). Die Zahl der Sonnenflecken auf der sichtbaren Scheibe gilt als Maß für die »Aktivität« der Sonne. Viele Flecken zeigen eine aktive Sonne an, wenige eine »ruhige« Sonne. »Aktive« Regionen auf der Sonne exi-

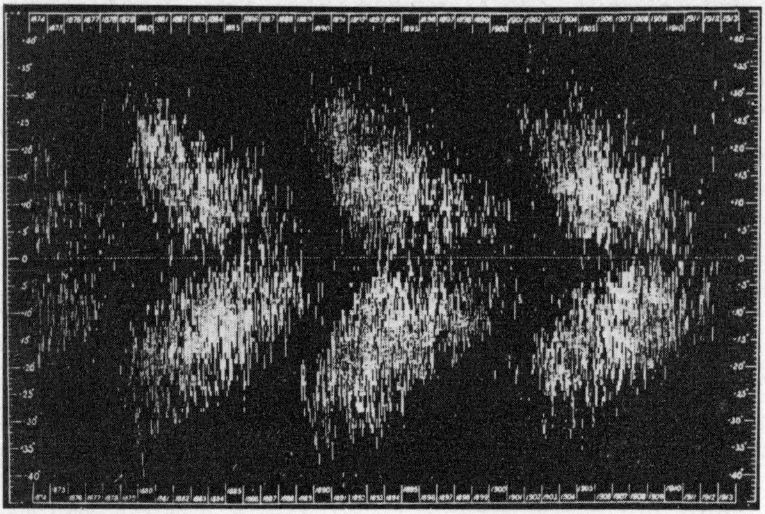

Abb. 3.2 Bildung der Sonnenflecken: Zu Beginn eines Zyklus erscheinen Flecken in hohen heliographischen Breiten (~ 30°), während sie gegen Ende des Zyklus' vorzugsweise nahe dem Äquator auftauchen. Die Beobachtungen stammen aus den Jahren 1874 bis 1913 und sind dem Buch »Geomagnetism« von Chapman und Bartels, Oxford Press, 1951, entnommen.

stieren meist einige Tage, mitunter mehrere Monate. Man benutzt daher zur Indizierung des Aktivitätsgrades der Sonne die »Sonnenfleckenrelativzahl« R. Sie wurde täglich, basierend auf Beobachtungen, die überall auf der Erde gemacht werden, bis zum Jahr 1980 in Zürich ermittelt. Aus finanziellen Gründen wurde dies 1980 eingestellt. Möglicherweise wird ein belgisches Institut die Ermittlung der Sonnenfleckenrelativzahl fortsetzen. Im Prinzip kann natürlich eine mit radioastronomischen Methoden gemessene Größe, deren Entstehung mit dem Auftreten von Flecken korreliert ist, an ihre Stelle treten.

Die Sonnenfleckenrelativzahl ist übrigens eine ununterbrochen bis ins Jahr 1750 zurückreichende Zeitreihe (die einzige dieser Art!). Sie ist in *Abb. 3.3* gegen die Zeit aufgetragen. Man erkennt, daß sich die Sonnenfleckenrelativzahl mindestens während der letzten Jahre in etwa 11jährigem Zyklus auf- und abbewegt. Tatsächlich kehrt sich aber alle 11 Jahre auch die Polarität des mit Sonnenflecken verknüpf-

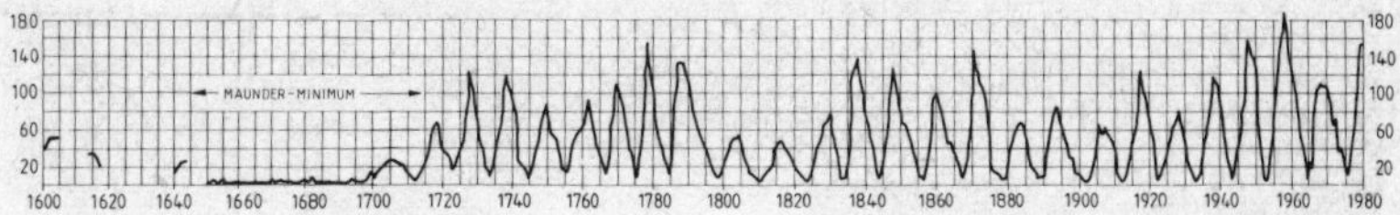

Abb. 3.3 Züricher Sonnenfleckenrelativzahlen: Die von der eidgenössischen Zentralsternwarte Zürich täglich aufgrund von weltweit durchgeführten Sonnenbeobachtungen ermittelte Zahl von Sonnenflecken auf der Sonnenscheibe (relativ, weil Gewichtungen der verschiedenen Beobachtungen angewandt werden). Diese Zahl ist ein Maß für die Aktivität der Sonne. Die Reihe wurde durch indirekt nachträglich ermittelte Fleckenzahlen von John A. Eddy bis zurück zum Jahr 1600 fortgezeichnet.

ten Magnetfeldes (bis 100 Gauss = 0,01 Tesla) um, so daß der Zyklus eigentlich 22 Jahre lang dauert. Sonnenflecken sind, näher betrachtet, ein äußerst kompliziertes, dynamisches, hydromagnetisches Phänomen, für das es auch heute noch keine detaillierte physikalische Beschreibung gibt. Wahrscheinlich verhindert das lokale Magnetfeld die Aufheizung der Fleckenregion und läßt sie dunkel erscheinen.

Die die Photosphäre umgebende Gasschicht nennt man Chromosphäre. Physikalisch ist sie charakterisiert durch die rasche Abnahme der Atmosphärendichte nach oben. Sie ist etwa 8000 km dick, umgibt bei totaler Sonnenfinsternis die Sonnenscheibe als leuchtend roten Kranz und hat daher ihren Namen. Die Chromosphäre geht nach außen in die Sonnenkorona (*Abb. 3.4*) über, in der die Gastemperatur erneut ansteigt und Werte von 6 Millionen Grad erreichen kann. Die Sonnenkorona kann man bei Sonnenfinsternissen sehen (weil sie weit weniger stark als die Photosphäre leuchtet), und zwar zu Zeiten des Sonnenfleckenminimums als im Äquatorbereich weit hinausgezogene leuchtende Struktur, im Fleckenmaximum als symmetrischen, ringförmigen, strukturierten Kranz um die Sonne herum. Wegen der hohen Temperatur sind die Atome in der Korona hoch ionisiert, d. h. sie haben mehr als ein Elektron verloren: Eisen beispielsweise ist zwischen 9- und 16fach ionisiert, Sauerstoff 6fach, usw.

Die Sonne ist auch eine außerordentlich starke Radioquelle. Die »ruhige Sonne« emittiert natürlich bereits Radiostrahlung, einfach als Folge ihrer hohen Oberflächentemperatur (thermische Strahlung). Daneben gibt es aber auch Radiostrahlung, die aktivitätsbezogen ist (»Radiostürme«). Auf der Erde kennen wir eine ganze Reihe

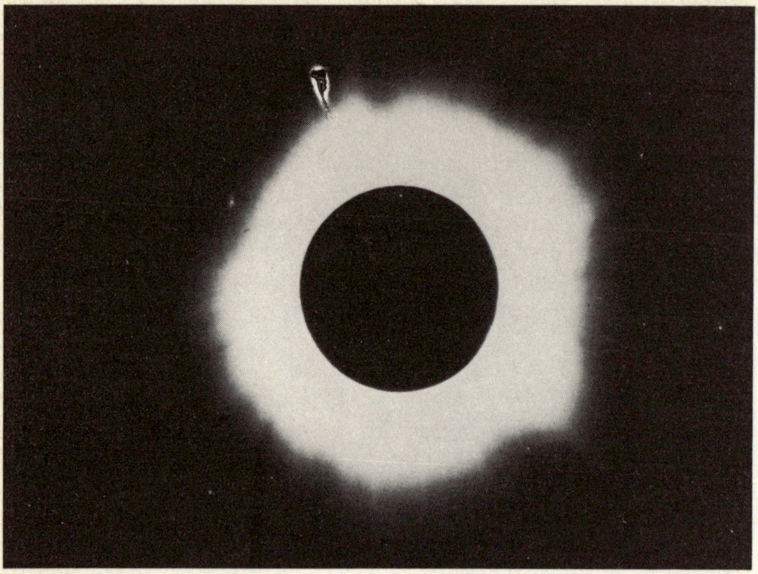

Abb. 3.4 Die Korona der Sonne während hoher (oben) und niedriger (unten) Sonnenaktivität.

von Phänomenen (wie z. B. erdmagnetische Stürme), deren Auftreten mit der Aktivität der Sonne verknüpft ist. Von der Sonne strömt ständig ionisiertes Gas, Plasma, ab, das wir Sonnenwind (Kapitel 14) nennen, dessen Geschwindigkeit von 200 bis über 1000 km/sec schwanken kann. Dieser Wind umströmt die Erdmagnetosphäre – nachdem er für die rund 150 Millionen km bis zur Erde circa vier Tage unterwegs gewesen ist. Das Erdmagnetfeld, das die »Magnetosphäre« gegen den Sonnenwind wie einen Schirm aufspannt, reagiert auf Veränderungen im Sonnenwind, und so ist es begreiflich, daß magnetische Schwankungen, die wir am Erdboden registrieren können und die wir, wenn sie heftig sind, magnetische Stürme nennen, nach dem Sonnenereignis mit dieser Verzögerung auftreten (*Abb. 3.5*).

Im sichtbaren Licht bemerken wir von derartigen Veränderungen auf der Sonne nichts. Glücklicherweise, weil dieser Teil des Spektrums aus der recht stabilen Photosphäre stammt! Aus der höher liegenden Chromosphäre und der Korona dagegen stammen die stark variablen Teile des elektromagnetischen Spektrums im Röntgenbereich, desgleichen im längerwelligen Radiowellenbereich. Erstere erhöht durch Ionisation z. B. die Leitfähigkeit von Planeten-Ionosphären. Die Aktivität der Sonne spiegelt sich auch in den Protuberanzen wider, die man am Rand der Sonne sehen kann: Dort wird leuchtendes Gas längs magnetischer Kraftlinien oft 10000 km und mehr nach oben geschleudert. In der Draufsicht erscheinen diese Eruptionen gegen die helle Photosphäre als dunkle »Filamente«. Sonnenaktivität ist ein Phänomen, dessen Wurzel in tieferen Schichten der Sonne liegen muß. Dafür sprechen einige Tatsachen: neue aktive Regionen bilden sich vorzugsweise in Bereichen von bereits existierenden schwachen lokalen Magnetfeldern oder jungen Fleckengruppen. Aktive Regionen bilden sich nicht zufällig: sie bilden sich in den Breitenbereichen, in denen die Flecken gerade bevorzugt auftreten, und häufen sich in »aktiven Längenbereichen«, die sich über 30–60° erstrecken können.

Gelegentlich aber flammt die Aktivität der Sonne in gewaltigen Eruptionen auf, die man heute allgemein mit dem englischen Wort »Flare« bezeichnet. Ein derartiger Flare beginnt in der Nähe von Sonnenflecken. Zu Zeiten hoher Aktivität kann alle 2 Stunden ein Flare auftreten. Große Flares kommen aus Gebieten, deren Fläche über 5×10^{20} cm^2 betragen kann. In diesen Bereichen kann das lokale

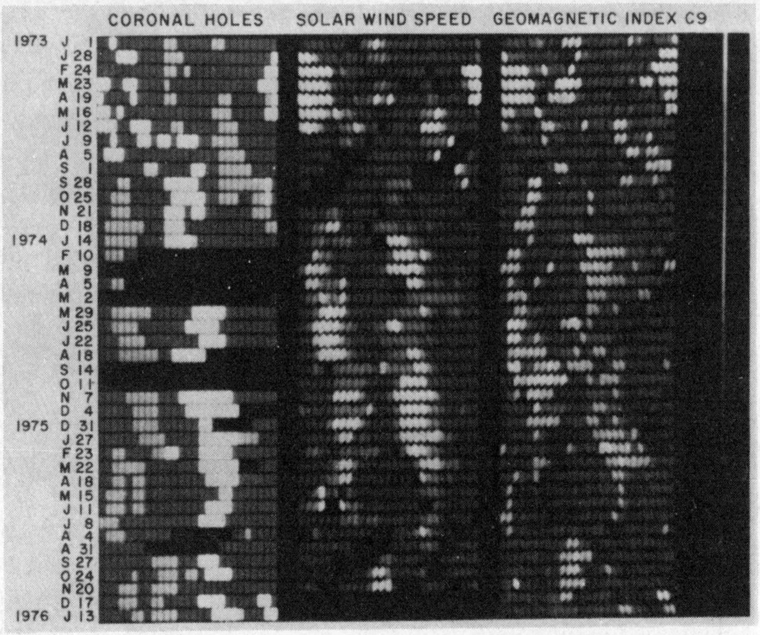

Abb. 3.5 Das Auftreten koronaler Löcher, die Sonnengeschwindigkeit und ein die Aktivität des erdmagnetischen Feldes kennzeichnender Index sind hier gegen die von oben nach unten fortschreitende Zeit aufgetragen. Dunkle Gebiete entsprechen kleinen, helle Gebiete großen Werten der jeweiligen Größe. Horizontal ist jeweils ein Zeitraum von 27 Tagen – eine Sonnenrotation – aufgetragen. Man erkennt unmittelbar am gleichartigen Verlauf der hellen Gebiete in dieser Darstellung den engen Zusammenhang von schnellen Strömen im Sonnenwind mit koronalen Löchern einerseits und erdmagnetischer Aktivität andererseits.

Magnetfeld vor dem Flare auf Intensitäten von über 1000 Gauss anwachsen. Kleinere Flares dauern in der Regel einige Minuten, stärkere können 2–3 Stunden dauern. Sie entwickeln sich innerhalb von 100–1000 Sekunden und emittieren elektromagnetische Strahlung mit Wellenlängen von 10^{-10} cm (Kerngammastrahlung) bis 10^6 cm (Radiowellen), sowie geladene Teilchen!

Die Energie, die im Flare umgesetzt wird, erreicht einige Prozent der im Magnetfeld der Fleckengruppe gespeicherten Energie (über 10^{32} erg). Während eines solchen Flare werden elektrisch geladene Teilchen auf sehr hohe Energien beschleunigt. Elektronen, die in

Magnetfeldbögen hin- und herlaufen, emittieren Synchrotronstrahlung im Radiowellenbereich, beim Eintauchen in die dichtere Sonnenatmosphäre energiereiche Röntgenbremsstrahlung. Positiv geladene Ionen können durch Stoßwellen bis auf Energien von mehreren Milliarden Elektronvolt beschleunigt werden. Solche Teilchen bewegen sich auf Spiralbahnen entlang dem interplanetaren Magnetfeld, dem Führungsfeld, und können die Erde z. B. 30 Minuten nach dem Maximum des Flare erreichen: die energiereichsten von ihnen können bis zum Erdboden gelangen. In einen Flareprozeß ist Sonnenmaterial mit einer Masse von 10^{16}–10^{17} g verwickelt. In *Abb. 3.6* illustrieren wir, wie man sich die Ausbreitung einer von einer solchen Eruption in den interplanetaren Raum hinausgetriebenen Wellenfront vorzustellen hat. Die Quelle der optischen Emission im Flare liegt in der Chromosphäre und teilweise in der unteren Korona. Bei extrem starken Flares können auch photosphärische Bereiche betroffen sein. Man klassifiziert Flares nach der Größe der involvierten Region und nach ihrer Helligkeit. Kleinere Flares nennt man Subflares.

Ein Flare wurde zum erstenmal 1859 von dem englischen Astronomen R. C. Carrington zufällig beobachtet: Einige Tage nach seiner

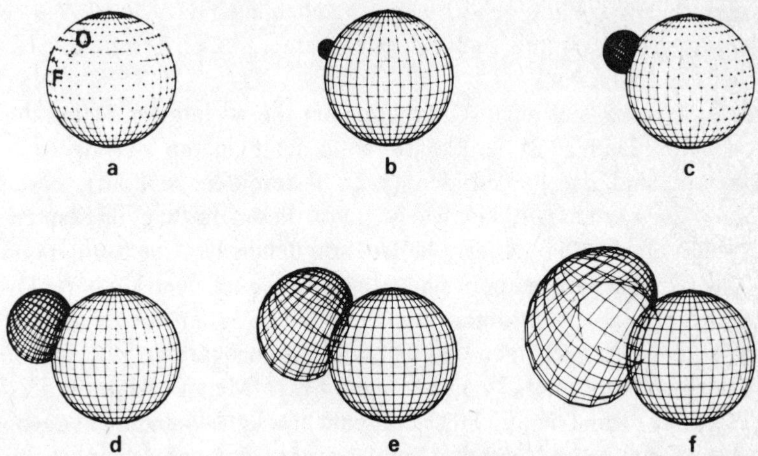

Abb. 3.6 Eine Rechnersimulation zeigt, wie sich von einem Flare auf der Sonne ausgehend eine Stoßwelle in den Raum hinaus ausbreitet.

Beobachtung setzte auf der Erde ein starker magnetischer Sturm ein, und gleichzeitig war – ungewöhnlicherweise – in Südengland Nordlicht zu sehen. Den von ihm richtig vermuteten Zusammenhang, den er auf einer Versammlung der Royal Society in London vorschlug, fegte Lord Kelvin, einer der angesehensten Wissenschaftler seiner Zeit, mit scheinbar überzeugenden Argumenten vom Tisch. Erst die Entdeckung von »Ultrastrahlung von der Sonne« im Jahr 1942 durch A. Ehmert und W. Lange und S. Forbush gab einen experimentellen Hinweis, daß auch geladene Teilchen von der Sonne zur Erde gelangen konnten. Da war der Bann gebrochen – wenngleich erst die Sonnenwindhypothese von Ludwig Biermann, von E. Parker theoretisch untermauert, den »richtigen« Zusammenhang sichtbar machte.

Merkur, Venus, Erde, Mars, Jupiter, Saturn, Uranus, Neptun und Pluto sind die Planeten des Sonnensystems; ihre Bahnen sind schematisch in *Abb. 3.7* gezeigt. Die Planeten des Sonnensystems lassen sich in drei Klassen einteilen: (1) die terrestrische Planetengruppe, die vorzugsweise aus schweren Elementen aufgebaut ist; (2) Jupiter und Saturn, in denen Helium und Wasserstoff dominieren, die aber gleichwohl Kerne aus schwerem Material haben dürften; und schließlich (3) Uranus und Neptun, die wesentlich größere schwere Kerne haben sollten, aber auch von beträchtlichen Gashüllen umgeben zu sein scheinen. Pluto gehört wahrscheinlich auch dazu, doch wissen wir über ihn so wenig, daß man es bei seiner bloßen Erwähnung bewenden lassen muß.

Tabelle 3.2 gibt einen Überblick über die wichtigsten Daten der Planeten. Danach ist der kleinste unter den Planeten Merkur. Noch kleiner sind die Planetoiden (auch Asteroiden genannt), deren Durchmesser unter 1000 km liegen. Von diesen dürfte es im Sonnensystem etwa 40000 Objekte geben, von denen 1750 nach Bahn und ungefährer Masse bekannt sind. Gesteinsbrocken noch kleinerer Dimension nennt man Meteoriten, die, falls sie in den Anziehungsbereich der Erde gelangen, häufig in der Atmosphäre verglühen. Die Leuchtspur, die dabei entsteht, nennt man Meteor. Materie noch kleinerer Abmessung nennt man schlicht »Staub«, und auch davon gibt es eine ganze Menge im Sonnensystem, der wahrscheinlich aus Sternen stammt (vgl. Kapitel 9). Natürlich gibt es innerhalb des Sonnensystems auch Gas (neutrales Gas) verschiedenster Herkunft, und

TABELLE 3.2

	☿ MERKUR	♀ VENUS	♁ ERDE	♂ MARS	♃ JUPITER	♄ SATURN	⛢ URANUS	♆ NEPTUN	♇ PLUTO
Mittlerer Abstand von der Sonne [km] x 10^6	57,9	108,2	149,6	227,9	778,3	1427	2869,6	4496,6	5900
Mittlerer Abstand von der Sonne [AE]	0,387	0,723	1	1,524	5,203	9,539	19,18	30,06	39,44
Siderische Periode Umlaufzeit um die Sonne	88 d	224,7 d	365,26 d	687 d	11,86 a	29,46 a	84,01 a	164,8 a	247,7 a
Exzentrizität der Bahn e 1)	0,206	0,007	0,017	0,093	0,048	0,056	0,047	0,009	0,25
Umdrehungsperiode (siderisch)	58,646d	- 243,16d	$23^h56^m4^s$	$24^h37^m23^s$	$9^h50^m30^s$	$10^h39^m24^s$ $\pm 7^s$	~ $16,8^h$	~ 18^h	6,39 d
Mittlere Bahngeschwindigkeit [km/s]	47,85	35,02	29,78	24,15	13,03	9,65	6,8	5,44	4,75
Neigung der Bahn gegen die Ekliptik	7°	3°,4	0°	1°,9	1°,3	2°,5	0°,8	1°,8	17°,2
Neigung der Achse gegen die Bahnebenennormale	2°	3°	23°27'	23°59'	3°5'	26°44'	82°5'	28°48'	?
Äquatorradius [km]	2489±18	6310	6378	3389,9	71714±25	60330	26200	25225±30	1530±120
Abplattung 2)	0	0	0,003	0,009	0,06	0,1	0,06	0,02	?
Masse (Erde = 1) 3)	0,055	0,815	1	0,108	318,1	95,147	14,6	17,2	0,1
Masse [Prozent der Sonnenmasse]	0,000017	0,000248	0,000304	0,000033	0,09677	0,0289	0,0044	0,0052	0,00003
Mittlere Dichte [g/cm³]	5,432	5,248	5,52	3,933	1,33	0,674	1,24	1,66	1 - 2
Atmosphäre Hauptbestandteil	He (0,98) H (0,02)	CO_2 (0,96) N_2 (0,035)	N_2 (0,77) O_2 (0,21)	CO_2 (0,95) N_2 (0,027)	H_2 (0,89) He (0,11)	H_2 (0,89) He (0,11)	H_2 (0,89) He (0,11) CH_4	H_2 (0,89) He (0,11) CH_4	?
Mittlere Oberflächentemperatur (Tag) [Grad Celsius]	350	482	22	- 23	- 148	- 179	- 215	- 218	- 230
Schwerebeschleunigung (Erde = 1)	0,37	0,88	1	0,38	2,64	1,15	1,17	1,18	?
Solarkonstante 4) (Erde = 1)	6,68	1,91	1	0,43	0,037	0,011	$2,7 \times 10^{-3}$	$1,1 \times 10^{-3}$	$6,4 \times 10^{-4}$
Zahl der Monde 5)	0	0	1	2	15	15	5	2	1
Magnetisches Moment [Tesla cm³]	$3,3 \times 10^{18}$	$< 1 \times 10^{18}$	$8,06 \times 10^{21}$	$\leq 2,5 \times 10^{17}$	$\leq 1,55 \times 10^{26}$	$4,6 \times 10^{24}$	?	?	?
Radius des Kerns [km]	1800	3000	3486	1700	52000	28000	?	?	?
Magnetopausenabstand [Planetenradien]	1,5	---	10	1,3	~ 100	~ 23	?	?	?
Winkel zwischen magnetischer und Rotationsachse	10°	---	10°	(10°)	10°	0,7±0,35			
Atmosphärendruck an der Oberfläche [Bar]	2×10^{-15}	91	1	0,007	>> 100	>> 100	>> 100	>> 100	?
Albedo		0,77	0,30	0,15	0,45	0,61	0,35	0,35	?
Mittleres Molekulargewicht der Atmosphäre	---	44	29	44	2	2	3	3	

1) Exzentrizität ist definiert durch das Verhältnis der Differenz der Halbachsen zur großen Halbachse der Bahn.

2) Als Abplattung bezeichnet man das Verhältnis der Differenz von Äquator- und Polradius zum Äquatorradius.

3) Erdmasse $M_E = 5,976 \times 10^{27}$ g; Jupitermasse $M_J = 1,901 \times 10^{30}$ g; Sonnenmasse $M_S = 1,966 \times 10^{33}$ g.

4) Solarkonstante Erde $1,4 \times 10^6$ erg/cm² sec.

5) Soweit Ende 1981 bekannt.

Die Daten wurden verschiedenen Quellen entnommen. Die meisten stammen aus D. Morrison, D.P. Cruikshank und J.A. Burns "Introducing the Satellites" in "Planetary Satellites", J.A. Burns, Editor, University of Arizona Press, S. 3-17, 1977. Die Zahlen wurden dort korrigiert, wo neuere gesicherte Werte zur Verfügung standen. Solche Werte wurden den in Tabelle 8.1 genannten Literaturstellen entnommen sowie mehreren Heften von EOS, Transactions, American Geophysical Union, Vol. 60, 1979 und Vol. 61, 1980.

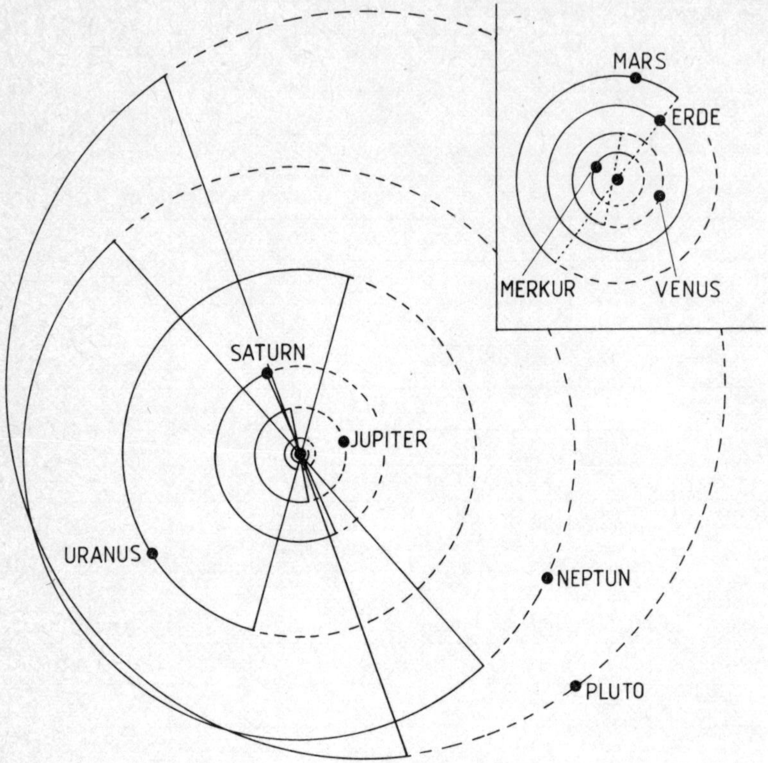

Abb. 3.7 Der Aufbau des Planetensystems. Die Bahnen sind etwa maßstäblich gezeichnet. Gestrichelte Teile liegen unterhalb der ekliptischen Ebene.

es gibt von der Sonne abströmendes Plasma (den Sonnenwind), der das Planetensystem mit ionisierten Atomen füllt – so entsteht die »Heliosphäre«, die wir in Kapitel 14 vorstellen werden. Schließlich müssen wir noch die Exoten unter den Körpern im Sonnensystem erwähnen: die Kometen.

Das sind Körper, deren Durchmesser nicht mehr als einige Kilometer beträgt, deren Bahnen hochexzentrisch sind und die bei Annäherung an die Sonne große Mengen Gas und Staub verlieren. Viele von ihnen haben sehr lange Umlaufzeiten um die Sonne; kürzerperiodische sind vermutlich durch Bahnstörungen, hervorgerufen von Sternen und/oder Planeten, in solche Bahnen gestreut worden. Dafür gibt es mehrere Beispiele, wie etwa der Komet »Brooks 2«, der 1886 seine Umlaufzeit von über 31 Jahren auf rund 7 Jahre verkürzte, nachdem er nahe am Jupiter vorbeigezogen war.

In dieser Auflistung des »Inventars« des Sonnensystems sind noch die Monde der verschiedenen Planeten zu erwähnen. Beginnen wir beim sonnennächsten Planeten: Merkur hat, nach allem, was man weiß, keinen Mond; auch Venus nicht. Die Erde besitzt, wie fast jeder weiß, einen – den – Mond. Mars hat 2 Monde, die Zahl der Jupitermonde wurde erst kürzlich um zwei erhöht – auf 15: sie wurden beim Vorbeiflug der amerikanischen »Voyager«-Raumsonde am Jupiter auf den Kamerabildern gefunden. Saturn besitzt wenigstens 15 Monde, Uranus 5, Neptun 2. Auch Pluto besitzt einen Mond, wie erst kürzlich bekannt wurde. Daneben besitzen Jupiter, Saturn und Uranus Staubringe; vielleicht hatte die Erde auch einen vor langer Zeit, und wahrscheinlich hat auch Neptun einen.

Die Planeten umlaufen die Sonne auf Ellipsenbahnen, die mit Ausnahme von Merkur und Pluto fast in der Ebene der Ekliptik – das ist die durch die Erdbahn definierte Ebene – liegen. Die Exzentrizität der Bahnellipsen ist außer für Merkur und Pluto sehr klein: Die meisten Planetenbahnen sind praktisch Kreise. Das ist ja auch der Grund, weshalb es so lange gedauert hat, bis der Ellipsencharakter entdeckt wurde!

Die mittlere Dichte der Planeten nimmt zu den äußeren Planeten hin ab *(Abb. 3.8)*. Die terrestrischen Planeten sind feste Körper. Die äußeren Planeten sind bezüglich ihrer Dichte sonnenähnlich (1,44 g/cm^3). Es ist daher zu vermuten, daß Wasserstoff das häufigste Element dieser Planeten ist. Dahinter verbirgt sich aber wiederum eine recht aufregende Geschichte, die wir im Zusammenhang mit der Bildung des Sonnensystems besprechen werden.

Merkur hat aus einem ganz anderen Grund die Aufmerksamkeit der Physiker hervorgerufen: Seine Bahnbewegung ließ sich mit Newtons Mechanik nicht vollständig erklären. Newton hatte aus seinem Gravitationsgesetz die Keplerschen Gesetze abgeleitet und also das Zwei-Körper-Problem streng gelöst: So nennt man das mathematische Problem der Bewegung von zwei Körpern in ihrem gemeinsamen Schwerefeld. Da aber der Weltraum von mehr als zwei Körpern erfüllt ist und diese vermöge der Gravitationskraft aufeinander einwirken, hat man im allgemeinen ein n-Körper-Problem zu lösen. Ma-

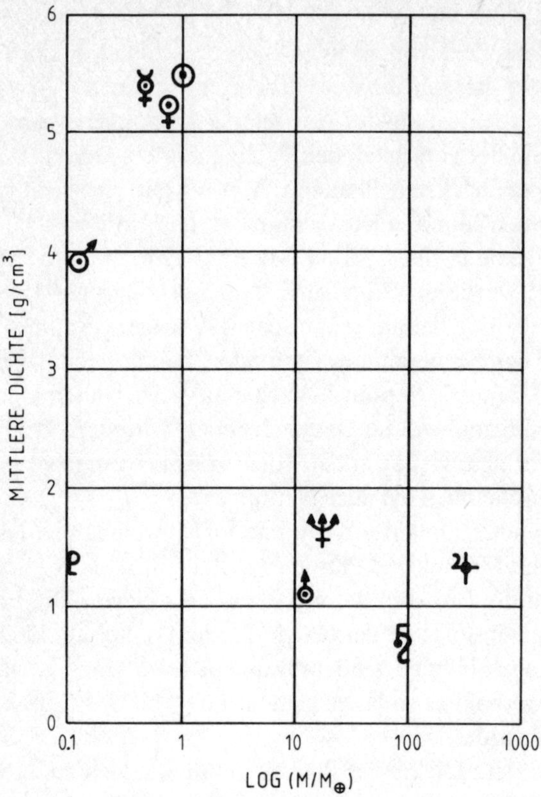

Abb. 3.8 Die mittleren Dichten der Planeten als Funktion ihrer Masse aufgetragen (gezeichnet ist der Logarithmus des Verhältnisses der Planetenmasse zur Erdmasse). Man erkennt die Gruppe der inneren Planeten, Jupiter und Saturn als eine weitere und die äußeren Planeten als eine dritte Gruppe.

thematisch bedeutet das, eine Formel oder einen Satz von Formeln anzugeben, die für alle Zeiten beschreiben, in welcher Weise sich diese n (3 oder 4 oder 5 oder noch mehr) Körper bewegen werden. Dieses Problem ist aber so kompliziert, daß es bis heute ungelöst geblieben ist und wahrscheinlich auch nie gelöst werden wird. In solchen Situationen versuchen Mathematiker, Näherungslösungen zu finden. Das gelingt, wenn man physikalische Gründe angeben kann, warum z. B. eine Kraft sehr viel kleiner ist als andere. Im Fall der

Bewegung des Mondes um die Erde hätte man ein Drei-Körper-Problem zu lösen, weil der Einfluß der anderen Planeten gegenüber dem von Sonne, Mond und Erde sehr klein ist. Da die Mondmasse aber gegen die von Erde und Sonne klein ist, reduziert sich das Problem zum »eingeschränkten Drei-Körper-Problem«. Ähnlich liegen die Dinge bei der Bewegung von Erdsatelliten um die Erde, wo der künstliche Satellit praktisch als Massenpunkt angesehen werden kann. Auf solche Weise hat man schließlich alle Planetenbahnen berechnet – indem man die von den anderen Planeten ausgeübten Kräfte als kleine Störungen auffaßte. Bei den Planeten erhielt man so eine befriedigend genaue Bahnbeschreibung – außer bei Merkur.

Kurz gesagt, bewirkt der Einfluß aller anderen Planeten, daß sich die Bahnellipse eines Planeten um das Zentralgestirn dreht, also nicht völlig raumfest ist. Natürlich erfolgt diese Drehung sehr langsam – aber sie ist meßbar. Man kann das auch so ausdrücken: Die Planeten bewegen sich wegen der Störkräfte der anderen Planeten nicht exakt auf Ellipsen. Man kann sich das so vorstellen (*Abb. 3.9*), daß der Planet, der, sagen wir am 1. Januar, einen bestimmten Punkt im Raum verläßt, sich ein Jahr später nicht wieder in jenem Punkt befindet, sondern irgendwo daneben, nämlich in einem Punkt, der nach Drehung der Bahnellipse um die Sonne um einen bestimmten Winkel wieder als auf der Ellipse liegend angesehen werden kann. Zöge man von der Sonne zum sonnennächsten Punkt, z. B. auf einem gewaltigen Stück Papier, einen Strich und würde man nach einem Jahr noch einmal einen solchen Strich ziehen, so würde man feststellen, daß beide Geraden miteinander einen Winkel bilden. Diesen Winkel nennt man die Periheldrehung. Gäbe es die anderen Planeten nicht, gäbe es diese Drehung nicht. Andererseits würde man eine solche Drehung bei einer Kreisbahn nicht nachweisen können. In der Tat ist die Periheldrehung um so größer, je exzentrischer die Bahnellipse ist. Da die Bahnellipse des Merkur die zweitgrößte Exzentrizität[1] unter den Planetenbahnen aufweist, ist die Periheldrehung dort am größten und wurde dort auch gefunden: die große Halbachse der Merkurbahn bewegt sich ostwärts (bei Draufsicht auf die Ekliptik

---

1 Plutos Exzentrizität ist größer; er ist jedoch schlechter zu beobachten.

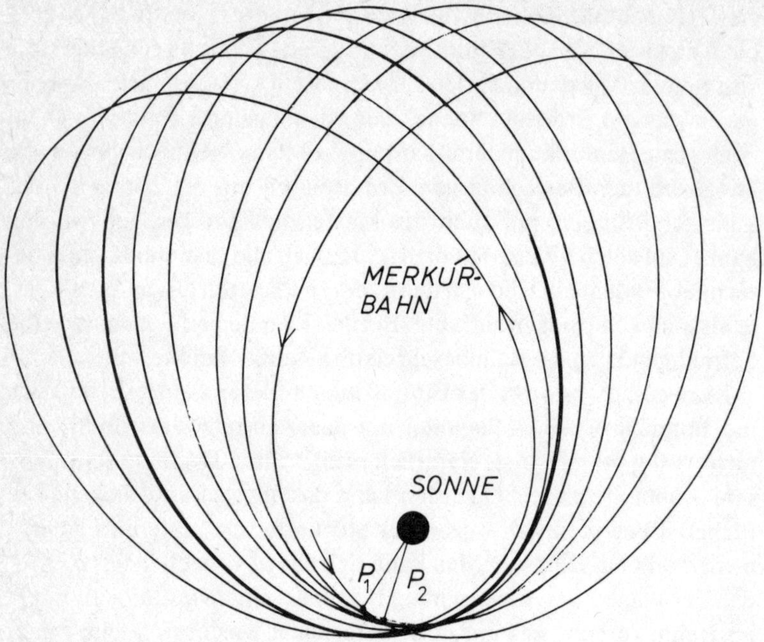

Abb. 3.9 Zur Periheldrehung des Planeten Merkur.

von Norden also im Uhrzeigersinn) um ~ 5,5 Bogensekunden pro Jahr. Der französische Astronom Leverrier bemerkte in der Mitte des vergangenen Jahrhunderts, daß diese Bewegung aber um 0,5 Bogensekunden pro Jahr größer war als von der Theorie vorausgesagt. Dieser winzige Unterschied mußte aber wegen der großen Genauigkeit der Beobachtungen als signifikant angesehen werden, und eben darum erregte er das Interesse von Physikern und Astronomen: wie konnte Newtons so erfolgreiche Gravitationstheorie plötzlich ein unzulängliches Resultat liefern? Man begann zunächst, nach einem Planeten innerhalb der Merkurbahn zu suchen, fand aber keinen. Das Merkurproblem blieb unerledigt.

Um die Jahrhundertwende gab es aber auch in anderen physikalischen Disziplinen Widersprüche, mit denen das so fest gegründet erscheinende Gebäude der Newtonschen Mechanik nicht fertig zu werden vermochte: das Phänomen der Lichtgeschwindigkeit, die

Wärmestrahlung von Körpern. Die Physik des 20. Jahrhunderts wurde aus diesen Widersprüchen geformt. Die Periheldrehung des Merkur wurde erst durch Einsteins 1916 veröffentlichte »Allgemeine Relativitätstheorie« erklärt. Diese enthielt die Newtonsche Mechanik (also auch deren Gravitationsgesetz) als Sonderfall. Als erster Test zur Prüfung von Einsteins Theorie wurde die Bewegung eines kleinen Körpers um einen Stern berechnet: 1917 durch Karl Schwarzschild an der Universität Göttingen. Die Übertragung auf Merkur brachte den vollen Wert der Periheldrehung. Die Abweichung der Geometrie in starken Gravitationsfeldern von der ebenen, euklidischen, führt zu jener Beschleunigung der Periheldrehung, die im Sonnensystem zwar klein ist, in der Nähe sehr massereicher Sterne jedoch ausschlaggebend ist. Ohne Anwendung der allgemeinen Relativitätstheorie wäre in der Tat moderne Astrophysik nicht denkbar.

4. Merkur, Venus, Erde, Mars: die inneren Planeten

Merkur (*Abb. 4.1*) ist der sonnennächste der Planeten, hell wie Sirius. Von der Erde aus ist er sehr schwer zu sehen, weil er meist von der Sonne überstrahlt ist. Entsprechend ist er nur entweder kurz vor Sonnenaufgang (wenn er westlich von der Sonne steht) oder kurz nach Sonnenuntergang (wenn er östlich von der Sonne steht) zu sehen – er entfernt sich von der Sonne um nicht mehr als 28° (aus unserer Sicht). Die Griechen nannten ihn darum als Abendstern Hermes, als Morgenstern Apollo, die Römer »verkürzten« auf Merkur. Die Kenntnis seiner Eigenschaften war lange Zeit nicht gut bekannt. Insbesondere seine Rotationsperiode (»Spin«) konnte erst in jüngster Zeit (1962) mit Hilfe moderner Radarmethoden zu 58,65 Tagen bestimmt werden. Das sind genau zwei Drittel seiner Umlaufzeit um die Sonne (88 Tage). Das erklärt man mit einer Spin-Bahn-Kopplung, die durch Gezeitenreibung (vgl. Kapitel 8, S. 126) den ursprünglichen Drehimpuls entfernte und zu einer Resonanz führte. Details über Merkur wurden erst mit Hilfe der amerikanischen Raumsonde Mariner 10 bekannt, die 1974 in nur wenigen hundert Kilometer Abstand an Merkur vorbeiflog. Die mitgeführten Kameras erlaubten fünftausendfach höhere Auflösung der Bilder von der Planetenoberfläche! Etwa 40 % der Planetenoberfläche wurden photographiert. Merkur empfängt von der Sonne etwa das Zehnfache der Energie, die die Erde empfängt. Entsprechend erreicht seine Tagestemperatur 700° K (Grad Kelvin), bei Nacht sinkt sie auf 100° K ab. Wegen der langsamen Drehung des Planeten ist die Winkelgeschwindigkeit der Bahnbewegung im Perihel größer als die der Spinrotation, daher dreht sich der Planet relativ zur Sonne erst von Ost nach West, dann eine Weile von West nach Ost und dann wieder von Ost nach West.

Abb. 4.1 Planet Merkur, aufgenommen während des Mariner-10-Vorbeiflugs.

Wegen der Spin-Bahn-Resonanz geschieht das immer bei der gleichen Länge, bei 0° und bei 180°. Diese Längen empfangen darum auch 2,5mal mehr Strahlung als der Rest des Planeten. Ein Beobachter auf Merkur würde daher im Perihel die Sonne etwa eine Woche lang in höchst merkwürdiger Weise am Himmel wandern sehen. Am Äquator liegen die Temperaturen unter der Oberfläche immer oberhalb von null Grad Celsius, an den Polen übrigens immer darunter.

Die Oberfläche dieses Planeten ähnelt sehr der des Mondes. Merkur ist wie jener von einer dünnen Schicht dunklen, silikatischen Materials bedeckt. Spuren von Wasser wurden nicht gefunden. Wie der Mond hat er viele Einschlagskrater, und vermutlich war er diesem Bombardement ebensolange ausgesetzt wie jener. Aus dynamischen Gründen sollten nämlich alle Objekte im inneren Sonnensystem ähnlichen Flüssen ausgesetzt gewesen sein. Von der Erde wissen wir, daß deren mittlere Dichte größer ist als die des Oberflächenmaterials. Daraus schließt man für die Erde, daß sie einen Kern aus relativ schwerem Material besitzt, das unter hohem Druck steht. Der kleinere Merkur muß, bei vergleichbarer mittlerer Dichte (5,43 g/cm^3), einen erheblich größeren »schweren« Kern in seinem Inneren haben. Wahrscheinlich besteht der Planet zu 60–70% aus Eisen! Ob der Kern flüssig ist, ist offen. Merkur hat praktisch keine Atmosphäre; er hat wahrscheinlich nie eine besessen.

Merkur ist höchst wahrscheinlich »differenziert«, d. h. er war nach seiner Bildung geschmolzen. Geschmolzenes Material zeigt beim Abkühlen den wohlbekannten Effekt der fraktionierten Kristallisation. Vermutlich durchlief er eine vulkanische Periode nach dem Ende der schweren Bombardierung durch Meteoriten; deshalb, so vermutet man, ist seine Oberfläche nicht durch Einschlagskrater »gesättigt«. Solange jedoch keine seismischen Messungen oder elektromagnetischen Daten vorliegen, bleibt die detaillierte innere Struktur von Merkur unsicher. Eventuell besteht der Planet aus Materialien, die alle in der Nähe der Temperatur des metallischen Eisens kondensieren. Die quasi-resonante Rotation des Merkur rührt zweifellos von Gezeitenreibung her. Merkur zeigt keine Anzeichen von Tektonik.

Wer kennt nicht den hellsten Stern am Himmel – den Abendstern, den Morgenstern: die *Venus* (*Abb. 4.2*). Wie für den Merkur hatten die Griechen auch für die Venus zwei Namen: am Morgenhimmel nannten sie den Planeten Phospherus, am Abendhimmel dagegen Hesperus. Die Bahn der Venus ist fast kreisförmig und der Erde am nächsten, die große Halbachse ihrer Bahn beträgt 0,723 AE und ist 3,4 Grad gegen die Ekliptik geneigt. Ihre (siderische) Umlaufzeit um die Sonne beträgt 224,7 Tage, ihre Rotationsperiode 243 Tage. Die Rotation ist »retrograd«: der Planet dreht sich in einem sonnenfesten Koordinatensystem »anders herum«, d. h. anders als alle anderen Planeten (»prograd« bei den anderen Planeten, weil die Rotation gleichsinnig mit der Bahnbewegung erfolgt: bei Draufsicht von Norden gehen beide Bewegungen im Gegenuhrzeigersinn). Sonst ist der Planet in seinen astronomischen Daten der Erde recht ähnlich. Die Rotationsachse steht fast senkrecht auf der Bahnebene (87°). Entsprechend geht die Sonne auf der Venus im Westen auf und im Osten unter; allerdings dauert ein Venustag fast ein ganzes Venusjahr. Das seit mehr als 300 Jahren auf der Nachtseite des Planeten beobachtete schwache, veränderliche Leuchten oder Glühen, das man »Aschen-Licht« nennt, ist wahrscheinlich polarlichtähnlicher Natur, da sein

Abb. 4.2 Planet Venus, aufgenommen von der Raumsonde Mariner 10 aus.

Auftreten offenbar mit magnetischen Stürmen auf der Erde korreliert ist – was natürlich auf eine gemeinsame solare Ursache hinweist.

Der Planet ist ständig von Wolken bedeckt, weshalb seine Eigenschaften erst in jüngster Zeit näher bekannt geworden sind, seit

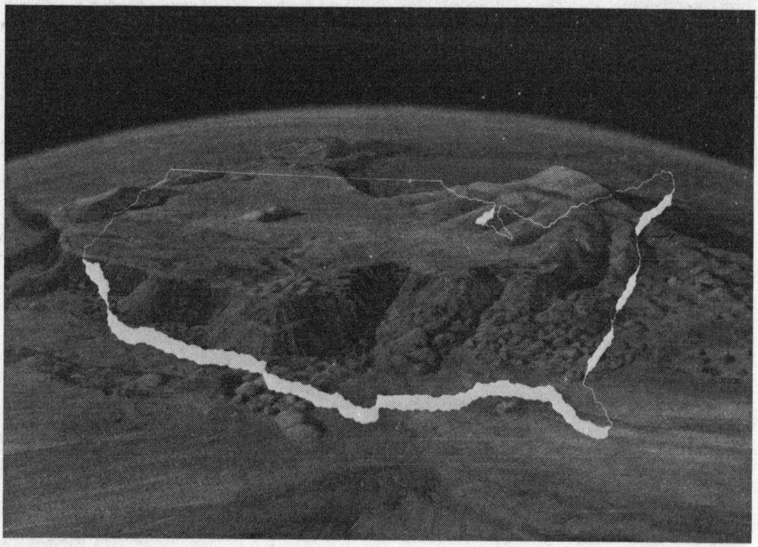

Abb. 4.3 Ishtar Terra: Radarbild von der Venusoberfläche. Da der Planet ständig von Wolken verhüllt ist, kann kurzwellige elektromagnetische Strahlung (wie Licht) nicht bis zu seiner Oberfläche vordringen, wohl aber können dies längerwellige Radiowellen wie die des Pioneer-Venus-Radars (1980). Das Bild zeigt eine Rekonstruktion nach diesen Radarmessungen. Zum Größenvergleich sind die Umrisse der Vereinigten Staaten maßstäblich mit eingezeichnet.

Raumsonden[1] ihn umkreisten und durch seine Wolkenhülle zum Boden vorgestoßen sind und seit radioastronomische Beobachtungstechniken auch Kenntnisse von tieferliegenden Schichten brachten, die unserem Auge verborgen bleiben. NASA's Pioneer-Venus-Raumsonde hat während ihres aktiven Lebens einen großen Teil (fast 93 %) der Oberfläche des Planeten sozusagen im »Radarlicht« abgebildet (*Abb. 4.3*). Die Sowjets haben insgesamt 8 Venera-Sonden zur Venus geschickt, die USA zwei Mariner-Sonden (dreiachsenstabilisierte Raumsonden) und zwei Pioneer-Sonden (spinstabilisiert), aus-

---

1 Der erste Vorbeiflug an Venus gelang der russischen Raumsonde Venera 1, die im Februar 1961 an der Venus vorbeiflog. Ihr folgte die US-Sonde Mariner 2, die am 14. 12. 1962 bis auf 41 000 km an die Venus herankam. Venera 3 tauchte dann als erste Sonde am 1. März 1966 in die Venus-Atmosphäre ein. Venera 7 landete am 15. 12. 1970 als erste Sonde weich auf der Venus-Oberfläche.

gerüstet mit 5 Abwurfsonden, Landefahrzeugen und Orbitalstationen.

Das Terrain von Venus, das man auf diese Weise kennengelernt hat, ist interessant, weil es in mancher Hinsicht völlig anders ist als die Oberfläche anderer Planeten. Diese ist leicht gewellt (± 500 m), über weite Strecken hin (60 % der Oberfläche) und gelegentlich von mächtigen Gebirgszügen unterbrochen, die sich von Tälern aus, die fast 3 km unter der mittleren Oberfläche liegen, bis fast 11 km darüber erheben. 16 % der Venus-Oberfläche liegen unter der Referenzfläche, 24 % liegen höher, jedoch sind nur 8 % richtige Hochgebirge.

Die Kruste der Venus ist dicker als die der Erde, aber nicht so dick wie die des Mondes und des Mars – immerhin dick genug, um Plattentektonik unmöglich zu machen. Man findet zahlreiche Krater, ähnlich denen auf Mars und Mond, über die Oberfläche verteilt. Manche dieser Krater haben Durchmesser von über 75 km. »Ishtar Terra« nennt man das nördliche Hochland der Venus, in dem es mehrere Bergzüge gibt. Das Gebiet hat etwa die Größe Australiens. Der höchste Berg auf Venus wurde »Maxwell Mons« genannt. Er nimmt das östliche Ende von Ishtar Terra ein und ist 11800 m hoch, relativ zum Referenzniveau. Diese Bergregion scheint die zerklüftetste Region des Planeten zu sein. Auf der Ostseite des Maxwell Mons zeigen die Pioneer-Daten ein kreisförmiges, über 1000 m tiefes Loch: vermutlich ein Vulkankrater.

In der Nähe des Äquators gibt es ein weiteres, kontinentgroßes Hochland, das man »Aphrodite Terra« genannt hat. Berge in dieser Region sind »nur« 8000 m hoch, allerdings scheint es dort keine Vulkane zu geben. Insgesamt hat man vier Hochlandregionen gefunden (die restlichen wurden Alpha und Beta Regio genannt), die keine aufregenden Einzelheiten zeigen. Die russischen Raumsonden Venera 9 und 10 landeten im »Beta Regio« und fanden aufgrund der gemessenen Radioaktivität des Bodens Hinweise auf Basalt-Strukturen (also Spuren vulkanischer Aktivität).

In den 60 % des Planeten bedeckenden großen welligen Ebenen fand man mehrere große Krater, gut 500 km im Durchmesser, 200–700 m tief. Von den Tiefländern findet man das größte westlich von Ishtar Terra bei 70° nördlicher Breite. Dessen tiefster Punkt liegt 3000 m tiefer als die Ebenenregion. Es scheint geologisch jünger zu sein und ist möglicherweise teilweise von basaltischer Lava aufgefüllt

Abb. 4.4 Die Erde, aufgenommen vom europäischen Wettersatelliten Meteosat, in drei verschiedenen Spektralbereichen: Mittleres Bild im sichtbaren Licht, linkes Bild: 5–7 μm im Wellenlängenbereich der Absorption des Wasserdampfes, rechtes Bild: im Wellenlängenbereich 10,5–12,5 μm).

worden. Aus solchen Radarbeobachtungen hat man geschlossen, daß die mittleren Ebenen der Venus Ähnlichkeiten mit dem irdischen Tiefsee-Boden zeigen. Alles in allem findet man aus solchen Vergleichen, daß Venus wie die Erde in einer Periode tektonischer Evolution erstarrte.

Die mittlere Dichte von Venus beträgt 5,25 g/cm³ und weist auf einen eisenreichen Kern hin. Auch Venus ist ein differentierter Planet mit unverkennbarer Ähnlichkeit zur Erde. Wie beim Merkur aber läßt sich ohne seismische Daten nichts Endgültiges über den inneren Aufbau von Venus sagen.

Die Rotationsperiode von Venus sollte zur Erreichung der »synodischen Resonanz«[1] mit der Erde 243,16 Tage betragen. Jüngste Radarmessungen weisen aber darauf hin, daß die gegenwärtige Periode kürzer ist als der Resonanzwert. Im Prinzip sollten Gravitationsgezeiten die Rotationsperiode so weit verlängern können, bis sie der Bahnumlaufperiode gleich wird. Allerdings könnten thermisch induzierte atmosphärische Gezeiten den Gravitationstiden entgegenwirken und so die synodische Resonanz stabilisieren.

Über den dritten Planeten, die *Erde* (*Abb. 4.4*), wissen wir natürlich

1 »Synodische Rotation« bezieht sich auf die Zeit zwischen zwei aufeinanderfolgenden bestimmten Stellungen zweier Planeten.

am meisten. Da wir aber manche Aussagen nicht mit Bestimmtheit machen können, ist es für das Verständnis der irdischen Physik – der Geophysik eben – wichtig, Beobachtungen an anderen Planeten zu machen, um die Gültigkeit irdischer Aussagen zu überprüfen. Deswegen sprechen wir heute auch vorzugsweise von Planetenphysik, weil den Physiker interessiert, wie die Planeten gebildet wurden und warum sie so sind, wie sie sind, und nicht anders. Erst wenn man genaue Gründe dafür angeben kann, kann man sagen, man habe die Physik der Planeten verstanden. Davon sind wir auch heute noch ein gutes Stück entfernt.

Unsere Erde also ist ein abgeflachter Rotationskörper, gut annäherbar durch ein Rotationsellipsoid, abgeflacht wegen der Rotation, die zur Wulstbildung (vgl. Anhang 6) in der Äquatorebene führt. Sie ist der dritte Planet der Sonne, von innen nach außen gezählt. Die Erde ist, das wissen wir heute sicher, der einzige Körper im Sonnensystem, an dessen Oberfläche Wasser vorkommt: 70 % der Oberfläche sind von Ozeanen bedeckt. Der Rest sind die Kontinente, von denen nur ein kleiner Teil uns Menschen als Wohnstatt dient. Wir nennen die Oberfläche und unseren Lebensbereich gemeinhin Biosphäre. Die Erdkruste nennt man Litosphäre, die nur circa 30 km dick ist. In dieser Tiefe verändern sich die Eigenschaften sprungartig (Mohorovicic Diskontinuität). Die tiefer liegende Schicht nennen wir »Mantel«. Die Atmosphäre – die gasförmigen Teile der Erde – besteht zu 78 % aus Stickstoff, zu gut 20 % aus Sauerstoff, der Rest sind Wasserdampf, Kohlendioxyd und Spurengase.

Im Erdinneren finden wir, wie für eine Kugel zu erwarten, eine schalenförmige Struktur, von der wir Litosphäre und Mantel schon erwähnten. Der Mantel umschließt den Kern, den man in den vermutlich flüssigen äußeren und den vermutlich festen inneren Kern unterteilt. *Abb. 4.5* zeigt die Dimensionen der einzelnen Bereiche. In *Abb. 9.4* und *9.5* ist zum Vergleich der innere Aufbau auch der anderen Planeten dargestellt. Natürlich ist nur die Erdkruste im Detail bekannt. Über die tieferen Schichten erfahren wir Einzelheiten nur durch indirekte Methoden, auf die wir in Kapitel 10 eingehen werden.

So findet man für den inneren Kern einen Radius von 1250 km. Um ihn herum führt eine 140 km mächtige Übergangsschicht zum äußeren Kern, der sich bis zu 3486 km (0,55 Erdradien) erstreckt. Er wird umgeben vom unteren Mantel, der etwa 1900 km dick sein sollte,

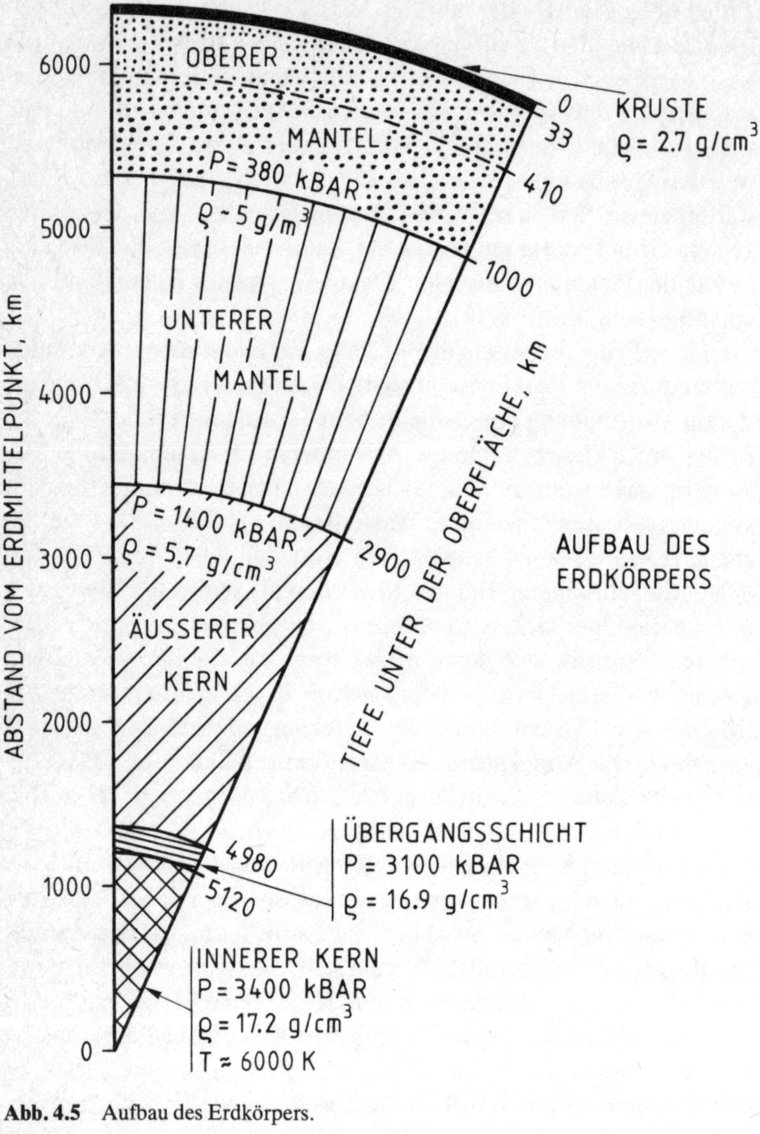

Abb. 4.5 Aufbau des Erdkörpers.

dieser vom oberen Mantel, an den sich nach außen die Kruste anschließt. Diese erreicht unter den Kontinenten mit Granit- und Gabbro-Schicht eine Dicke von ~ 33 km, unter den Ozeanen nur 12 km (dort fehlt die Granitschicht). Darüber hinaus aber gibt es eine Menge regionaler und lokaler Abweichungen: die Tiefseegräben und Tiefseerücken, die kontinentalen Grabenbrüche und die Faltengebirge.

All diese vielfältigen Erscheinungen sind verknüpft mit geophysikalischen Ereignissen, die es während der Entwicklung der Erde gegeben hat: Vulkanismus, horizontale (Kontinentaldrift) und vertikale (Gebirgsbildung) Tektonik, Meteoriteneinschläge. Natürlich müssen wir erwarten, daß auch die Erde, ebenso wie die anderen Planeten und der Mond, im Lauf ihrer Geschichte von Meteoriteneinschlägen »perforiert« wurde. Anders als bei den anderen Planeten aber hat die Erosion des Wassers und der Winde die Oberfläche nachhaltig verändert. Beim Mond beispielsweise konnte man aus der Korrelation von Kraterdichte und Entstehungszeit der betroffenen Oberfläche (Gesteinsalter) die zeitliche Entwicklungsgeschichte der Oberfläche bestimmen und dies mit anderen Planeten (Merkur, Mars) vergleichen. Bei der Erde läßt sich dies nicht mehr feststellen. Wesentliche Hinweise auf die Entwicklungsgeschichte der Erde stammen daher aus Kenntnissen, die über die anderen Planeten gewonnen werden konnten.

Jenseits der Erdbahn finden wir den Planeten *Mars* (*Tafel I, oben*) – am Sternhimmel leicht kenntlich wegen seiner rötlichen Erscheinung. Seine Atmosphäre – meist Kohlendioxyd – ist transparent, so daß wir die Oberfläche des Planeten sehen können. Die Polkappen sind bedeckt von Kohlenstoffdioxyd – und Wassereis. Die mittleren Regionen des Planeten erscheinen gelblich und sind vermutlich Wüstengebiete. Wasser gibt es auf der Marsoberfläche nicht. Eisenoxyd bringt vermutlich die rötlich-gelbe Färbung zustande. Die Mars-Oberfläche ist sehr kalt (150° K bei Nacht und 250° K bei Tag) und trocken.

Der Mars hat eine Rotationsperiode ähnlich der unserer Erde, nämlich 24 Stunden, 37 Minuten. Ein Umlauf um die Sonne dauert 687 Tage (Marsjahr). Mars hat zwei Monde, Deimos und Phobos. Einen erstaunlichen Hinweis auf 2 Monde des Mars findet man bereits in Jonathan Swifts (1667–1745) berühmtem Buch »Gullivers Reisen«: Gulliver besucht die fliegenden Inseln von Laputa, dessen Bewohner astronomisch interessiert sind. Sie haben, so läßt Swift Gulliver erzählen, zwei Satelliten des Mars entdeckt. Wie das? Nun, die Geschichte geht auf Kepler zurück, der flugs, nach Galileis Entdeckung der vier Jupitermonde, meinte: die Erde hat einen, Jupiter vier, dann »muß« Mars 2 haben, Saturn acht, usw. Bezüglich des Mars-Mondes Phobos äußerte noch 1960 der russische Astrophysiker J. S. Shklovsky die Vermutung, es handle sich um einen künstlichen Satelliten! Der Grund für diese Vermutung war die unerklärlich unregelmäßige Bahn des Mars-Mondes. Phobos, muß man wissen, umkreist den Mars nahe der »Roche-Bahn«[1]. Phobus verliert vermutlich im Schwerefeld durch diesen Effekt Staub und wird beim Durchflug durch seinen eigenen Staub ständig etwas abgebremst.

Da man mit Teleskopen von der Erde aus die Marsoberfläche zwar sehen kann, andererseits aber Einzelheiten nicht sehr klar ausmachen kann – außer den »Marskanälen«, die der italienische Astronom Schiaparelli 1888 entdeckte –, war der Mars lange Zeit Objekt wildester Spekulationen. G. V. Schiaparelli nannte die Struktur »canali«, was soviel wie Rillen bedeutet. In andere Sprachen übersetzt wurden daraus »Kanäle«, natürlich in einer Bedeutung, die Schiaparelli nicht gemeint hatte. So entstand die Legende von den »Marskanälen«, als von »Menschen« gemachten Strukturen. Der Astronom Percival Lowell verbrachte einen Teil seines Lebens damit, zu beweisen, daß die Marskanäle das Werk der Marsbewohner seien (er schrieb darüber drei Bücher; ein gewisser A. R. Wallace verfaßte auch noch eine Erwiderung darauf). 1892 und 1909 erschienen C. Flammarions Bücher über den Mars mit entsprechendem Tenor. Das letzte, in dieser Art abgefaßte Buch über Mars erschien noch 1963 in Mexiko! Die Marsbewohner waren in der Phantasie so lebendig geworden, daß selbst Carl Friedrich Gauss, der berühmte Göttinger Mathematiker, Anfang des letzten Jahrhunderts vorschlug, den Marsbewohnern Zei-

---

1 Wenn ein Mond im Gravitationsfeld z. B. eines Planeten umläuft, werden die dem Planeten zugewandten Teile des Mondes nach dem Gravitationsgesetz (vgl. Kapitel 2, S. 25) stärker angezogen als die von ihm abgewandten – d. h. die Mondteile streben auseinander. Zugleich ziehen sie sich gegenseitig an. Daher gibt es eine Entfernung vom Planeten, die »Roche-Bahn« (nach dem französischen Mathematiker Edouard Roche), in der die gegenseitige Anziehungskraft der Mondteile gleich ist der Kraftdifferenz, die der Planet im Mond entstehen läßt: Außerhalb dieser Bahn überwiegt der Zusammenhalt, innerhalb bricht der Mond auseinander.

chen zu senden. Man solle, schlug er vor, in der Weite der sibirischen Tundra drei riesige Quadrate anlegen, umstanden von Pinien, die Flächen bewachsen mit Weizen oder geeignetem Gras, solchermaßen, daß man daraus den Pythagoräischen Lehrsatz ableiten könne. Die Marsbewohner, so Gauss, könnten, nachdem sie das Zeichen verstanden hätten, mit Hilfe von Spiegeln Sonnenlicht zu uns reflektieren, um uns Zeichen zu geben – weil der Mars ja außerhalb der Erdbahn umlaufe, weshalb das leicht möglich sei ...

1964 startete dann die amerikanische Raumsonde Mariner 4 zum Mars, 1971/72 Mariner 9. Damit war der Spuk und viel Spekulation über den Mars zu Ende, bis auf eine: Gibt oder gab es Leben auf dem Mars? Wie wir seit dem Vorbeiflug von Mariner 4 am 14. 7. 1965 wissen, ist der Mars übersät mit Kratern (über 10000!), ähnlich wie der Mond oder Merkur. Dies hatte tatsächlich niemand erwartet. Außerdem hat der Mars fast kein Magnetfeld. Mariner 4 flog hinter dem Mars auf dessen Nachtseite vorbei. Dadurch war es möglich, Radiosignale von der Sonde zu empfangen, die zuvor durch die Atmosphäre des Mars gegangen waren. Damit war man auch in der Lage, den Atmosphärendruck an der Marsoberfläche zu bestimmen: 1/150 des Erdatmosphärendrucks!

Die Messungen wurden 1969 wiederholt und verbessert durch Mariner 6 und 7, die den Mars in »nur« 3500 km Entfernung umflogen hatten. Schließlich wurde das Orbiter-Lande-Projekt »Viking« konzipiert (für das die NASA fast 2 Milliarden Dollar aufwandte). Dieses überaus erfolgreiche Projekt lieferte inzwischen einen unglaublichen Fundus an Informationen. Seitdem ist uns der Mars nächst der Erde am vertrautesten.

Mars ist ein geologisch vielfältig strukturierter Planet. Er hat zwei morphologisch verschiedene Hemisphären, mit Ebenen im Norden und einem von Kratern übersäten Terrain im Süden. Beide Regionen lassen sich durch einen um 35° gegen den Äquator geneigten Großkreis trennen. Neben den eisbedeckten Polregionen sind die großen Vulkanberge (etwa 20 große Schildvulkane) die eindrucksvollsten Gebiete auf dem Mars. Der größte dieser Vulkanberge ist Olympus Mons, der im Aufbau an den Hawaii-Vulkan Mauna Kea erinnert, dessen Spitze aber die gewaltige Höhe von 27 km über der Referenzoberfläche des Mars erreicht! Sein Durchmesser ist mit 550 km nicht weniger imposant. Man kann aus den Viking-Bildern sehr schön die

Lavaströmung erkennen. Vermutlich von wiederholten Ausbrüchen haben sich Lavaergüsse in mehreren übereinanderliegenden Schichten gebildet, die wie konzentrische Schuppen den Berg umgeben. Die so mit Lava bedeckte Fläche beträgt mehrere Millionen Quadratkilometer; auf dieser Fläche findet man keine Krater. Natürlich gibt es noch viele andere Vulkane auf dem Mars; den größeren hat man Namen gegeben, vielen anderen nicht. Möglicherweise hat der Planet sogar noch aktive Vulkane! Man sieht auf den Bildern, die mittlerweile ja in reicher Zahl vorliegen, daß Vulkanismus in der geologischen Geschichte des Erd-Mondes eine große Bedeutung hatte. Vergleicht man daher Mars- und Mondoberfläche, so kann man – mit großer Unsicherheit natürlich – aus der Zahl der Krater in den Lavaringen etwas über das Alter der Krater aussagen. Danach sind die Vulkane im südlichen Hochland erheblich älter als 3,5 Milliarden Jahre. Andere Gebiete hingegen – etwa die Caldera des Vulkans Asia Mons – zeigen geringere Kraterdichte (kleiner als 100) und sind daher möglicherweise jünger als 300 Millionen Jahre. Man argumentiert: Lava deckt ältere Einschlagskrater zu, also sind nur Krater, die nach dem letzten Vulkanausbruch entstanden, noch sichtbar. Aus einigen von Viking zur Erde zurückgefunkten Bildern kann man bei fünf der großen Vulkanberge radiale, dunkle Strukturen erkennen, die von Winden schnell verändert werden, die aber gelegentlich neu erscheinen. Man hat diese Beobachtung als Beleg für aktiven Vulkanismus auf Mars gewertet, insbesondere auch weil solche Strukturen an anderen großen Bergen nicht auftauchen.

Ein nicht weniger aufregendes Phänomen ist das Tharsis-Hochland, von dem 2,6 Millionen Quadratkilometer 9 km über der Referenzfläche liegen! Dies muß man als Zeichen kräftiger tektonischer Bewegung werten, die möglicherweise vor bereits 4 Milliarden Jahren eingesetzt hat. Dagegen liegt Hellas Planitia, das größte kreisförmige Tal, mehr als 6 km unter der Referenzoberfläche im stark von Kratereinschlägen übersäten Hochland der Südhalbkugel. Mehr als 40 % der Marsoberfläche werden jedoch als Ebenen angesprochen.

Eine andere Oberflächenstruktur sind die bereits erwähnten »Kanäle«. Sie sehen aus wie Täler, die durch die Wirkung von Flüssigkeitsströmungen entstanden sind. Da aber Wasser – und nur dies kommt als Flüssigkeit in Frage – in Mengen heute nirgends auftritt, hat man verschiedentlich angenommen, daß es in Permafrostschichten als Eis unter der Oberfläche gebunden sein könnte. Die »Kanäle« konnten zu Zeiten entstanden sein, als auf dem Mars ein völlig anderes Klima herrschte als heute; als es insbesondere wärmer war, so daß Wasserströme existieren konnten.

Natürlich haben auch Winde über geologische Zeiten hin nicht unerhebliche Veränderungen der Marsoberfläche verursacht. Staub- oder Sandstürme treten auch heute noch auf. 1971 ging Mariner 9 in eine Umlaufbahn um den Mars, und die russischen Sonden Mars 2 und 3 warfen Meßsonden ab. Während diese Sonden am Mars ankamen, herrschte ein solcher planetenweiter Staubsturm, der die Marsoberfläche praktisch unsichtbar machte. Die gelandete Sonde arbeitete nur 20 Sekunden; wahrscheinlich war sie vom Sturm umgeworfen worden.

Die Eiskappen der Marspole bestehen wahrscheinlich aus gefrorenem Kohlendioxyd und Wasser, wobei ersteres dominiert. Die Temperaturen der Eisflächen liegen im Winter bei circa 150° K. Wahrscheinlich sublimiert das CO_2 bei höherer Temperatur, denn einer der Viking-Orbiter hat im Sommer eine Temperatur von 205° K gemessen, womit definitiv ausgeschlossen werden muß, daß Kohlendioxyd–Eis in direktem Atmosphären-Kontakt stehen konnte.

Die Oberfläche des Mars ist, wie viele Aufnahmen gezeigt haben, von Gesteinsbrocken übersät (*Tafel I, unten*). Durch Röntgenresonanzfluoreszenz wurde während der Viking-Mission auch die chemische Zusammensetzung des Marsbodens untersucht, so daß auch Rückschlüsse auf vorkommende Mineralien möglich wurden. Demnach ist das Material zu 45 % aus Siliziumoxyd und zu 19 % aus Eisenoxyd (Fe_2O_3) zusammengesetzt. Außerdem fand man Magnesium, Kalzium, Schwefel, Aluminium, Chlor und Titan, wobei anzumerken ist, daß der Schwefelanteil überraschend hoch ist – über 100mal höher als in irdischen Gesteinsproben.

Das Verhältnis von Eisen zu Silizium ist jedoch viel niedriger als z. B. in kohlenstoffreichen Chondriten, einer Gesteinsart, die in Meteoriten häufig vorkommt (vgl. Kapitel 7), die man zum primitiven Material im Sonnensystem rechnet, aber auch höher als in den meisten stärker differenzierten Materialien, also auch dem der Erde. Natürlich weiß man solche Einzelheiten nur von den beiden Stellen, an denen die Viking-Landefahrzeuge niedergingen. Man weiß daher nicht, wie typisch diese Daten für den Mars sind. Aber aus der Summe aller anderen Daten schließt man auf recht »durchschnittliche« Landeplätze, daher auf den repräsentativen Charakter dieser Messungen.

Seismische Untersuchungen des Mars waren ebenfalls Teil der Aufgaben der Viking-Landefahrzeuge, von denen aber nur ein Instrument wirklich störungsfrei arbeitete (Viking II), und zwar vom 4. 9. 1976 bis zum 2. 4. 1978. Viking II war in Utopia Planitia gelandet. Von 20 Monaten übertragener seismischer Daten waren nur 3 Monate wirklich »ruhig«. Generell hatten die seismischen Daten vom Mars Ähnlichkeit mit denen der Erde, was darauf hinweist, daß auch in der Marskruste Wasser vorkommt (und die Marsbebenwellen dämpft); Wasser wurde ja auch in der Atmosphäre nachgewiesen. Über die innere Struktur des Mars kann man heute folgendes aussagen: in 15 km Tiefe scheint es eine Sprungstelle zu geben, unter der sich eine 200–300 km mächtige Litosphäre anschließt. Aus der mittleren Dichte von 3,933 g/cm^3, dem bekannten Trägheitsmoment, dem Gravitationsfeld (das mehrere Anomalien aufweist) und vorliegenden Oberflächenbeobachtungen schließt man, daß die Differentiation des Planeten zu einer »Kruste«, zu einem »Mantel« und einem eisenreichen Kern (Eisen oder Schwefeleisen) von 1300–2000 km Radius geführt haben muß. Eine dicke Kruste des Planeten muß man auch wegen der enormen Höhe der großen Vulkane erwarten. Der Mantel des Mars muß kühler und wiederum dicker als der der Erde sein. Die letzte wichtige Informationsquelle über das Mars-Innere, das Magnetfeld, ist leider nicht eindeutig zu verwerten, wegen der Variabilität der äußeren Felder (interplanetares Magnetfeld, induzierte Ströme usw.). Daher kann man nicht völlig sicher auf einen flüssigen Kern des Planeten schließen (der erforderlich wäre, wenn der Planet ein Dynamo-Magnetfeld hätte). Die mittlere Dichte des Planeten ist wesentlich niedriger als die Dichte der Erde. Das bedeutet entweder, daß Mars weniger Eisen enthält als die Erde oder daß beim Mars mehr Eisen zu Eisenoxyd aufoxydiert ist (oder beides). Dadurch mußten die älteren Modelle über den Aufbau des Mars völlig revidiert werden.

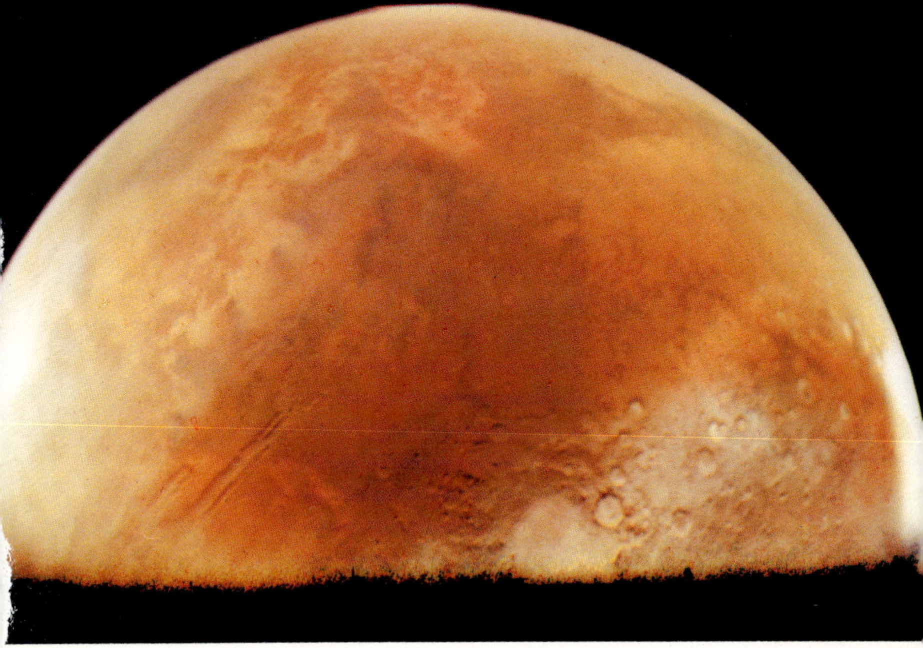

Tafel I, oben Aufnahme des Planeten Mars vom Raumfahrzeug Viking-1-Orbiter am 18. Juni 1976. Das Bild entstand durch Superposition von drei durch Rot-, Grün- und Violett-Filter im Abstand von 9 Sekunden aufgenommenen Bildern. Nahe dem Mittelpunkt des Bildes am Terminator sieht man das Einschlagsbassin Argyre. Die hellen Bereiche an den Polen sind die Eiskappen. Die langgestreckten linearen Gebilde gehören zum Vallis Marineris, dem »Grand Canyon« des Mars.

Tafel I, unten Das Bild entstand am Landeplatz des Viking-Lander-1 auf dem Mars am Abend des 21. August 1976. Die Sonne steht unter einem Elevationswinkel von 3–4 Grad über dem Horizont. Die Felsbrocken haben Dimensionen von 30 cm (typisch). Die diffusen Schatten sind auf Streuung des Lichts in der staubhaltigen Marsatmosphäre zurückzuführen.

5. Über die Erde: Sonne, Mensch und Klima

Den inneren Planeten strahlt die Sonne so viel Energie zu, daß Atmosphären, wo vorhanden, davon wesentlich beeinflußt werden, während bei äußeren Planeten innere Energiequellen dominieren können (wie beim Jupiter). Darum wollen wir an dieser Stelle über die Variabilität einiger Erscheinungen auf der Sonne sprechen und vom Klima auf der Erde, dessen Variabilität eine Eigenschaft der Erdatmosphäre ist, seit die Erde eine Atmosphäre hat. Das gilt sicher ähnlich auch bei Venus oder Mars – nur haben wir noch keine Langzeitbeobachtungsreihe, die ähnliche Aussagen wie bei der Erde ermöglichen würde.

Klima nennt man eine Langzeiteigenschaft der Atmosphäre, bei der über viele Jahre gemittelte Werte zur Definition benutzt werden. Solche Klimadaten gibt es für die letzten 20000 Jahre: Bis ins 17. Jahrhundert zurück reichen instrumentelle Beobachtungsreihen, der Rest sind indirekte Informationen über Temperaturverläufe, Niederschläge, Winde.

Das Klima unseres Planeten war nicht immer so, wie wir es heute kennen. Man muß annehmen, daß mehr als 90 % der Zeit, die seit der Entstehung des Lebens verstrichen sind, beide Pole eisfrei waren. In dieser Zeit ist es wenigstens viermal, wahrscheinlich sogar sechsmal zu Vereisungen in mittleren Breiten (bis 38°) gekommen. Das Klima der Erde änderte sich daher mehrfach zwischen Eiszeiten und Warmzeiten hin und her. Die Zeitkonstanten, mit denen sich solche Extreme auf- und abbauen, betragen viele tausend Jahre. Für heute lebende Menschen sind diese Änderungen natürlich nicht wichtig. Klima-Änderungen äußern sich in der Umverteilung von Wärme und Wasser über den Globus. Was ist die Ursache dieser Veränderungen?

Die Konstanz der solaren Leuchtkraft ist bei Beschäftigung mit dieser Frage ins Gerede gekommen. Um das zu überprüfen, wurden in jüngerer Zeit verschiedene Meßprogramme ins Leben gerufen. Erste Ergebnisse, die mit radiometrischen Meßmethoden bei Raketenaufstiegen gewonnen worden sind, ergaben, daß der gesamte solare Strahlungsfluß 1978 um 0,4% größer war als 1976.

Bis vor einigen Jahren war man überzeugt, daß die Variabilität der Sonne, manifestiert im 11- bzw. 22jährigen Fleckenzyklus (*Abb. 3.3*), etwas extrem Regelmäßiges sei. Daran sind Zweifel wach geworden, als der amerikanische Astronom John A. Eddy daranging, die »historische« Vergangenheit der Sonne aufzuklären. Dabei geht es um die paar tausend Jahre, in denen Menschen die Sonne beobachtet und also in irgendeiner Form von ihren Wahrnehmungen Zeugnis abgelegt haben.

Jedermann weiß, daß die Sonne unser Wettergeschehen treibt. Würde sich die Sonnenenergieeinstrahlung verändern, so würde sich notwendig unser Klima verändern. Schon die Veränderung der mittleren Temperatur einer Region um nur 1 Grad im langjährigen Mittel hat z. B. sichtbare Auswirkungen auf den Wasserhaushalt, auf Pflanzenvorkommen und anderes mehr. Eine Änderung der Sonneneinstrahlung könnte Änderungen der mittleren Temperaturen von mehreren Grad zur Folge haben: Das könnte neue Eiszeiten bedeuten oder das Abschmelzen der Eiskappen an den Polen. Wir wissen nicht, was die Eiszeiten ausgelöst hat. Wir wissen auch nicht, ob der 11jährige Sonnenzyklus Wirkungen auf unser Klima hat. Natürlich gibt es eine ganze Reihe von Hinweisen auf derartige Zusammenhänge. Aber es gibt keine statistisch gesicherten Beweise.

Auf der Suche nach der Aufdeckung solcher Zusammenhänge hat man in den vergangenen Jahren eine ganze Reihe von Methoden gefunden, die es ermöglichen, wenigstens einige Zusammenhänge in die Vergangenheit zurückzuverfolgen. Eine der wichtigsten ist die »^{14}C-Methode«. Kohlenstoff (C) mit der Massenzahl 14 ist ein seltenes Isotop des gewöhnlichen Kohlenstoffs mit der Massenzahl 12. Im Anhang 7 haben wir die Methode beschrieben. Zur Chronologie der jüngeren Geschichte der Erde eignet sich besonders gut die »Baumring-Methode«. ^{14}C wird in der Atmosphäre erzeugt. Pflanzen nehmen CO_2 bei der Assimilation im Prozeß der Photosynthese auf. Bäume bauen also ^{14}C beim jährlichen Wachstum mit ein. Da das Dickenwachstum in Schichten geschieht, kann man bei Analyse des Verhältnisses von ^{14}C und ^{12}C in den verschiedenen Ringen die jährlichen Schwankungen im ^{14}C-Gehalt der Atmosphäre bestimmen. Dieses muß dann aber direkt die Produktionsrate in der Atmosphäre widerspiegeln. Bei fester geomagnetischer Breite erwarten wir also, daß sich die Variation der Sonnenaktivität darstellt. Abweichungen davon können allerdings auftreten, wenn das Erdmagnetfeld sich ändert oder sich gar umkehrt – was, wie wir wissen, in der Vergangenheit in der Tat geschehen ist. Man braucht sich nicht auf Bäume, die frisch gefällt wurden, zu beschränken. Die Kohlenstoff-14-Methode kann auch auf Baumreste angewandt werden (auch Versteinerungen). Mit der Methode hat man Datierungen bis 5000 v. Chr. vornehmen können. Man muß allerdings bei der Interpretation solcher Messungen beachten, daß es eine zeitliche Versetzung zwischen der Produktion von ^{14}C in der Atmosphäre, dem Transport dieses ^{14}C in die Biosphäre herunter und dessen Einbau in CO_2 gibt: sie beträgt etwa 20 Jahre. Diese Verzögerung »verschmiert« natürlich gleichzeitig auch kürzerperiodische Schwankungen, wie etwa den 11-Jahres-Zyklus, und versetzt herausragende Veränderungen in der ^{14}C-Produktion zeitlich entsprechend.

Die vorhandenen ^{14}C-Daten sind vor einigen Jahren von einer Gruppe amerikanischer Wissenschaftler zusammengestellt worden. Das ist in *Abb. 5.1* gezeigt. Die Zunahme der ^{14}C-Produktion ist dabei positiv nach unten dargestellt, so daß die Veränderung dem Sinne nach mit der Zunahme der Sonnenaktivität, nach oben gedacht, übereinstimmt. An das Beobachtungsmaterial wurde eine Sinus-Kurve (glatte Kurve) angepaßt. Diese Kurve hat eine Periode von knapp 10000 Jahren, was wiederum gut mit der aus paleomagnetischen[1] Messungen bekannten Periode von Veränderungen im magnetischen Moment der Erde übereinstimmt. In der Tat erreichte das magnetische Dipolmoment der Erde ein Maximum etwa um 200 n. Chr.

Aus diesem Bild kann man aber außerdem noch eine ganze Menge mehr lernen. Fangen wir auf der rechten Bildseite – der Neuzeit also –

1 Paleomagnetisch = Messungen des Magnetismus in Gesteinsproben, insbesondere Bestimmung der Richtung des Erdmagnetfeldes (vgl. Kapitel 11).

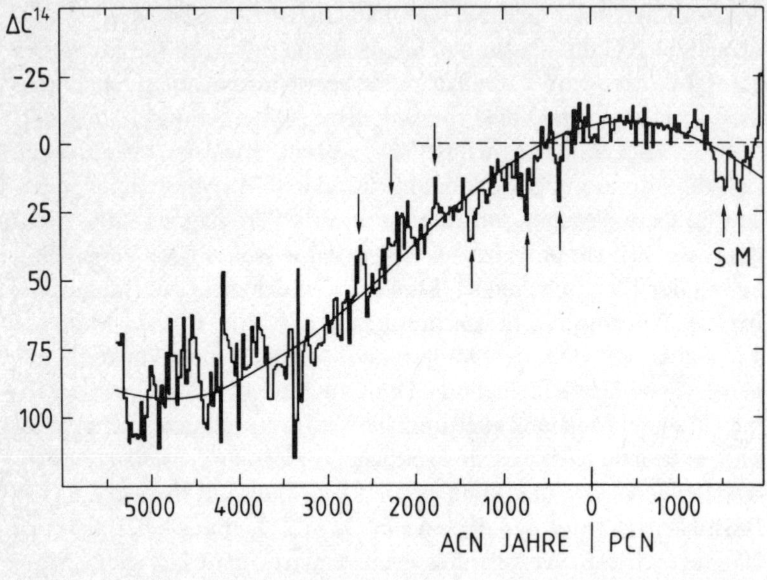

Abb. 5.1 Änderungen im Gehalt des Kohlenstoffisotops ^{14}C in verschiedenen Materialien in der Vergangenheit (Zunahme ist nach unten aufgetragen). Die starke Abnahme am rechten Bildrand signalisiert die industrielle Revolution des vergangenen Jahrhunderts mit dem Beginn dramatisch erhöhter Kohlenstoffverbrennung. Die mit S und M bezeichneten Zeitabschnitte sind Maunder- und Sporer-Minimum.

an. Die gewaltige Abnahme der ^{14}C-Konzentration am Ende des Bildes nennt man »Suess-Effekt«: Die Industrialisierung brachte eine gewaltige Steigerung der Kohleverbrennung mit sich, so daß der CO_2-Gehalt der Atmosphäre von unten dramatisch erhöht wurde. Entsprechend sank der von oben kommende relative Anteil des ^{14}C am nun vorhandenen CO_2 ab. In der jüngsten Zeit ist das natürlich noch viel stärker geworden, so daß heute entstehendes Material vom Solarzyklus bezüglich des ^{14}C-Anteils wahrscheinlich nicht mehr beeinflußt wird.

Gehen wir zurück in der Zeit, kommen wir zu den mit »S« und »M« bezeichneten tiefen Ausbuchtungen, die entsprechend niedrige Sonnenaktivität anzeigen. Da ist zunächst das »Maunder-Minimum« (M). Diese Periode (1645–1715), von dem britischen Astronomen E. W. Maunder zunächst als »verlängerte Minimumperiode« beschrieben, sollte aber nach der Einschätzung von John A. Eddy als herausragendes und außergewöhnliches Ereignis der Sonne-Erde-Beziehung angesehen werden. Er hat durch systematische Sammlung von mit der Sonnenaktivität verknüpften Beobachtungen verschiedenster Art (Sonnenfleckenbeobachtungen, Polarlichtbeobachtungen, erdmagnetische Registrierungen, Beobachtungen der Sonnenkorona während Sonnenfinsternissen) bestätigen können, daß während dieser 70 Jahre (!) Sonnenflecken nur sehr selten, wenn überhaupt sichtbar waren.

Eine wertvolle, erst in jüngster Zeit erschlossene historische Quelle der Beobachtung der Sonnenaktivität sind die 4000 Jahre zurückreichenden chinesischen Beobachtungen. Der chinesische Astronom Chu stellte 916 Beobachtungen von Sonnenfinsternissen zusammen, von 2137 v. Chr. bis 1785 n. Chr. Chinesische Astronomen hatten Sonnenfinsternisse hauptsächlich deshalb registriert, weil sie auf diese Weise die Genauigkeit des Kalenders nachprüfen konnten. Eine Sonnenfinsternis wurde dabei kunstvoll umschrieben mit Worten wie »als Sonne und Mond am Himmel nicht friedlich zusammen wohnen wollten ...«. Ein königlicher Hofastronom wurde geköpft, weil er die Sonnenfinsternis des Jahres 2137 v. Chr. nicht vorausgesagt hatte. Für den hier zu besprechenden Aspekt ist die Form der Sonnenkorona, die man bei Sonnenfinsternis sehen kann, von Interesse. Denn diese ist für Sonnenfleckenmaximum und -minimum total verschieden, wie man aus *Abb. 3.4* erkennt. Sammelt man solche Beobachtungen systematisch, dann kann man auch über Perioden vor 1600 Aussagen machen: ob es denn in jener Zeit einen unserer Zeit ähnlichen Aktivitätszyklus der Sonne gegeben habe. Das Ergebnis, die auf diese Weise nachträglich näherungsweise ermittelte Sonnenfleckenrelativzahl, ist in *Abb. 3.3* gezeigt und mit derartigen Mitteln bis zum Jahr 1600 fortgesetzt worden. Der 11-Jahres-Zyklus war wenigstens von 1650–1700 nicht beobachtbar. Ab 1700, verläßlicher ab 1750, haben wir belegte Evidenz für die Existenz des 11-Jahres-Zyklus. Davor wissen wir in der Tat nicht, ob dieser Zyklus überhaupt existiert hat! Wahrscheinlich hatte Galilei das Glück, daß er mit seinem Teleskop schon 1611 die Sonne beobachtete; Jahre später hätte er keine Flecken sehen können!

Die in *Abb. 5.1* mit »S« bezeichnete Periode, das Sporer-Minimum (1400–1510) im 15. Jahrhundert, hatte zweifellos Ähnlichkeit zum

Maunder-Minimum. Natürlich wird die Rekonstruktion schwieriger, aber es gibt genügend viele Berichte, die an seiner Realität keinen Zweifel lassen: also eine weitere Periode, während der es praktisch keine Sonnenflecken gab. Minima der ^{14}C-Produktion lassen auf eine Periode extrem hoher Sonnenaktivität schließen; in der Zeit um 1200 beispielsweise weisen die Berichte von Zeitgenossen auf starke Nordlichttätigkeit hin. Verfolgen wir die Figur weiter entgegen der Zeitrichtung, stoßen wir auf das Minimum von 640–710, noch früher auf das »Römische Maximum« 20 v. Chr. bis 80 n. Chr., das »Griechische Minimum« 440–360 v. Chr., das »Homerische Minimum« um 700 v. Chr., das »Ägyptische Minimum« um 1300 v. Chr., schließlich auf das »Sumerer-Minimum« um 2700 v. Chr. Die großen Ausschläge der Meßpunkte um die Mittellage in diesen frühen Jahren haben nur teilweise mit statistischen Schwankungen zu tun: Vielmehr hatte das magnetische Moment der Erde ein Minimum, so daß der Einfluß von der Sonne gelegentlich ausgestoßener energiereicher Atomkerne auf die Erdatmosphäre und die Bildung von ^{14}C erheblich größer waren als heute. Alles in allem weist diese Exkursion in die jüngere Erdgeschichte darauf hin, daß nichts auf streng periodisches Verhalten der Sonne hindeutet.

Eine weitere interessante Frage wurde jüngst ebenfalls von Eddy aufgeworfen. Er sammelte und wertete Beobachtungen, vorwiegend von Christof Scheiner (um 1630) und Johannes Hevelius (um 1647), aus, die Rückschlüsse auf den Durchmesser der Sonne zuließen, und kam zu der Schlußfolgerung, daß die Sonne um 2 Bogensekunden pro Jahrhundert schrumpfe. Zur Prüfung dieser These untersuchte Irwin Shapiro Merkur-Vorbeigänge vor der Sonne, für die er Beobachtungen aus der Zeit von 1750 bis zur Gegenwart fand. Er kam zum Resultat, daß die Änderung des Sonnendurchmessers höchstens 0,3 Bogensekunden pro Jahrhundert betragen haben konnte, doch scheint eine andere Hypothese eher plausibel: daß diese Veränderungen periodischer Natur sind. Eventuell ist das in Zusammenhang zu bringen mit einer Reihe ebenfalls in jüngster Zeit publizierter Hinweise auf eine Veränderung der Rotationsgeschwindigkeit der Sonne. Danach wird ein Zusammenhang zwischen Sonnenaktivität und Rotationsgeschwindigkeit vermutet – theoretisch plausibel, weil die Konvektionsinstabilität in der unter der Photosphäre liegenden Konvektionszone mit zunehmender Rotationsgeschwindigkeit wirkungsvoll unterbunden wird. Im 17. Jahrhundert habe, so der Astronom Eddy, die Rotationsgeschwindigkeit in dessen erster Hälfte kontinuierlich zugenommen – bis sich im Maunder-Minimum keine Sonnenflecken mehr bilden konnten. Die heutige Rotationsgeschwindigkeit liegt deutlich niedriger als die im 17. Jahrhundert aus zeitgenössischen Beobachtungen bestimmte.

Erwähnenswert ist, daß es ein zeitliches Nebeneinander von Maunder-, Sporer-Minimum, mittelalterlichem Maximum und klimatischen Veränderungen gibt. Zeiten mit verschwindender Sonnenaktivität entsprechen offenbar Zeiten abgesenkter mittlerer Temperaturen auf der Erde (»Kleine Eiszeit«, als die mittlere Temperatur um fast ein Grad niedriger lag als das langjährige Mittel). Entsprechend scheint es während des Maximums auch eine klimatische »Warmzeit« gegeben zu haben. Auch das Vorrücken und Zurückweichen von Gletschern scheint mit sprunghafter Veränderung der Sonnenaktivität in Zusammenhang zu stehen.

Allerdings hat man trotz intensiver Bemühung noch keinen Mechanismus gefunden, mit dessen Hilfe man eine direkte Einwirkung der Sonnenaktivitätsvariation auf Klima und Wettergeschehen hätte finden können. Denn die Intensität der elektromagnetischen Strahlung von der Sonne ist im Mittel konstant und zeigt die Variation der Fleckenrelativzahl nicht. Eddy hat jedoch vorgeschlagen, jene Effekte könnten über eine Änderung der Solarkonstante vermittelt werden, welcher die Sonnenaktivität sozusagen überlagert ist.

Dieser Gedanke hat eine interessante Weiterung. Die thermonukleare Reaktion im Sonneninneren, bei der Wasserstoff zu Helium verbrennt, verläuft in zwei Etappen. In einem ersten Schritt vereinigen sich zwei Protonen zu einem Deuteron. Genauer bildet sich dabei aus einem Proton ein Neutron unter gleichzeitiger Emission eines positiv geladenen Elektrons (Positron) und eines Neutrinos; Proton und Neutron bilden zusammen einen stabilen Deuterium-Kern (D, ^{2}H). In weiteren Stößen bildet sich aus Deuterium Helium, wobei aber kein Neutrino mehr freigesetzt wird. Ein Neutrino (von dem amerikanischen Physiker Enrico Fermi so genanntes Elementarteilchen) besitzt wie ein Photon weder Ladung noch meßbare Masse. Das Neutrino reagiert fast nicht mit Materie und ist daher nur mit sehr großem Aufwand nachzuweisen. Andererseits vermag es aus demselben Grund Sterne zu durchdringen. Neutrinos aus der »Kernfusionsküche« der Sonne sollten daher auf der Erde nachweisbar sein. Sie sind sehr energiereich, weil sie aus der Umwandlungsenergie des Protons entstehen (die thermische Energie der Sonne stammt aus der frei werdenden Energie bei der Bildung von Deuterium und Helium!). Ihrem Nachweis dient eine riesige Szintillationszähleranlage in einem 1500 m unter der Erdoberfläche liegenden stillgelegten Salzbergwerk in den USA. In dieser Anlage, die mit C_2Cl_4 gefüllt ist, mißt man den durch Reaktion eines Chlorkerns der Massenzahl 37 mit einem Neutrino entstehenden Lichtblitz, wobei sich der Chlorkern in einen Argonkern gleicher Masse umwandelt. Man fand aber nur ein Drittel des von der Sonne erwarteten Neutrinoflusses[1].

Wie muß man das verstehen? Wird die Energieerzeugung im Sonneninneren an- und abgeschaltet? Oder was sonst ist in den Vorstellungen solarer Energieerzeugung falsch? Als einfacher Ausweg aus dem Dilemma bietet sich die Hypothese an, daß die thermonukleare Energieerzeugungsrate im Sonneninneren tatsächlich etwas kleiner ist, als bisher angenommen wurde und daß die Sonne mit einer gewissen Zeitkonstante schrumpft, so daß ein Teil der Sonnenenergie (einige Prozent) aus Gravitationsschrumpfung stammt. Das könnte zu einem komplizierten Gleichgewichtszustand führen. Die Sonne schrumpft demnach tatsächlich nur zeitweilig, bläht sich danach durch Erhöhung des Strahlungsdrucks wieder auf, wird also kühler und schrumpft nun erneut. Periodische Änderungen also, wie Eddy vermutete, die dem konstanten Energieausstoß überlagert sind. Was immer es sei: man wird vermuten, daß die für uns beobachtbaren Phänomene nur sekundäre Erscheinungen sind, von viel gewaltigeren Prozessen, die sich tief im Sonneninneren abspielen, von de-

1 Der Punkt ist äußerst interessant. Es könnte so sein, wie nachstehend beschrieben. Völlig andere Erklärungsmöglichkeiten deuten sich jedoch an: Vielleicht wandeln sich einige Neutrinos im Fluge in Antineutrinos, ihre Anti-Teilchen, um (wie das derzeit in der »Großen Vereinigungstheorie« der Elementarteilchenphysik diskutiert wird); vielleicht haben Neutrinos endliche Masse (was sowjetische Arbeiten zu belegen scheinen). Die Nicht-Erklärbarkeit des solaren Neutrinoflusses könnte daher auch ein Tor aufstoßen, das Fortschritte im Verständnis der Elementarteilchentheorie erlaubt.

nen wir heute noch zu wenig wissen, um sie in Einzelheiten beschreiben zu können.

Wenn man auch über den Einfluß der Sonne auf unser Klima nichts Verläßliches weiß, so ist doch der Einfluß des *Menschen* auf das Klima mittlerweile unübersehbar geworden. Wälder wurden beseitigt, um Land urbar zu machen. Das führte zu einer Zunahme der Oberflächenwindgeschwindigkeiten, zu Änderungen in Temperatur und Luftfeuchtigkeit in den unteren Atmosphärenschichten ebenso wie zu einer Änderung im Regime der Bodenfeuchte und Verdunstung. Eine andere Auswirkung menschlicher Betätigung ist die künstliche Bewässerung, die in manchen Gegenden seit Jahrhunderten angewandt wird. Durch die damit verbundene erhöhte Verdunstung ergaben sich regionale Temperaturerniedrigung und eine Zunahme der relativen Feuchtigkeit.

In jüngerer Zeit hat sich der Verdacht erhärtet, daß menschliche Betätigung auf das Klima noch in ganz anderer Weise Auswirkungen haben könnte. Milliarden Tonnen von Kohle und Öl werden Jahr für Jahr verbrannt und als Kohlenstoffdioxyd (CO_2) in die Atmosphäre verfrachtet. Würde das CO_2 in der Atmosphäre bleiben, würde dessen Konzentration stark anwachsen. Glücklicherweise ist das nicht ganz so dramatisch: Wegen des ständigen Austausches von CO_2 zwischen Atmosphäre und Ozeanen wird ein großer Teil des CO_2 im Wasser gelöst (19 Mol pro Quadratmeter und Jahr) und nur ein Teil des anthropogenen CO_2 verbleibt in der Atmosphäre. Trotzdem hat die CO_2-Menge in der Atmosphäre im letzten Jahrhundert um 10–15 % zugenommen. Derzeit steigt der CO_2-Gehalt der Atmosphäre um 0,2 % pro Jahr! Die Ozeane wirken also wie Puffer für die CO_2-Erzeugung und haben so über die Zeiten hin gewirkt. Die forcierte CO_2-Erzeugungsrate liegt aber höher als die Zirkulationszeit der Ozeane, die dafür sorgt, daß Karbonate am Meeresboden sedimentieren, also CO_2 aus dem Wasser effektiv entfernt wird. Die ozeanische CO_2-Reserve wird auf das 50fache des Gehalts der Atmosphäre geschätzt. Das hat einen zugleich auch destabilisierenden Effekt bei Klimavariationen! Erwärmt sich nämlich das Wasser, gibt es CO_2 an die Atmosphäre ab. Zugleich verdunstet mehr Wasser. Beide, Wasser und Kohlendioxyd, absorbieren im infraroten Spektralgebiet, erhöhen also den Treibhauseffekt der Atmosphäre (vgl. unten), wodurch sich die Ozeane weiter erwärmen usw. Lediglich die Erhöhung des Bewölkungsgrades puffert diesen Effekt durch Verminderung der Einstrahlung.

Paleoklimaforschung beschäftigt sich mit Zeugnissen für irdisches Klima in ferner Vergangenheit. Über hundert Jahre schon sind solche Bemühungen im Gange. Aber in jüngster Zeit haben neue Untersuchungsmethoden, die dank verbesserter Meßmethoden möglich geworden sind, auch hier erhebliche Fortschritte gebracht. So konnte in den letzten fünf Jahren eine recht befriedigende »Geschichte« klimatischer Veränderungen der letzten 18000 Jahre (seit der letzten Eiszeit) aufgezeichnet werden: die Oberflächentemperatur, die Meereseisverteilung, die Albedo der Erdoberfläche. Mit diesen Parametern wurden Klimamodelle gespeist, mit deren Hilfe dann Aussagen über meteorologische Einzelheiten (z. B. Wetter) gewonnen wurden. Bodenuntersuchungen an verschiedenen Orten in Europa weisen darauf hin, daß es in den letzten 2 Millionen Jahren 17 zwischeneiszeitliche Zyklen gegeben hat. Vergletscherung hat vermutlich bereits vor 2,5 Millionen Jahren eingesetzt. Andere Aussagen über das Klima stammen z. B. aus der Untersuchung von Baumringen mit Radioisotopen-Methoden und deren Ausmessungen (dickere Ringe in feuchtwarmen Jahren), aus der Untersuchung von Pollenkörnern, die in Sedimenten eingeschlossen waren, aus der Untersuchung von Vertorfungen, aus Meeresplankton u. a.

Die Paleoatmosphäre – jene also, die sich nach Abkühlung der Erde zuerst gebildet hat – muß Wasser, Kohlendioxyd und molekularen Stickstoff enthalten haben, der durch »Ausgasen« der Erde entstand. Biologische Prozesse haben (Photosynthese, Stoffwechsel) dann sehr viel später erst Sauerstoff, Ammoniak, Methan und andere Gase hinzugefügt. Für Sauerstoff insbesondere war die Photolyse von Wasser und Kohlendioxyd (d. h. die Auftrennung der Moleküle in Atome unter der Einwirkung von Licht) die wesentliche Quelle. Drastisch erhöht hat sich der Sauerstoffgehalt aber erst als Folge der Photosynthese, also nach der Heraufkunft des Lebens. Erst damit in Zusammenhang entstand Ozon. Man sollte sich insbesondere klarmachen, daß die Erdoberfläche in jenen frühen Jahren unter voller Beleuchtung durch ultraviolettes Sonnenlicht stand, das erst nach der Entstehung von Ozon abgeschirmt wurde.

In den letzten Jahren hat die Klimaforschung gewaltigen Aufschwung genommen, einmal, weil wegen bedrohlich erscheinender

Donald C. Johanson/ Maitland A. Edey
Lucy
Die Anfänge der Menschheit. A. d. Engl. v. H.-J. Baron v. Koskull. Ca. 480 S. m. ca. 32 s/w-Fotos u. 142 Strichzeichng., Diagrammen u. Tabellen. Geb. DM 38.–
»Johanson und Edey haben mit Lucy einen faszinierenden Einblick in die Welt der Paläoanthropologie geliefert – ein Buch, das es verdient hat, mit dem Klassiker ›Die Doppel-Helix‹ des amerikanischen Biochemikers und Nobelpreisträgers James Watson verglichen zu werden.«
Zeit-Magazin

Hans Küng
Existiert Gott?
Antwort auf die Gottesfrage der Neuzeit. Sonderausgabe. 878 S. Geb. DM 25.–.

Hans Küng
Christ sein
Sonderausgabe. 676 S. Geb. DM 25.–.

Robert F. Schmidt
Biomaschine Mensch
Normales Verhalten, gestörte Funktion, Krankheit. Sonderausgabe. 452 S. m. 74 Tafeln. Geb. DM 29.80.

Hans Wimmer
Zeichnungen
M. e. Vorw. v. G. Busch. Ca. 272 S. m. ca. 270 Zeichng. Ln. DM 120,–
Limitierte Vorzugsausgabe, signiert u. numeriert. Ln. DM 168.–
In dieser vom Künstler selbst zusammengestellten Auswahl von 270 Zeichnungen stellt der bekannte Bildhauer Hans Wimmer Arbeiten vor, die sein Lebenswerk begleiten.
»Die Bildhauerzeichnung ist ein verbissenes, gieriges und zugleich behutsames Auf-der-Lauer-sein.«
Hans Wimmer

Hannah Arendt
Vom Leben des Geistes
Bd. 1: Das Denken. Bd. 2: Das Wollen. Sonderausgabe. Zus. 512 S. Ln. DM 49.80.

Irenäus Eibl-Eibesfeldt
Die Malediven
Paradies im Indischen Ozean. Ca. 324 S. m. 188 größtent. farb. Abb. Geb. DM 68.–
Der berühmte Verhaltensforscher, seit langem passionierter Taucher, berichtet von der Geschichte der Erforschung der maledivischen Riffe und ihrer vielgestaltigen Lebenswelt: der Schlüssel zur Artenfülle und Buntheit der schönsten Atollgebiete der Welt. Ein herrliches Reisebuch in ein Taucherparadies – auf dem neuesten Stand der Meeresbiologie.

Hans Heinrich Eggebrecht
Die Musik Gustav Mahlers
Ca. 360 S. m. 72 Notenbeisp., Ln. DM 56.–
Gustav Mahlers Fähigkeit zum musikalischen Benennen der Wirklichkeit steht im Zentrum dieses großen Mahler-Buches. Für alle Fachleute und musikinteressierten Laien ein notwendiges Buch, das dem Leser neue und oft überraschende Wege zu Mahlers Musik öffnet.

Peter Hoffmann
Widerstand Staatsstreich Attentat
Der Kampf der Opposition gegen Hitler. Sonderausgabe. 1003 S. m. Karten, Skizzen u. 8 Fotos. Geb. DM 49.80.

Erhard Keppler
Sonne, Monde und Planeten
Was geschieht im Sonnensystem? Ca. 320 S. m. ca. 60 s/w-Abb. u. 15 Farbabb. Geb. DM 39.80
Erhard Keppler, seit Jahren als Wissenschaftler an der Weltraumforschung aktiv beteiligt, beschreibt den heutigen Kenntnisstand der Planetenforschung nach dem Vorbeiflug der Voyager-Sonden am Saturn. Der Autor gibt so allen, die – über die Faszination der Bilder hinaus – mehr darüber wissen wollen, wie unser Sonnensystem funktioniert, das nötige Grundwissen an die Hand.

Martin Gregor-Dellin
Schlabrendorf oder
Die Republik

Ca. 208 S. Ln. DM 28.–
»Die Grundsätze wahrer Freiheit haben nie einen wärmeren Anhänger gehabt«, schrieb Karl August Varnhagen von Ense 1824 zum Tode von Gustav Graf von Schlabrendorf. Martin Gregor-Dellin legt hier einen biographisch-historischen Roman vom Leben eines ungewöhnlichen Mannes vor, der eine andere Möglichkeit Preußens verkörpert.

Eve Marie Helm
Der Schatz vor unserer Tür

Schatzsagen aus Deutschland. Ca. 256 S. m. s/w-Abb. u. Karten. Geb. DM 29.80
In 60 Sagen, zusammengestellt aus verstreuten Quellen des 19. Jahrhunderts, erzählt Eve Marie Helm, wo überall in deutschen Landen Dukaten, Taler und Edelsteine zu finden sind.
Dieses Buch lädt auf phantasievolle Weise zum Wandern ein und regt seinen Leser an, auf eigene Faust loszuziehen, um vielleicht selbst fündig zu werden. Denn Schätze gibt es überall, man muß sie nur suchen.

Jean Renoir
Leicht ums Herz

Roman. A. d. Franz. v. R. u. H. Soellner. Ca. 164 S. Geb. DM 26.–
Erinnerungen eines exzentrischen Müßiggängers – ein Buch über die Kunst zu leben:
Ein Roman voller Anekdoten und bizarrer Einfälle, voller Humor und verschmitzter Bedeutung. Ein Stück naiver Literatur und zugleich romanhaft veränderte Erinnerung.

Karl Valentin
Hochachtungsvollst
Karl Valentin,
Komiker, gewesenes Kind

39 Valentiniaden, gesammelt zur Ergötzung des Publikums. Ca. 160 S. Kart. DM 9.90
Das Präsent des Valentin-Verlags zum 100. Geburtstag des einzigartigen Poeten am 4. Juni 1982. Mit drei bisher noch nie veröffentlichten Texten.

Litfass

Berliner Zeitschrift für Literatur. Hrsg. v. A. Assenov.
Ca. 144 S. Erscheinungsweise: Vierteljährlich. Bezugspreis f. d. Einzelheft DM 6,50 (inkl. 6,5 % MwSt.). Im Jahresabonnement DM 20.–. Jeweils zzgl. Versandkosten.

Edouard Chambost
Die Bankgeheimnisse in den Ländern der Welt

A. d. Franz. v. B. Vaccaro u. Ch. Plänk. Bearb. d. deutschen Ausgabe: R. Mang. Ca. 400 S. m. Abb. u. Tabellen. Geb. DM 78.–
Zum ersten Mal für alle Geldanleger – Laien und Fachleute: die umfassende Darstellung der Praxis der Bankgeheimnisse in 40 Ländern der Welt.
Alle Bestimmungen, Daten, Hintergründe – und ihre Beurteilung durch den erfahrenen Praktiker und Wirtschaftsanwalt Edouard Chambost.

Raymond Cartier
50mal Amerika

Piper Panoramen der Welt.
Überarb. Neuauflage. A. d. Franz. v. L. Schlaich u. M. Harriès-Kester. Ca. 520 S. m. 31 Fotos. Geb. DM 39.80
Mit neuesten Zahlen und Daten.

Jim E. Lovelock
Unsere Erde wird überleben
GAIA – Eine optimistische Ökologie. A. d. Engl. v. M. Oertl. Ca. 240 S. m. 1 Foto, 7 Graphiken u. 3 Tabellen. Geb. DM 28.–
Lovelocks Vorstellung von GAIA – der Erde als einer sich selbst regulierenden Einheit – bietet eine notwendige Alternative zu der pessimistischen Ansicht, daß die Natur nur eine geistlose Macht darstelle, die der Mensch sich unterwerfen und damit vernichten könne.

Imogen Seger
Wenn die Geister wiederkehren
Weltdeutung und religiöses Bewußtsein in primitiven Kulturen. Ca. 350 S. m. 31 s/w-Abb. u. 6 Farbabb. Geb. DM 39.80

Imogen Seger versetzt den Leser mitten in die Welt primitiver Kulturen und fordert ihn auf, die Erfahrungen, die andere Kulturen in ihren Mythen, ethischen Vorschriften und Ritualen zum Ausdruck bringen, so ernst zu nehmen wie unsere eigenen Erfahrungen.

Niko Tinbergen
Das Tier in seiner Welt
Wissenschaftliche Studienausgabe. Bd. 1: Freilandstudien. A. d. Engl. v. A. Koehler. 371 S. m. 112 Abb. Kart.
Bd. 2: Laborversuche und Schriften zur Ethologie. A. d. Engl. v. A. Koehler. 242 S. m. 47 Abb. Kart. Beide Bände zus. DM 29.80.

Atomkraft – ein Weg der Vernunft?
Civitas Resultate. Hrsg. v. Ph. Kreuzer, P. Koslowski, R. Löw. SP 238. Ca. 380 S. Kart. DM 18.–

Wolf Graf von Baudissin
Nie wieder Sieg!
Programmatische Schriften 1951–1981. Hrsg. v. C. Bührle u. C. von Rosen. SP 242. Ca. 250 S. Kart. DM 18.–

Klaus von Beyme
Parteien in westlichen Demokratien
SP 245. Ca. 400 S. Kart. DM 24.–

Carl Dahlhaus
Musikalischer Realismus
Zur Musikgeschichte des 19. Jahrhunderts. SP 239. Ca. 128 S. Kart. DM 18.–

Aldous Huxley
Die Kunst des Sehens
Was wir für unsere Augen tun können.
A. d. Engl. v. Ch. Graf. SP 216. Ca. 176 S. Kart. DM 14.–

Franz Marc
Briefe aus dem Feld
V. K. Lankheit überarb. Neuausgabe. SP 233. Ca. 128 S. Kart. DM 14.–.

P.E.N.-Schriftstellerlexikon Bundesrepublik Deutschland
Hrsg. v. M. Gregor-Dellin u. E. Endres. SP 243. Ca. 240 S. Kart. DM 16.–.

Sonderausgabe in der Serie Piper:

Richard Friedenthal
Goethe
Sein Leben und seine Zeit
SP 248. 672 S. Kart. DM 17.80
»Die Kunst, Geschichte lebendig zu machen, beherrscht Friedenthal als Meister; präzise Kenntnisse, souveräne Behandlung des Riesenmaterials, ein skeptischer Witz machen die Lektüre über weite Strecken zu einem großen, spannenden Vergnügen.«

Barbara Bondy

Anna Achmatowa
Im Spiegelland
Ausgewählte Gedichte. Hrsg. u. eingel. v. E. Etkind. Ca. 220 S. Geb. DM 34.–
Die Gedichte Anna Achmatowas, der bedeutendsten russischen Lyrikerin, erstmals in einer repräsentativen Auswahl. Anna Achmatowas Themen sind Liebe und Trennung, das Heimweh nach der Kindheit und die Natur. In den späteren Gedichten beschwört sie die Schrecken der stalinistischen Zeit – Achmatowa wird zur tragischen Stimme einer ganzen Generation.

Ingeborg Bachmann
Simultan
Neue Erzählungen. Sonderausgabe. 233 S. Ln. DM 16.80.

Ingeborg Bachmann
Werke
Vier Bände. Hrsg. v. Ch. Koschel/I. v. Weidenbaum/C. Münster. Sonderausgabe. 2288 S. Geb. DM 68.–
Das vollständige literarische Werk Ingeborg Bachmanns erscheint als einmalige Sonderausgabe – 4 Bände in Bütten gebunden in einer eleganten Kassette für nur DM 68.–.

Lucien Bodard
Das Mädchen aus dem Dschungel
Roman. A. d. Franz. v. D. Winkler. Ca. 360 S. Geb. DM 34.–
Dschungelkrieg im Indochina des ausgehenden 19. Jahrhunderts. Ein junger, adliger französischer Offizier sucht Hilfe bei einem wilden Bergvolk. Als Preis für die Unterstützung muß er Niau, die Tochter des Stammesoberhaupts, heiraten. Das Naturkind Niau wird Herzogin und weiß die Situation zu nützen.

Barbara Bronnen
Die Diebin
Roman. Ca. 220 S. Geb. DM 29.80
Barbara Bronnens zweiter Roman ist die Geschichte einer Frau, die zum Opfer ihrer hochfliegenden Träume von Liebe, Romantik und vom Süden wird – ein Roman aus dem Matriarchat von heute.

William Byron
Cervantes
Der Dichter des Don Quijote und seine Zeit. A. d. Amerik. v. H. Neves. Ca. 560 S. m. 16 Kunstdrucktafeln, Bibliographie, Zeittafel u. Register. Ln. DM 48.–
Leben, Zeit und Dichtung des Schöpfers des »Don Quijote« – ein großes Fresko des europäischen 16. Jahrhunderts. Die erste umfassende Biographie eines der größten Dichter der Weltliteratur, eines Mannes, dessen Leben so reich an Abenteuern, an Höhen und Tiefen war wie das seiner berühmtesten Gestalt, des Don Quijote. Ein Ereignis in der Reihe der großen Piper-Biographien.

Josef Einwanger
Öding
Roman. 223 S. Geb. DM 29.80
Öding – eine Kleinstadt in Deutschland. Ein Lehrer wehrt sich gegen die drückende Enge seiner Umwelt, die ihn, seine Familie und seine Schüler zu ersticken droht. Ein Roman über die moralische Notwendigkeit des Widerstands.

Richard Friedenthal
Goethe
Sein Leben und seine Zeit. Neuausgabe. 672 S. Ln. DM 38.–
Die bedeutendste Goethe-Biographie unserer Zeit, (deutsche Gesamtauflage über eine halbe Million!) zum 150. Todestag des Dichters.
»... so plastisch, so unterhaltsam, ja, geradezu spannend geschrieben, daß es den Ring der Unnahbarkeit sprengt, der Goethe für viele noch umschließt.«
Hans Schwab-Felisch

Martin Gregor-Dellin
Richard Wagner
Sein Leben, sein Werk, sein Jahrhundert. Sonderausgabe. 930 S. Ln. DM 32.–.
»Die erste authentische Biographie nach hundert Jahren.«
Wolf Rosenberg, Bayerischer Rundfunk

Cosima Wagner
Die Tagebücher
Hrsg. v. d. Stadt Bayreuth. Ediert u. kommentiert v. M. Gregor-Dellin/D. Mack. Neu durchges. im Anhang revidierte Ausgaben:

Bd. 1: 1869–1872. SP 251. Ca. 624 S. Kart. DM 19.80
Bd. 2: 1873–1877. SP 252. Ca. 688 S. Kart. DM 19.80
Bd. 3: 1878–1880. SP 253. Ca. 656 S. Kart. DM 19.80
Bd. 4: 1881–1883. SP 254. Ca. 688 S. Kart. DM 19.80

»Was jedoch der Leser in erster Linie wissen will, ob er sich dieses Buch verschaffen soll oder gar muß: Noch nie in meinem schriftstellerischen Leben habe ich Biographisches so vollherzig, so vollhirnig empfohlen.«

Hans Keller, Frankfurter Allgemeine Zeitung

Zu beziehen durch:

R. Piper & Co. Verlag, Postfach 430120, 8000 München 40

Piper

Frühjahr 1982

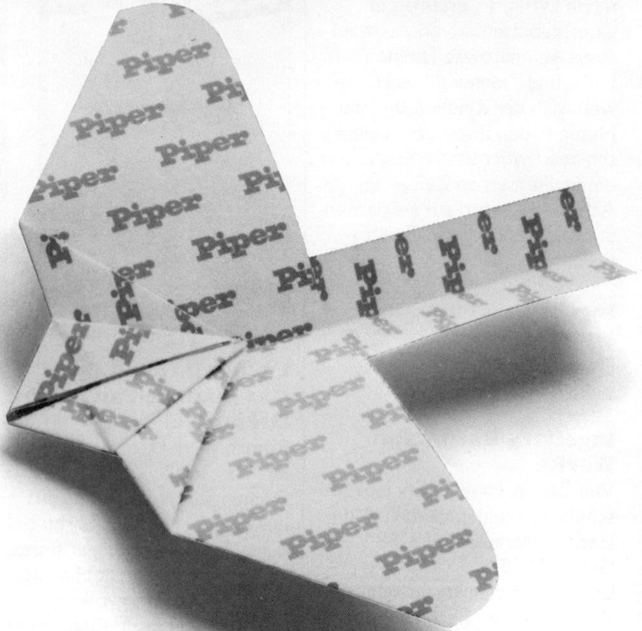

Die neuen Bücher

Veränderungen größere Ressourcen dafür bereitgestellt wurden, zum anderen, weil wir jetzt über die wissenschaftlichen Methoden verfügen, mit deren Hilfe man derart schwierige Probleme angehen kann, und schließlich, weil die heutigen Rechenmaschinen sehr viel leistungsfähiger sind. Klima als Forschungsgegenstand ist daher heute möglich.

Redet man über Klima, muß man wenigstens ein paar Worte über das Wetter verlieren, weil das ja ein Gegenstand der unmittelbaren Erfahrung ist. Allerdings wollen wir es an dieser Stelle bei ein paar Bemerkungen über die Wettervorhersage bewenden lassen. »Wenn der Hahn kräht auf dem Mist, ändert sich's Wetter, oder es bleibt, wie's ist« – so umschreibt der Volksmund die sozusagen ohne Vorkenntnisse erreichbare 50% treffsichere Wettervorhersage. Den Meteorologen machte das sehr zu schaffen, weil die Erhöhung der Treffsicherheit der Vorhersage mit erheblichem Aufwand verbunden ist. Zwei Wege der Wettervorhersage sind prinzipiell möglich: Ideal wäre es, wenn man das klimatische System mit all seinen vielfältigen Rückkopplungsmechanismen so gut verstünde, daß man ein deterministisches, physikbezogenes Modell entwerfen könnte, das alle wichtigen Eigenschaften regionaler Klimata hinreichend genau wiedergibt und Voraussagen für künftige klimatische Ereignisse erzeugt, die in Raum und Zeit korrekt sind. Solche Modelle gibt es zur Zeit nicht. Also macht man Abstriche und gelangt zu einfacheren Modellen, die zwar mehr als 50% Treffsicherheit erlauben, aber für zweitägige Vorhersagen günstigstenfalls 75% erreichen. Bei Vorhersagen für kürzere Zeitintervalle steigt natürlich die Treffsicherheit; entsprechend nimmt sie ab für längere Vorhersagezeiträume.

Die zweite Methode der Wettervorhersage ist statistischer Art. Statistisch hat man natürlich klimatische Entwicklungen längst erfaßt. Damit kann man Wahrscheinlichkeiten für bestimmte Entwicklungen angeben. Um einen Eindruck von der Qualität solcher Vorhersagemethoden zu vermitteln, zeigen wir in *Abb. 5.2* eine vorhergesagte (»predicted«) und eine wirklich beobachtete (»observed«) Wetterkarte. Darin sind die Temperatur- und Niederschlagsstrukturen im Sommer 1979 dargestellt. Die Buchstaben bedeuten: B: unter normal, N: normal, A: höher als normal, L: leicht, M: mäßig, H: stark. Diese Vorhersage basierte auf Daten, die bis Ende Mai 1979 verfüg-

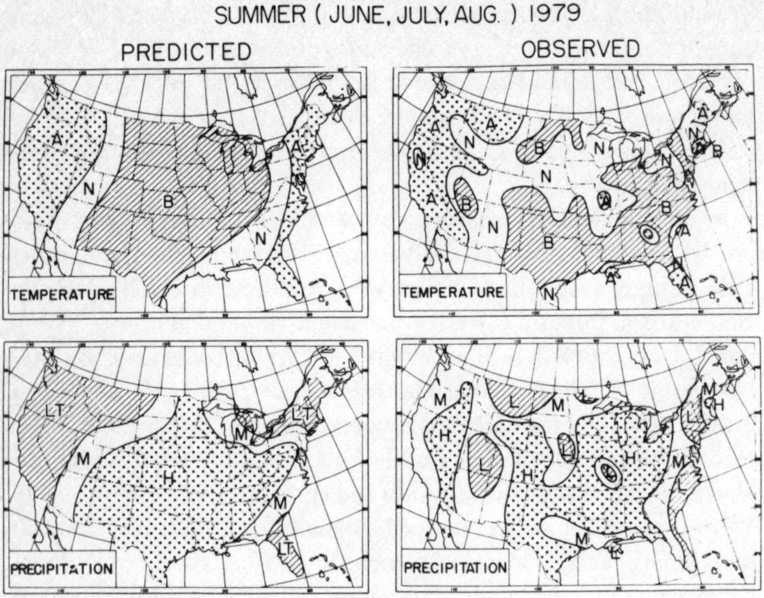

Abb. 5.2 Beispiel einer Wettervorhersage (linke Spalte) in den USA für Temperatur (oben) und Niederschlag (unten). Der Vergleich mit der tatsächlich beobachteten Wettersituation (rechte Spalte) zeigt die Probleme lokaler Abweichungen. Der allgemeine Trend wurde recht gut wiedergegeben. Das gezeigte Beispiel gilt als sehr gute Vorhersage.

bar waren. Ein solches Resultat wird von Fachleuten als »gute Vorhersage« gewertet.

Ein ganz anderes Verfahren hat in jüngster Zeit wegen seiner außerordentlich hohen Treffsicherheit Aufsehen erregt. Es ist in den USA entwickelt worden und benutzt hauptsächlich einen Rechner. Die Maschine wird mit den aktuellen Daten gefüttert. Sie vergleicht diese mit im Rechner gespeicherten Wetterkarten – man hat die in einer Region im Verlauf mehrerer Jahre beobachteten Wetterentwicklungen typisiert und gespeichert. Die Vorhersage des Rechners ist dann ganz einfach: er wählt die gespeicherte Wetterentwicklung aus, deren Ausgangslage mit den aktuellen Daten am besten übereinstimmt. Mit dieser Methode hat man die beste je erzielte Treffsicherheit erreicht. Bemerkenswert daran ist, daß dieses Verfahren fast völlig empirisch ist und im Grunde genommen gar keine Kenntnis der Meteorologie verlangt!

CO_2 hat maßgebliche Bedeutung für den Wärmehaushalt der Atmosphäre. Kurzwelliges Licht wird durch CO_2 nicht beeinflußt, jedoch absorbiert CO_2 im längerwelligen Bereich recht kräftig. Das Maximum der von der Sonne eingestrahlten Energie liegt im sichtbaren Teil des elektromagnetischen Spektrums. Die Erdoberfläche emittiert entsprechend ihrer niedrigen Temperatur im sehr viel längerwelligen Infrarot, wo CO_2 absorbiert. Wir haben also den Effekt, daß das Strahlungsgleichgewicht dadurch gestört wird, daß das von der Erde normalerweise in den Weltenraum zurückgestrahlte Infrarotlicht in der Atmosphäre reabsorbiert wird. Darum wird die Atmosphäre wärmer. Der Gärtner macht ähnliches im Treibhaus: wir nennen den Effekt daher »Treibhauseffekt«. Hochrechnungen haben ergeben, daß zum Ende dieses Jahrhunderts – bei unverändertem Energieverbrauch – ein Temperaturanstieg um etwa 0,5° C eintreten könnte.

Bereits 1896 wies der schwedische Physiker Svante Arrhenius, 1899 der Engländer T. C. Chamberlin darauf hin, daß infolge der Zunahme des CO_2-Gehalts der Atmosphäre Änderungen im globalen Klima erfolgen könnten. Insoweit sind solche Befürchtungen nicht neu. Die Genannten hatten befürchtet, diese Änderung würde bereits um die (vergangene) Jahrhundertwende eintreten. Da aber nichts Merkliches geschah, nahm man das in den folgenden 50 Jahren nicht mehr sehr ernst. In jüngerer Zeit hat das Thema aber wieder Interesse gefunden – nicht von ungefähr. Heute wird es allgemein als »das Kohlenstoffdioxyd-Problem« angesprochen: es ist in der Tat ein Problem.

Sicher ist, daß der CO_2-Gehalt der Atmosphäre weltweit im Jahresmittel zunimmt. Daneben gibt es natürlich eine starke Wechselwirkung zwischen dem atmosphärischen CO_2-Gehalt und der Biosphäre (Abbau von CO_2 durch Assimilation) mit einem ausgeprägten jahreszeitlichen Effekt (vgl. *Abb. 5.3*). Diesem Effekt sind andere überlagert – z. B. die Wechselwirkung mit den Oberflächen der Weltmeere, in denen viel CO_2 gelöst wird.

In der terrestrischen Biosphäre wird natürlich ebenfalls CO_2 erzeugt, das in die Atmosphäre gelangt (z. B. unser Atem), und aus den Ozeanen wird auch CO_2 zurück an die Atmosphäre abgegeben. Da

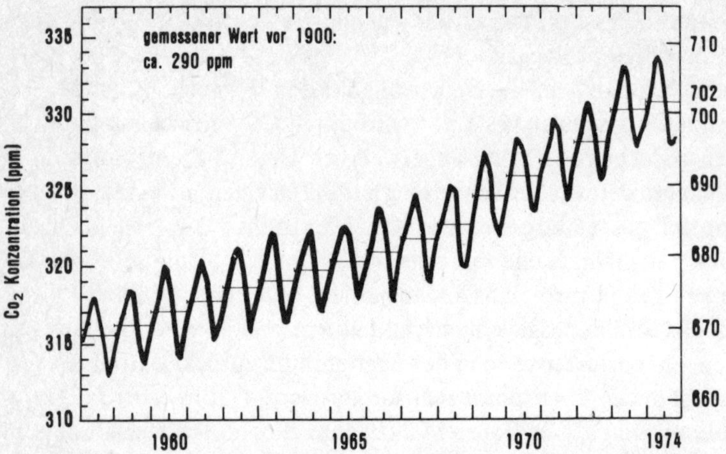

Abb. 5.3 Variation des CO_2-Gehalts in der Atmosphäre nach Messungen des Mauna-Loa-Observatoriums in Hawaii. Man erkennt den Sommer/Winter-Zyklus der Photosynthese, dem der ansteigende Trend überlagert ist.

man aber annehmen kann, daß die natürliche CO_2-Erzeugung im Gleichgewicht mit der Atmosphäre stand, muß man die beobachtete Zunahme der von Menschen bewirkten Verbrennung und anderen industriellen Prozessen (wie z. B. der Zementherstellung) zuschreiben. Es wäre in diesem Zusammenhang natürlich wichtig zu wissen, wie hoch die CO_2-Konzentration in der Atmosphäre vor Beginn menschlicher Einwirkung wirklich war. Wäre nur fossile Verbrennung zu berücksichtigen, so müßte man auf eine vorindustrielle Konzentration von 0,3‰ schließen (weil man den fossilen Brennstoffverbrauch relativ gut kennt). Wenn aber die Aktivität des Menschen zu einer merklichen Verringerung des in der Biosphäre gespeicherten Kohlenstoffs geführt hätte (z. B. Abholzung von Wäldern), dann müßte man die CO_2-Konzentration im 19. Jahrhundert erheblich niedriger ansetzen. Die Schätzungen sind deswegen schwierig, weil man den CO_2-Haushalt der Biosphäre nicht sehr genau quantifizieren kann. Man ist da sehr auf Schätzungen angewiesen (z. B. wie stark die Verminderung der Wälder auf der Erde war oder welche Düngemittel CO_2 an die Luft abgeben usw.), und diese Schätzungen können natürlich leicht falsch sein. Die bisher vom Menschen verursachte Steigerung des CO_2-Gehalts der Atmosphäre könnte daher ebensogut 25 % betragen[1]! Wir wollen uns daher an dieser Stelle mit dieser qualitativen Aussage (und insoweit ist sie richtig) zufrieden geben. Die Frage nach der klimatischen Wirkung von CO_2-Konzentrationssteigerungen ist darum offen.

Man kann unsere Nachbarplaneten Venus und Mars zum Vergleich heranziehen. Beide haben eine CO_2-Atmosphäre mit beachtlichem Treibhauseffekt – und keine Spur von Leben. Die Erde liegt zwischen beiden. Hätte sie eine CO_2-Atmosphäre, wäre ihre Oberflächentemperatur sicher erheblich höher als heute, vermutlich im Bereich von 50° C. Leben würde unter diesen Umständen vielleicht nicht erlöschen aber wohl auf einige Arten beschränkt bleiben, wie wir sie aus Wüstengebieten kennen. Eine solche Atmosphäre könnten wir herstellen, wenn wir den irdischen Kohlenstoff in die Atmosphäre verfrachten (und gleichzeitig den Sauerstoff als CO_2 binden).

Zwei Drittel der gegenwärtigen CO_2-Produktion aus fossilen Brennstoffen ist den Industrienationen (USA, UdSSR, Europa, Japan) zuzuordnen. Aber das wird sich ändern, weil die sogenannte Dritte Welt eben angefangen hat, Energie zu erzeugen, damit also CO_2. Verglichen mit der Industrialisierung Europas vollzieht sich die der heutigen Entwicklungsländer im Zeitraffer.

Übrigens entfernen Pflanzen in der Photosynthese Wasserstoff aus Wasser und bauen damit organische Verbindungen auf (der Atmosphären-Sauerstoff stammt vom Wasser, nicht aus CO_2!), wobei das Proton vor seinem Isotop Deuterium bevorzugt wird. Darum sind fossile Kohlenwasserstoffe in Deuterium verarmt. Ein großer Teil des Petroleums und des Erdgases zeigt aber das natürliche D/H-Verhältnis, stammt daher sehr wahrscheinlich nicht aus biologischem Material! Uns steht also viel mehr Kohlenstoff zur Verfügung als der, den die Natur aus der primordinalen Atmosphäre mit Hilfe der Photosynthese entfernt hat! Möglicherweise hat auch die Erde wie die Meteoriten einen Teil »ihres« Kohlenstoffs bei der Kondensation in Form komplexer, chemisch schwer zerstörbarer Ring-Verbindungen

---

1 Die Angaben über die Steigerung des CO_2-Gehalts der Atmosphäre schwanken aus diesem Grunde ganz erheblich.

mitbekommen. Nicht unwahrscheinlich ist daher die These, daß Kohlenwasserstoffe auch heute noch im Erdinneren freigesetzt werden, z. B. Methan. Es kann bevorzugt durch Spalten nach außen gelangen – also dort, wo tektonische Aktivität herrscht. An solchen Stellen sind bezeichnenderweise alle wichtigen Lagerstätten von Öl und Gas zu finden! Innerterrestrisches Gas könnte so die biologischen Lager ständig vermehren. Ein Indiz für diese These ist die tektonische Aktivität in großer Tiefe. Bei den dort herrschenden Temperaturen würde man als Reaktion auf Spannungen eher plastische Verformung des Materials erwarten. Wenn es Erdbebenherde in solcher Tiefe gibt, kann man sich eigentlich nur vorstellen, daß dort Gas entwichen ist, so daß ein Hohlraum zusammenstürzen konnte.

Ein anderer Klimaeffekt hat mit der vom Menschen verursachten Wärmeerzeugung zu tun, die ebenfalls zu einer globalen Temperaturerhöhung der Atmosphäre führt. Unter allen Energieumwandlungen, die wir betreiben, gibt es nur zwei, die das komplizierte irdische Temperaturgleichgewicht nicht verändern: Wasserkraft und die Umsetzung von Sonnenenergie in pflanzlichem Material. Die heutige Wärmeerzeugung erhöht, nach überschlägigen Rechnungen, die mittlere Lufttemperatur um 0,01° C. Dieser Wert ist zwar klein; lokal jedoch ist er viel größer! Wo die atmosphärische Zirkulation unterbunden ist – z. B. in manchen Städten –, kann der Temperaturanstieg bis zu 10 Grad erreichen! Mit der gegenwärtigen Zunahme des weltweiten Energieverbrauchs um rund 5 % pro Jahr kann man erwarten, daß die *mittlere* Lufttemperatur um mehrere Grade ansteigt. Andererseits reflektieren die eis- und schneebedeckten Regionen der Erde einen großen Teil des Sonnenlichts. Dadurch wird die Atmosphäre in diesen Regionen kälter. Zwar entstehen schneebedeckte Regionen durch Temperaturverminderungen, aber mindestens für die Polargebiete ist die Umkehrung richtiger. Erhöhung der mittleren Temperatur durch menschliche Einwirkung wird daher zwangsläufig zu einer Verminderung der schneebedeckten Gebiete führen, damit wird die Luft nur in einem gegenüber vorher kleineren Gebiet abgekühlt, die Erwärmung wird also stärker ausfallen und so fort!

Messungen in Skandinavien und Alaska haben in den letzten Jahren gezeigt, daß es einen sehr wirkungsvollen Transportmechanismus von mittleren Breiten in hohe Breiten gibt. Durch Verbrennung fossiler Stoffe entsteht auch reichlich Schwefeldioxyd, das in den polaren Regionen abregnet und aus Seen allmählich Schwefelsäurelachen macht. Es stammt, wie man nachweisen kann, aus Europa und Nordamerika. So kommt auch Aerosol – durch menschliche Betätigung erzeugter feiner Staub – in diese Region und fällt dort auf die Schneeflächen. Wer je Asche an sonnigen Wintertagen auf Schneeflächen verstreut hat, der weiß, wie schnell man Schnee so wegschaffen kann. Hier kommt ein nicht minder gefährlicher Faktor hinzu: das Abschmelzen des Polareises! Am Aerosol advektiert kommt auch zusätzliches CO_2 in die Arktis.

Unser Klima ist, wie wir oben gesehen haben, extrem empfindlich gegenüber Änderungen der einfallenden Strahlung. Modellrechnungen zeigen, daß bereits eine zweiprozentige Verminderung der Strahlungsintensität der Sonne zu völliger Vergletscherung des Planeten führt, daß andererseits eine Zunahme um Bruchteile eines Prozents zum Abschmelzen der Polareiskappe führen muß.

Sicher hat Staub in der Atmosphäre einen unübersehbaren Einfluß auf unser Klima. Große Vulkanausbrüche, wie der des Krakatao am 27. August 1883[1] oder der des Mt. St. Helens im März 1980, haben zu meßbaren Effekten geführt. Man hat verschiedentlich den Einschlag von Riesenmeteoriten von mehreren Kilometern Durchmesser auf der Erde erörtert. Beim Einschlag in Ozeane hätte ein solcher Meteorit sicher zum Durchschlagen des Tiefseebodens führen können, so daß austretendes Magma zu einer einem gigantischen Vulkanausbruch vergleichbaren Situation geführt haben könnte. Die Verweilzeit von Vulkanasche in der Stratosphäre beträgt viele Jahre; ein Ereignis dieser Dimension hätte in der Tat zu einer meßbaren Verminderung der eingestrahlten Sonnenenergie führen können und ist wahrscheinlich eine andere, recht plausible Erklärung für das Auftreten von Eiszeiten.

Allein schon der wechselnde Staubgehalt der Atmosphäre führt zu

---

1 Nach einem Bericht in der amerikanischen Zeitschrift »Science« (*12*, 1888, S. 27) ging nach dem Ausbruch eine atmosphärische Welle mit fast Schallgeschwindigkeit längs dem Meridian siebenmal um den Globus! Das Geräusch des Vulkanausbruchs war 2000 Meilen weit zu hören. Der Staubschleier, der sich in großen Höhen aus Teilchen im Größenbereich 1,6 μm bildete, führte zu weltweit beobachteten Dämmerungsphänomenen (farbige Ränder von Wolken u. a.).

Schwankungen der mittleren Temperatur um einige Zehntel-Grad. Gelegentlich wurde auch die durchaus mögliche temporäre Existenz eines Staubrings um die Erde diskutiert (wie bei Saturn und Jupiter). Eingefangenes meteoritisches Material könnte dazu geführt haben, und ein solcher Ring könnte viele Millionen Jahre existiert haben. Entsprechend könnte sich eine dramatische Verringerung der Sonneneinstrahlung auf der Nordhalbkugel ergeben haben, verbunden mit Temperaturabsenkungen bis zu 20 Grad. Damit könnte man die Eiszeit im Tertiär erklären, auch die im Pleistozän (vgl. Tab.) festgestellte Verschiedenheit der Abläufe der Vergletscherung auf Nord- und Südhalbkugel fände so eine Erklärung.

Die Trübung der Atmosphäre durch Aerosolpartikel (das sind wie erwähnt in der Atmosphäre über längere Zeit hin schwebend gehaltene Staubteilchen) erreicht lokal über großen Städten Werte bis zu 50%. Weitere anthropogene Quellen sind die großen Waldbrände, die fast alljährlich wiederkehren, Vulkanausbrüche, die großflächige Abbrennung von Feldern, auch die der Savanne. Wo Steppengebiete kultiviert werden, hat die Staubaufwirblung die atmosphärische Trübung über Großstädten übertroffen. Von entscheidender Bedeutung ist die Wirkung des Kleinaerosols mit Durchmessern unter 0,5 µm, die wegen der praktisch isotropen Streuung von Licht zu einer Nettoabkühlung führen. Die Staubverfrachtung in die Hochatmosphäre erreicht eine Größenordnung, die in der Vergangenheit kaum bei Naturkatastrophen erreicht worden ist (Vulkanausbrüche, Meteoriteneinschläge). Vulkanausbrüche, wie etwa der des Krakatao im Jahr 1883, haben aber zu nachweisbaren Klimaeffekten geführt!

Hinzu kommt die Energieproduktion der Menschen, die in Ballungsgebieten bereits mit 1 Watt/m^2 einige Prozent der natürlichen Strahlungsbilanz erreicht. Im Lauf der Geschichte ist ein immer größerer Teil der kontinentalen Fläche in Ackerland umgewandelt worden. Fast ein Drittel der ursprünglich vorhandenen Waldbestände ist inzwischen vernichtet worden. Diese Änderung der natürlichen Vegetation hatte für den Wärmehaushalt der Erde erhebliche Folgen: Albedo und Oberflächenrauhigkeit änderten sich, die Strahlungserwärmung wurde geringer, die Abkühlung durch Winde nahm zu. Daß sich die Wüstengebiete heute mit fast 1 km pro Jahr ausbreiten (Sahel-Zone), ist nicht die Folge von hinzunehmenden Klimaänderungen, sondern direkte Folge menschlicher Aktivitäten! Hinzu kommt die Veränderung des Wasserhaushalts, vor allem durch »Nutzung« des fossilen Grundwassers. Experten rechnen wegen der weltweit gestiegenen Verdunstungsrate mit einer dramatischen Verschärfung des Wasserproblems in absehbarer Zukunft, die mindestens ebenso schwerwiegend sein wird wie das Energieproblem.

6. Jupiter, Saturn, Uranus, Neptun, Pluto: die äußeren Planeten

Der größte Planet im Sonnensystem ist *Jupiter* (*Tafel II, oben*). Er vereinigt doppelt soviel Material in sich wie alle anderen Planeten zusammen. Sonne und Jupiter enthalten 99,9% der Masse des Sonnensystems! Die schiere Größe des Planeten ist also schon Grund, sich mit ihm zu beschäftigen. Wie wir unten noch sehen werden, könnte man meinen, daß Jupiter und Sonne eigentlich ein Doppelsternsystem hätten werden sollen. In der Tat ist Jupiter nur wenig kleiner, als ein »Stern« sein muß – wobei die Definition meint, daß im Inneren Kernfusion für Energienachlieferung zu sorgen hat, soll das Objekt als Stern gelten. Jupiter ist, so betrachtet, ein »Beinahe-Stern«, und an ihm sind manche Phänomene beobachtbar, die typisch für Sterne sein sollten. Wegen seiner hohen Rotationsfrequenz hat man seine Magnetosphäre verschiedentlich sogar als mögliches Modell der Umgebung eines Neutronensterns angesehen.

Jupiter bewegt sich mit einer mittleren Bahngeschwindigkeit von 13,03 km/sec in seiner Bahn, die fünfmal weiter von der Sonne entfernt verläuft als die der Erde, und braucht für einen Umlauf ungefähr 12 Jahre. Die Bahn ist fast kreisförmig und gegen die Ekliptik um etwa 1 Grad geneigt. Der Abstand Jupiters von der Erde variiert zwischen knapp 4 und 6,4 astronomischen Einheiten, je nach relativer Lage von Erde und Jupiter. Jupiter und Saturn haben Bahnperioden von ~ 12 und ~ 30 Jahren, deren Verhältnis ungefähr wie 2:5 ist. Diese »Nahezu-Kommensurabilität« der Perioden führt zu einer langperiodischen Störung in den Bahnen beider Planeten. Die Bahngeschwindigkeiten beider nehmen daher abwechselnd ein wenig zu und ein wenig ab, und zwar beträgt diese Periode circa 900 Jahre. P. S. Laplace hat diesen Umstand 1784 zum erstenmal erklärt. Die Abweichungen von der regulären Bewegung in einer Ellipsenbahn können bei Jupiter bis zu 0,3° und bei Saturn bis 0,8° betragen. Wegen seiner großen Masse (knapp ein tausendstel der Sonnenmasse) verursacht Jupiter beachtliche Bahnstörungen auf andere Mitglieder des Sonnensystems, besonders auf seine Nachbarn Mars, Saturn, auf die Asteroiden und gelegentlich vorbeifliegende Kometen.

Die Erforschung des Jupiter ist seit langem ein wichtiges Ziel der Weltraumforschung. Das wurde realisierbar, als die technischen Möglichkeiten zur Durchführung eines solchen Unternehmens vorhanden waren. Die USA sandten 1972 und 1973 die Pioneer-Sonden 10 und 11 zum Jupiter. Am 4. Dezember 1973 und am 3. Dezember 1974 flogen die Sonden am Jupiter vorbei. Die Daten, die diese Raumsonden sammelten und zur Erde zurückfunkten, boten so überraschende Ergebnisse, daß man sich entschloß, die Jupiter-Forschung durch zwei weitere Raumsonden, die den Namen Voyager 1 und 2 erhielten, zu intensivieren und mit einem um Jupiter umlaufenden Satelliten (Orbiter), »Galileo« getauft, sowie mit einer Eintauchprobe für atmosphärische Untersuchungen abzuschließen. Waren die Pioneer-Sonden »Spinner« – d. h. um eine Achse rotierende Satelliten –, so wählte man für das Voyager-Programm »Mariner«-Typen – das sind dreiachsenstabilisierte Satelliten – aus. Es ist einleuchtend, daß man mit solchen Systemen sehr viel bessere Photos machen kann. Andere Messungen lassen sich mit ihnen dagegen weniger gut ausführen. Gegenüber Pioneer war auch die Übertragungsrate für Daten (S-Band statt VHF[1]) drastisch erhöht worden. Damit konnten die Voyager-Sonden, die am 5. März und am 9. Juli 1979 am Jupiter vorbeiflogen, eine immense photographische Ausbeute vom Planeten und seinen Monden erzielen, die bisher ohne Beispiel ist. Es ist schwer zu sagen, was man mehr bewundern soll: die technische Brillianz der Bilder oder die ganz andere, fremde Welt dieses Planeten, von der uns die Bilder einen überwältigenden Eindruck vermitteln. Schon dieses Eindrucks wegen haben wir für dieses Buch eine Serie aus jenen Voyager-Bildern ausgesucht.

---

1 S-Band: 1–3 GHz, VHF: 30–300 MHz

Die Größe des Jupiter ist vor den Satellitenvorbeiflügen mit optischen Instrumenten vom Erdboden aus bei verschiedenen Gelegenheiten bestimmt worden. Sie läßt sich, aus dem Vorübergang der Planetenscheibe mit einem weit entfernten Stern ermitteln. Diese »Sternfinsternis« kommt bei fast allen Planeten immer wieder vor. Man mißt die Verdunklungszeit und berechnet mit Hilfe der bekannten Bahngeschwindigkeit den Durchmesser des Planeten. Die Masse kennt man vom Gravitationsgesetz her, daher kann man die mittlere Dichte bestimmen. Pluto wurde auf diese Weise während einer Sternfinsternis im Jahr 1965 vermessen, während man 1968 eine ausgezeichnete Möglichkeit zur Vermessung von Neptun hatte. Leider gab es bisher bei Saturn keine solche Meßmöglichkeit. Aus der Beobachtung der Monde eines Planeten kann man über das Gravitationspotential die Massenverteilung im Planeten berechnen. So gelingt es, selbst wenn man nur ganz wenige Parameter kennt, mit Hilfe physikalischer Theorien (wahrscheinlich recht exakte) Modelle vom inneren Aufbau dieser Planeten aufzustellen.

Die Vorbeiflüge von Raumsonden an Jupiter und Saturn haben für diese solche Beobachtungen entbehrlich gemacht; man kennt ihre Dimensionen heute praktisch beliebig genau. Die Abflachung des Jupiter macht etwa $1/16$ aus, d. h. der Abstand des Poles vom Mittelpunkt ist kleiner als der des Äquator (67232 und 71714 km Radius). Dies bezeichnet man als »dynamische« Abflachung, weil sie mit der hohen Umdrehungsgeschwindigkeit des Planeten um seine Achse zu tun hat. Dabei wirken starke Fliehkräfte, und zwar sind sie am stärksten am Äquator. Auf diese Weise erhalten rotierende Planeten notwendig die Form abgeflachter Rotationsellipsoide. Die Umdrehungsperiode von knapp 10 Stunden ist die kürzeste Rotationsperiode von allen Planeten. Entsprechend gewaltig sind die an der Oberfläche und in der Atmosphäre auftretenden Kräfte. Messen kann man die Umdrehungsgeschwindigkeit entweder optisch, indem man die Zeit zwischen zwei Passagen von »fest« mit dem Planeten verbundenen Strukturen mißt (bei Jupiter z. B. der große Rote Fleck) oder indem man die Dopplerverschiebung von Radiosignalen (oder optischen Signalen) an den linken und rechten Rändern der sichtbaren Planetenscheibe ermittelt.

Damit man sich orientieren kann, muß man sich auf den Planeten ein festes Koordinatensystem einrichten. Auf dem Jupiter hat man

Tabelle 6.1: Jupiter Koordinatensysteme

Jupiter System	Epoche	Rotationsperiode	Rotationsrate Grad/Tag
I	14. 7. 1897 0^h UT	$9^h50^m30^s,003$	877,90
II	14. 7. 1897 0^h UT	$9^h55^m40^s,632$	870,27
III	1. 1. 1957 0^h UT	$9^h55^m29^s,37$	870,544

deren drei, die man System I, II und III nennt. Die ersten beiden sind optisch bestimmt (älter), das dritte mit Radiotechnik.

System I wird benutzt zur Charakterisierung aller Phänomene der Äquatorzone. Am Epochendatum, O^h UT (vgl. Tabelle), hat der Zentralmeridian die Länge $\Omega_1 = 47°,31$. System II wird benutzt für Phänomene außerhalb des ± 10 Breitengrade breiten Äquatorgürtels. Der Zentralmeridian hatte am Epochendatum die Länge $\Omega_2 = 96°,58$. System III ist das auf modernen Radiowellenbeobachtungen gegründete System, das bei der Erkundung der Magnetosphäre des Planeten ausschließlich benutzt wurde. Das System fußte auf Beobachtungen, die mit Radiowellen bei 18 MHz gemacht wurden. Die Internationale Astronomische Union (I.A.U.) akzeptierte dieses Referenzsystem im Jahr 1962.

Bis zum Jahr 1961 waren die beobachteten Rotationsperioden recht konstant. In den folgenden Jahren wurde eine plötzlich auftretende Drift bemerkt (10°/Jahr), die einer Änderung der Rotationsperiode des Jupiter um etwas über eine Sekunde entsprach. Dagegen sind Irregularitäten in der Rotationsperiode der Erde von der Größenordnung Millisekunden! Im Verhältnis zur knapp 10stündigen Jupiter-Rotationsperiode ist diese Änderung daher enorm! Eine im System III beobachtete Änderung würde man am einfachsten mit einer Änderung im Magnetfeld erklären, das seinerseits durch Veränderungen im Kern hervorgerufen wird. Eine in diesem Zusammenhang fast gleichzeitig beobachtete Änderung der optischen Periode des großen Roten Flecks um circa eine Sekunde könnte damit in Zusammenhang gebracht werden.

Die Rotationsachse des Planeten ist gegen die Ekliptik um etwa 3 Grad geneigt. Die mittlere Dichte des Jupiter – berechnet für ein abgeflachtes Sphäroid mit einer Masse von $M = 1{,}901 \times 10^{30}$ g und einem Äquatorradius von $R = 71\,714$ km – beträgt 1,33 g/cm^3, die Schwerebeschleunigung an der Oberfläche 2,6 g, wenn g die Schwerebeschleunigung an der Erdoberfläche ($g = 980{,}6\,cm/sec^2$) bedeutet. Berechnet man die Eigenschaften von Planetenmodellen und vergleicht man diese mit beobachtbaren Eigenschaften, so findet man, daß ein Modell mit einer starken Massenkonzentration im Kern des Planeten die Schwerebeschleunigungswerte, die man experimentell findet, fast exakt wiedergibt, wobei hydrostatisches Gleichgewicht angenommen worden ist. Die Annahme hydrostatischen Gleichgewichts führt zu keinem Widerspruch mit den Gravitationsmessungen, die mit den Voyager-Sonden 1979 durchgeführt wurden. Der nahe Jupiter-Vorbeiflug erlaubte nämlich eine recht genaue Berechnung des Gravitationspotentials des Planeten.

Auf solche und andere Arten versucht man sich eine Vorstellung von der inneren Struktur des Planeten zu machen. In derartige Überlegungen einzubeziehen sind die bekannten Parameter des Planeten – Masse, Radius, Gravitationsfeld – Zustandsgleichungen für das Material und schließlich kosmogonische Argumente bezüglich der chemischen Zusammensetzung des Jupiter. Nun sprechen die systematisch mit dem Sonnenabstand abnehmenden Dichten der Planeten (*Abb. 3.8*) ebenso wie die Theorien über die Bildung des Sonnensystems erheblich dafür, daß Jupiter hauptsächlich aus Wasserstoff besteht. Die Eigenschaften von Wasserstoff unter sehr hohem Druck wurden 1935 von E. P. Wigner und H. B. Huntington untersucht. So weiß man, daß Wasserstoff unter hohem Druck metallische Eigenschaften annimmt! Damit ließen sich interessante Modelle für Jupiter machen. Man fand, daß Jupiter nur »machbar« war, wenn wenigstens 75 % der Masse des Planeten aus Wasserstoff bestanden.

Das heute akzeptierte Modell des Planeten läßt sich etwa folgendermaßen beschreiben: Der Kern des Planeten (mit unbekanntem Radius) besteht aus felsigem Material (meist Eisen und Silikaten), dessen Temperatur vielleicht bei 30000 Grad liegt (sicher nicht höher). Die Masse dieses festen Kerns könnte etwa 10 Erdmassen ausmachen. Außerhalb des Kerns erwartet man eine dicke Schicht metallischen Wasserstoffs (bis etwa 46000 km hinaus sich erstreckend). In dieser Schicht könnte der Druck eine Million Atmosphären erreichen, die Temperatur über 10000 Grad. Im flüssig-metallischen Zustand sind die Wasserstoffmoleküle dissoziiert in Atome, und die Flüssigkeit ist elektrisch leitend. Die Möglichkeit zur Ausbildung eines Dynamos ist daher gegeben, so daß das Modell auch das starke

Tabelle 6.2: Strahlungseigenschaften der äußeren Planeten (nach W. B. Hubbard, Rev. Geophys. Space Sci., 18, 1980, 1–9)

Planet	Oberflächentemperatur Grad Kelvin	Albedo	Wärmefluß durch Oberfläche erg/cm^2sec
Jupiter	125 ± 4	0,42	7600
Saturn	94 ± 7	0,36	2800
Uranus	58 ± 2	0,37	< 180
Neptun	55 ± 2	0,33	285

Magnetfeld des Planeten erklären kann. Darüber bis hinaus zu etwa 70000 km Radius sollte der Wasserstoff in molekularer Form vorkommen und sich bis zur Oberkante der Wolken in der Atmosphäre erstrecken. In diesem Modell wird angenommen, daß die Wärme, die Jupiter nach außen abgibt, auch heute noch aus der Kontraktionswärme des Gravitationskollapses stammt und nicht so sehr aus radioaktivem Zerfall (was sicher auch eine Rolle spielt).

Wir hatten eingangs die »Sternähnlichkeit« Jupiters erwähnt. Könnte nicht im Kern des Jupiter wenigstens ein kleines »Kernfeuerchen« brennen? Wie schon bemerkt, beträgt die Masse des Jupiter »nur« 0,001 Sonnenmassen. Aus der Theorie der Sternentstehung kann man aber ableiten, daß man zum Einsatz von Kernfusion Temperaturen von wenigstens 15 Millionen Grad braucht, die man in einem gravitations-kollabierenden Stern erst erhalten kann, wenn seine Masse mindestens 0,01 der Sonnenmasse beträgt. Mit diesem Argument kann man die Existenz von Kernfusion im Inneren Jupiters mit Bestimmtheit ausschließen.

Die vom Planeten emittierte Wärmestrahlung (T = 125° K) übertrifft die ihm von der Sonne zugestrahlte Energie ($1/27$ der irdischen Solarkonstanten) um fast das Doppelte. Wegen der hohen Albedo des Jupiters (0,45) gelangen nur 58 % der von der Sonne zugestrahlten Energie in die Planetenatmosphäre (darum ist er bei Nacht so hell). Da der emittierte Wärmefluß fast unabhängig von der Breite ist, erwartet man, daß der Wärmetransport im Inneren des Planeten stattfindet, nicht in der Atmosphäre. Allerdings sind Einzelheiten dieses Modells durchaus noch offen: dies zumal, da man ja vom Planeten nur die Oberkante der Atmosphäre sehen kann, nicht aber die tieferen Schichten.

Die Temperatur eines Planeten wird bestimmt durch die eingestrahlte Sonnenenergie und den Gebrauch, den der Planet davon macht. Jupiter nutzt nur einen Bruchteil der Sonnenenergie – daher müßte seine Temperatur eigentlich recht niedrig sein. Die ersten Temperaturschätzungen für Jupiter gingen dann auch von circa 100° K aus. Doch schon 1926 führte Donald H. Menzel erste radiometrische Messungen im Infraroten aus und kam zur allgemeinen Überraschung zu der einem schwarzen Körper äquivalenten Temperatur von 130° K. Dieser Wert wurde durch die Messungen mit den Voyager-Sonden (125 ± 3 K) etwa bestätigt. Neben dieser thermischen Emission gibt es nicht-thermische Strahlung von Jupiter, also Strahlung, die mit seiner Dynamik zusammenhängt. Darauf kommen wir bei der Besprechung seiner Magnetosphäre im Kapitel 13 zurück.

Andererseits sollte Jupiter, vom inneren Kern abgesehen, einer wohlgemischten Flüssigkeit ähneln. Die Zusammensetzung gleicht der der Sonne und vielleicht auch der des frühen solaren Nebels.

Jupiter ist der einzige Planet außer der Erde, über dessen elektrodynamische Eigenschaften wir bereits vor dem Raumfahrtzeitalter Kenntnisse erlangen konnten. Dies geschah nach Entdeckung der Radioemission des Jupiter im Jahr 1955, die zunächst für Zyklotronstrahlung von Ionen gehalten wurde, weshalb man zunächst ein viel zu hohes Magnetfeld errechnete (10 Tesla). Erst als zwei amerikanische Physiker (D. B. Chang und L. Davis jr.) die Strahlung 1962 als Synchrotronstrahlung[1] relativistischer Elektronen interpretierten (was man zunächst für absurd hielt), kam man zu plausiblen Werten: 10 Millitesla in Polnähe, ein magnetisches Moment von $1{,}55 \times 10^{26}$ Tesla cm^3. Wie bei der Erde konnte man das Feld am besten beschreiben, indem man einen exzentrischen Dipol annahm, der aus der Mitte des Planeten um 0,1 R_j verrückt und gegen die Rotationsachse gekippt war.

---

1 Jede Beschleunigung einer elektrischen Ladung führt zur Emission elektromagnetischer Strahlung. Wird ein geladenes Teilchen im Magnetfeld aus seiner Bahn gelenkt, spricht man von magnetischer Bremsstrahlung oder »Synchrotronstrahlung«. Da die Ruheenergie eines Teilchens (m_oc^2) im Nenner des Ausdrucks für die abgestrahlte Energie vorkommt, versteht man, daß dies meist nur für Elektronen zu meßbarer Strahlung führt.

Saturn (*Tafel II, unten*) galt lange als der Äußerste der Planeten. Das ist er nicht – aber zweitgrößter Planet im Sonnensystem ist er geblieben, hinter seinem »Vetter« Jupiter, dem er in vielem ähnlich ist. Er hat die geringste Dichte (0,674 g/cm^3) aller im Sonnensystem existierenden Körper. Von Staubringen umgeben, von mehr als 15 Monden umkreist (unter denen Titan der zweitgrößte Mond im Sonnensystem ist), galt er lange als Exot unter den Planeten – ein Miniatursonnensystem mit eigenem Asteroidengürtel (Ringe). 29,5 Jahre dauert ein Umlauf um die Sonne. Er erscheint uns gelblich gefärbt, wegen seiner hohen Albedo heller als die meisten Sterne. 95 Erdmassen schwer ($5{,}69 \times 10^{29}$ g), muß man ihm einen 15 Erdmassen schweren Kern aus schweren Elementen in einer felsigen, eishaltigen Mischung zubilligen.

Saturn hat eine Ionosphäre, wie man seit den Radiookkultationsmessungen mit Pioneer 11 weiß. Die Radiowellen durchsetzten die den Planeten wie eine Kugelschale umgebende Ionosphäre, kurz bevor die Sonde hinter dem Planeten verschwand. Eine linear polarisierte elektromagnetische Welle dreht ihre Polarisationsebene, wenn sie durch ein Medium läuft, das freie Elektronen enthält. Diese Faraday-Effekt genannte Drehung kann man messen und auf diese Weise die Elektronenkonzentration längs des Sehstrahls bestimmen. Man fand, daß die Elektronendichte Maxima mit 9400 und 7000 Elektronen/cm^3 in 2800 und 2200 km Höhe über der Saturnoberfläche hat.

Die Rotationsperiode des Planeten, die von der Erde aus schwer zu bestimmen ist, hat man erst mit der Voyager-Sonde verläßlich zu 10 Stunden, 39 Minuten und 24 Sekunden bestimmen können. Diese Rotationsperiode ist nur wenig länger als die des Jupiter, darum mußte man bei Saturn von vornherein erwarten, daß er die Eigenschaften, die Jupiter seiner hohen Rotationsgeschwindigkeit verdankt, ebenfalls zeigt. Das hat sich bestätigt: die Struktur der Atmosphäre zeigt ebenfalls Zonen und Bänder – wenngleich nicht so intensiv gefärbt wie bei Jupiter. Die Magnetosphäre zeigt wie die des Jupiter rotationsbestimmte Eigenschaften (wir kommen darauf im Kapitel »Magnetosphäre« zurück). Entsprechend ist der Planet wegen dieser schnellen Rotation stark »abgeplattet«: am Äquator hat er einen Wulst, so daß sich polarer und äquatorialer Radius um fast 6000 km unterscheiden.

Auch Saturn strahlt mehr Energie in den Weltraum ab, als er von der Sonne empfängt (vgl. *Tabelle 6.2*). Seine Oberflächentemperatur wurde zu 94° K bestimmt. Er strahlt praktisch seine ganze Energie im Wellenlängenbereich oberhalb von 10µm ab (weswegen natürlich Messungen in diesem Teil des Spektrums von überragender Bedeutung sind).

Wie bei Jupiter ist als einzig mögliche Quelle dafür Gravitationsenergie anzusehen. Indessen gibt es drei Wege, auf denen Gravitationsenergie in Strahlung umgewandelt werden kann: Zum einen könnte schnelle Kontraktion in der Frühphase der Planetenentstehung zum Aufbau erheblicher innerer Energie (z. B. in Form erhöhter Temperatur) geführt haben, die seitdem abgebaut wird. Zweitens könnte Saturn auch heute noch hinreichend rasch schrumpfen, um die erforderliche Energie (die man beobachtet!) zu erzeugen. Hierbei ist unterstellt worden, daß sich im Planeteninneren nichts ändert. Aber das Gegenteil ist wahrscheinlich richtiger, denn chemische Energie, die langsam freigesetzt wird, könnte drittens ebenso die Energieversorgung aufrechterhalten, etwa durch Mischungsvorgänge. Nun ist es natürlich schwer, in der Umgebung eines Planeten Zeugnisse seiner früheren Helligkeit zu finden. Auch gibt die menschliche Lebensdauer keine Zeitbasis, von der aus man Änderungen im Energiebudget eines Planeten beurteilen könnte. Wiederum ist die Bestimmung des Häufigkeitsverhältnisses von Helium zu Wasserstoff der erste Hinweis, den man haben sollte, um die Zahl der Modelle einschränken zu können.

Saturn hat natürlich auch eine mächtige Atmosphäre, deren Ausdehnung allerdings nicht sehr gut bekannt ist. Man bezieht sich derzeit im wesentlichen auf Messungen im Licht der Wasserstoff-Lyman-Alpha-Linie, mit deren Hilfe man die Dichte des Wasserstoffs als Funktion des Radius bestimmen kann. Die Mächtigkeit der Atmosphäre sollte sich bis zu etwa 600 km Höhe erstrecken. Sie sollte hauptsächlich aus Stickstoff (N_2) und Methan bestehen. Das nunmehr gemessene Magnetfeld von Saturn ergab am Äquator einen Wert von 20 Mikrotesla, was einem magnetischen Moment von $4{,}6 \times 10^{24}$ Tesla cm^3 entspricht. Die Polarität entspricht der des Jupiter, ist also der der Erde entgegengesetzt, hat aber ebenfalls Dipolcharakter. Merkwürdigerweise ist der Dipol um nur 0,7° gegen die Rotationsachse des Planeten geneigt (~ 10° bei der Erde, fast 20° bei Jupiter). Dieser Befund läßt für ein Modell des Saturn-Inneren einen felsigen

Kern von 0,2 R_s zu, der von einer Schale metallischen Wasserstoffs umgeben ist. Diese erstreckt sich bis etwa 0,5 R_s und ist wiederum von einer flüssigen Wasserstoff-Helium-Hülle umgeben. Für Jupiter ist die Schale aus metallischem Wasserstoff bedeutend mächtiger (0,75 R_j).

Uranus liegt wie die anderen Planeten auf der empirisch gefundenen Kurve, die man durch Auftragen der Drehimpulsdichte gegen die Masse des Planeten erhält. Die Existenz dieser Kurve interpretiert man so, daß sie sich aus der Rotationsrate der Planeten ergibt, ehe diese durch Gezeiten abgebremst werden. Für Uranus folgt daraus, daß die gegenwärtige Umdrehungsrate nicht stark verschieden ist von der ursprünglichen Rate.

1781 entdeckt, war Uranus die astronomische Sensation des Jahrhunderts. 84 Jahre dauert sein Umlauf um die Sonne. Seine Bahn ist nur ein halbes Grad gegen die Ekliptik geneigt. Aber anders als bei den anderen Planeten liegt die Rotationsachse des Uranus fast in der Ekliptik: sie ist um 8 Grad gegen die Bahnebene geneigt, wobei der Nordpol unter die Bahnebene zeigt. Uranus hat mindestens 5 Monde. Er ist stark abgeplattet. Seine (retrograde) Rotationsperiode wird auf $16{,}8^h$ geschätzt. Die mittlere Dichte beträgt 1,24 g/cm^3 – ein Wert, der zu groß ist für einen nur aus Wasserstoff aufgebauten Planeten. Er könnte einen Eisensulfid-Silikat-Kern besitzen (Fels, 40 % der Masse), der von einer Eis-Enveloppe aus H_2O (50 %), NH_3 und CH_4 (10 %) umgeben ist. Die Fehler, die man bei praktisch allen Parametern zulassen muß, sind daher noch so groß, daß eindeutige Aussagen über den Aufbau des Uranus noch nicht möglich sind. Metallischer Wasserstoff, wie bei Jupiter und Saturn, ist aber bei Uranus (und Neptun) fast sicher auszuschließen. Ein Dynamo könnte sich darum allenfalls in ionisiertem Wassereis ausbilden, das unter den hohen Drucken im Inneren ebenfalls elektrisch leitend sein sollte.

Uranus und *Neptun* machen daher sicherlich eine dritte Klasse unter den Planeten des Sonnensystems aus, neben den Inneren, neben Jupiter und Saturn. Obwohl die »äußeren« Planeten oft als Gruppe angesprochen werden, sollte man sich vergegenwärtigen, daß es sich wirklich um zwei Gruppen mit bemerkenswert verschiedenen Eigenschaften handelt.

Neptun wurde 1846 gefunden, als man nach Erklärungen für Abweichungen der Uranus-Bahn von der mechanischen Vorhersage suchte.

Neptun hat sehr viel Ähnlichkeit mit Uranus und hat 2 Monde, Triton und Nereide, die beide recht groß sind. Übrigens hat Galilei Neptun bereits 1612 beobachtet, wie man kürzlich aus seinen akkuraten Aufzeichnungen rekonstruieren konnte.

Neptun hat wahrscheinlich eine Rotationsperiode von rund 18 Stunden. Sein Radius beträgt 25 225 km, die mittlere Dichte 1,66 g/cm^3 und weist auf einen Aufbau ähnlich dem des Uranus hin. Die Atmosphäre Neptuns dürfte der des Uranus recht ähnlich sein. Molekularer Wasserstoff wurde mit spektroskopischen Methoden in den Atmosphären beider Planeten gefunden. Methan spielt daneben zweifellos eine wichtige Rolle, auch in bezug auf die Absorption von Sonnenlicht, was vermutlich zur Ausbildung einer starken Inversionsschicht führt. Messungen im infraroten Licht liefern für Neptun eine Strahlungstemperatur, die um nur 10 Grad über der Temperatur liegt, die im sichtbaren Teil des Spektrums ermittelt wurde. Möglicherweise muß man daher auch für Neptun eine signifikante innere Wärmequelle annehmen. Andere astronomische Beobachtungen zeigen kurzzeitige Aufhellungen im Infraroten, was man dem Auftauchen von Wolken in der Atmosphäre des Planeten zuschreibt.

Pluto wurde erst 1930 entdeckt. Er hat etwa die Größe Merkurs und besitzt mindestens einen Mond. Die Exzentrizität seiner Bahn ist viel größer als die der anderen Planeten. Sein Perihel liegt innerhalb der Neptunbahn. Wegen der starken Neigung (17°) der Bahn gegen die Ekliptik ist es jedoch nicht wahrscheinlich, daß beide je zusammenstoßen werden. 1989 wird Pluto in seinem Perihel sein und für den Rest des Jahrhunderts innerhalb der Neptunbahn bleiben. Wegen dieser Merkwürdigkeiten ist es nicht sicher, ob man Pluto als Planet in diesem Sinne anzusehen hat. Er könnte im Prinzip auch ein durch Bahnstörung in seine jetzige Bahn geworfener Asteroid sein.

Der Pluto-Mond Charon, der erst kürzlich entdeckt wurde, umkreist den Planeten in 17 500 km Abstand mit einer Periode von 6,4 Tagen – wahrscheinlich gleich der Rotationsperiode des Planeten – und einer Masse von 0,1 der Planetenmasse. Plutos Dichte wird auf 1–2 g/cm^3 geschätzt.

Aus Plutos Infrarot-Spektrum wurde ebenfalls Methan neben Wasserstoff als wichtigster Atmosphärenkonstituent ermittelt. Daraus ergeben sich bestimmte Folgerungen bezüglich seiner Albedo, woraus sich auch ein Radius von 1530 km errechnen läßt.

7. Über das andere Material: Asteroiden, Kometen, Meteoriten, Gas und Staub

7.1 Die Asteroiden und Meteoriten

Eine Beschreibung des Sonnensystems bliebe unvollständig, würde man nicht auch die kleinsten Körper des Systems behandeln. Deren größte nennt man Planetoiden (was im Griechischen soviel wie »Planetenähnliche« bedeutet) oder auch Asteroiden oder nur Kleinplaneten. Von den Kometen unterscheiden sie sich durch die Größe: die letzteren haben Kerndurchmesser von wenigen Kilometern, außerdem werden sie bei Annäherung an die Sonne recht aktiv. Planetoiden haben Durchmesser bis etwa 1000 km, sind also deutlich größer. Andererseits sind sie nicht groß genug, um für das bloße Auge sichtbar zu sein. Der größte der Planetoiden, Ceres, mit ~ 1000 km Durchmesser, wurde als erster 1801 entdeckt (vgl. Kapitel 2); heute sind einige hundert bekannt; ihre Zahl wird aber auf über hunderttausend geschätzt.

»Meteoriten« nennt man jene kleinen Gesteinsbrocken, die, wenn sie gelegentlich in den Anziehungsbereich der Erde geraten, beim Eintauchen in die Atmosphäre meist als »Sternschnuppen« verglühen. Nur in seltenen Fällen erreicht ein größerer Brocken die Erdoberfläche. Die Lichtspur, die ein Meteorit in der Atmosphäre erzeugt, nennt man Meteor. Besonders helle Meteore werden »Feuerkugeln«, in anderen Sprachen auch »Boliden« genannt.

Meteoriten beobachtet man am häufigsten nach Mitternacht, weil sich der Beobachter da auf der Vorderseite der Erde in ihrer Bahn um die Sonne befindet. Eine jahreszeitliche Variation ergibt sich wegen der Neigung der Erdachse gegen ihre Bahnebene. Beobachter auf der Nordhalbkugel sehen daher die meisten Meteoriten im Herbst.

Tafel II, oben Jupiter, aufgenommen am 5. Februar 1979 von der US-Raumsonde Voyager 1 aus 28,4 Millionen km Entfernung. Auf dem Bild erkennt man den großen Roten Fleck und zwei der vier Galileischen Monde: Io erscheint vor der Planetenscheibe, rechts im Bild ist Europa sichtbar.

Tafel II, unten Saturn. Aufgenommen aus 1,75 Millionen km Abstand am 11. November 1980 von der US-Raumsonde Voyager 1. Wie bei Jupiter zeigen die Wolkenstrukturen ausgeprägten Bandcharakter. Die im oberen Bildteil erkennbaren Flecken waren mehrere Wochen lang sichtbar. Die Windgeschwindigkeiten in den Wolkenschichten erreichten bis zu 60 m/sec (216 km/Stunde). Am unteren Rand des Bildes ist das Ringsystem in Draufsicht zu erkennen.

Gelegentlich geht die Erde durch einen »Meteoritenschauer« durch. Solche Schauer sind benannt nach den Sternbildern, in denen der »Radiant« (Ausstrahlungspunkt) des Schauers liegt: Die Bahnen der zu einem Schauer gehörenden Meteoriten schneiden sich, wenn man sie in der Sternkarte rückwärts verlängert, in einem bestimmten Punkt des Himmelsgewölbes, eben dem »Radianten«. Dies rührt von der Eigenbewegung der Erde her (und ist vergleichbar dem Eindruck, den der Autofahrer bei Schneefall gewinnt: auch die Schneeflocken scheinen von einem Punkt herzukommen). Bekannte solche Schauer, durch die die Erde in bestimmten Bahnabschnitten durchgeht, die also jährlich wiederkehren, sind die Lyriden 20./21. 4., die Aquariden 2.–6. 5.; die Perseiden 2.–22. 8., die Orioniden 6.–26. 10.; die Leoniden 14.–18. 11.; die Geminiden 10.–16. 12. Die Lyriden wurden gelegentlich mit dem Kometen 1861 I in Verbindung gebracht, die Perseiden mit 1862 II; Aquariden und Orioniden mit dem Halleyschen Kometen, Leoniden mit Komet Tempel 2.

Kometen sind zweifelsohne *eine* Quelle interplanetaren Staubes, damit auch von Meteoriten. Allerdings lassen sich nur drei Meteoriten, die man am Boden gefunden hat, eindeutig als Kometenmaterial identifizieren (die Meteoriten von Pribram, Lost City und Imisfree). Neuere Untersuchungen lassen vermuten, daß auch der große Meteorit, der 1908 in Sibirien nahe dem Fluß Tunguska niederging, ein Komet gewesen sein könnte.

Eine Zuordnung von Meteoriten zu bestimmten Asteroiden ist leider nicht möglich. Es wird aber dennoch als wahrscheinlich angesehen, daß ein Teil der Meteoriten von Asteroiden stammen kann.

Asteroiden sind von speziellem Interesse für Astronomen und Kosmogonen. Sie sind ein »Fenster«, durch das wir auf die Entwicklung des Sonnensystems zurückblicken können. Einige Asteroiden sind wahrscheinlich Reste von Kleinplaneten – in erster Linie aber sind Asteroiden Überbleibsel jener chemischen und physikalischen Prozesse, unter denen sich die Planeten aus dem solaren Nebel gebildet haben: Sie enthalten chemisch primitives Material, das charakteristisch für die Kondensationsprodukte des solaren Nebels war, weil Asteroiden wahrscheinlich von thermischen und chemischen Veränderungen (»Differenzierung«) verschont geblieben sind, denen Planeten und deren Satelliten unterworfen waren.

Die große Mehrzahl der Planetoiden bewegt sich auf in der Ekliptik liegenden Bahnen (mit wenigen Ausnahmen), die zwischen denen von Mars und Jupiter liegen. Einige haben Perihelia, die innerhalb der Marsbahn liegen (z. B. Eros) oder gar innerhalb der Erdbahn (Apollo-Asteroiden). Ihre Umlaufperioden liegen zwischen 2 und 12 Jahren. Ihre Gesamtmasse beträgt nicht mehr als $\frac{1}{2000}$ der Erdmasse. Sie werden in der Reihenfolge ihrer Entdeckung numeriert. Der Nummer wird ein Name zugefügt, den der Entdecker auswählt (z. B. 1 Ceres). Anfangs wurden weibliche Namen aus der griechischen Mythologie gewählt, später auch andere. Planetoiden auf anormalen Bahnen gab man männliche Namen: so der in einer gegen die Ekliptik um 21 Grad geneigten Bahnebene umlaufende Planetoid »Icarus«.

Alle Planetoiden bewegen sich um die Sonne in »direkten« Bahnen, d. h. im Gegenuhrzeigersinn (bei Draufsicht auf die Ekliptik von Norden) wie Planeten. Die Bahnen genügen auf den ersten Blick ganz merkwürdigen Gesetzen – nicht so sehr in bezug auf die vorkommenden Halbachsen bzw. Umlaufperioden als vielmehr in bezug auf die *nicht* vorkommenden Perioden. Diese »verbotenen« Zonen sind sogenannte »Gravitationsresonanzen« des Jupiter. Entsprechend gibt es keine Planetoiden mit Umlaufperioden von $\frac{1}{2}$, $\frac{1}{3}$, $\frac{1}{4}$ usw. der Jupiter-Periode von 11,86 Jahren.

Das berühmte Drei-Körper-Problem, das der französische Mathematiker Joseph Luis Lagrange (1736–1813) zum erstenmal formulierte, führt auf kräftefreie Punkte die sogenannten Librationspunkte an. Gemeint ist dabei, daß ein Körper kleiner Masse in dem System Sonne-Planet auf fünf ausgezeichneten Punkten kräftefrei verweilen kann (vgl. Anhang 5). Im System Sonne-Jupiter sind die auf der Jupiterbahn liegenden Librationspunkte durch zwei Gruppen von Planetoiden besetzt, durch die »Trojaner«. Eine Gruppe besetzt den Librationspunkt, der 60° vor dem Planeten liegt, die andere jenen, der 60° hinter dem Planeten liegt (heliozentrisch gemessen).

Die terrestrischen Planeten werden auch heute noch von massiven interplanetaren Kleinkörpern mit Massenbereich ab 10^{-15} g bombardiert (vgl. *Abb. 7.1*). Nach Schätzungen verschiedener Autoren geht man gegenwärtig von einem Massenfluß von 100 g/km^2/Jahr aus. Jeder zehnte der die Erde treffenden »Meteoriten« (Massenbereich oberhalb von circa 100 g) übersteht den Weg durch die Atmosphäre und erreicht die Erdoberfläche. Das sind die einzigen Proben dieses

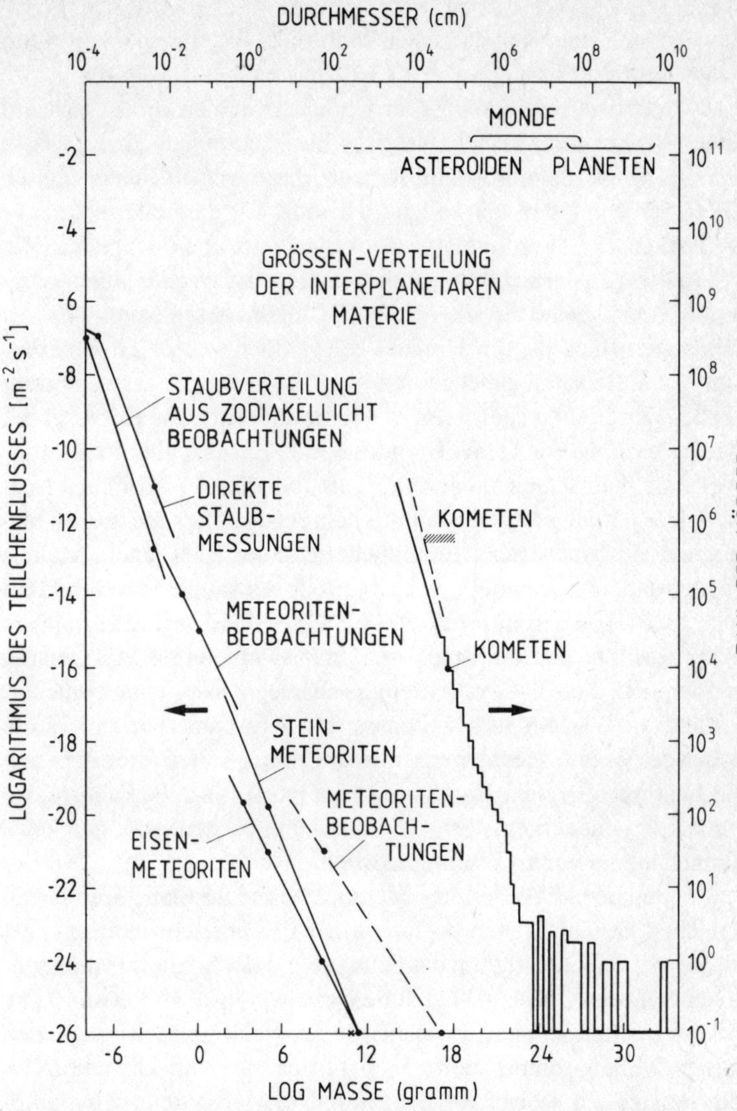

Abb. 7.1 Die Verteilung der Masse im Sonnensystem: Die Zahl der Körper ist aufgetragen gegen den Logarithmus der Masse (rechte Skala). In der linken Bildhälfte ist für kleinere Massen anstelle der Zahl der Körper der Teilchenfluß aufgetragen. Die gleiche Neigung der beiden Kurvenzüge weist darauf hin, daß ein einheitliches Bildungsgesetz die größten und die kleinsten Körper bestimmt. Am oberen Bildrand ist die der am unteren Bildrand angegebenen Masse entsprechende ungefähre Abmessung angegeben.

interessanten interplanetarischen Materials, das uns sozusagen frei Haus angeliefert wird!

1802 publizierte ein englischer Chemiker namens E. C. Howard einen Artikel mit der Überschrift »Beobachtungen über gewisse steinartige und metallische Substanzen, die zu verschiedenen Zeiten auf die Erde gefallen sein sollen«. Howard war damit der erste, der Meteoriten chemisch untersuchte, obgleich man sie lange kannte. Der uns wegen der sichtbar gemachten akustischen Klangfiguren bekannte französische Physiker E. F. F. Chladni hat in einem 1794 erschienenen Buch die am Himmel gelegentlich sichtbaren Feuerkugeln mit Meteoriten gleichgesetzt – und ist deswegen arg verspottet worden. Zweifelsfrei bewiesen wurde die außerirdische Herkunft der Meteoriten 1798 von H. W. Brandes und J. F. Benzenberg in Göttingen. Glaubhaft schien das erst 1803, als über dem französischen Dorf L'Aigle (100 km westlich von Paris) ein regelrechter Steinregen niederging, der Hausdächer durchlöcherte; über 2000 jener »Steine« wurden damals gesammelt. Doch zweifelte Alexander von Humboldt noch 1845 (!) an deren Herkunft. In Wien bestand dagegen schon um 1800 reges Interesse an Meteoriten: man sammelte sie. Als Chladni im Jahr 1812 die von C. v. Schreibers angelegte Sammlung besuchte, bestand diese schon aus 29 Steinen und 9 Eisenmeteoriten! Heute sind in der Wiener Meteoritensammlung – der größten ihrer Art – fast 700 Fallorte vertreten. Insgesamt kennt man etwa 1500 Fallorte, wo Meteoriten niedergegangen sind. Steinmeteoriten kommen etwa 20mal häufiger vor als Eisenmeteoriten.

Die Geschwindigkeiten, die Meteoriten im interplanetaren Raum erreichen können, gehen bis hinauf zur Fluchtgeschwindigkeit, die ein Körper haben muß, um das Schwerefeld der Sonne zu verlassen. In der Nähe der Erdbahn liegt diese Geschwindigkeit bei etwa 70 km/sec. Meteoriten können also die Erde mit Relativgeschwindigkeiten dieser Größenordnung treffen – natürlich auch mit kleineren Geschwindigkeiten, je nach Art der Bahn. Nur Meteoriten auf hyperbolischen Bahnen können mit noch höheren Relativgeschwindigkeiten auf die Erde auftreffen – deren Ursprung läge mit Sicherheit nicht im Sonnensystem. Verläßliche derartige Beobachtungen liegen allerdings nicht vor.

Nehmen wir zum Beispiel die Apollo-Amor-Objekte – Körper mit Durchmessern von 1 bis 30 km, deren Aphelia im Asteroidengürtel liegen und die recht exzentrische Bahnen haben – deren Bahnen dynamisch instabil sind, allerdings mit Zeitkonstanten, die von der Größenordnung des Alters des Sonnensystems sind. Sie könnten sehr wohl durch Bahnstörungen in die Nähe der Erdbahn gelangen und auf diese Weise zum Meteoritenfluß in Erdnähe beitragen. Es ist aber nicht von der Hand zu weisen, daß ein nicht unerheblicher Meteoritenfluß von unbekannten Objekten stammt.

Treten Meteoriten in den Anziehungsbereich der Erde ein, so werden ihre Bahnen zur Erde hin abgelenkt. Nur wenn sie nahe genug am geometrischen Querschnitt der Erde eintreten, gelangen sie in die dichtere Atmosphäre, wo sie sich sehr schnell erhitzen, sobald sie Höhen unter 150 km erreichen. Die dann noch vom Boden wahrnehmbare Leuchterscheinung kennt jeder: die Sternschnuppen. Kleine Meteoriten verbrennen dabei vollständig, mittlere mit Massen bis vielleicht 1000 kg verlieren einen Teil ihres Materials und fallen schließlich als mehr oder weniger große Steine auf die Erde. Größere Objekte – sie können ohne weiteres Massen von tausend Tonnen haben –, verlieren in der Atmosphäre verhältnismäßig wenig Material, werden auch nicht sonderlich abgebremst und treffen die Erde mit gewaltiger Wucht. *Abb. 7.2* illustriert den Einfall eines Meteoriten in die Atmospäre.

Man kennt die mittlere Häufigkeit der nahen »Vorbeiflüge«, auch die Verteilung der Massengrößen, und kann daraus die mittlere Zeit berechnen, die zwischen zwei Stößen mit besonders massereichen Körpern vergeht. 200 Millionen Jahre findet man dann für die mittlere Zeit, die zwischen solch gewaltigen Einschlägen verstreicht. Gegenwärtig gibt es etwa 700 Asteroiden auf Bahnen, die die Erdbahn kreuzen, mit Durchmessern oberhalb von 1 km (Apollo-Objekte). Von diesen dürfen vielleicht sieben Durchmesser von 10 km und mehr haben. Das wären die Kandidaten für künftige Großkrater auf der Erde – solche wie beispielsweise der Arizona-Krater oder das Nördlinger Ries. Merkur, Venus, Mond, Mars – alle sind von Kratern übersät. Ein solcher Meteoriten-Einschlag ist natürlich eine gewaltige Naturkatastrophe – aus der Sicht von Planetenbewohnern zum Beispiel. Der einfallende Meteorit dampft teilweise auf seinem Weg durch die Atmosphäre ab, am Boden angelangt aber explodiert er förmlich, wobei er einen gewaltigen Einschlagskrater erzeugt, der 200 km Durchmesser haben könnte! Das aus dem Krater herausge-

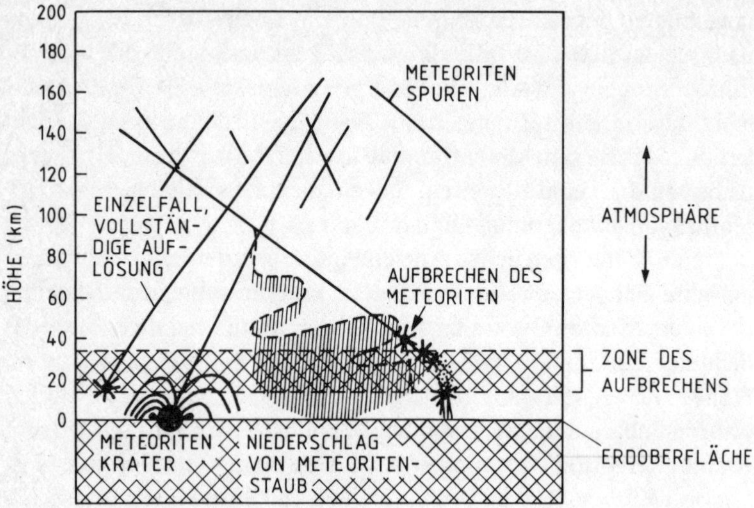

Abb. 7.2 Einfall von Meteoriten in die Atmosphäre, schematisch (nach Gentner).

schleuderte Material kann in sehr große Höhe verfrachtet werden. Man muß das in Analogie zu einem gewaltigen Vulkanausbruch sehen.

Nehmen wir – um eine Vorstellung zu vermitteln – den am besten bekannten Ausbruch des Krakatao, des auf einer Insel in der Sundastraße zwischen Java und Sumatra gelegenen Vulkans. Dieser Vulkan brach am 26. und am 27. August 1883 in gewaltigen Explosionen aus, in deren Verlauf etwa 18 km^3 (!) Material in die Atmosphäre geblasen wurden, von denen wiederum 4 km^3 in der Stratosphäre endeten, wo sie rund zweieinhalb Jahre verblieben. Staub aus dieser Explosion wurde weltweit verteilt und bildete einen achtbaren Staubschleier in der Hochatmosphäre, dessen mittlere Dichte etwa 10^{-3} g/cm^3 betragen hat. In diesen Jahren waren die Sonnenuntergänge farbige Schauspiele – und die Sonneneinstrahlung war vermindert. So oder noch dramatischer haben sich viele Meteoriteneinschläge in der Vergangenheit abgespielt, der letzte vor etlichen Millionen Jahren. Und natürlich kann sich so etwas jederzeit wiederholen – da dürfen wir uns nichts vormachen.

Gustav Rose, ein deutscher Mineraloge, klassifizierte gefundene Meteoriten und nannte jene, die die schon vor Howard beschriebenen kleinen Kügelchen enthielten, Chondriten (griechisch Chondros: Saatkorn). Meteoriten zeigen recht variable chemische und mineralogische Zusammensetzung. Sie stammen daher mit großer Wahrscheinlichkeit nicht von einem einzigen größeren Massenkörper ab. Man kann sie aber doch in zwei Klassen einteilen: in differenzierte und in nicht differenzierte Meteoriten. Undifferenzierte Meteoriten nennt man, wie schon erwähnt, Chondriten, weil sie häufig kleine (0.1 bis 1 mm Durchmesser) Kügelchen enthalten, Chondrillen genannt. Diese Kügelchen bestehen aus Silikaten. In diesen nicht differenzierten Meteoriten sind die relativen Häufigkeiten, mit denen z. B. die Elemente Magnesium, Eisen, Silizium vorkommen, sehr ähnlich denen, die man auch in der Sonne findet, was 1929 zum erstenmal mit spektroskopischen Methoden von H. N. Russell am Mount Wilson Observatorium bemerkt wurde. Chondriten sind in leicht flüchtigen Materialien systematisch verarmt (wie Kohlenstoff, Stickstoff, Schwefel, usw.). Lediglich in den kohlenstoffhaltigen Chondriten findet man einen größeren Anteil dieser leicht flüchtigen Elemente. Davon abgesehen ist in Chondriten vermutlich die Zusammensetzung des solaren Nebels erhalten. Alles irdische Material dagegen war geschmolzen. Während der Abkühlung kam es durch fraktionierte Kristallisation zur Bildung von in ihrer chemischen Zusammensetzung stark verschiedenen Gesteinen. Diese Erkenntnis hat der Kosmogonie, also der Frage nach der Entstehung der Welt, einen experimentellen Zugang beschert!

Auch die differenzierten Meteoriten zeigen weiter fortgeschrittene chemische Fraktionierung. Zu ihnen gehören Objekte, die nahezu vollständig aus Nickel-Eisen bestehen, und solche aus Silikaten, die ähnlich wie irdische Basalte in partiellen Schmelzprozessen entstanden sind.

Die Frage nach der Herkunft der Meteoriten ist darum natürlich hochinteressant. Meteoriten, soweit sie petrologisch oder metallographisch untersucht worden sind, müssen aus den oberen Schichten von Planeten oder Planetoiden stammen, wo sie sich auch abgekühlt haben. Auf die Tiefe, in der das geschah, wird üblicherweise durch Vergleich mit irdischen Strukturen geschlossen: Ähnliches findet man in vulkanischem Gestein, das in Oberflächenströmen kristallisierte. Und Meteoriten enthalten keine Mineralien, deren Entstehung nicht bei niedrigen Drucken möglich gewesen wäre.

Der Ursprung der steinartigen Meteoriten kann aus dem Gehalt von Sonnenwind-Gas erschlossen werden. Sonnenwind-Ionen haben sehr niedrige Energien und können in Material nur ganz wenig eindringen (wenige 100 Ångstrom tief). Sie sind daher nur in Gesteinskörnern zu finden, die sich nahe der Oberfläche von größeren Brokken befunden haben. Bei Zusammenstößen mit anderen Brocken kann Oberflächenmaterial aber durchaus auch ins Innere von Gesteinen gelangen. Solche Gesteine hat man auf dem Mond gefunden und hat daraus deren Geschichte rekonstruiert. Gasreiche Meteoriten müssen daher im Regolith (d. i. die Staubschicht auf der Mondoberfläche) gebildet worden sein. Man benutzt nun den Mond als »Eichnormal« auf folgende Weise:

Der Gehalt an solarem Gas im Gestein eines Körpers hängt von zwei Parametern ab: dem Sonnenwindfluß, der umgekehrt proportional zum Quadrat des Abstandes von der Sonne ist, und der mittleren Verweilzeit an der Oberfläche. Die letztere wiederum ist ungefähr proportional zum Kehrwert der »Krater-Rate«, d. h. der Häufigkeit, mit der Steinbrocken auf die Oberfläche auftreffen. Durch Vergleich mit Mondgestein kann man (mit gewissen Plausibilitätsannahmen) die Entfernung von der Sonne bestimmen, in der sich der untersuchte Körper bevorzugt aufgehalten haben muß. Als »Eichgas« werden bevorzugt die Edelgase Neon und Xenon benutzt, die nicht mit dem Meteoritenmaterial reagieren und kaum diffundieren können. In *Abb. 7.3* ist der so in Meteoriten und im Mondgestein gefundene Neongehalt gegen das Expositionsalter des jeweiligen Steins gegenüber der galaktischen kosmischen Strahlung aufgetragen. Die galaktische kosmische Strahlung fällt von allen Seiten ein, ist sehr energiereich und kann also sehr tief in Material eindringen. Die Expositionszeit kann man durch Bestimmung der relativen Häufigkeit von Isotopen gewisser Elemente ableiten. Die im Diagramm gezeichneten schrägen Linien entsprechen dem Abstand 1 AE (d. i. die Mondbahn) und 10 AE. Man sieht, daß Meteoriten aller Art sich irgendwo dazwischen aufgehalten haben müssen, am wahrscheinlichsten zwischen 2 und 4 AE, d. i. die Entfernung, in der wir den Asteroidengürtel wissen (2.5 AE).

Seit der ersten Entdeckung der Asteroiden bis Ende der 60er Jahre dieses Jahrhunderts beschränkte sich die Beschäftigung der Wissenschaftler bei den »Kleinen« unter den Himmelskörpern auf die Suche

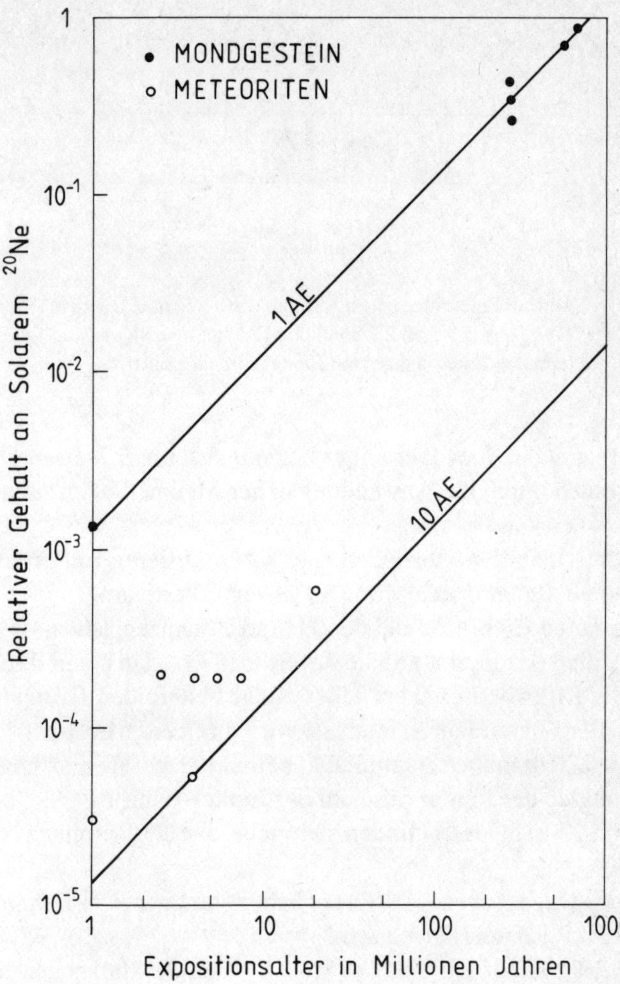

Abb. 7.3 Zusammenhang zwischen Gehalt an solarem Gas (aus dem Sonnenwind) und Expositionsalter als Funktion der Entfernung von der Sonne. Mondgestein hat durchweg höheren Gasgehalt als Meteoriten. Diese müssen sich daher vorzugsweise in einer Region aufgehalten haben, in der der Fluß des Sonnenwinds geringer war, d. h. in größerer Entfernung, mit großer Wahrscheinlichkeit innerhalb von 10 und außerhalb von 2,5 AE.

nach neuen Objekten und die Bestimmung der zugehörigen Bahnelemente der derzeit 2045 Asteroiden, die benannt und numeriert sind.

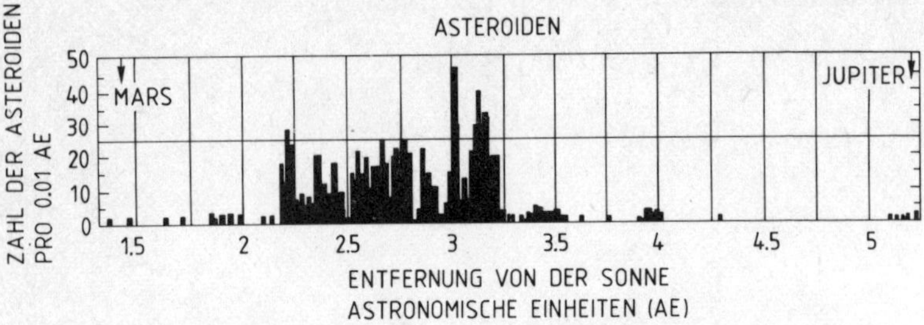

Abb. 7.4 Zahl der Asteroiden gegen Abstand von der Sonne. Die tiefen Einsattelungen in der Häufigkeit zwischen 2,2 und 3,2 AE nennt man »Kirkwood-Lücken«. Sie werden auf Gravitationsresonanzen mit Jupiter zurückgeführt.

Seit Beginn der 70er Jahre aber beginnt sich unser Wissen über die Asteroiden durch die Anwendung neuer Meßmethoden zu vermehren.

Ordnet man die Asteroiden nach ihrer mittleren Entfernung von der Sonne, findet man in *Abb. 7.4* gezeigte Verteilung.

Die tiefen Einbrüche bei den Hauptresonanzen zeigen, wie stark der Einfluß des Jupiter auf die Asteroiden ist. Man nennt diese Lükken die Kirkwood-Lücken. Über einige Asteroiden-Gruppen wurden in den letzten Jahren interessante Einzelheiten bekannt:

(a) Die »Trojaner«, 21 an Zahl, befinden sich an den Lagrange-Punkten des Jupiter (also auf der Jupiter-Bahn).

(b) Die 27 »Hildas« befinden sich nahe der 2/3 Resonanz bei 3.96 AE.

(c) Die »Ungarischen« (16 Stück) haben stark geneigte Bahnen nahe der ¼ Resonanz bei 3,5 AE.

(d) Apollo-Amor-Objekte (48 Stück) haben die Mars- oder die Erdbahn kreuzende Bahnen.

Nur (a), (b) und (c) könnten an ihrem gegenwärtigen Ort entstanden sein. Die Apollo-Amor-Objekte müssen aus dem Hauptgürtel oder aus »Kometenbeständen« »Nachschub« erhalten. Die »Hirayama«-Asteroiden können (wegen der Ähnlichkeit ihrer Bahnelemente) als Trümmer eines Stoßes zweier größerer Körper angesehen werden. Stöße müssen aber nicht notwendigerweise zur Zertrümmerung der Objekte führen. Dennoch können Asteroiden mit endlicher Wahrscheinlichkeit zusammenstoßen. Dabei wird Staub und

Gestein entstehen und auch weggeschleudert werden. So kann man sicher die Herkunft eines Teils des beobachteten interplanetaren Materials erklären. Wahrscheinlich stammen daher die am stärksten differenzierten Meteoriten aus dem Asteroidengürtel. Kometen werden dagegen eher als Quelle chondritischer Meteoriten angesehen.

Der Asteroid »Hektor«, Mitglied Nr. 624 der Trojaner-Gruppe, hat jüngst wegen einiger Merkwürdigkeiten Aufsehen erregt: Wie der Saturn-Mond Japetus zeigt er eine hellere und eine dunklere Hemisphäre. Auch ist er von eher länglicher Gestalt: Sein größerer Durchmesser (circa 300 km) ist dreimal größer als sein kleinerer. Diese beiden Befunde sind ungewöhnlich und haben zwei amerikanische Astronomen (H. Hartmann und D.P. Cruikshank) zu der Vermutung geführt, Hektor könne durch »sanften« Stoß zweier etwa gleich großer Objekte entstanden sein. In der Tat sind die Relativgeschwindigkeiten der Trojaner-Gruppe mit 1–2 km/sec kleiner als die anderer Asteroidengruppen. So stellt man sich ja heute auch die Entstehung der äußeren Planeten vor.

Der Asteroid Pallas, der 550 km Durchmesser hat, besitzt möglicherweise einen Mond von 175 km Durchmesser, der ihn im Abstand von 750±100 km umrundet. Eventuell hat auch der Asteroid »Victoria« einen Mond.

7.2 Die Kometen

Kometen sind kleine Körper, die meist nur wenige Kilometer Durchmesser haben. Die Skizze *Abb. 7.5* zeigt einen Kometen schematisch, wenn ihn seine Bahn in die Nähe der Sonne führt. In großer Entfernung von der Sonne ist der Komet inaktiv. Licht wird dann nur von dem kleinen Kern reflektiert; daher werden Kometen auch erst relativ spät sichtbar. Nahe der Sonne ist der (dann unsichtbare) Kern (*Abb. 7.6*) umgeben von einem »Kopf«, der Koma, deren Radius bis zu 30000 km betragen kann . Das Material der Koma ist Gas, durch Sublimation aus dem Kern entstanden, und Staub; die Erzeugungsrate wird mit Annäherung an die Sonne drastisch erhöht. Der Staub wird durch den solaren Strahlungsdruck beschleunigt: So entsteht in der Bahnebene des Kometen vom Kometen abströmend der ge-

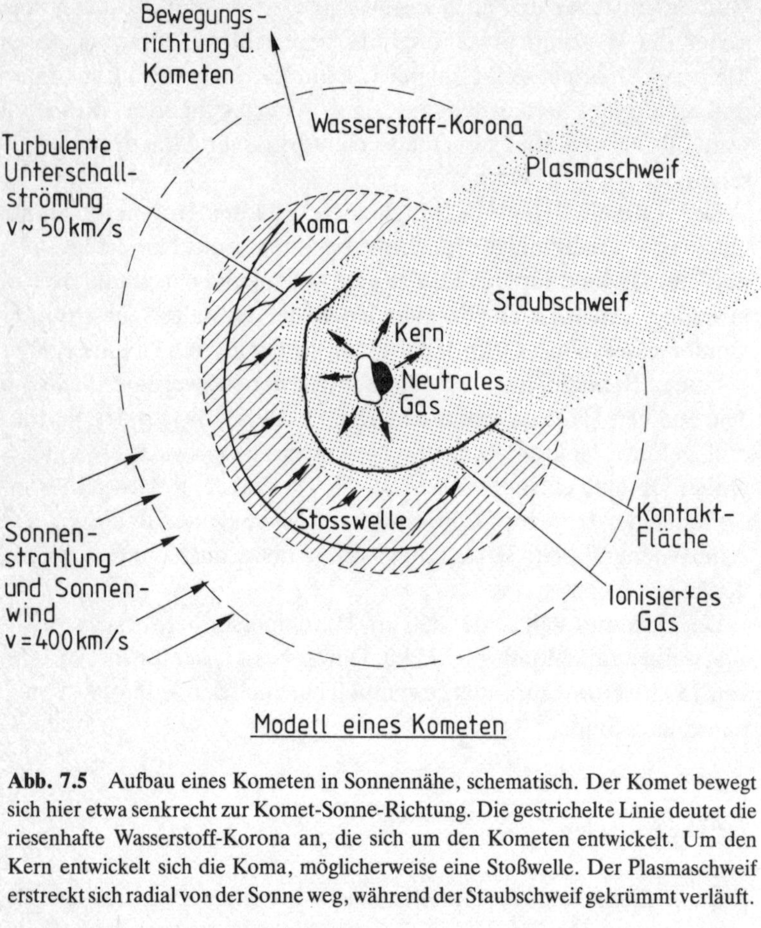

Abb. 7.5 Aufbau eines Kometen in Sonnennähe, schematisch. Der Komet bewegt sich hier etwa senkrecht zur Komet-Sonne-Richtung. Die gestrichelte Linie deutet die riesenhafte Wasserstoff-Korona an, die sich um den Kometen entwickelt. Um den Kern entwickelt sich die Koma, möglicherweise eine Stoßwelle. Der Plasmaschweif erstreckt sich radial von der Sonne weg, während der Staubschweif gekrümmt verläuft.

krümmte, strukturlose Staubschweif. Der radial von der Sonne wegweisende (stark strukturierte) »Plasmaschweif« des Kometen, der auf über 100 Millionen Kilometer Länge sichtbar sein kann, führte den deutschen Astrophysiker Ludwig Biermann 1952 zu der Annahme, daß von der Sonne stetig Plasma abfließen müsse. Dieser viel später auch direkt gemessene, heute intensiv untersuchte »Sonnenwind« ist in der Tat für den Plasmaschweif des Kometen verantwortlich.

Über die Zeiten hin hat sich die Verknüpfung der Kometenerscheinung mit allerlei Ungemach erhalten. Schon Aristoteles und Ptole-

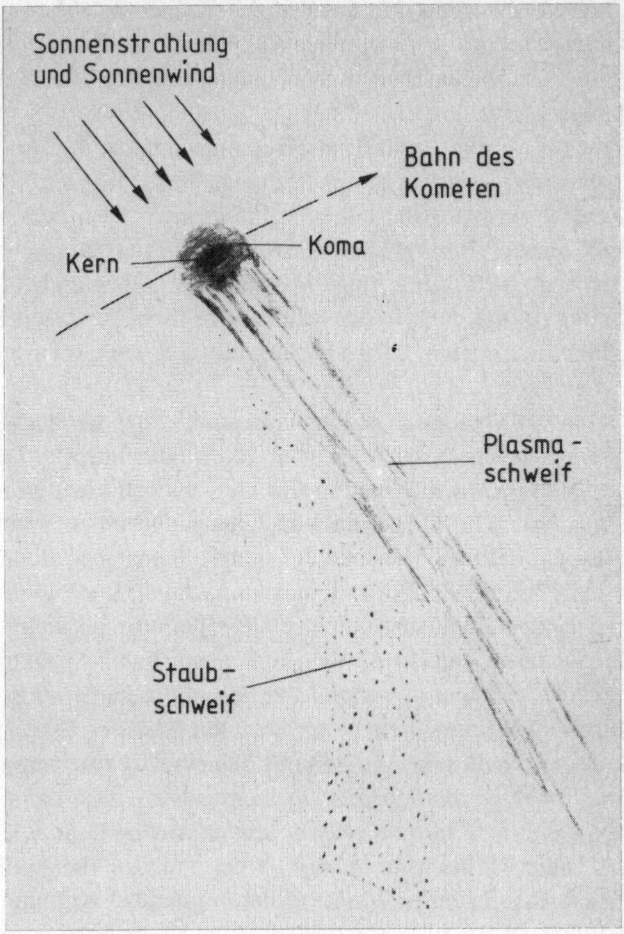

Abb. 7.6 Modell eines Kometen in Sonnennähe im Detail.

mäus hielten Kometen für »tückische Wesen«. Die Erscheinung des Halleyschen Kometen im Jahre 12 v. Chr. soll in Rom den Tod des Agrippa angezeigt haben, im Jahr 66 n. Chr. erwartete man die bevorstehende Vernichtung Jerusalems. Im Jahr 1066 brachten die Engländer den Halleyschen Kometen in Verbindung mit Gefahr für ihren König Harold (der dann auch bei Hastings fiel). Dieser Komet war sichtbar, als Aetius 451 den Hunnenkönig Attila besiegte und als 1456 die Türken Belgrad belagerten. Im Jahre 1910 durchquerte die Erde den Schweif des Kometen, was zu vielerlei Spekulationen und Ängsten Anlaß gab. Die erste verbürgte Beobachtung des Halleyschen Kometen stammt aus dem Jahr 467 v. Chr. aus China.

Kometen werden vorläufig mit Buchstaben in der Reihenfolge ihres Auftretens in einem bestimmten Jahr benannt, z. B. 1979b; bei Neuentdeckungen werden der oder die Namen der Entdecker vorgestellt. Registriert werden Kometen zentral am Astronomischen Institut der Universität Cambridge/Massachusetts. Ihre endgültige Bezeichnung erfolgt dann in der Reihenfolge ihres Periheldurchgangs mit römischen Ziffern: 1973 XII beispielsweise war der gut sichtbare Komet Kohoûtek.

Knapp 700 verschiedene Kometen sind bisher beobachtet worden; bis zu 10 neue Kometen werden jedes Jahr entdeckt. Der Bahn nach gibt es vier Kometengruppen: Die etwa 80 kurzperiodischen Kometen haben Perioden von 3–25 Jahren; deren bekannteste sind die Kometen Encke (Periode 3.3 Jahre, 52mal beobachtet) und Tempel 2 (Periode 5.3 Jahre, 16mal beobachtet). Die Bahnen liegen nahezu in der ekliptischen Ebene. Kurzperiodische Kometen betrachtet man als »alt«, weil sie durch wiederholte Annäherung an die Sonne viel Material verloren, insbesondere leicht flüchtige Gase. Ihre Oberfläche dürfte daher auch mit größeren Staubbrocken stark angereichert sein. Ihr weiteres Schicksal könnte sein, daß sie zu Asteroiden werden, also keine Aktivitätsvariation mehr zeigen, was eventuell für Chiron, der zwischen Saturn und Uranus läuft, Hidalgo, Thule, vielleicht auf einige »Trojaner«, und die Apollo- und Amor-Objekte zutreffen könnte. Allerdings gibt es Argumente, wonach allenfalls 5% der kurzperiodischen Kometen sich in solche Asteroiden verwandeln können. Die meisten Kometen dürften eher vollständig zu Gas und Staub zerfallen, wie sich das vor einigen Jahren beim Kometen West zeigte, der in mehrere Teile auseinandergebrochen ist.

20 Kometen mit mittleren (25 bis 200 Jahre) Perioden sind bekannt, darunter der Komet Halley als bekanntester (Periode 76 Jahre). Kometen dieser Gruppe haben auch größere Bahnneigungen gegen die Ekliptik. Die größte Gruppe (etwa 450 Beobachtungen) sind langperiodische Kometen (200 bis 1 Million Jahre), deren Aphelia bis zu 10000 astronomische Einheiten (AE) erreichen.

Abb. 7.7 Komet Kohoũtek.

Hier sind praktisch alle Bahnneigungen realisiert.

Die vierte Gruppe mit quasi-parabolischen Bahnen (80 Beobachtungen) umfaßt Kometen, deren ursprüngliche Bahn-Aphelia, bevor sie in das innere Sonnensystem abgelenkt wurden, in 50000 AE Abstand von der Sonne lagen. Da dies kaum Zufall sein kann, glaubt man an die Existenz einer symmetrisch zur Sonne und mit dem Sonnensystem sich bewegenden »Kometen-Wolke« (Oort/Öpik-Wolke), aus der gelegentlich durch von Sternen hervorgerufene Bahnstörungen ein Komet ins innere Sonnensystem gelangt. Merkwürdigerweise betragen die Durchmesser der Kerne solch »neuer« Kometen fast immer einige Kilometer. Daher werden Kometen gelegentlich mit jenen Körpern identifiziert, für welche in Theorien der Gravitations-Instabilität solarer Nebel solche Durchmesser vorausgesagt werden. Man glaubt, daß Kometenkerne die ältesten Körper im Sonnensystem sind, daß sie auch die Bausteine der äußeren Planeten Uranus und Neptun sein könnten.

Die Masse eines Kometen liegt – wie man recht sicher zu wissen glaubt – typisch im Bereich 10^{15} bis 10^{18} g. Die Gravitationskraft eines

Kometen ist klein ($\sim 10^{-4}$ der Erdschwerebeschleunigung), die Fluchtgeschwindigkeit beträgt meist weniger als 5 m/sec. Gase können daher von Kometen leicht entweichen. Bei Annäherung an die Sonne verändert sich ein Komet rasch, da durch Erwärmung seiner Oberfläche Sublimation einsetzt: Beginnend mit CO_2 in etwa 3 AE Abstand von der Sonne, dazu ab etwa 1.5 AE Wasser. Die sublimierenden Gase verlassen die Oberfläche etwa mit Schallgeschwindigkeit, entsprechend der Oberflächentemperatur. Das Gas expandiert radial nach allen Seiten und bildet auf diese Weise die »Koma« genannte Atmosphäre des Kometen. Die sublimierten Moleküle werden ionisiert und dissoziiert im Licht der Sonne, zu einem Teil auch durch Stöße mit Teilchen des Sonnenwindes. Jenseits einer Höhe von etwa 1000 km über dem Kern sind die sublimierten Moleküle im wesentlichen in freie Radikale oder Atome zerbrochen (*Abb. 7.6*).

Der in der Koma durch Photodissoziation gebildete Wasserstoff (in die frei werdende Energie teilen sich die Fragmente) tritt alsbald in lebhaften Ladungsaustausch mit H-Ionen (Protonen) des Sonnenwindes (deren Energie etwa 1 keV beträgt). Dabei entstehen in der Koma relativ schnelle neutrale Wasserstoffatome und langsame Protonen. Die rasch wegfliegenden Wasserstoffatome werden zum Teil erst in großer Entfernung vom Kometen wieder ionisiert. Auf diese Weise bildet sich die riesenhafte Wasserstoffkorona um einen Kometen herum, die zu den größten für uns (im Licht der Wasserstoff-Lyman-α-Emissions-Linie) sichtbaren Objekten am Himmel zählt.

Die Wechselwirkung des Sonnenwindes mit dem Kometen ist ein äußerst komplizierter Plasmaprozeß, bei dem auch das interplanetare Magnetfeld eine wichtige Rolle spielt. Die Geschwindigkeit der Plasmaströmung des Sonnenwindes wird durch Wechselwirkung mit ausströmendem Gas reduziert. Vermutlich bildet sich eine Stoßwelle auf der der Sonne zugewandten Seite des Kometen, ähnlich der der Erde vorgelagerten Bugstoßwelle. Die Position dieser Bugstoßwelle kann man nicht sehr genau angeben; je nach Komet sollte sie (wenn überhaupt) zwischen 1000 km (bei Komet Encke) bis 100000 km (bei Komet Halley) Abstand vom Kometenkern liegen. Hinter der Stoßwelle ist das Plasma langsamer und »heißer« als normaler Sonnenwind, obwohl es auch »kalte« Kometen-Ionen enthält.

Wahrscheinlich bildet sich zwischen diesem Plasma und der eigentlichen Koma eine Art Ionopause aus, die vom aufgeheizten Sonnenwind-Plasma umströmt wird, ähnlich wie beim Planeten Venus. Diese Ionopause sollte eine Art Kontaktfläche sein, deren Radius 10^2–10^4 km beträgt und deren Lage und Existenz sicher vom Sonnenabstand abhängt. Innerhalb dieser Kontaktfläche sollte sich kaltes Kometenplasma befinden, das zum Schweif des Kometen hin umgelenkt wird. Der dynamische Druck zwischen dem äußeren Medium und der Koma muß ausgeglichen sein. Da es unwahrscheinlich ist, daß das kalte Plasma der Koma dazu in der Lage ist, muß kräftiger magnetischer Druck vorhanden sein, für den das komprimierte interplanetare Magnetfeld verantwortlich gemacht wird.

Der Kern des Kometen besteht wahrscheinlich aus einer Mischung von »Schnee« verschiedener, leicht flüchtiger Moleküle (letztere aufgebaut aus Wasserstoff, Kohlenstoff, Stickstoff und Sauerstoff in vielfältigen Arrangements auch komplexer Moleküle) und aus nichtflüchtigen Materialien (Silikate, Metalle), welche vermutlich in Form von Körnern zwischen einigen tausendstel Millimeter und einigen Zentimetern Durchmesser vorkommen.

Mit dem Gas wird von der Oberfläche auch Staub weggerissen, der bei Fluchtgeschwindigkeiten von wenigen m/sec leicht entweichen kann. So könnte unter Umständen ein Eis-Halo entstehen, der Sonnenlicht reflektiert und den Kometen vor weiterer Erwärmung schützt, was die Inaktivität »älterer« Kometen erklären mag. Der wegfliegende Staub, dessen häufigste Korngrößen wahrscheinlich unter 10 μm liegen (vgl. *Abb. 7.6*), bildet den »Staub-Schweif« des Kometen.

Jährlich wiederkehrende Meteoritenschauer dürften vom Durchflug der Erde durch solche von Kometen hinterlassenen Staubschweife herrühren. Einige können bestimmten Kometen direkt zugeordnet werden. Die in der hohen Atmosphäre der Erde manchmal sichtbaren leuchtenden Nachthimmelswolken werden mit verdampftem Kometenmaterial in Verbindung gebracht: die dort beobachteten Metallionen (Ca, Al, K, Si, Fe, Mg) haben relative Häufigkeiten, die jenen in chondritischen Meteoriten vergleichbar sind.

Der Kern des Kometen ist seiner Struktur nach also sehr wahrscheinlich eine Art »schmutziger« Schneeball. Das den Kometen bildende Material stammt – so viel scheint sicher – überwiegend aus dem Sonnensystem. Wegen der geringen Masse der Kometen ist der innere Druck klein, die Temperatur niedrig, so daß sich keine Differentiation, Mischung oder Agglomeration ausgebildet hat. Andererseits wird bei Annäherung an die Sonne Oberflächenmaterial weggeschafft, so daß das jeweils freigesetzte Material sich noch in dem Zustand befindet, in den es bei Bildung des Sonnensystems gelangte. Es ist denkbar, daß im Kometen-Material auch Körner präsolaren Ursprungs sind, die etwa bei Novae-Ausbrüchen entstanden. Andererseits finden sich im Kometenmaterial Moleküle, wie sie auch in interstellaren Wolken oder Nebeln anzutreffen sind. Molekülbildung im Kometen ist eine natürliche Folge der Aufheizung seiner Oberfläche: Mit der Bildung der Koma-Atmosphäre durch Sublimation sorgt Photodissoziation und Ionisation sogleich auch für die Zerlegung der direkt sublimierten »Elternmoleküle«. In Stößen mit anderen Molekülen und Ionen spielen sich dann äußerst komplizierte chemische Reaktionen ab, die zur Bildung neuer, zum Teil recht stabiler Molekülkomplexe führen, darunter auch einer ganzen Reihe organischer Moleküle (vgl. *Tabelle 7.1*). Mit radioastronomischen Methoden ist der Nachweis von HCN, CH_3CN und H_2O gelungen, von denen man annimmt, daß es sich um »Elternmoleküle« (das sind direkt sublimierende Moleküle) handelt. Zu ihnen rechnet man auch CO_2. Optische Methoden erfassen verständlicherweise nur Atome, Moleküle und Ionen aus den äußeren Schichten der Kometenatmosphäre.

Tabelle 7.1: Beobachtete Konstituenten in Kometenatmosphären

Anorganische Stoffe	H, H_2O, O, OH, NH, NH_2, N_2^+ OH^+, H_2O^+, NH^+ (in Sonnennähe: Na, Ca, Cr, Co, Mn, Fe, Ni, Cu, V)
Organische Stoffe	C, C_2, C_3, CH, CN, CO, CH_3CN, HCN, CS, CH^+, CO^+, CO_2^+

(Nachweis mittels optischer Methoden im sichtbaren ultravioletten und infraroten Licht sowie durch radioastronomische Beobachtungen.)

Natürlich bestehen nur »neue« Kometen, also solche, die erstmalig ins innere Sonnensystem gelangen, »garantiert« aus Material mit unveränderter, primitiver Oberfläche. Solche Kometen sind sehr kalt; aus der beobachteten Helligkeit kann man, wenn man ein bestimmtes Modell zugrunde legt, eine Aussage über die Temperatur an der Oberfläche eines Kometen machen (solange er sich in großer Entfernung von der Sonne befindet). So schließt man bei »neuen«

Kometen auf typische Oberflächentemperaturen von 110°K, bei periodischen Kometen auf etwa 200°K. Im Inneren dürften Kometen noch kälter sein.

Würde man die Möglichkeit haben, mit einer Raumsonde in die Nähe eines Kometen zu gelangen, könnte man bestimmte Kometenmodelle verwerfen und Unsicherheiten beseitigen. Durch direkte massenspektroskopische Analyse des Gases und des Staubes könnte man die in der Kometenatmosphäre vorhandenen Moleküle identifizieren und ihre Häufigkeiten ermitteln. Neben vielen anderen Folgerungen, die man aus solcher Detailkenntnis ziehen könnte, erwähnen wir hier nur die auf die Bildung des Kometen zielende: Würde man kein CO oder CH_4 finden, dann müßte sich der Komet bei Temperaturen höher als 50°K gebildet haben. Fände man CO_2, hätte die Bildungstemperatur unter 100°K gelegen. Weiß man die Bildungstemperatur des Kometen, kann man z. B. den Ort angeben, an dem sich die Kondensation vollzog. Vermutlich stehen die flüchtigen Gase in direkter Beziehung zum solaren Nebel, aus dem sich der Komet gebildet hat. Man würde daher auch Informationen darüber erwarten, mithin über den Zustand bei der Entstehung des Sonnensystems vor 4,6 Milliarden Jahren.

Aber auch für ein so scheinbar weit entfernt liegendes Gebiet wie das der Entstehung des Lebens könnten sich überraschende Antworten finden. Verschiedene Autoren haben die Möglichkeit erörtert, daß während der »T-Tauri-Phase« der Sonne (Sterne durchlaufen eine Entwicklung, vgl. Kapitel 9; charakteristischen Entwicklungszuständen hat man Namen gegeben) ein erheblich stärkerer Sonnenwind existiert haben könnte, so stark, daß er die Atmosphären der terrestrischen Planeten weggerissen haben könnte. Diese könnten sich später durch Kometenmaterial wieder gebildet haben. Die These stützt sich u. a. auch auf die bemerkenswert ähnlichen relativen Elementhäufigkeiten von Kometen und z. B. Protoplasma. Die Chemie des Lebendigen ruht auf vier der fünf im Kosmos am häufigsten vorkommenden Elemente; darauf gründet sich die Vermutung, daß Leben im Kosmos häufig anzutreffen ist. Da in kohlenstoffhaltigen Chondriten Aminosäuren gefunden wurden, ist nicht auszuschließen, daß in Kometen auch präbiologische Aminosäuren aufgebaut werden können. Fred Hoyle und C. Wickramasinghe gehen sogar so weit, die mögliche Existenz einfacher Virusformen nicht auszuschließen, die zusammen mit Kometenmaterial die Erde erreicht haben könnten.

7.3 Gas und Staub im Sonnensystem

Bei guter Sicht kann man nach Sonnenuntergang an der Stelle, an der die Ekliptik (d. i. die durch die Erdbahn definierte Ebene) die Horizontebene schneidet, einen dreiecksförmigen Lichtschein symmetrisch zur Ekliptik beobachten. Ähnliches sieht man vor Sonnenaufgang im Osten. Man nennt diese Leuchterscheinung »Zodiakallicht« (Tierkreislicht). Am besten sieht man es in den Tropen. Es wurde 1683 von J. D. Cassini und N. Fatio entdeckt. In der Nähe des Gegenpunkts der Sonne am Himmelsgewölbe sieht man ebenfalls eine schwache Lichterscheinung, die man »Gegenschein« nennt. Diese Leuchterscheinung interpretiert man als Licht, das an kleinen interplanetaren Staubkörnern im Submillimeterbereich gestreut wurde. Polarisation dieses Zodiakallichts deutet auch auf die Mitwirkung freier Elektronen hin. Diese Beobachtungen waren die ersten Hinweise auf die heute allgemein akzeptierte Aussage, daß der interplanetare Raum nicht »leer« ist.

Der Befund läßt sich erklären, wenn man eine flache scheibenförmige und stark auf die Ekliptik konzentrierte Wolke (neuere Messungen ergaben eine um etwa 3° gegen die Ekliptik geneigte Symmetrieebene) interplanetaren Staubes annimmt, deren räumliche Dichte äußerst gering ist: auf der Erdbahn erwartet man nur wenige Staubteilchen pro Kubikkilometer. Das Interesse am Staub im Sonnensystem ist beträchtlich gewachsen, seitdem klar wurde, daß die Staubwolke im Sonnensystem ein Objekt ist, an dem für die Astrophysik so wichtige Prozesse wie die Wirkung des Strahlungsdrucks auf Staubkörner, das Zerplatzen solcher Körner, deren thermische Veränderungen, der Einschuß von Ionen in die Stauboberfläche, »Sputtering« – d. h. das Herausschlagen von Atomen aus dem Staubmaterial beim Aufprall von Ionen auf die Stauboberfläche – und magnetische Effekte direkt oder wie man häufig sagt »in situ« (lateinisch, bedeutet »am Ort«) untersucht werden können. Aus Zodiakallichtbeobachtungen lassen sich jedoch nur Schlußfolgerungen auf größere Staubteilchen (Mikrometeoriten) gewinnen (Abmessungen größer als 10 µm). Solche Teilchen werden im Sonnensystem durch die Gravitationskraft der Sonne nach innen gezogen. Bei Annäherung an die Sonne wirkt der Gravitationskraft der Strahlungsdruck der Sonne entgegen (vgl. Anhang 2). Für sehr kleine Teilchen (kleiner 1 µm) überwiegt der Strahlungsdruck die Gravitationsanziehung, so daß dadurch Moleküle (z.B. entstanden durch Staubverdampfung in Sonnennähe) und kleine Staubteilchen aus dem Sonnensystem hinausgedrängt werden. Wie in Anhang 2 dargelegt, haben Staubteilchen im Sonnensystem höchstens eine Lebensdauer von einigen Millionen Jahren. Das bedeutet aber, daß der im Sonnensystem vorhandene Staub »jung« ist!

Damit stellt sich die interessante Frage: Woher kommt der Staub? Für die von der Erde »aufgesammelten« Meteoriten, die mit Relativgeschwindigkeiten zwischen 11 km/sec (der Bahngeschwindigkeit der Erde) und 72 km/sec (der Fluchtgeschwindigkeit des Sonnensystems) in der Hochatmosphäre leuchtende Spuren hinterlassen, kann man die Bahnelemente berechnen. Bei vielen hundert so vermessenen Meteoritenspuren hat man gefunden, daß diese auf elliptischen Bahnen um die Sonne gelaufen waren, daher mit Sicherheit nicht interstellaren Ursprungs waren. Wir müssen daher davon ausgehen, daß die überwiegende Menge des Staubes aus dem Sonnensystem kommt. Aus Satellitenmessungen weiß man, daß die Zahl der vorkommenden Mikrometeoriten mit dem Radius R etwa proportional zu R^{-4} (differentiell) abnimmt: kleinere Staubteilchen kommen also vielmals häufiger vor als größere.

Staub kann aus dem interstellaren Raum stammen. Wegen der Bewegung des Sonnensystems relativ zur lokalen Umgebung (vgl. dazu Anhang 1) bewegt sich der interstellare Staub scheinbar aus einem beschränkten Richtungsbereich auf das Sonnensystem zu. Im Gravitationsfeld der Sonne wird dieser Staub »fokussiert«, so daß er wahrscheinlich »hinter« der Sonne (von der galaktischen Bewegungsrichtung her beurteilt) zu einer Art Stromlinie zusammengedrängt wird. Messungen im Sonnensystem haben diesen von zwei französischen Physikern (Blamont und Bertaux) vorausgesagten Effekt nicht bestätigen können, was aus heutiger Sicht mehrere Ursachen haben kann: geringere Dichte des interstellaren Staubes als angenommen, Wirkung des Strahlungsdrucks der Sonne oder elektrische Aufladung der Staubkörner (als Folge der Wechselwirkung mit dem Sonnenwind).

Den bei Jupiter gefundenen Staub allerdings erklärt man sich just durch solche Gravitationsfokussierung von Staub aus dem Asteroidengürtel. Raumsonden haben gezeigt, daß der Asteroidengürtel kaum mehr »Staub« enthält.

Allerdings sind bisher keine bevorzugten Bewegungsrichtungen des Mikrometeoritenflusses im interplanetaren Raum gefunden worden. Man gibt daher 6×10^{-5} Staubteilchen pro m^2 und Sekunde als obere Grenze des Staubflusses interstellaren Ursprungs für Teilchen an, deren Massen größer als 10^{-14} g liegen. Gegenwärtig – so muß man einschränken – ist daher interstellarer Staub keine wichtige Quelle für interplanetaren Staub. Das kann natürlich zu anderen Zeiten durchaus anders gewesen sein, je nachdem, ob die Sonne mit ihren Trabanten durch eine interstellare Staubwolke fegte oder nicht.

Aus Zodiakallichtmessungen hat man gelernt, daß die hauptsächlichen Quellen des Staubes sogar innerhalb der Marsbahn liegen und überdies auf die Ekliptik konzentriert sein müssen. Interstellarer Staub ist, wie wir sahen, rar. Aber auch im Bereich des Asteroidengürtels findet man keinen Staub, wie die Pioneer-10- und -11-Missionen definitiv gezeigt haben – also kann man diese Asteroiden nicht als wichtige Quelle ansehen. Bleiben die Kometen, die ja auch Meteoriten erzeugen. Aber auch da gibt es Schwierigkeiten: Kurzperiodische Kometen erzeugen zu wenig Staub, um die vorhandene Menge zu erklären. Bleiben längerperiodische – doch reicht deren Stauberzeugung wahrscheinlich nicht, weil der Strahlungsdruck – mindestens theoretisch – zu viel Staub nach außen drückt. In der Nachbarschaft von Planeten wurden in jüngster Zeit zwei Effekte bemerkt, die von deren Wechselwirkung mit Meteoriten herrühren. In der Nähe des Jupiter fand man eine Zunahme des Staubflusses, den man mit Gravitationsfokussierung (wie oben für die Sonne erwähnt) zu erklären hat. In Erdnähe wurden sogenannte »Staub-Cluster« entdeckt: Klumpen, die aus vielen kleinen, lose aneinander-»klebenden« Staubteilchen aufgebaut sind. Dabei wurde bemerkt, daß Staub auch dadurch entstehen kann, daß größere Staubkörner durch elektrische Aufladung im Magnetfeld eines Planeten unter der Wirkung elektrischer Kräfte zerplatzen können. Das sind zweifellos Quellen für interplanetaren Staub.

Die chemische Zusammensetzung der Mikrometeoriten ist nicht allzu gut bekannt. Aufgrund optischer (Streulicht) Messungen hat man Modellmeteoriten entworfen, die, aus Kohlenstoff und Silizium zusammengesetzt, die Beobachtungen erklären könnten. So ähnlich sind auch kohlenstoffhaltige Chondriten aufgebaut, so daß Asteroiden als Quelle nicht auszuschließen sind – nach dem Vorigen aber eben solche im inneren Teil des Sonnensystems – innerhalb der Marsbahn, wie oben postuliert. Außerdem kommen die Kometen in Betracht. Die Produktionsrate des Kometen Arend-Roland beispielsweise lag im Perihel bei $7{,}5 \times 10^7$ g/sec, die von Komet Benett bei 2×10^7 g/sec. Durch photometrische Messungen der Staubschweife von »alten« Kometen wie d'Arrest oder Encke konnte kürzlich festgestellt werden, daß Encke z. B. nur 400 g/sec produzierte. Träfe das zu, könnten Kometen allein die Produktion interplanetaren Staubes nicht aufrecht erhalten. Untersuchungen des Zodiakallichts haben ergeben, daß es zwei Staubklassen gibt: eine aus großen Körnern (größer 2 µm), wahrscheinlich silikatischen Materials auf nahezu kreisförmigen Bahnen um die Sonne (deren Verlustrate nur 3×10^4 g/sec beträgt), und eine aus kleinen Körnern größerer Dichte auf hyperbolischen Bahnen (die also das Sonnensystem verlassen können). Nur die erstere soll vom Durchgang kurzperiodischer Kometen herrühren: 70 Kometen würden dann zur Erhaltung des Staubgleichgewichts genügen. Allerdings kennt man keine brauchbare Quelle für die kleineren Staubkörner.

Zieht man Bilanz, so kommt man zu dem Schluß, daß nicht alle Meteoriten auf die gleiche Weise entstanden sein können. Andererseits hat die chemische Analyse von Meteoriten, die man von Flugzeugen aus gesammelt hat, bestätigt, was man aus anderen Messungen indirekt gefolgert hatte: Poröse Aggregate von amorphen und kristallinen Körnern im Bereich 0,1 bis 10 µm und Dichten der Größenordnung 1 sind wahrscheinlich kometaren Ursprungs. Daneben aber gibt es Meteoriten, deren Zusammensetzung der der kohlenstoffreichen Chondriten entspricht. Man kann also die Herkunft eines Teils des Staubes erklären, kennt aber zur Zeit keine Quelle für den Rest.

Aus astronomischen Messungen weiß man, daß Dunkelwolken in der Milchstraße auf die Absorption des Sternlichts durch vorgelagerten Staub zurückzuführen sind. In der Nähe sehr heißer, lichtstarker Sterne findet man verwaschene helle Gebiete, die man als Reflexionsnebel interpretieren muß: die Reflexion findet an Staubteilchen statt. Bei fernen Infrarotobjekten, die im sichtbaren Licht wenig strahlen, vermutet man, daß es sich um Sterne handelt, die von zirkumstellaren Staubhüllen umgeben sind: Da die Lichtstreuung wellenlängenabhängig ist, ergibt sich als Funktion der Wellenlänge eine Lichtschwächungskurve, die man bestimmen kann. Bei Staub-Mitwirkung erwartet man Rotfärbung des Sternenlichts – die man ja auch findet. Staub ist also auch in der Galaxis und auch in anderen Galaxien vorhanden. Aber auch für den interstellaren Staub kennt man die Entstehungsgeschichte derzeit nicht: Es macht Schwierigkeiten, seine Entstehung im interstellaren Raum aus Molekülen bei den dort herrschenden Dichten in kosmologischen Zeiträumen (Milliarden Jahre) zu erklären. Einfacher könnte das in den Atmosphären kühler Sterne (z. B. alten Riesensternen) geschehen. Da dort Kohlenstoff genügend häufig vorkommt, könnte man sich die Entstehung von Staubteilchen, die chemisch ähnlich dem oben erwähnten Modell aufgebaut sind, vorstellen. Bei der Sternentstehung (Kondensation) könnte der Staub aus dem rotierenden System hinausgeschleudert worden sein. Aber das sind heute halt nur Hypothesen. So bleibt die Frage wohl noch eine Weile ungeklärt.

Der interplanetare Raum ist nicht leer, ebensowenig der interstellare Raum, in den das Sonnensystem eingebettet ist. Planeten, Planetoiden, Kometen und Staub haben wir schon besprochen. Alle diese sowie die Sonne sind natürlich auch Quellen für Gas, das in den Raum entweicht. Die Sonne ist die wichtigste Quelle. Von ihr strömt praktisch kontinuierlich der »Sonnenwind« ab, über den wir im Kapitel »Heliosphäre« noch ausführlich sprechen werden. Das ist ein Plasma, bestehend aus ionisierten, positiv geladenen Atomen, die man dann Ionen nennt, und Elektronen. Der überwiegende Teil dieses Plasmas besteht aus Wasserstoff-Ionen, Protonen. Man findet aber in diesem Plasma alle anderen Elemente mit derselben relativen Häufigkeit, die man von der Sonne her kennt und die man auch in chondritischem Material wiederfindet. Ein Bruchteil der Atome kann aber auch als Neutralgas (schnell) durch die heißen Bezirke der äußeren Sonnenatmosphäre hindurch und so in den interplanetaren Raum gelangen.

Die Planeten verlieren Gas teils aus ihren Atmosphären, teils durch Ausgasen des Oberflächenmaterials – sofern die Atome oder Moleküle Geschwindigkeiten erreichen, die ausreichen, um sie aus dem Schwerefeld des Planeten zu tragen. Die Planeten verlieren aber auch Plasma aus ihren Magnetosphären, mindestens über die weit ausgedehnten Magnetosphärenschweife, teils auch im Zusammenhang mit Beschleunigungsprozessen, die sich innerhalb solcher Magnetosphären abspielen können. Im interplanetaren Raum – aber auch in den Magnetosphären – können ionisierte Teilchen mit neutralen Teilchen ihre Ladung tauschen. Auf diese Weise können auch sehr schnelle neutrale Teilchen entstehen. Mit Sicherheit bewirkt dieser Prozeß, daß thermische Energie des neutralen Gases auf das Sonnenwind-Plasma übertragen wird, wodurch sich das Plasma aufheizen kann.

In Erdnähe beträgt die Dichte des Plasmas etwa 5 Ionen/cm^3. Die Dichte des neutralen Gases ist erheblich geringer. Plasma und Neutralgas treffen wir – von anderen Quellen stammend – auch im interstellaren Raum an. Man muß dabei von dem Bild ausgehen, daß das Gas dort in riesigen Wolken vorkommt, die weit voneinander entfernt sind. Das Sonnensystem befindet sich derzeit in einem »Loch« des interstellaren Gases, wo die Dichte nur 0,02–0,04 pro cm^3 beträgt (sie kann an anderem Ort 1 cm^{-3} erreichen!).

So haben wir auch äußere Quellen zu berücksichtigen, nämlich neutrales Gas – wiederum vorzugsweise Wasserstoff –, das sich relativ zum Sonnensystem mit Relativgeschwindigkeiten von etwa 20 km/sec bewegt und selbstverständlich in das Sonnensystem eindringen kann. Wir haben oben schon erwähnt, daß natürlich auch verdampfende Meteoriten und Kometen in Perihelnähe achtbare Beiträge zum interplanetaren neutralen Gas liefern.

8. Die Monde der Planeten

Viel Romantisches wäre nicht geschrieben oder gesagt worden, gäbe es nicht den Mond, den »guten Mond«, den »Silbermond«, den »bleichen Mond«. Er ist seit Menschengedenken als Gegenstück zur wärmenden Sonne angesehen worden, weil uns – welch ein Glück – die Mondscheibe und die Sonnenscheibe fast gleich groß erscheinen, alle Sterne dagegen aber gleich klein. Grund genug, fürwahr, darin tiefere Bedeutung zu vermuten: was Menschen denn auch etliche tausend Jahre lang getan haben. Auch macht ihn seine fast perfekte Kugelgestalt zum ästhetisch angenehmen Betrachtungsgegenstand – man stelle sich dagegen die ungeschlachten Gesteinsbrocken der Marsmonde an seiner Stelle vor! Oder, würde er die Erde in viel kleinerem Abstand umrunden – welch fürchterlichen Anblick böte diese dann riesenhafte Scheibe! Wie dem auch sei – wir sind da doch in einer recht angenehmen Lage und können mit der Ausstattung unseres Planeten alles in allem recht zufrieden sein.

Über den Mond möchte man vieles wissen: Seine Beschaffenheit möchte man kennen und seine Geschichte. Zweifellos hat er eine Geschichte, so wie auch die Erde ein geschichtliches Objekt ist, also eines, das einen Anfang hat, das sich entwickelt hat und das möglicherweise auch ein Ende hat. Nur die oft gestellte Frage »Warum hat ein Planet Monde« sollte man nicht stellen, weil man darauf derzeit jedenfalls keine vernünftige Antwort geben kann.

Die Zahl der Monde im Sonnensystem ist sehr groß. In *Tabelle 8.1* sind alle derzeit (d. h. Ende 1981) bekannten Monde (ab und zu findet man noch einen) und deren wichtigste Daten, soweit bekannt, zusammengestellt. Wie man daraus entnimmt, kennen wir keinen Mond von Merkur und Venus; man kann daher heute wohl definitiv sagen: diese beiden Planeten haben keinen Mond. Übrigens kennt man auch keinen Mond eines Mondes. Die Erde ist der erste Planet – wenn man von innen nach außen fortschreitet –, der einen Mond hat. Mars, unser äußerer Nachbar, ist mit zwei Monden ausgerüstet. Danach wird deren Zahl Legion: den Jupiter umschwärmen 15 Monde, 15 sind es auch bei Saturn, 5 bei Uranus, 2 gar noch bei Neptun, und erst kürzlich wurde ein Trabant des Pluto ausgemacht.

Wie wir noch sehen werden, können Monde im Prinzip auf drei Arten an die Stelle geraten sein, an der wir sie finden: Sie können dort gebildet worden sein, also nach oder bei der Bildung des Planeten an Ort und Stelle aus dem solaren Nebel kondensiert sein, oder sie können sich vom Planeten im Laufe seiner Entwicklung abgespaltet haben, oder sie können »eingefangen« worden sein. Damit ist gemeint, daß z. B. ein Asteroid in das Schwerefeld des Planeten geraten und dort in eine stabile Umlaufbahn gelangt sein könnte.

Monde, die einen Planeten umlaufen, sind natürlich Kräften ausgesetzt. Wären die Planeten perfekte Kugeln, würden sich die Monde in Ellipsenbahnen bewegen. Die Planeten sind aber wegen ihrer Eigenrotation abgeplattet, haben also einen Äquator-Wulst. Die Sonne spielt natürlich auch mit, andere Monde – wo am selben Planeten vorhanden – ebenfalls, und schließlich muß man noch an die (meist kleine) Wirkung der anderen Planeten denken. Je nach Planetenort und Mondabstand ist das Zusammenwirken dieser Kräfte verschieden. Allgemein aber kann man der Abplattung bereits die Drehung der Bahn des Mondes in seiner Bahnebene zuschreiben und eine Präzessionsbewegung der Bahnnormalen um die Pole des Planeten. Je näher der Mond am Planeten, desto schneller ist seine Präzessionsbewegung. Auch die Sonne hat wegen der Abplattung der Erde einen vergleichbaren Effekt auf diese, jedoch wirkt er hier um die Pole der Planetenbahn. Das Zusammenspiel beider Effekte resultiert schließlich in einer komplizierten Bewegung: Man spricht von »Störungen« der periodischen Bahn eines Mondes. Aus der Bestimmung der Störungen kann man umgekehrt Aussagen über die Massenverteilung im Planeten bzw. im Mond machen (Trägheitsmoment!). Eine interessante Auswirkung der gegenseitigen Beeinflussung von Monden im Gravitationsfeld eines Planeten ist die Ausbildung von »Bahnresonanzen«. Darunter versteht man, daß die Umlaufperioden solcher

TABELLE 8.1: DIE EIGENSCHAFTEN DER MONDE IM SONNENSYSTEM. (1)

#	PLANET	NAME DES MONDES	ENTDECKT IM JAHRE	BAHNEIGENSCHAFTEN MITTL. BAHN-RADIUS/KM/ PLANETEN-R.	UMLAUFS-DAUER (6)	INKLINATION [GRAD](1)	EXZENTRIZITAET	DIMENSIONEN RADIUS [KM] (7)	MASSE [g]	DICHTE [g/ccm]	EIGENSCHAFTEN ROTAT. PERIODE	OBERFL. TEMP. [GR.K]	MAGN.MOM. D.MONDES [T x ccm]	PLANETEN-MAGN.FELD AM MOND/nT	ATMOSPHAERE ZUSAMMEN-SETZUNG	OBERFL. DRUCK [BAR]	INNERER AUFBAU CHEMISCHE ZUSAMMEN-SETZUNG	[illegible]
1	ERDE	MOND	---	$3{,}844 \times 10^5$ 60,2	$27{,}3217^d$	18,2- 28,6	0,0549	1738	$7{,}35 \times 10^{25}$	3,344	$27{,}78^d$	274	5×10^{16}	-	Ne,Ar, He	2×10^{-14}	Silikate	4
2	MARS (2)	PHOBOS (M1)	1877 HALL	6660 1,96	$7{,}65^h$	1,02	0,015	9,6/10,7/ 13,5	$9{,}6 \times 10^{18}$	$1{,}8 \pm 0{,}5$	$3{,}13^d$						Chondrit	
3		DEIMOS (M2)	1877 HALL	22500 6,64	$30{,}30^h$	1,82	0,00052	5,5/6,0/ 7,5	$2{,}0 \times 10^{18}$	$1{,}6 \pm 0{,}6$	?						Chondrit	
4	JUPITER (3)	AMALTHEA (J5)	1892 BARNARD	185740 2,59	$11^h 44^m$	0,4	0,003	135/70	$\sim 10^{21}$	3,5 (?)				23800			Chondrit	
5		1979 J2 (J15)	1979 VOYAGER	$2{,}217 \times 10^5$ 3,105	$16^h 11^m$ $21{,}25^s$	1,25		40										
6		IO (J1)	1610 GALILEO	431000 6,01	$42^h 27^m$ 4^s	0	0	1816 ± 5	$8{,}91 \times 10^{25}$	3,55	13^h $33{,}6^m$	110	$\leq 2 \times 10^{19}$	1900	SO_2, H_2S, S_2O	1×10^{-10}	Schwefel Chondrit	8
7		EUROPA (J2)	1610 GALILEO	$6{,}86 \times 10^5$ 9,57	$3{,}551^d$	0,5	0	1563 ± 5	$4{,}87 \times 10^{25}$	3,05	$3{,}546^d$	<125	$\leq 4 \times 10^{18}$	470			Chondrit	7
8		GANYMED (J3)	1610 GALILEO	$1{,}094 \times 10^6$ 15,26	$7{,}155^d$	0,2	0,001	2638 ± 10	$1{,}49 \times 10^{26}$	1,94	$7{,}143^d$	128 (85-145)	$\leq 6 \times 10^{18}$	116	-	-	Gesteinskern Mantel aus leicht.Mat.	16
9		CALLISTO (J4)	1610 GALILEO	$1{,}922 \times 10^6$ 26,80	$16{,}689^d$	0,2	0,01	2410 ± 10	$1{,}074 \times 10^{26}$	1,83	$16{,}67^d$	100	$\leq 1 \times 10^{18}$	30	-	-	Gesteinskern Mantel aus leicht.Mat.	15
10		LEDA (J13)	1974 KOWAL	$1{,}122 \times 10^7$ 156,4	240^d	26,7	0,146	30 - 40							keine			
11		HIMALIA (J6)	1904 PERRINE	$1{,}15 \times 10^7$ 160,4	$250{,}6^d$	27,6	0,158	60							keine			
12		ELARA (J7)	1904 PERRINE	$1{,}175 \times 10^7$ 163,8	$259{,}8^d$	24,8	0,207	20							keine			
13		LYSITHEA (J10)	1938 NICHOLSON	$1{,}175 \times 10^7$ 163,8	260^d	29	0,130	10							keine			
14		ANANKE (J12)	1951 NICHOLSON	$2{,}10 \times 10^7$ 292,8	625^d (R)	147	0,17	10							keine			
15		CARME (J11)	1938 NICHOLSON	$2{,}25 \times 10^7$ 313,7	696^d (R)	164	0,21	12							keine			
16		PASIPHAE (J8)	1908 MELOTTE	$2{,}35 \times 10^7$ 327,7	$738{,}9^d$ (R)	145	0,38	20							keine			
17		SINOPE (J9)	1914 NICHOLSON	$2{,}37 \times 10^7$ 330,5	755^d (R)	153	0,28	11							keine			
18		1979 J1 (J14)	1979 VOYAGER	129514 $1{,}80 \pm 0{,}01$	$7^h 8^m$	0	0	15 - 20							keine			
19		RING	1979 VOYAGER	800-6000 1,68-1,8											keine		feiner Staub (4 um)	

1 Inklination jeweils gegen Planetenäquator.
2 Daten für Mars-Monde nach Viking-Messungen (vgl. Journal of Geophysical Research *84*, Heft B 14, 1979). Die Dimensionsangaben sind Radie nicht Durchmesser.
3 Daten für Jupiter nach Voyager-Messungen (vgl. Science *206*, S. 925–996, 1979).
4 Daten für Saturn nach Messungen von Pioneer-11 (vgl. Science *207*, S. 401–403, 1980) und Voyager 1 und 2 (Science *212*, S. 159–243, 1981).
5 Massen für Uranus-Monde auf Grund photometrischer Daten, nach Greenberg, Icarus *24*, S. 325–332, 1975.
6 (R) bedeutet retrograde Bahn.
7 Die Durchmesser der Monde wurden teils durch Raumsonden-Vorbeiflüge bestimmt (Mars, Jupiter, Saturn), teils wurden gegenseitige Verfinst rungen der Monde beobachtet, teils wurde die Größe aus der Albedo bestimmt. Bei unregelmäßig geformten Körpern sind die charakteristische Abmessungen angegeben.
8 Von Dollfuss 1966 entdeckt, als »Janus« bezeichnet. Erst durch Voyager 1 als zwei Monde in praktisch gleicher Bahn identifiziert (vgl. auch A merkungen zu Tabelle 3.2.).

TABELLE 8.1: DIE EIGENSCHAFTEN DER MONDE IM SONNENSYSTEM. (2)

PLANET	NAME DES MONDES	ENTDECKT IM JAHRE	BAHNEIGENSCHAFTEN				DIMENSIONEN			EIGENSCHAFTEN				ATMOSPHAERE		INNERER AUFBAU	
			MITTL. BAHNRADIUS/KM/ PLANETEN-R.	UMLAUFSDAUER (6)	INKLINATION [GRAD](1)	EXZENTRIZITAET	RADIUS [KM]	MASSE [g]	DICHTE [g/ccm]	ROTAT. PERIODE	OBERFL. TEMP. [GR.K]	MAGN.MOM. D.MONDES [T x ccm]	PLANETEN-MAGN.FELD AM MOND/nT	ZUSAMMENSETZUNG	OBERFL. DRUCK [BAR]	CHEMISCHE ZUSAMMENSETZUNG	KERNRADIUS [KM]
SATURN (4)	1980 (S15)	1980 VOYAGER-1	$1,373x10^{5}$ 2,276	$14^{h}26^{m}45^{s}$	0,3	0,002	15							keine			
	1980 (S14)	1980 VOYAGER-1	$1,394x10^{5}$ 2,310	$14^{h}42^{m}43^{s}$	0,0	0,003	110							keine			
	1980 (S26)	1980 VOYAGER-1	$1,417x10^{5}$ 2,349	$15^{h}5^{m}6^{s}$	0,05	0,004	100							keine			
	1980 (S10) (8)	1980 VOYAGER-1	$1,51422x10^{5}$ 2,510	$16^{h}39^{m}50^{s}$	0,34	0,009	90 x 40							keine			
	1980 (S11) (8)	1980 VOYAGER-1	$1,51472x10^{5}$ 2,511	$16^{h}40^{m}19^{s}$	0,14	0,007	100 x 90							keine			
	MIMAS (S1)	1789 HERSCHEL	$1,862x10^{5}$ 3,086	$22^{h}36^{m}29^{s}$	1,5	0,0201	195 ± 5	$3,7x10^{22}$	$1,2\pm0,1$					keine		Silikate Eis	90
	ENCELADUS (S2)	1789 HERSCHEL	$2,382x10^{5}$ 3,948	$1,37^{d}$	0	0,0044	250 ± 10	$8,4x10^{22}$	$1,1\pm0,6$					keine		Silikate Eis	
	TETHYS (S3)	1684 CASSINI	$2,948x10^{5}$ 4,886	$1,888^{d}$	1,1	0	525 ± 10	$6,2x10^{23}$	$1,0\pm0,1$					keine		Wasser-Eis	170
	DIONE (S4)	1684 CASSINI	$3,777x10^{5}$ 6,261	$2,737^{d}$	0	0,0022	560 ± 10	$1,16x10^{24}$	$1,4\pm0,1$					keine		Silikate Eis	300
	1980 (S12)	1980 VOYAGER-1	$3,7806x10^{5}$ 6,267		0,15									keine			
	RHEA (S5)	1672 CASSINI	$5,275x10^{5}$ 8,744	$4,518^{d}$	0,4	0,001	760 ± 10	$2,50x10^{24}$	$1,33\pm0,1$		99			keine		Silikate Eis	390
	TITAN (S6)	1655 HUYGENS	$1,222x10^{6}$ 20,26	$15,945^{d}$	0,3	0,0289	2560 ± 26	$1,345x10^{26}$	$1,9\pm0,06$	$15,87^{d}$	93	$5x10^{17}$		CH_4, N_2 C_2H_6	1,6	Silikate Eis	700
	HYPERION (S7)	1848/BOND LASSELL	$1,481x10^{6}$ 24,55	$21,277^{d}$	0,4	0,1042	407 x241	?	?	$21,3^{d}$				keine		?	
	JAPETUS (S8)	1671 CASSINI	$3,563x10^{6}$ 59,06	$79,331^{d}$	14,7	0,0283	720 ± 20	$2,8x10^{24}$	$1,1\pm0,1$					keine		Eis	
	PHOEBE (S9)	1898 PICKERING	$1,295x10^{7}$ 214,71	$550,45^{d}$ (R)	150	0,1633	150	?	?					keine		?	
	RINGE A-F WEIT UEBER 1000 STRUKT.	1655 HUYGENS	72 610-136 200 1,215-2,26		0	0			1		A-Ring: 50-60° B-Ring: > 50° C-Ring: 85°			keine		Wasser-Eis Chondritisch Material	bis zu einig. 10m Ø
URANUS (5)	MIRANDA (U5)	1948 KUIPER	$1,301x10^{5}$ 5,13	$1,413^{d}$	0	< 0,01	> 150	$8,7x10^{22}$									
	ARIEL (U1)	1851 LASSELL	$1,918x10^{5}$ 7,54	$2,52^{d}$	0	0,0028	> 300	$1,3x10^{24}$									
	UMBRIEL (U2)	1851 LASSELL	$2,673x10^{5}$ 10,5	$4,144^{d}$	0	0,0035	> 200	$5,2x10^{23}$									
	TITANIA (U3)	1787 HERSCHEL	$4,387x10^{5}$ 17,2	$8,706^{d}$	0	0,0024	> 500	$4,4x10^{24}$									
	OBERON (U4)	1787 HERSCHEL	$5,866x10^{5}$ 23,0	$13,463^{d}$	0	0,0007	> 400	$2,5x10^{24}$									
	5 RINGE	1979	44844-51055 1,718-1,956													Chondritisch Staub	
NEPTUN	TRITON (N1)	1846 LASSELL	$3,536x10^{5}$ 14,02	$5,877^{d}$ (R)	160	0	1820 - 2640		4,8 (Min. 1,6)								
	NEREIDE (N2)	1949 KUIPER	$5,56x10^{6}$ 220,4	$359,881^{d}$	27,6	0,749	150										
PLUTO	CHARON (P1)	1978 J.CHRISTY	17500 11,44	$6,4^{d}$	?	?	?	$1,9x10^{28}$									

Monde zueinander im Verhältnis ganzer Zahlen stehen (z. B. 2:1 oder 3:2).

Man muß davon ausgehen, daß jeder Himmelskörper bei seiner Bildung mit Drehimpuls (Spin) ausgestattet wurde: Er rotiert füglich, auch ein Mond. Die Frage ist: Haben die Monde die Rotationsachse, die sie heute besitzen, immer gehabt? Falls sich diese geändert hat, die Monde also Energie verloren haben: Was geschah mit der Energie? Natürlich gilt für die Monde entsprechend, was für die Planeten gilt und was man über diese in Erfahrung bringen konnte. Uranus ist der einzige Planet, dessen Spinachse in seiner Bahnebene liegt. Gleichwohl glaubt man heute, daß er seine Spinfrequenz nie geändert hat. Venus andererseits hat eine Rotationsperiode, die fast gleich ist mit ihrer Bahnperiode, und man glaubt, daß sich der Spin der Venus seit ihrer Bildung ganz beträchtlich geändert hat.

Man muß für einen Mond wohl davon ausgehen, daß er versucht, relativ zum Planeten eine Art »Minimum-Energie-Konfiguration« einzunehmen, der sich auch sein Drehimpuls anpaßt. Der Energieverlust findet dabei in einer Wechselwirkung zwischen Mond und Planet statt. Nach Abklingen dieses Energieverlustprozesses (für den Mond) würde sich dieser in einem Zustand ruhiger Rotation um seine »Hauptträgheitsachse« befinden (um welche er sein größtes Trägheitsmoment hat, also die höchste Rotationsenergie besitzt, also am stabilsten »spinnt«). Aber der Mond verliert auch Spin-Drehimpuls an seine Bahn (»Spin-Bahn-Kopplung«). Denn das Gravitationsfeld des Planeten verformt den Mond zu einer Art »Zigarre«, die zum Planeten zeigt, und je nach Elastizität wird der Mond diese Form mehr oder weniger stark ausgeprägt annehmen. Hat der Mond eine von seiner Bahnperiode abweichende Rotationsrate, wird er durch diese kontinuierliche Formänderung, die den Gezeiten des Meeres entspricht, kräftig »durchgewalkt«. Dabei entsteht Wärme – die Energie geht seiner Spinbewegung verloren. Bewegt sich der Mond auf einer Kreisbahn und sind Spin- und Bahndrehimpuls parallele Vektoren, so setzt sich die Drehimpulsübertragung so lange fort, bis Spin- und Bahnperiode gleich groß geworden sind: Dann wendet nämlich der Mond dem Planeten ständig dieselbe Seite zu – wie wir das vom Erdmond her kennen –, der mithin bereits am Ende seiner Evolution angelangt ist. Der Erdmond wird also durch »Gezeitenreibung« (wie man dazu auch sagt) nicht mehr aufgeheizt. Wärmeenergie, die er je besaß, diffundiert langsam zu seiner Oberfläche: Der Mond kühlt langsam aus. Für manche Satelliten mit permanenter Asymmetrie um ihre Rotationsachse kann die dadurch hervorgerufene Wirkung im Verein mit der Gezeitenreibung die Spinperiode auf einen anderen, nämlich halbzahligen Wert einstellen. Merkur z.B. zeigt so eine 3/2-Spin-Resonanz. Auch er ist mithin am Ende seiner Gezeitenevolution angelangt.

Resonanzen zwischen Nachbarmonden finden wir bei den Planeten Jupiter und Saturn. Alle größeren Monde dieser Planeten sind relativ (d.h. wenn man die Abstände in Planetenradien ausdrückt) viel näher am Planeten als der Erdmond (vgl. *Tabelle 8.1*). Andererseits umkreisen alle Monde die Planeten jenseits der synchronen Bahn (d.i. jene, in der der Mond mit dem Planeten »synchron« rotiert) und außerhalb der sogenannten Roche-Grenze (2,44 × Planetenradius). Innerhalb der »Roche-Grenze« kann kein Mond existieren, da er dort von Gezeitenkräften zerrissen würde. Hat ein Satellitensystem eine bestimmte Konfigurationsperiode, dann haben die wechselseitigen Störungen dieselbe Periode, wodurch diese verstärkt werden. Das führt schließlich zur Ausbildung von Bahn-Resonanzen: d.h. die Umlaufzeiten stellen sich gegenseitig im Verhältnis kleiner, ganzer Zahlen ein (2:1, 3:2 usw.). Die Saturn-Monde Titan und Hyperion haben Bahnperioden, die im Verhältnis 3:4 stehen. Enceladus–Dione, ein weiteres Saturn-Satellitenpaar, hat Perioden, die im Verhältnis 1:2 stehen.

Der fünfte – nach der Größe des Durchmessers geordnet – unter den Monden des Sonnensystems ist »unser« Mond (*Abb. 8.1*). Knapp ein Viertel der Erdgröße, beträgt die Oberflächen-Anziehungskraft nur ein Sechstel von dem Wert der Erde: Darum konnten die Apollo-Astronauten so spaßig herumhopsen. Der Rückstart von der Mondoberfläche ist dem Raumfahrer leicht gemacht: statt 11,2 km/sec wie bei der Erde beträgt die Fluchtgeschwindigkeit beim Mond nur 2,38 km/sec. Er zeigt uns immer die gleiche Seite – aber doch ein wenig mehr als 50%, tatsächlich 59% seiner Oberfläche, weil er ein bißchen schwingt und weil seine Rotationsachse gegen die Ekliptiknormale um 5°,9 geneigt ist: da kann man ein wenig hinter die Pole sehen. Seine Oberflächenstruktur läßt sich schon mit dem Fernrohr gut erkennen. Seit Menschen dort gelandet sind, ist er uns nächst unse-

Abb. 8.1 Erdmond. Deutlich sind die dunklen Mare-Gebiete und die hellen Terra-Gebiete zu sehen.

rem eigenen Planeten am vertrautesten – schließlich hat man 380 kg Mondgestein mit zurück zur Erde gebracht! Dunkle und helle Flächen fallen zuerst ins Auge – davon lebt der »Mann im Mond«. Das sind zwei Oberflächenstrukturen: helle »Terra-Gebiete«, die 80 % der Oberfläche bedecken und aus Gebirgslandschaften bestehen, und dunklere »Mare-Gebiete«, die man als Lava-Seen ansehen muß, welche früherer vulkanischer Aktivität des Mondes zugeschrieben werden müssen. Vereinzelt findet man auch noch die Berge, die wohl als Vulkane aktiv gewesen sind. Der Mond ist überzogen von Einschlagskratern von Meteoriten. Die Mare selbst entstanden auf diese

Tafel III Der Mond Io, von Voyager 1 aus 862 000 km Abstand fotografiert.

Weise: sie sind riesige Einschlagskrater. Der jüngste Krater ist das Mare Orientale mit gut 900 km Durchmesser, das am Westrand des Mondes von der Erde aus kaum sichtbar ist. Andere solche Krater sind z. B. Mare Imbrium (1200 km Durchmesser) oder Mare Serenitatis. Die wundersamen Namen, die diese Mondlandschaften haben, verdanken wir der (alten) Konvention, den Kratern die Namen großer Naturforscher zu geben (Krater Tycho, Krater Copernicus usw.). Die »Mare«(Meer)-Gebiete tragen eher romantische Namen: Oceanus Procellarum, das Meer der Stürme oder Mare Tranquillitatis, das Meer der Ruhe. Den Bergen hat man irdische Namen gegeben: sie heißen »Alpen« oder »Apennin«. Um die Einschlagskrater bildeten sich hohe Ringgebirge, die beim Mond Höhen von 2 bis 7 km erreichen. Diese Gebirge fallen zu den Kratern hin steil ab, während sie nach außen hin flacher verlaufen. Auch das spricht für Einschlagskrater.

Den Mechanismus eines Meteoriteneinschlags auf einem Himmelskörper muß man sich folgendermaßen vorstellen: Die gesamte kinetische Energie des einfallenden Körpers wird zum kleineren Teil in Wärme, zum größeren Teil aber in kinetische Energie des Materials umgesetzt, das aus dem beim Einschlag entstehenden Krater herausgeschleudert wird. Dieses Material fällt auf Wurfparabeln wieder zurück zum Himmelskörper und erzeugt dort unter Umständen Sekundärkrater. Bei einem kleinen Körper wie dem Mond kann sich wegen der geringen Schwerkraft das Material über ein großes Gebiet verteilen. Bei einem größeren Himmelskörper ist das herausgeschleuderte Material wegen der größeren Schwerebeschleunigung in einem engeren Umkreis konzentriert. Natürlich ist ein Meteoriteneinschlag wie der bei »Imbrium« eine gewaltige Katastrophe. Es gibt Vermutungen, welche die Entstehung der Gebirge auf der Gegenseite solch großer Einschlagskrater mit der Wirkung der in den Mond hineinlaufenden Stoßwelle, die beim Einschlag entsteht, in Zusammenhang bringen.

Ältere Krater sind zum Teil durch Lavaergüsse aufgefüllt worden, die ihrerseits anschließend durch kleinere Einschläge »perforiert« wurden. Da »Orientale« dieses nicht zeigt, vermutet man, daß die Einschlagsrate von Meteoriten sich im Lauf der Zeit geändert – nach Meinung einiger Autoren in den letzten 4 Milliarden Jahren sogar exponentiell abgenommen hat. Übrigens hat man bei Einschlagskratern sogenannte »Mascon's«[1] entdeckt – also Gebiete höherer Dichte, die sich als Anomalien im Gravitationsfeld äußern. Dabei hat man auch festgestellt, daß die älteren Krater auf dichterem Material »schwimmen« als die jüngeren. All dies sind wichtige Hinweise auf die Entstehung und die nachfolgende »geologische« Evolution des Mondes.

Die vulkanische Phase war sicher die letzte Evolutionsphase des Mondes. Das die Mare erfüllende Material ist basaltische Lava, in älteren Gebieten mit einem höheren Titangehalt. Diese Lava muß aus größerer Tiefe (mehr als 150 km) stammen. Denn: Mit fortschreitender Abkühlung hatte sich vor 4,4 bis 4,6 Milliarden Jahren die Kruste des Mondes durch fraktionierte Kristallisation einer einige hundert km mächtigen äußeren Zone gebildet, die Erstarrung danach in immer größere Tiefen fortgesetzt. Diese Erstarrung von außen nach innen ist auch durch Wärme bedingt, welche im Inneren des Mondes durch den Zerfall radioaktiver Elemente freigesetzt wurde. Das Temperaturmaximum muß also im Lauf der Mondgeschichte nach innen gewandert sein. Im Gefolge dieser Aufheizung dürfte es zum Aufstieg silikatischen geschmolzenen Materials gekommen sein, das zu basaltischen Lavaergüssen an der Oberfläche führte. Dadurch wurde ein Teil der Einschlagskrater aufgefüllt, die durch die extrem häufigen Meteoriteneinschläge der Frühzeit entstanden. Wenn die Einschlagsrate stark abnahm, kann es in der Folge kaum mehr zur Bildung von Kratern gekommen sein. Die aufgefüllten Einschlagskrater sind die uns heute wohlvertrauten »Mare«-Gebiete der Mondoberfläche. Seit gut 3 Milliarden Jahren gibt es keine vulkanische oder tektonische Aktivität des Mondes mehr. Geblieben sind lediglich die schwachen, gleich noch zu besprechenden Mondbeben, die ihre Ursache in den durch die Gezeitenwirkung periodisch sich ändernden Spannungen im Mondgestein haben dürften.

Oberflächenerosion des Mondbodens ist bedingt durch den Einschlag von Meteoriten, da ja wegen des Fehlens einer Atmosphäre auch Kleinstmeteoriten und interplanetarer Staub auf die Mondoberfläche gelangen. So muß man sich das Zustandekommen der tiefen

---

1 von »mass concentrations«

Staubschicht (Regolith) erklären, die die Astronauten beim Betreten des Mondes so sehr überraschte.

Heute ist der Mond kalt und ruhig. Er hat keine eigentliche Atmosphäre – vielmehr umgibt ihn Gas, das im Gleichgewicht mit auf seiner Oberfläche absorbierten Edelgasen (Helium, Neon, Argon) steht, mit einem Druck von 2×10^{-14} Bar. Der Mond hat auch kein nachweisbares eigenes Magnetfeld. Das erwartet man: denn die Existenz von planetaren Magnetfeldern ist an das Vorhandensein eines flüssigen Kerns gebunden, weil nur dort die für die »Dynamowirkung« erforderlichen Ströme fließen können. Höhere Rotationsgeschwindigkeit um seine Achse, die der Mond früher zweifellos hatte, wurde infolge der »Gezeitenreibung« mit dem Mutterplaneten abgebaut. Darum ist nicht auszuschließen, daß der Mond früher ein Magnetfeld besaß. Dafür spricht restremanente Magnetisierung, die im Mondgestein gefunden wurde. Die Magnetfeldmessungen in Umlaufbahnen um den Mond haben wegen der vom Sonnenwind herangetragenen fluktuierenden, interplanetaren Magnetfelder bisher nur eine obere Grenze für ein magnetisches Moment des Mondes von einem Millionstel des irdischen Werts ergeben. Der damit vereinbare größtmögliche flüssige Kern des Mondes hätte 500 km Radius. Übrigens gewinnt man beim Studium der Magnetisierung der Kruste des Mondes den Eindruck, als wäre die Kruste in einem Magnetfeld entstanden, dessen magnetisches Moment gegen die Spinachse stark geneigt war. Die Ursache kennt man nicht.

Die Dichte des Mondes ist wesentlich kleiner als die der terrestrischen Planeten. Diese enthalten etwa 30 % Eisen, ähnlich wie Steinmeteoriten. Diese Eisenhäufigkeit muß auch im präplanetaren solaren Nebel vorhanden gewesen sein. Der Mond, so müssen wir folgern, ist daher an Eisen (wenigstens) verarmt. Aus Gesteinsproben weiß man, daß im Mondgestein tatsächlich all jene Verbindungen seltener sind, die leichter flüchtig sind als Eisen. Calcium, Titan und Aluminium sind die Elemente, die in Hochtemperatur-Kondensationsprozessen im solaren Nebel hauptsächlich beteiligt waren; weniger häufig sind Barium, Strontium, Uran, Thorium und die seltenen Erden. Mondgestein ist genau in den erstgenannten Elementen angereichert. Titan beispielsweise ist auf der Erde ein eher seltenes Element. Die ersten Proben vom Mondgestein enthielten dagegen 10 % an titanreichen Verbindungen. Dieser Befund hat weitreichende Bedeutung. Denn man muß annehmen, daß im Mondmaterial durchgehend diese Elemente angereichert sind – womit man die mittlere Dichte des Mondes leicht erklären kann.

Aus den dynamischen Daten des Mondes kann man ableiten, daß er eine Kruste besitzt, deren Dicke von 40 km an den Polen bis 150 km auf der Rückseite des Mondes reicht, die im übrigen aber recht ungleichmäßig ausgebildet ist; ferner, daß der Schwerpunkt vom Mittelpunkt um circa 2 km der Erde zu verschoben ist. Solche Asymmetrien sind bei Planeten nichts Ungewöhnliches. Bei Erde und Mond hat solche physikalische Asymmetrie wahrscheinlich eine gemeinsame Ursache, worauf wir im nächsten Kapitel noch einmal zu sprechen kommen werden.

Weitere Informationen über Mond-Interieurs wurden durch seismische Messungen gewonnen. Entsprechende Meßgeräte waren mit den Apollo-Fahrzeugen zum Mond gebracht und von den Besatzungen auf der Oberfläche installiert worden. Diese Daten bestätigen, daß der Mond ein inaktiver Körper ist. Insbesondere wurde keine tektonische Aktivität beobachtet. Die seismische Aktivität der Erde rührt nämlich hauptsächlich von der Verschiebung großer Platten (Tektonik) nahe der Erdoberfläche her. Das scheint es beim Mond nicht zu geben.

Wie bei der Erde kann man aus der Ausbreitung seismischer Wellen Aussagen gewinnen über die innere Struktur. Um solche Messungen zu erhalten, ließ man kurzerhand die Saturn-Rakete einer Apollo-Mondmission auf der Mondoberfläche aufschlagen. So fand man, daß zur Kruste ein gut 60 km dicker homogener Bereich gehört, den man wahrscheinlich als Gabbro ansprechen kann. Bis etwa 150 km Tiefe reichten die seismischen Signale, und so dick, erwartet man, kann die Kruste höchstens sein.

Fünf Tage vor und drei Tage nach dem Mond-Perigäum bebt der Mond: Offenbar werden diese Mondbeben durch Gezeitenreibung hervorgerufen. Möglicherweise hängt damit die gelegentliche Emission von Argon und Neon aus der Mondoberfläche zusammen. Die geringe Dämpfung dieser Beben weist ebenfalls darauf hin, daß der Mond durchgehend kalt ist, insbesondere auch keinen geschmolzenen Kern hat.

Das kann man mit Bestimmtheit auch von den Mars-Monden behaupten. 1877 entdeckt, führten sie ein Jahrhundert lang ein wenig beachtetes Dasein. Mariner 7, die amerikanische Mars-Sonde, photographierte die beiden Gesteinsbrocken zum erstenmal, Mariner 9 wiederholte das; schließlich flog der Viking-Orbiter 1 am 27. 2. 1977 in 100 km Abstand an Phobos vorbei, im Mai 1980 noch einmal in 300 km Abstand, Orbiter 2 im Oktober 1977 in 30 km Abstand (!) an Deimos. Die Phobos-Bilder (*Abb. 8.2 links*) haben eine Auflösung von Oberflächenstrukturen von 10 m, die von Deimos (*Abb. 8.2 rechts*) 3 m!

Beide Monde sind sehr dunkel, mit Kratern völlig übersät, wahrscheinlich älter als 1,5 Milliarden Jahre. Sie entstanden vermutlich bei der Bildung des Sonnensystems. Sie sind von Staub (Regolith) bedeckt. Streulichtmessungen von Phobos stimmen bemerkenswert gut mit solchen von Chondriten, wie auch mit denen der Asteroiden Ceres und Pallas überein, weshalb sie manchmal als von Mars eingefangene Asteroiden charakterisiert werden.

Phobos rotiert um seine kürzeste Achse synchron mit seiner Umlaufperiode von 7,65 Stunden; die Längsachsen beider Monde zeigen zum Planeten hin. Übrigens scheint Phobos' Umlauf um Mars stetig schneller zu werden (10^{-3} Grad pro Jahr). Wenn das so weitergeht, müßte Phobos in 40 Millionen Jahren auf den Mars abstürzen. Möglicherweise ist der in Kapitel 4 (Seite 60) besprochene Mechanismus dafür verantwortlich.

Die Krater, die die Oberfläche der Monde bedecken, sind zweifellos Einschlagskrater, hervorgerufen von Meteoriten – denn Vulkanismus kann man ausschließen. Der größte Krater auf Phobos, Krater Stickney, mißt gut 10 km im Durchmesser. Für den knapp doppelt so breiten Mond muß dieser Einschlag fürchterlich gewesen sein ($6{,}5 \times 10^{18}$ Joule), und es ist schon fast ein Wunder, daß es den Mond noch gibt. Phobos hat noch eine andere interessante Oberflächenstruktur: Rillen, bis zu 30 km lang, über 20 m tief, zwischen 100 und 200 m breit. Weil diese Rillen nahe dem Krater Stickney am stärksten ausgebildet sind, in der Nähe anderer Krater nicht auftreten, verknüpft man ihre Entstehung mit der des Kraters: die dabei frei gewordene Energie erreichte fast Werte, die den Mond zerstört haben würden (was zugleich auch ein Hinweis ist, daß Phobos kein lockeres Gefüge sein kann, sondern ein stabiler Steinbrocken ist). So könnten die Rillen Spuren von Brüchen sein.

Die jenseits der Marsbahn operierenden Raumsonden brachten

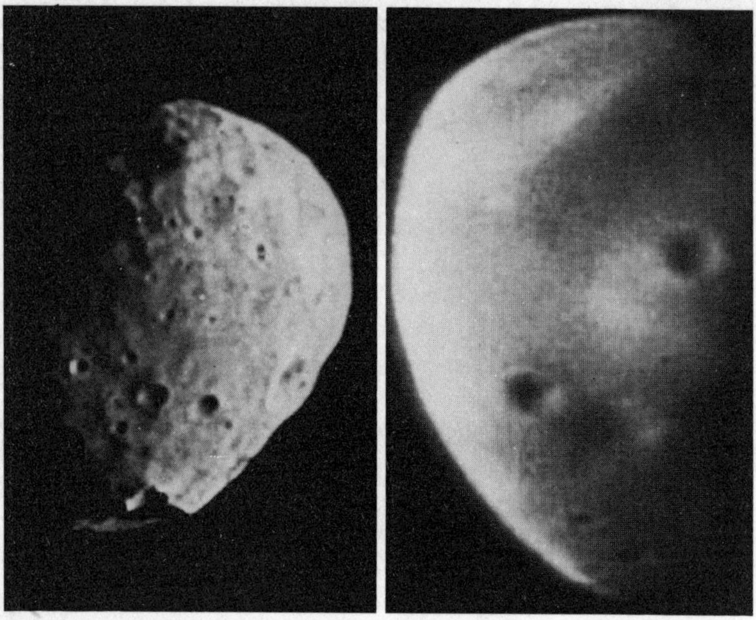

Abb. 8.2 Phobos, der innere Mars-Mond (links); Deimos, der äußere Mars-Mond (rechts).

gegenüber diesen eher kümmerlichen Verhältnissen Kunde von schier prunkvoll zu nennender Ausstattung der Satellitenszene bei Jupiter und Saturn, der wir uns jetzt zuwenden wollen. Die rechte Einstimmung in diese fremde Welt liefert allein schon die Betrachtung der Voyager-Bilder von den Jupiter-Monden.

Da ist Amalthea (*Abb. 8.3*), der unansehnliche Gesteinsbrocken, kaum der Rede wert, wenn man den lavaspeienden, schwefelbedeckten Star in der Jupiter-Manege Io (*Tafel III*) ins Auge faßt. Der mit einem Netzwerk von Rissen überzogene Mond Europa (*Tafel IV, oben*) danach, fast wie eine gläserne Kugel anzusehen, von fast perfekter Rundung. Ganymed (*Tafel IV, unten*) sodann, der Größte, offenbar mit verschiedenen Landschaftsformen schon wieder erdmondähnlicher, dann noch Callisto (*Abb. 8.4*), dessen Oberfläche von Kratereinschlägen wie von schlimmen Narben bedeckt ist.

Jupiter und Saturn haben mehr Monde als die anderen Planeten – mittlerweile kennen wir je 15. Bei Jupiter teilen wir sie in drei Gruppen: die innerste Gruppe besteht aus 7 Monden, die in Abständen zwischen 1,81 und 26,8 Jupiter-Radien den Planeten umkreisen. Die Bahn des innersten (namenlosen) Mondes (J15) liegt knapp außerhalb vom Staubring des Jupiter (vgl. unten). Er ist der schnellste: seine Bahngeschwindigkeit beträgt 30 km/sec! Erheblich weiter draußen, bei 160 Planetenradien, finden wir eine Gruppe von vier Monden, deren Radien deutlich kleiner (10–30 km) sind als die der inneren (Galileischen) Monde. Sie umkreisen Jupiter in relativ exzentrischen Bahnen mit 28° Inklination gegen die Äquatorebene des Planeten. Die dritte Gruppe von wiederum vier Monden liegt fast ums Doppelte weiter draußen, bei etwa 310 Planetenradien. Wiederum sind die Monde sehr klein (Radien zwischen 10 und 20 km) – aber anders als die anderen umlaufen diese Monde Jupiter auf »retrograden Bahnen« (Inklination etwa 150°), also im entgegengesetzten Sinn. Es ist naheliegend, zu vermuten, daß die Monde dieser beiden äußeren Gruppen wegen ihrer – innerhalb der jeweiligen

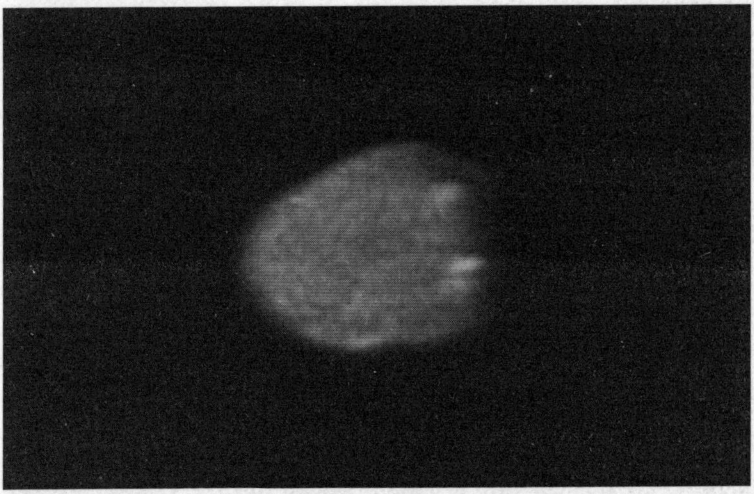

Abb. 8.3 Der innerste Jupiter-Satellit Amalthea. Die Aufnahme wurde am 4. 3. 1979 aus 425000 km Abstand mit der Raumsonde Voyager 1 gemacht.

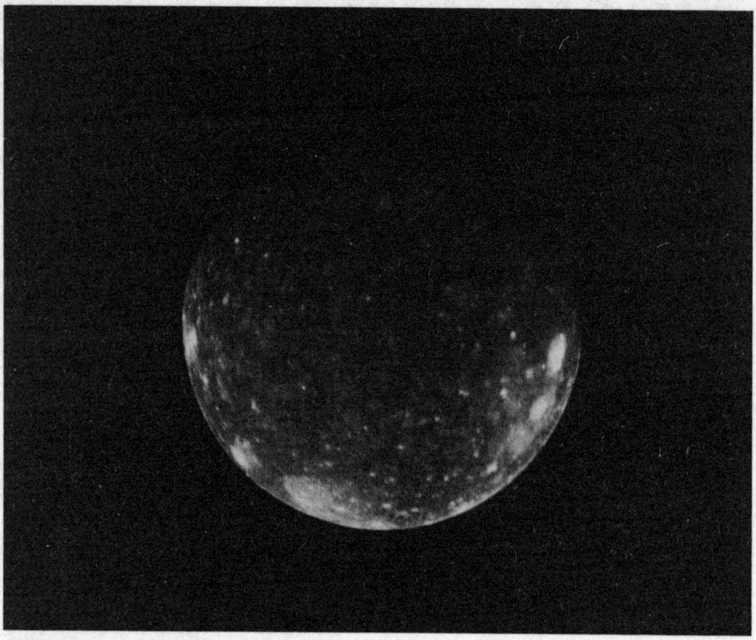

Abb. 8.4 Jupiter-Mond Callisto, aufgenommen aus 1,2 Millionen Kilometer Entfernung von Voyager 1 am 5. 3. 1979.

Gruppe – doch sehr ähnlichen Bahnen einen gemeinsamen Ursprung haben, daß sie nämlich eingefangene Asteroiden sind. Wiederum ist es schwer vorstellbar, daß so nach und nach ein Brocken nach dem anderen eingesammelt worden ist und auf vergleichbare Bahn gelangte. Da ist es einleuchtender, wenn man, dem Vorschlag des russischen Physikers V. Aitekeva folgend, die beiden Gruppen als die Überreste je eines größeren Körpers auffaßt, der z. B. durch Stoß mit einem anderen Asteroiden oder mit einem Kometen zerbrochen ist. Solche Kollisionen sind in der Frühgeschichte des Sonnensystems recht häufig gewesen, wovon uns die kraterübersäten Oberflächen der größeren Monde beredt Zeugnis geben. Andererseits führt das Einfangen solcher Objekte in der Regel zu starker

Aufheizung, so daß ein Zerbrechen auch schon aus solchen Gründen vorstellbar ist.

Die weitaus interessanteste Gruppe sind die inneren Monde. Amalthea und die namenlosen Monde J14 und J15 sind kleine Gesteinsbrocken, über die man nicht sehr viel weiß. Verständlich, denn die ersten Vorbeiflüge am Jupiter konzentrierten sich auf die vier Galileischen Satelliten Io, Europa, Ganymed und Callisto. J14 und J15 kennt man erst seit Voyager, und außer den Bahndaten und der ungefähren Abmessung weiß man über sie gar nichts. J14's Bahn läuft hart am äußeren Rand des Staubrings – möglicherweise begrenzt er diesen. Amalthea wurde 1892 entdeckt – ist von der Erde aus sehr schwer zu beobachten. Die Oberfläche des Mondes ist dunkel, eher rötlich. Es handelt sich um einen länglichen Körper, der mit seiner größten Achse zum Planeten zeigt.

Das Jupiter-Mond-System ist bemerkenswerterweise dem Sonnensystem ähnlich aufgebaut: Die dichtesten Monde laufen innen um. Möglicherweise verloren die inneren Monde die leichten Elemente wegen der Wärme des »Zentralsterns« wie die inneren Planeten durch die Sonne. Immerhin gibt es Hinweise darauf, daß die Oberfläche des Jupiter in der Vergangenheit recht heiß gewesen ist.

Io ist der in jeder Hinsicht interessanteste Körper im Sonnensystem, auch seiner faszinierenden elektrischen Eigenschaften wegen, die wir im Kapitel »Magnetosphären« näher besprechen wollen.

Die Bilder von Io zeigen einen Körper von gelber und rötlicher Färbung (*Tafel III*), in dem es schwarze und weiße Stellen gibt. Schon um die Jahrhundertwende beobachtet E. E. Barnard rötliche Kappen an den Polen von Io. Später wurde festgestellt, daß, wann immer Io aus dem Jupiterschatten herauskam, seine Helligkeit für etwa 15 Minuten erheblich größer war als ehe er in den Jupiterschatten eintrat. Daraus wurde geschlossen, daß Io eine Atmosphäre haben müsse, aus der während des Schattendurchgangs Kondensate ausfallen oder sich Wolken bildeten, die für kurze Zeit nach dem Schattenaustritt zu einer höheren Albedo führen. Alternativ stand zur Erklärung an, Ios Oberfläche könne von Schwefel bedeckt sein, dessen Farbe sich bei Abkühlung ändert. Io ist, wie man 1974 entdeckte, von einem gelben Emissionsgebiet umgeben: die D-Linie des Natrium ist dafür verantwortlich. Die Emission wies darauf hin, daß es sogar einen Materialring längs der Bahn von Io gibt!

Die Klärung dieses Sachverhalts erfolgte erst mit den Voyager-Sonden, dennoch auf spektakuläre Weise: Zunächst war bestätigt worden, daß es Natrium und Schwefel in der Tat gibt, so daß die Färbung der Oberfläche des Mondes sofort durch die beiden Aggregatzustände von Schwefel zu erklären war. Im festen Zustand gibt es monoklinen Schwefel von roter Färbung und den gewöhnlichen rhombischen, gelben Schwefel. Schwefeldioxyd-Eis schließlich ist für die weißen Flecken verantwortlich (vgl. *Tafel III*).

Während Voyagers Vorbeiflug an Jupiter erschien eine wissenschaftliche Abhandlung, in welcher Gezeitenreibung bei Io untersucht worden war, was den Verfasser zu der Vermutung führte, daß Ios Inneres geschmolzen sein müsse, daß also auf Io Vulkane existieren könnten. Just am selben Tag entdeckte eine Mitarbeiterin des Jet Propulsion Laboratory in Pasadena bei der Inspektion der eben empfangenen Yoyager-Bilder von Io am Bildrand eine Erscheinung, die wie eine Eruption aussah (*Tafel V, unten*). Das bestätigte sich bei genauerem Hinsehen und führte unabhängig zum Postulat: Vulkane! Nach dem Voyager-Vorbeiflug wußte man von 8 aktiven Vulkanen auf Io, die Material bis in Höhen von 320 km hinaufschleuderten. Diese Vulkanausbrüche sind heftiger als die uns bekannten von Vesuv, Ätna oder Krakatao. Damit ist auch verständlich, daß es eine Art Io-Atmosphäre gibt, für deren Oberflächendruck bereits die Pioneer-Messungen einen Wert von 10^{-10} Bar ergaben.

Damit war mit einem Schlag die schwefelbedeckte Oberfläche von Io verständlich, auch wie Natrium und Schwefel in den erwähnten Torus längs Ios Bahn gelangen kann (dessen Querschnitt immerhin einen Jupiter-Radius erreicht). Natürlich schleudern Vulkane auch Aschenteilchen hinaus. Die beobachteten Auswurfhöhen legen Geschwindigkeiten von $\sim$ 1 km/sec nahe, so daß Ascheteilchen den Mond nicht ohne weiteres verlassen können (Fluchtgeschwindigkeit: 2,5 km/sec). Da sich aber Io in der Magnetosphäre Jupiters befindet, ist es naheliegend, anzunehmen, daß sich auch Staubteilchen elektrisch aufladen und vermöge elektrischer Kräfte aus dem Gravitationsfeld von Io entweichen. Auf diese Weise kann sich längs der Bahn von Io auch ein Staubtorus bilden, der innerhalb der Magnetosphäre in radialer Richtung nach innen diffundiert und möglicherweise zur Bildung des beobachteten Staubrings des Jupiter führt, der im Rahmen dieser Vorstellung also eine quasi permanente Eigenschaft des Jupiter-Systems wäre – bestimmt durch die vulkanische Aktivität von Io.

Io dürfte aus chondritischem Material (vgl. Kapitel 7) der Dichte 3,7 g/cm^3 aufgebaut sein, das radioaktiver Zerfall kurzlebiger Nuklide bald nach seiner Bildung im Verein mit der Kondensationswärme, die dabei entstand, verstärkt durch die allgegenwärtige Gezeitenreibung, zum Schmelzen brachte. Dabei konnte sich ein eisenreicher Kern bilden, der insbesondere auch Schwefeleisen enthielt. Um ihn herum bildete sich ein silikatischer Mantel. Alle flüchtigen Substanzen dampften rasch ab. Die Dicke der Kruste wird auf nur 18 km geschätzt, die sich beim Umlauf des Mondes auf seiner leicht exzentrischen Bahn um fast 200 m gegenüber der mittleren Gestalt von Io verformen kann. Der Vulkanismus versorgt natürlich auch die Atmosphäre, in der man Schwefeldioxyd und durch Protonenbeschuß entstandenen Schwefelwasserstoff vermutet, die immerhin einen Druck von 10^{-10} Bar an der Oberfläche besorgen. Wo Aerosol (feiner Staub) ist, sind Blitze nicht weit, und wie man aus Laboratoriumsversuchen weiß, entsteht dabei auch Dischwefeloxyd S_2O, dessen orangerote Färbung zum optischen Eindruck der Mondoberfläche beiträgt. Ios Oberfläche hat sich nach dieser Vorstellung erst spät gebildet, ist also »jung« – was mit dem Fehlen von Kratereinschlägen zusammenpaßt.

Der Mond Europa hat ungefähr die Größe des Erd-Mondes, auch ungefähr dessen Dichte; er ist der hellste der Galileischen Monde. Die Oberfläche zeigt eine komplexe Struktur von Linien, Bruchlinien wahrscheinlich, die darauf hinweisen, daß die Kruste vielfältig gebrochen ist. Im Gegensatz zu seinen Nachbarn Ganymed und Callisto zeigt Europa nur wenige Einschlagskrater. Dieser Umstand weist darauf hin, daß die Oberfläche wie die des Io jung ist und daß es vermutlich schon in geringer Tiefe unter der Oberfläche warm ist – wiederum Folge von radioaktivem Zerfall und Gezeitenreibung. Letztere beträgt aber nur weniger als 10% der bei Io umgesetzten Energie. Wahrscheinlich umgibt den Mond eine dünne Eiskruste von nur 24 km Dicke, unter der sich flüssiges Material befindet. Die oft Tausende von Kilometern langen Linien erinnern an Risse im Eis gefrorener Seen. Die Oberflächentemperatur beträgt nur 93°K.

Ganymed ist der größte unter Jupiters Monden, gut eineinhalbmal größer als der unsrige. Die Oberfläche, wie wir sie in den Bildern sehen, ist eine Mischung aus mehreren Oberflächenstrukturen: aus relativ dunklem, von Kratern übersätem Terrain, in dem man lineare Strukturen erkennen kann (etwa durch Stoßwellen erzeugt, die beim Einschlag von Meteoriten ausgelöst wurden) und helleren Gebieten, in denen Hinweise auf Faltungen, wie bei der Erde, zu finden sind. Das bedeutet, daß der Mond eine interessante Entwicklung bezüglich tektonischer Bewegungen in seiner Eiskruste (vermutlich Wassereis) mitgemacht hat. Kürzlich wurde Ganymed mit Radarimpulsen bei 3,5 cm Wellenlänge mit Hilfe des 64-m-Spiegels der NASA in Goldstone/Kalifornien untersucht. Beim Versuch, die rückgestreuten Signale zu interpretieren, gelangte man zur Annahme regellos gegeneinander orientierter Facettenflächen, wie bei Packeis, das aus Schollentrümmern besteht, welche gegeneinander verschoben und aufgetürmt worden sind. Derartige Strukturen lassen vielfältig Reflexe entstehen und so könnte man die vielen »Sterne« – diese punktförmigen Aufhellungen in den Bildern – erklären. Wie auf anderen Monden haben auch auf Ganymed gewaltige Meteoriten eingeschlagen, wovon einige riesenhafte Einschlagskrater Zeugnis geben.

Europa, Callisto und Ganymed zeigen eine Helligkeitsveränderung in ihrer Bahn, so, daß sie auf der Ostseite heller erscheinen als auf der Westseite (10–30%). Man interpretiert dies als Albedo-Effekt: Die in der Bahnbewegung vorne liegenden Mondflächen reflektieren also mehr Licht. Warum das so ist, kann man heute noch nicht mit Bestimmtheit sagen. Es ist aber klar, daß dahinter ein wichtiger Prozeß stecken muß, den man unbedingt verstehen muß.

Callisto (*Abb. 8.4*) endlich, der äußerste der Galileischen Monde, nur wenig kleiner als Ganymed, hat die niedrigste Dichte von allen. Sein äußeres Erscheinungsbild ähnelt dem des Ganymed. Wie jener ist auch Callisto von Einschlagskratern übersät. Seine Oberfläche – dunkler als die der anderen Monde – ist vermutlich die älteste unter den vieren, entstanden nicht lange nach der Bildung des Sonnensystems. Auf einem der Bilder (*Abb. 8.5*) ist ein riesiger Einschlagskrater von gut 600 km Durchmesser zu sehen, um den herum praktisch konzentrische Ringe sichtbar sind, wie die Wellenstruktur um einen ins Wasser geworfenen Stein. Wahrscheinlich hat der einschlagende Körper zum vorübergehenden Erweichen des Umgebungsmaterials geführt, so daß die sich ausbreitenden Wellen in sich wieder verfestigendem Material »eingefroren« sind. Wie bei den anderen Galilei-

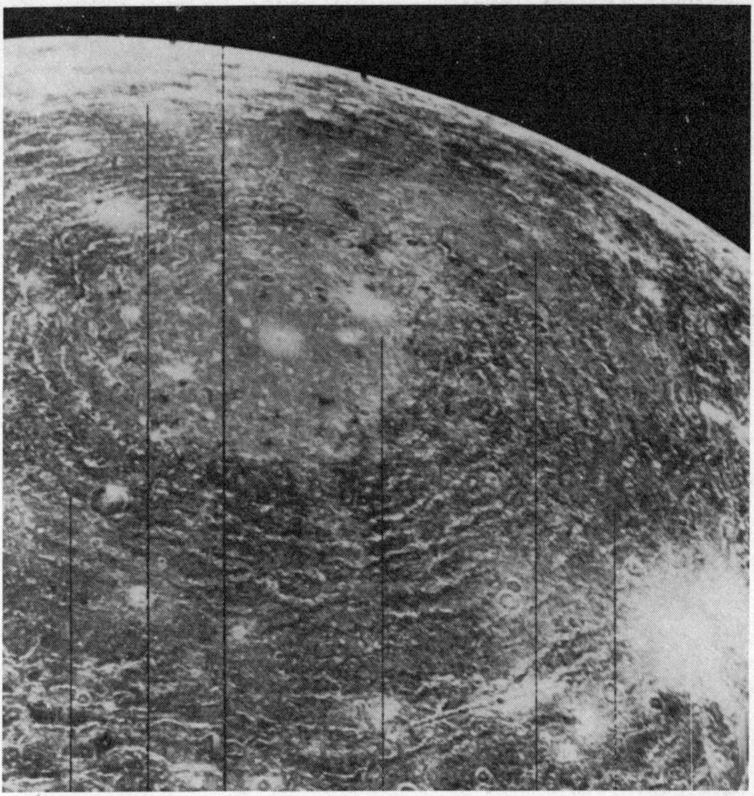

Abb. 8.5 Die Oberfläche von Callisto aus 200000 km Abstand. Die Kreisring-Strukturen sind ähnlich jenen, die man in der Umgebung von Einschlagskratern am Erd-Mond und bei Merkur gefunden hat. Möglicherweise sind die Ringe »eingefrorene« Wellenzüge, die sich nach einem Meteoriteneinschlag vom Einschlagsort aus ausgebreitet hatten.

schen Monden besteht die Oberfläche aus Eis, das von meteoritischem Material »verschmutzt« wurde. Im Gegensatz zu Ganymed gibt es aber bei Callisto keinerlei Hinweise auf Krustenbewegung oder innere Aktivitäten. Mit Sicherheit läßt sich auch das Vorhandensein von Schwefeldioxyd auf Callistos Oberfläche ausschließen.

Auch Callisto und Japetus zeigen Helligkeitsvariationen in ihrer Umlaufbahn, die – wenn sie, was plausibel erscheint, auf variable Albedo zurückzuführen ist – dadurch erklärt werden könnte, daß beide in »staubiger Umgebung« umlaufen. Weil ihre Rotation (was für alle äußeren Monde zutrifft) synchron ist, würden sie auf ihrer Vorderseite solchen Staub aufsammeln und daher dort dunkler sein. Dem irdischen Betrachter würden sie daher auf der Westseite ihrer Bahn um den Planeten am hellsten erscheinen.

Wir kennen im Sonnensystem drei Planeten mit »regulären« Satelliten – so bezeichnet man jene, die den Planeten in der Äquatorebene ungefähr auf Kreisbahnen umlaufen: Jupiter, Saturn und Uranus. Diese drei haben zugleich auch Ringsysteme. Bei Saturn zählen nur Japetus, Phoebe und Hyperion nicht zu den regulären Satelliten, bei Jupiter die äußeren Monde. Die Eis-Monde des Saturn haben Dichten zwischen 1 und 2 g/cm^3; außer Titan haben sie alle keine Atmosphäre; alle sind hell (ihre Albedo liegt um 0,4), und alle sind vermutlich mit Wassereis oder Reif bedeckt.

Nur Titan erreicht respektable Größe. Außer Phoebe und Japetus laufen alle praktisch in der Äquatorebene des Planeten um, außer bei Hyperion und Phoebe sind die Bahnen aller Monde praktisch Kreisbahnen. Phoebe hat als einziger Mond retrograde Rotation, nimmt also insoweit eine Sonderstellung ein, außerdem läuft dieser Mond auch in sehr großem Abstand (darum auch von der Sonne gestört) von Saturn um. Von optischen Eigenschaften her zeigt Phoebe Verwandtschaft mit den äußeren Jupiter-Monden, von deren Ähnlichkeit zu Asteroiden oben schon die Rede war. Zwischen Phoebes Bahn und den Bahnen der anderen Monde klafft ein riesiger »leerer« Bereich. Vom Jupiter unterscheidet sich Saturns System beträchtlich. Zu Saturns Trabanten gehört eine ganze Gruppe kleiner Körper, deren Zahl tatsächlich nicht sehr gut bekannt ist, die am Rand der Ringe umlaufen. Hyperions (*Abb. 8.6*) Umlauf ist sehr nahe der 4:3 Resonanz mit dem Mond Titan. Die meisten Monde des Saturn rotieren synchron zur Bahnperiode, wenden also dem Planeten stets dieselbe Seite zu. Phöbe hat eine Rotationsperiode von 9–10 Stunden, aber eine Umlaufdauer von 550 Tagen. Da seine Bahn in der Ekliptik, nicht im Äquator liegt, handelt es sich sehr wahrscheinlich um einen eingefangenen Asteroiden. Im folgenden wollen wir das, was man heute über die Saturn-Monde weiß, zunächst etwas ausführlicher darstellen. *Tafel VI* zeigt Voyager-Aufnahmen der 4 Monde Titan (oben links), Dione (oben rechts), Rhea (unten links) und Japetus (unten rechts).

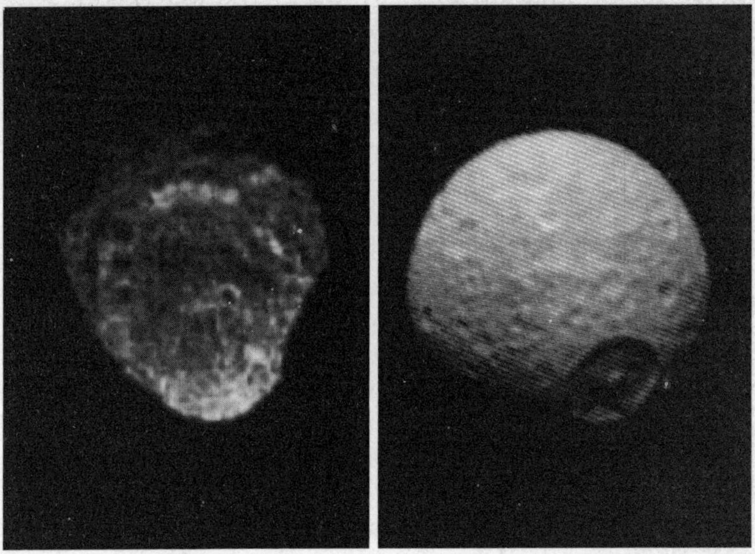

Abb. 8.6 Aufnahme des Saturnmondes Hyperion, mit Voyager 2 am 24. August 1981 aus 500000 km Abstand (links); Aufnahme des Mondes Mimas mit Voyager 1 am 12. 11. 1980 aus 425000 km Abstand (rechts).

Mimas (*Abb. 8.6*), den am weitesten innen laufenden der regulären Satelliten Saturns kennzeichnet ein riesiger, 148 km im Durchmesser messender Krater, dessen Ränder über 5 km hoch aufragen, dessen Boden aber fast 18 km unter der Oberfläche des umgebenden Gebietes liegt. Aus dem Kraterboden wiederum ragt ein gut 6 km hoher, an seiner Basis 30 km messender Zentralberg empor.

Dieser Krater, vermutlich durch Einschlag eines Meteoriten erzeugt, muß den Mond beinahe zerrissen haben. In seiner Nähe sieht man noch andere Krater, kleinerer Abmessung und einigermaßen gleichförmig über die Oberfläche verteilt. Die meisten Krater sehen wie große »Schüsseln« aus und sind alle viel tiefer als Krater, die wir vom Mond oder von den Jupiter-Monden kennen. Dies ist vermutlich eine Folge der geringen Gravitationskraft. Außer Kratern bemerkt man Rillen in der Oberfläche, ein bis zwei Kilometer tief, fast 100 km lang und über 10 km breit. Möglicherweise stehen diese Rillen im Zusammenhang mit dem Einschlag, bei dem der erwähnte Krater entstand. Die Helligkeit der Oberfläche kann man verstehen, wenn man annimmt, daß die Oberfläche mit Reif bedeckt ist.

Mit 500 km Durchmesser ist Enceladus nur wenig größer als Mimas, dem er benachbart ist. Er hat eine glattere Oberfläche als jener, insbesondere aber kann man keine Krater erkennen. Er hat auch eine höhere Albedo als die anderen eisbedeckten Satelliten, so daß seine Oberflächenbeschaffenheit eher ungewöhnlich ist. Weil seine Bahn durch Gravitationswirkung von Dione stark beeinflußt wird, könnte Gezeitenreibung im Inneren des Mondes (wie beim Jupiter-Mond Io) für Aufheizung gesorgt haben. Dann würde man erwarten, daß der Körper des Mondes flüssig und nur von einer dünnen Eisschicht bedeckt ist. Weil der »E«-Ring eine Erhöhung seiner Helligkeit zeigt, wenn Enceladus in seine Nähe kommt, könnte man sogar vermuten, daß Eisbrocken von Enceladus den Ring praktisch mit Material »versorgen«.

Von Tethys war immer angenommen worden, daß der Mond sehr niedrige Dichte habe. Voyager-1-Messungen – wenngleich für diesen Mond von geringerer Auflösung – ergaben einen Wert um 1, so daß zu vermuten ist, daß der Mond praktisch aus Wassereis besteht. Nur wenig Oberflächenstruktur konnte aufgelöst werden, doch gibt es Krater und eine Art Tal nahe dem Terminator. Der größte Krater hat einen Durchmesser von 460 km.

Wenig größer als Tethys hat Dione dennoch deutlich höhere Dichte (vgl. *Tabelle 8.1*) und sieht auch völlig anders aus. Die Krater sind weniger tief, verglichen mit jenen auf Tethys, und die Albedo variiert viel stärker über die Oberfläche hin. Eine deutlich sichtbare Struktur von 240 km Durchmesser könnte ein Krater sein. Das helle Material der Oberfläche ist vermutlich wiederum Wassereis oder Reif. Die in der Umlaufbahn vorne liegende Hälfte des Mondes zeigt zwei topographisch verschiedene Strukturen: eine ältere, die von Kratern übersät ist, mit bis zu 165 km Durchmesser, und eine flache Gegend, die wenig Krater aufweist. Offenbar ist aber dieser Bereich von einer jüngeren Schicht überdeckt, die hinreichend dick ist, um vordem vorhandene Kraterlandschaft zuzudecken. So etwas könnte durch aus dem Inneren austretendes Material entstanden sein, oder es könnte sich um Material handeln, das beim Einschlag eines Körpers ausgeworfen wurde.

In der südlichen Polregion von Dione gibt es einen gewaltigen, etwa 500 km langen Graben; in der nördlichen Polregion liegt ein sich verzweigendes Täler-System. Die Deutung dieser Strukturen ist offen.

Voyager 1 überflog die Nordhälfte des Mondes Rhea (*Tafel VI*) in nur 59000 km Abstand, so daß über Rhea die detailliertesten Aufschlüsse vorliegen. Die Oberfläche ist übersät von Einschlagskratern und ähnelt den Terra-Gegenden der Mondoberfläche sehr. Rheas geringere Gravitationskraft erlaubte offenbar rasche Abkühlung des Mondes, so daß seine Kruste Krater bereits sehr früh »beibehalten« konnte.

Helle und dunkle Gegenden sind auf den Bildern erkennbar; im helleren Terrain sind die großen Krater zahlreicher. Es gibt eine scharfe Trennlinie zwischen beiden Bereichen, was nicht leicht zu verstehen ist. Möglicherweise sind die Oberflächen verschieden alt, die dunkleren entstanden durch aus dem Inneren austretendes Material, so daß vorhandene Oberflächenstrukturen verdeckt wurden. Die Oberflächentemperatur von Rhea beträgt 99° K; dieser Wert nimmt zu den Polen hin auf 93° K ab. Aus dem Emissionsprofil kann man weiter schließen, daß auf der Oberfläche Materialien vorkommen, die viel kälter, und solche, die weniger kalt werden. Das könnte Wassereis und Reif sein; die Dicke des Eises würde man zu etwa 10 km bestimmen, also ähnlich wie bei Europa und Ganymed.

Beim Mond Japetus (*Tafel VI*) ist der Unterschied in der Albedo zwischen Vorder- und Rückseite (in Umlaufrichtung) am auffälligsten. Die Grenze zwischen der hellen und der dunklen Hemisphäre ist nicht glatt, sondern relativ unstetig. In der dunklen Hemisphäre findet man keine »hellen« Stellen, auf der hellen findet man dagegen einen dunklen Ring von etwa 400 km Durchmesser. Die Daten lassen vermuten, daß die helle Fläche aus Wassereis besteht. Die dunkle Hemisphäre ist rötlich, ähnlich dem dunklen Material des Jupitermondes Callisto, und die Oberfläche ist so, wie man sie für kohlenstoffhaltige Chondriten erwarten würde. Im Infraroten allerdings unterscheidet sich Japetus deutlich von Callisto.

Zur Erklärung sieht man heute drei Möglichkeiten: Wassereis könnte an der Vorderseite des Mondes erodiert werden, so daß dunkle, felsige Strukturen sichtbar werden, oder: Wassereis könnte sich bevorzugt auf den hinteren Strukturteilen niedergeschlagen haben, oder – schließlich – Material aus dem Inneren könnte ausgetreten sein. Keine der Möglichkeiten kann man beim heutigen Kenntnisstand verwerfen.

Seit dem Voyager-1-Vorbeiflug kennt man fünf kleinere Monde innerhalb der Bahn von Mimas. Die beiden äußeren, die vorläufig mit 1980 S1 und 1980 S3 bezeichnet werden, wurden tatsächlich bereits 1966 durch A. Dollfus entdeckt, sind aber zunächst für einen einzigen Mond (Janus) mit sehr merkwürdigen Eigenschaften gehalten worden. Die Aufklärung, daß es sich um zwei Monde, deren Bahnen um nur 50 km auseinanderliegen, handelt, beseitigte diese Probleme. Die Monde sind von recht unregelmäßiger Gestalt und könnten natürlich die beiden Hälften eines Körpers sein, der von einem großen Meteoriten getroffen wurde und sich teilte, so wie es ja auch Mimas beinahe ergangen wäre. Die inneren Monde wurden 1980 S13, S14 und S15 genannt (all diese werden von der Internationalen Astronomischen Union noch regulär »getauft«). Die beiden größeren, erstgenannten, laufen zu beiden Seiten des F-Rings um, während S15 außerhalb des A-Rings läuft und offenbar das ganze Ringsystem nach außen begrenzt. Alle drei sind recht irreguläre Körper, deren größte Erstreckung radial zu Saturn hin ausgerichtet ist.

Schließlich wurde im »führenden« Librationspunkt (vgl. Anhang 5) von Dione noch ein weiterer kleiner Mond gefunden, der mit 1980 S6 bezeichnet wurde. Dione scheint Saturns Radioemission – ähnlich wie Io das bei Jupiter tut – zu beeinflussen. Wahrscheinlich hat Dione auch eine Art Ionosphäre.

Der Mond Titan ist wesentlich kleiner, als früher angenommen: sein Radius beträgt nur 2560 km. Er ist der größte Mond im Saturnsystem, hinter Ganymed der zweitgrößte Mond im Sonnensystem. Er ist vermutlich durch Gezeitenwirkung auf einer Rotationsperiode gleich seiner Umlaufperiode angelangt, die etwa 16 irdische Tage beträgt. Seine Rotationsachse steht senkrecht auf seiner Bahnebene (Unsicherheit ± 5 Grad). Die früheren Bestimmungen seines Durchmessers lieferten falsche Ergebnisse, weil diese eine 40 km mächtige Staubschicht nicht auflösen konnten, die den Mond in 245 km Höhe umgibt. (*Tafel VII, unten*)

Die Wolken, die die Oberfläche des Mondes verhüllen, sind von rötlicher Farbe: auf der südlichen Hemisphäre von einheitlicher Helligkeit, auf der nördlichen dagegen leicht strukturiert (zonale Strukturen erkennbar). Die Voyager-Bilder zeigten aber bei einer Auflösung von 3 km keine »Wolkenlöcher« an: die Wolken sind überall dicht.

Der Atmosphärendruck beträgt an der Mondoberfläche 1,6 Atmosphären, liegt also 60 % über dem Druck an der Erdoberfläche. Der Vorbeiflug von Voyager an Titan erfolgte kurze Zeit nach Frühlingsanfang auf Titan. Man kann sich ausrechnen, daß eine Atmosphäre wie die des Titan mit einer gewissen Verzögerung auf äußere Veränderungen reagiert. Man hat daher aus solchen Überlegungen den Schluß gezogen, daß für die untere Atmosphäre beim Vorbeiflug tatsächlich Hochwinter herrschte, wodurch man sich die hemisphärischen Unterschiede erklärt.

Titan läuft innerhalb der Magnetosphäre des Saturn um. Bei starkem Druck des Sonnenwindes kann sich aber die Magnetopause weiter nach innen verlagern, so daß Titan vorübergehend dem Sonnenwind ausgesetzt ist. Zur Beurteilung der dann auftretenden Phänomene müßte man wissen, ob Titan ein Magnetfeld hat. Nach dem Vorbeiflug von Voyager-1 am Saturn konnte die obere Grenze für sein magnetisches Moment auf 5×10^{17} Tesla cm^3 gesenkt werden. Daraus läßt sich ableiten, daß der Mond zwar einen leitfähigen Kern haben kann, daß dessen Radius aber höchstens 700 km beträgt. Ein eigenes Magnetfeld hat er danach vermutlich nicht.

Innerhalb der Saturn-Magnetosphäre wird in Titan jedoch ein Magnetfeld induziert, weil sich magnetosphärisches Plasma über den Mond hinwegbewegt, wodurch zunächst ein elektrisches Potential von 6000 Volt aufgebaut wird, das ein Stromsystem antreibt, dessen Magnetfeld das Hintergrundfeld so verzerrt, daß das Magnetfeld den Mond wie eine Blase umgibt. Wegen des fehlenden Eigenmagnetfeldes muß man sich die Wechselwirkung zwischen Mond und anströmendem Plasma ähnlich wie beim Planeten Venus (vgl. Kapitel 13) oder bei einem Kometen vorstellen. Entsprechend ist Titan eine vermutlich wichtige Quelle für Plasma in der Magnetosphäre von Saturn.

Die Voyager-Aufnahmen von Saturn und seinen Monden brachten in bezug auf unsere Kenntnisse vom Saturnsystem den größten Fortschritt seit dem 17. Jahrhundert, als Huygens und Cassini Monde und Ringsystem entdeckten. Schon die Kraterdichte der Mondoberflächen liefert dem Kundigen wertvolle Informationen, aus denen sich die Historie des Planeten, möglicherweise seine Entstehung verstehen läßt.

Natürlich könnten die Einschlagskrater auf den Monden von Material herrühren, das zum Saturnsystem gehörte (etwa wie das Ringmaterial); sie könnten aber auch von Gesteinsbrocken herrühren, die Saturn von außen erreichten. Derzeit weithin akzeptierte Modellvorstellungen beziffern den Materialfluß aus Kometenüberresten mehr als zehntausendmal größer als den, der aus Bruchstücken von Asteroiden stammt.

Nun findet man aber im Saturnsystem sozusagen zwei bemerkenswerte Tatsachen »eingraviert«: nämlich, daß die Dichte der inneren Monde von Saturn nach außen (!) ansteigt (im Gegensatz zum Planetensystem, dem des Jupiter oder auch dem äußeren Saturnsystem), ferner, daß die Zahl der Einschlagskrater für jeweils bestimmte Kraterdurchmesser auf Mimas und Dione bei etwa 10 km Kraterdurchmesser ein Maximum zeigt, während auf Rhea die Zahl großer Krater mit Durchmessern über 100 km deutlich größer ist als die der kleineren Krater. Daher vermutet man, daß die Körper, welche die Krater verursachten, zwei verschiedenen »Familien« angehörten. Die jüngsten Kraterregionen stammen zweifellos von der Familie, die die größere Zahl kleiner Körper enthielt. Regionen mit vielen großen Kratern stammen sicher aus einer sehr frühen Phase nach der Planetenbildung, ähnlich wie die Hochländer des Mondes (Terra-Gebiete), von Mars oder Merkur, die vor 4 Milliarden Jahren entstanden. Etwa zu jener Zeit nahm die Zahl der im Sonnensystem umherschwirrenden Gesteinsbrocken drastisch ab, weil sie im Lauf der Zeit von Planeten und Monden »eingesammelt« worden waren. Andererseits hat man an anderen Stellen im Sonnensystem gefunden, daß die Zahl der Sekundärteilchen, also jener, die beim Einschlag eines Körpers ausgestoßen werden, mit der vierten Potenz des Kehrwerts vom Radius zunimmt. Diese Teilchen erzeugen daher nur kleine Krater – so wie das auch bei der erwähnten zweiten Familie von Körpern beobachtet wird. Von so kleinen Monden wie denen des Saturns entweicht aber ein großer Teil solcher Körper wegen der geringen Schwerkraft. In der Folgezeit wurde die Oberfläche von Dione und Rhea von Material bedeckt, das die großen Krater teilweise sogar verdeckte. Der früher ausgeworfene Schutt sowie späte Meteoriten, Kometen und zum Saturnsystem gehörendes Material haben dann in der Folgezeit die Oberfläche des Kratersystems mit jenen Kratern bedeckt, die wir oben der zweiten »Familie« zugeordnet hatten. Dies ist ein Modell, mit dem man versucht, die zahlreichen beim Voyager-Vorbeiflug entdeckten Details zu erklären und sie in den größeren Rahmen der Entstehungsgeschichte des Sonnensystems einzuordnen.

Vergleicht man die beobachteten Dichten der Monde mit Modellen für den Aufbau dieser Monde, so findet man, daß Tethys vollständig aus Eis (Wasser- und Methaneis) bestehen könnte, während Titan und Dione ähnlich wie Ganymed und Callisto etwa zu 40 % aus felsigem Material und zu 60 % aus Eis zu bestehen scheinen. Für die anderen Saturnmonde ist ein möglicher Felsanteil deutlich kleiner, doch bestehen sie sicher nicht nur aus Eis. Die Zunahme der Dichten von Mimas bis hin zu Titan reflektiert zweifellos den speziellen Zustand bei der Entstehung des Saturnsystems. Modellrechnungen zur Bildung von Jupiter oder Saturn weisen deutlich darauf hin, daß diese Planeten bei ihrer Entstehung möglicherweise mehrere hundertmal größer gewesen sind, ehe sie sich langsam zusammenzogen; irgendwann erlitten sie Gravitationskollaps und zogen sich danach nur noch langsam weiter zusammen. Auch waren sie in der ersten Phase zweifellos viel heller als heute, so daß der physikalische Zustand ihrer Umgebung wahrscheinlich hauptsächlich von dem von diesen Riesenplaneten ausgehenden Wärmefluß bestimmt war. Bei Jupiter, argumentiert man, habe deshalb Wasser und Methan nahe am Planeten nicht kondensieren können, weshalb Io und Europa »felsige« Monde sind im Gegensatz zu Ganymed und Callisto, die höheren Eisanteil haben. Saturns Masse ist nur ein Drittel der Jupiters, seine Helligkeit mag daher einen Faktor 10 unter der Jupiters gelegen haben, so daß Wasserdampf viel näher am Planeten kondensieren konnte: Alle Saturnmodelle weisen Dichten im Bereich 1–2 g/cm^3 auf. Zur Zeit der Mondentstehung erstreckte sich Saturn aber möglicherweise bis über die Bahn von Tethys hinaus. Dann – so argumentiert man – wurden aber Silikatkörner durch den Gasdruck nach außen geschafft, in die Nähe der Dione-, Rhea- und Titanbahn. Monde und Ringe, die sich solchermaßen innerhalb des Planeten Saturn gebildet haben würden, müssen füglich fast völlig aus Eis bestehen mit vergleichsweise wenig felsigen (silikatischen) Bestandteilen. Die tatsächlich beobachteten verschiedenen Dichten der inneren Monde könnten schließlich – angesichts der kleinen Massen – der statistischen Schwankung entsprechen, die bei der Kondensation von Materie von Ort zu Ort auftreten kann.

Diese Darstellung schließt eng an die Deutung der Beobachtungen des Voyager-Teams an, ist daher nicht frei von spekulativen Zügen und möglicherweise sogar falsch. Sie ist aber derzeit die einzige vorliegende detaillierte Beschreibung des Saturnsystems, und es wird Jahre dauern, bis die Befunde in Modelle eingearbeitet worden sind, die dann mit allen Erfahrungen in Einklang stehen.

Die Monde der äußeren Planeten sind natürlich weit weniger gut bekannt als die bisher besprochenen. Dennoch kann man aus dem wenigen, was man weiß, eine plausible Geschichte machen. Bei Uranus liefern die Monde einen entscheidenden Hinweis auf seine Bildung, mithin auch auf seine Struktur. Die Bahnen der fünf bekannten Monde liegen ebenso wie die erst kürzlich entdeckten Ringe in der Äquatorebene; die Bahnen sind kreisförmig. Miranda, der innerste Mond, könnte einige Irregularitäten zeigen. Wie die Mondsysteme von Jupiter und Saturn ordnet sich auch das des Uranus nach der Titius-Bodeschen Regel, die wir in Anhang 3 besprechen werden. Die kreisförmigen Bahnen könnten Folge der Bewegung durch ein Medium mit Reibung sein (etwa durch die Gaswolke, aus der die Monde sich bildeten).

Übrigens stehen die Bahnperioden der drei inneren Monde in einem ähnlichen gegenseitigen Verhältnis wie die drei inneren Galileischen Satelliten des Jupiter (Io, Europa, Ganymed). Mirandas (U5), Ariels (U1) und Umbriels (U2) Bahnperioden folgen nämlich ebenfalls der Laplace-Beziehung für die planetographischen Längen: $\lambda_5 - 3\lambda_1 + 2\lambda_2 \approx 0°$. Über die Rotation der Monde ist nichts bekannt: Wahrscheinlich befinden sie sich aber in synchroner Rotation wie die meisten Monde. Alle Monde umlaufen den Planeten übrigens in der Richtung der Rotation des Planeten (prograd).

Die Neptunmonde sind kaum bekannt. Es scheint, als habe Neptun kein reguläres Satellitensystem, wahrscheinlich auch keine Ringe. Triton hat eine hohe Inklination (20°) und bewegt sich retrograd in 14 Neptun-Radien Abstand. Nereide, des anderen bekannten Mondes Bahn hat die größte Exzentrizität aller Monde im Planetensystem. Selbst die Dichteangabe in *Tabelle 8.1* ist höchst unsicher. Plutos Mond Charon schließlich ist erst 1978 entdeckt worden.

Unser Wissen von der Entstehung der Monde stützt sich auf viel Theorie. Deren Richtigkeit wird, wo möglich, daran geprüft, ob Folgerungen im Widerspruch zu Erfahrungen stehen. Aus der die Planeten umgebenden Gasmischung (man unterstellt, daß die Planeten sich bereits gebildet hatten, als die Monde anfingen sich zu bilden) kann man versuchen, die Kondensation der häufigsten eis- und gesteinsbildenden Elemente zu verfolgen. Indem man die Dichte des entstehenden Körpers während dieser Abkühlungsphase nach jedem Kondensationsschritt berechnet, kann man zeigen, daß die Dichte eines Körpers, nachdem alles Wasser kondensiert ist, etwa 1,5 g/cm^3 beträgt. Geringere Dichten kann man nur erzeugen, wenn man sehr hohe Konzentration von Methan annimmt. Damit kommt man zum Schluß, daß wahrscheinlich alle Monde von Jupiter und Saturn Dichten im Bereich 1,5 bis 3,5 g/cm^3 haben. Die mit geringeren Dichten sollten größere Mengen Wassereis enthalten, die anderen eher nur eine dünne Oberflächenkruste aus Eis besitzen. Das scheint nach der Erkundung der Jupiter-Monde mit der Erfahrung übereinzustimmen. Es ist außerdem wahrscheinlich, daß größere Monde (mit Radien oberhalb 1000 km) weitgehend aufgeschmolzen waren und daher stark differenziert sind. Kleine Körper können sich nur dann bis zum Schmelzen aufheizen, wenn in ihnen z. B. Ammoniakverbindungen mit niedrigen Schmelzpunkten vorhanden waren. Chondritisches Material könnte nicht geschmolzen gewesen sein, sollte daher bei »kleinen« Monden auch nicht differenziert sein. Aufheizung solcher Monde kann durch Gezeitenreibung (wie bei Io) erfolgen sowie durch radioaktiven Zerfall. Gezeitenreibung kann bei Jupiter-Satelliten Werte von bis zu 80 Joule/g erreichen, bei Titan aber oder Triton nur 5 Joule/g. Wie die Voyager-Mission bestätigt hat, ist Gezeitenreibung bei Io effizient genug, um das Mondinnere so weit aufheizen zu können, daß Vulkanismus auch heute noch möglich ist.

In der Entstehungsphase könnte als dritte Wärmequelle die Kondensationswärme[1] hinzugekommen sein. Jedenfalls war genug Wär-

---

1 Da man zum Verdampfen einer Substanz Energie aufwenden muß, z. B. Wärme, versteht man, daß bei der Kondensation eines Dampfes Wärme frei wird.

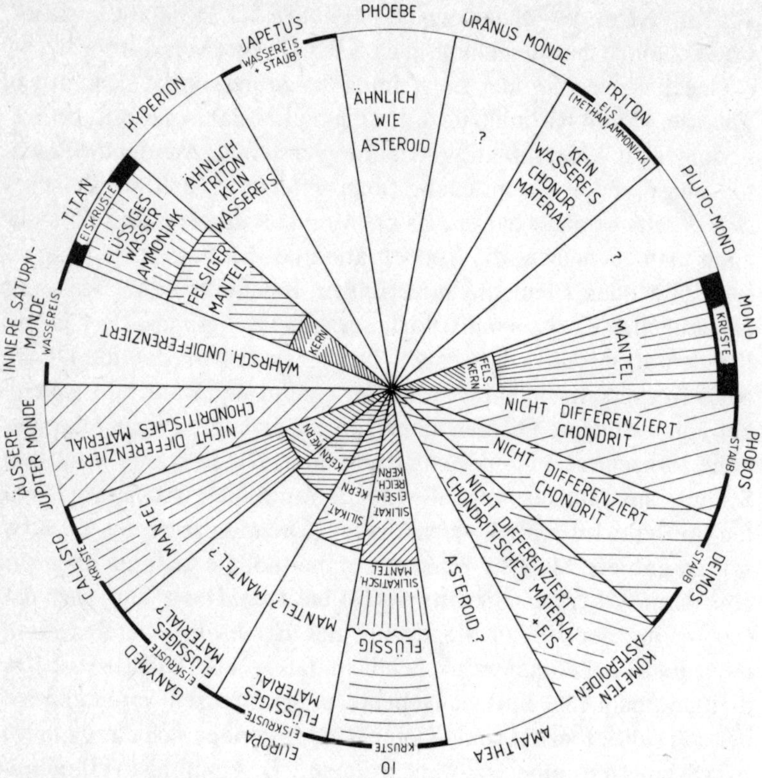

Abb. 8.7 In diesem Bild ist zusammengestellt, was wir heute über den inneren Aufbau der Monde im Sonnensystem wissen. Verglichen mit dem Aufbau der Planeten erkennt man die prinzipielle Ähnlichkeit des Aufbaus aus Kern, Mantel und Kruste. Allerdings ist die chemische Konstitution der Monde recht unterschiedlich, insbesondere in den äußeren Zonen. Bei den Monden im äußeren Sonnensystem dominiert die Eiskruste.

me verfügbar, um Kerne entstehen zu lassen (in einigen Fällen aus felsigem Material, bei Monden mit geringerer Dichte eher aus einer Art Schlamm aus wäßrigen Silikaten und Oxyden schwerer Elemente).

Um diesen Kern herum dürfte sich ein flüssiger Mantel von wäßrigem Ammoniak gebildet haben, der wiederum von einer dünnen Kruste nahezu reinen Wassereises umgeben ist. Kandidaten für solche Strukturen sind Ganymed und Callisto, und wahrscheinlich gilt das auch für die meisten der größeren Saturn- und Uranus-Monde. In *Abb. 8.7* ist das, was wir über den inneren Aufbau der Monde wissen, zusammengestellt.

Unser Exkurs zu den Monden der Planeten bliebe unvollständig, würden wir die Ringe der Planeten nicht besprechen. Jeder denkt bei diesem Begriff an die Ringe des Saturn, die man schon in den ersten Fernrohrbeobachtungen als Merkwürdigkeit zur Kenntnis nahm. Erst 1655 beschrieb Christian Huygens die Beobachtungen, indem er zum erstenmal von Ringen sprach. Man bezeichnete sie zunächst mit Buchstaben A und B. Im 19. Jahrhundert fand man einen schwächeren Ring, C genannt, dem sich 1969 ein D-Ring zugesellte. Zwischen den Ringen fand man Lücken, die man nach ihren Entdeckern Cassinische (zwischen A und B) bzw. Enckesche Teilung (innerhalb Ring A), usw. nannte, deren Existenz man auf Bahnresonanzen mit dem Mond Mimas zurückführte. Die Ringe liegen in der Äquatorebene und sind in Nord-Süd-Richtung knapp 3 km dick. All die Strukturen, die man aufgrund der Bodenbeobachtungen eingeführt hatte, erwiesen sich aber nach dem Voyager-Vorbeiflug als wenig relevant. Denn die von den Raumsonden zurückgefunkten Bilder zeigten an 100000 konzentrische Ringstrukturen innerhalb der einzelnen »klassischen« Ringe – wie die Rillen einer Schallplatte (*Tafel VII, oben*). Auch die Lücken zwischen den Ringen sind nicht leer.

Das Ringsystem hat einen äußeren Durchmesser von knapp 280000 km und liegt in der Äquatorebene des Planeten. Der dem Planeten nächste, der D-Ring, erstreckt sich bis an die Wolkendecke des Planeten heran und wurde nachgewiesen bis in 66500 km Abstand vom Zentrum. Das Material im D-Ring ist vermutlich staubähnlich.

Der den D-Ring umgebende C-Ring (*Abb. 8.7*) erscheint als eine Folge breiter, optisch dünner Ringe, die durch optisch dicke Bereiche getrennt sind. Die Materiebrocken im C-Ring können Abmessungen bis 2 m erreichen. Die Struktur ist wohlgeordnet, kann aber zur Zeit nicht mit Gravitationsresonanzen erklärt werden.

Der B-Ring umfaßt den größten Teil des Ringsystems; er ist über 25000 km breit und zugleich der hellste Teil des Systems. Bei näherem Hinschauen löst er sich auf in viele helle Ringstrukturen und dunklere Lücken, die bis zu 100 km weit sein können. Zum C-Ring

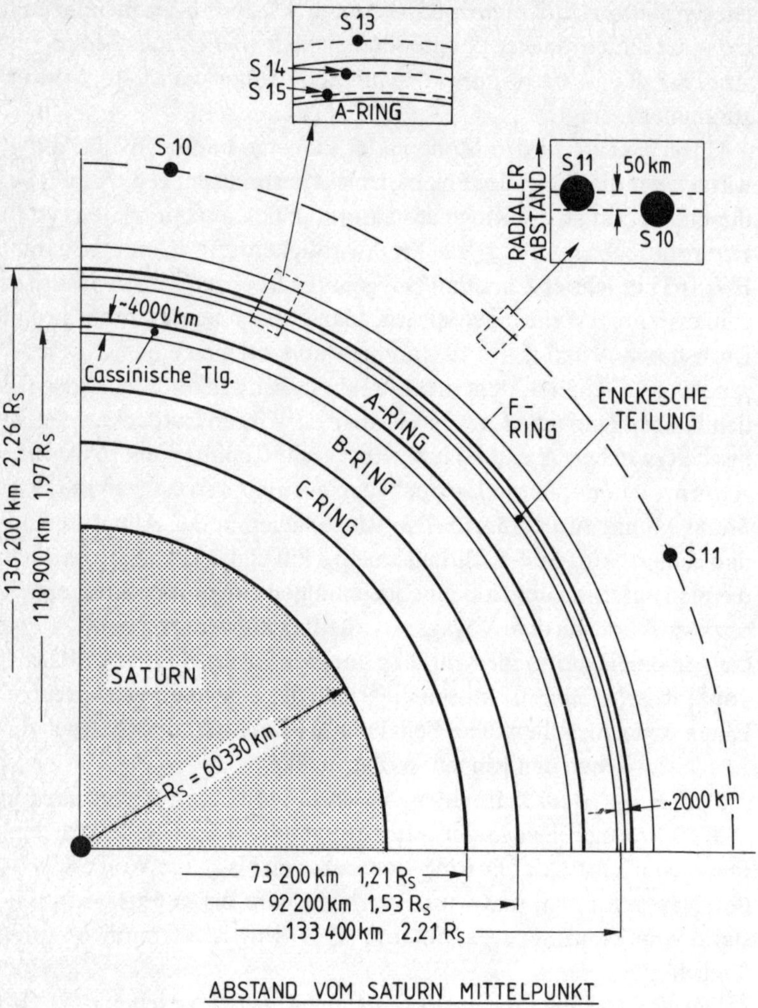

Abb. 8.8 Die Saturnringe und die inneren Monde, schematisch. Den früher so rätselhaft erscheinenden Mond »Janus« gibt es nicht: Da laufen zwei Monde auf fast derselben Bahn um. Weitere Monde S13, S14 und S15 wurden neu entdeckt, wahrscheinlich gibt es noch mehr. Ihre Nachbarschaft zu den Ringen läßt vermuten, daß die Struktur des Ringsystems von Monden mit bestimmt wird.

hin gibt es eine scharfe Begrenzung. Die nach außen sich anschließende »Lücke«, Cassinische Teilung genannt, ist bei weitem nicht leer. Man fand dort weitere fünf nur weniger helle Bänder. Die Teilchen im C-Ring und in der Cassinischen Teilung sind erheblich dunkler als jene in den A- und B-Ringen. Der innere Rand der Cassinischen Teilung scheint mit dem Ort übereinzustimmen, wo man die 2:1 Gravitationsresonanz mit dem Mond Mimas erwartet.

Nach außen schließt sich der A-Ring an, innerhalb dessen sich die Enckesche Teilung befindet. Obwohl sich der A-Ring glatter zeigt, gibt es doch auch einige feine Strukturen und Materiebrocken von bis zu 8 m Durchmesser. Auch die Enckesche Teilung ist nicht »leer«.

Jenseits des A-Ringes findet man noch weitere interessante Strukturen. Der von Pioneer 11 entdeckte F-Ring liegt zwischen den Bahnen der Monde S14 und S13 (vgl. *Tabelle 8.1*), also etwa 3600 km außerhalb des Randes des A-Ringes. Die beiden Monde haben leicht exzentrische Bahnen: Der Abstand von S13 vom Ring variiert von 500 bis 2000 km. 500 km innerhalb des F-Rings läuft S14. Der F-Ring selbst scheint auch eine leichte Exzentrizität zu besitzen (um 400 km schwankt seine Position). Tatsächlich scheint der F-Ring aber aus 3 Ringen zu bestehen, dessen äußere beiden »verdrillt« zu sein scheinen. Man konnte 5 Überkreuzungspunkte ausmachen, die etwa 700 km voneinander entfernt lagen. Außerdem sieht man in Abständen von 630 km »knotenähnliche« Verdickungen. All diese Strukturen bringt man mit der Wirkung der Gravitationskräfte der beiden Satelliten in Verbindung. Ein Mond, der weiter weg ist vom Planeten, bewegt sich langsamer als ein näher am Planeten umlaufender. Ein Teilchen, dessen Geschwindigkeit erhöht wird, bewegt sich in eine niedrigere Bahn. Ein innerhalb des Rings umlaufender Mond würde Ringteilchen anziehen, sie verlangsamen, daher auf eine höhere Bahn bringen. Umgekehrt beschleunigt ein außerhalb fliegender Mond alle Teilchen, die nach außen entweichen wollen, und bringt sie auf eine tiefere Bahn. Solche Monde »bewachen« also die Staubteilchen wie zwei Schäferhunde ihre Herde.

Noch weiter außen findet man (bei 170000 km Radius) den G-Ring, der auf den Bildern als dünne, kaum sichtbare Struktur auftaucht. Es scheint sich um einen sehr dünnen Ring zu handeln. Zwischen 210000 und 300000 km Radius findet man den E-Ring, der vermutlich aus sehr feinem Material besteht.

Schließlich sind noch radiale Strukturen beobachtet worden, kurz »Speichen« genannt. Damit sind Strukturen im B-Ring gemeint, die in der äußeren Ringhälfte umlaufend beobachtet werden konnten. Offenbar handelt es sich dabei aber nicht um Dichte-Variationen. Vielmehr sind es eher radial ausgerichtete hellere Zonen. Man hat dies darum der Wirkung von Magnetfeldern zugeschrieben und zur Erklärung der zahlreichen, durch Gravitationsresonanzen schwer zu erklärenden Details auch die Wirkung elektromagnetischer Kräfte herangezogen. Das ist naheliegend, da elektromagnetische Emissionen im Ringbereich (B-Ring) nachgewiesen wurden, die z. B. durch Entladungen elektrisch aufgeladener Ringpartikel entstanden sein könnten (durch Photoionisation oder durch Plasmawirkung).

Die Helligkeitstemperaturen der Ringe wurden mit einem Infrarotspektrometer an Bord von Voyager bestimmt. Für die beleuchtete Seite des Ringsystems ergab sich eine Temperatur von 70–75° K, während die unbeleuchtete Seite des A-Rings 50–60° K hat, der B-Ring 50° K und der C-Ring 85° K.

Seit dem Jupiter-Vorbeiflug kennt man einen Staubring um Jupiter, und als kürzlich Uranus einmal wieder mit seiner Rotationsachse zur Erde zeigte, fand man auch bei ihm eine Serie von Ringen. Auch die Erde könnte zeitweilig einen Ring gehabt haben, meinen manche Leute, weil man so Nord-Süd-Verschiedenheiten im Verlauf von Eiszeiten elegant erklären könnte.

Der erste Erklärungsversuch der Bildung eines solchen Ringsystems stammt von dem französischen Mathematiker E. Roche, der seine Theorie 1847 veröffentlichte. Er zeigte, daß innerhalb einer bestimmten radialen Entfernung vom Planeten, dem nach ihm benannten »Roche-Radius« ein Mond (von lockerem Gefüge) durch Gezeitenkräfte zerbrochen würde. Dieser Roche-Radius errechnet sich als Produkt des Planetenradius mit einem Faktor (2,44) und der dritten Wurzel aus dem Verhältnis der Dichten von Planet und Satellit. Saturns Dichte beträgt 0,7 g/cm^3, die eines Konglomerats von Staub und Eis vielleicht 1 g/cm^3, so daß man die Saturn-Ringe innerhalb von etwa 2,3 Saturn-Radien (R_S) erwarten müßte – was in der Tat zutrifft: Der äußere F-Ring liegt bei 2,35 R_S (vgl. auch S. 60).

Die Masse der Saturn-Ringe schätzt man auf 3×10^{-6} der Saturn-Masse. Die Dicke der Ringe senkrecht zur Ringebene liegt zwischen 0,8 und 2,8 km. Die Ringteilchen bestehen wahrscheinlich aus Wassereis mit Kernen, die möglicherweise aus meteoritischem Material

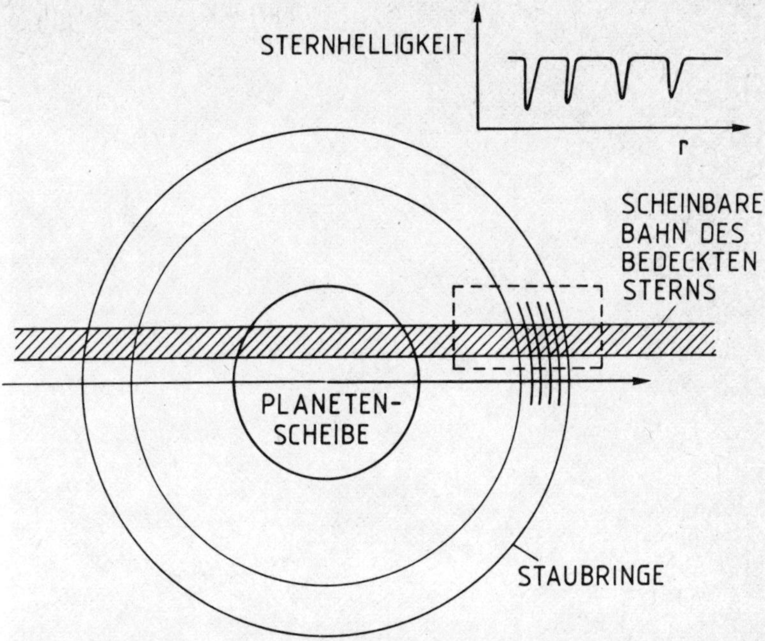

Abb. 8.9 Zur Entdeckung der Uranus-Ringe während einer Sternverfinsterung durch Uranus. Rechts oben ist schematisch die Registrierung der Sternhelligkeit beim Vorübergang von Uranus dargestellt. Jedesmal wenn die Helligkeit abnimmt, verdeckt ein Staubring den Stern. Da sich dieselbe Beobachtung vor und nach der Verfinsterung durch den Planeten ergab, ließ sich die Beobachtung nur durch ein System von Staubringen erklären.

stammen, mit Größen von Mikrometern bis vielleicht 20 m Radius (wahrscheinlich nicht größer).

Vom »Kuiper-Airborne-Observatory« aus wurde im vergangenen Jahr der Durchgang des Uranus vor einem Stern beobachtet (vgl. *Abb. 8.9*). Dabei bemerkte man Schwächung des Stern-Lichts, noch ehe die Planetenscheibe den Stern bedeckte. Nach dem Durchgang trat das gleiche Phänomen erneut auf. Einzige Erklärung: Ringe. Diese Beobachtung wurde zu einer Zeit gemacht, als die Uranus-Rotationsachse praktisch zur Erde zeigte, man das Ringsystem also in »Draufsicht« beobachten konnte. So entdeckte man 9 Ringe, nur 10–100 km breit. Schätzungen ergaben für ihre Masse 5×10^{18} g, ihre Dichte ~ 3 g/cm^3. Wegen ihrer geringen Albedo ($\sim 0{,}05$) hält man sie

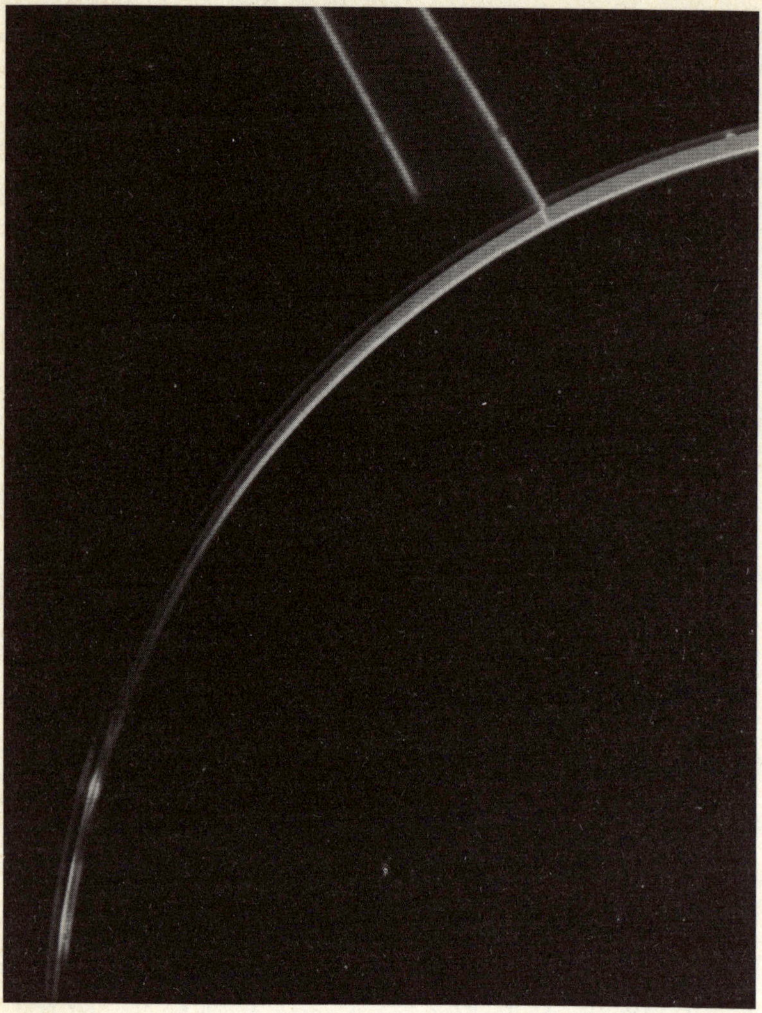

Abb. 8.10 Jupiters Ring-System, entdeckt während der Voyager-Vorbeiflüge. Voyager 2 war 1,45 Millionen km von Jupiter entfernt im Schattenkegel des Planeten, etwas unterhalb der Ebene des Rings. Vor dem Planeten war der Ring in Jupiters Schatten und daher nicht sichtbar. Die Aufnahme entstand bei sehr langer Expositionszeit, weshalb der Planetenrand verwaschen erscheint.

für chondritische Staubteilchen ohne Eismantel (was die größere Helligkeit der Saturn-Ringe ausmacht). Diese Ringe befinden sich alle innerhalb des Roche-Radius. Weil aber die Gravitationsresonanzen mit den Monden allesamt außerhalb des Roche-Radius liegen, erklärt dieser Effekt die Lücken zwischen den Ringen nicht. Darum hat man auch Grund, die Wirkung von Gravitationsresonanzen bei den Saturn-Ringen in Zweifel zu ziehen.

Nachdem auch beim Jupiter ein Ring entdeckt wurde (*Abb. 8.10*), an dessen äußerer Grenze ein Mond umläuft, spekulierte man, daß die Lücken zwischen den Ringen bei Uranus (und Saturn?) ebenfalls durch kleine Monde hervorgerufen worden sein könnten. Die Klärung dieser Frage wird man bis zum ersten Uranus-Vorbeiflug am 27.1.1986 zurückstellen müssen. Der Jupiter-Ring, von Voyager sozusagen aus der Nähe besichtigt, besteht höchstwahrscheinlich aus feinem Staub, dessen Körner im Mittel 4 μm Durchmesser haben, in dem aber durchaus auch größere Klumpen vorkommen können. Der am äußeren Ringrand entdeckte Mond legte die Vermutung nahe, daß beim Jupiter der Ring durch »Sputtering«, also Herausschlagen von Staub aus eben jenem Mond, entstanden sein könnte. Übrigens war der Jupiterring von W. H. Ip vom Max-Planck-Institut in Lindau/Harz bereits vor seiner Entdeckung vorausgesagt worden, weil der Fluß geladener Teilchen des Jupiter-Strahlungsgürtels an dieser Stelle ein Verhalten zeigte, das nur bei Vorhandensein eines (absorbierenden) Ringes erklärt werden konnte.

Ob Neptun Ringe hat, wird man erst nach dem Vorbeiflug der Voyager-2-Raumsonde an Neptun, am 1.9.1989, dann allerdings mit Bestimmtheit wissen.

Solche Planetenringe können im Prinzip auf verschiedene Arten entstehen – und vergehen. Beginnen wir mit letzterem: Zusammenstöße der Staubkörner im Ring können zur Verklumpung führen oder zum Ausstoß aus dem Ring. Mikrometeoriten, die die Staubteilchen ständig bombardieren, können einerseits neue Staubteilchen erzeugen, andererseits wohl auch zur Begrenzung der Lebensdauer des Ringsystems beitragen – je nachdem welcher Prozeß überwiegt. Daher ist die Vermutung, auch die Erde habe einen Staubring gehabt, nicht kurzerhand zu verwerfen. Dagegen ist die Entstehung der Ringe weniger einfach zu erklären. Es gibt da – wie oft – mehrere Hypothesen. Eine läßt Ringe durch Gezeitenreibung aus lose zusammengefügten Körpern entstehen, eine andere läßt Staub bei der Mondbildung gleich mit »gerinnen«, aus der Gasphase. Dynamisch können sich Ringe allemal bilden, wenn nur die Teilchen da sind. Hannes Alfvén hat im Zusammenhang mit seiner Theorie der Planetenbildung (vgl. Kapitel 9) auch die Bildung von Ringen diskutiert. Er vermutet, daß auch ionisiertes Gas zu Staub kondensieren kann. Dieser elektrisch geladene Staub würde im Magnetfeld eines Planeten einwärts driften – d. h. die Ringe wären Ansammlungen von Material, das sich in größerem Abstand vom Planeten gebildet hätte. Alfvén hat übrigens die Erklärung der »Teilungen« durch Gravitationsresonanz von Anfang an bezweifelt.

Jede dieser Hypothesen führt zu Folgerungen bezüglich der Struktur der Ringsysteme. So ruhen die Hoffnungen der Wissenschaftler auf den Voyager-Sonden, deren Messungen an Jupiter, Saturn und Uranus auf absehbare Zeit die einzige Möglichkeit darstellen, diese Fragen zu entscheiden. Wie im nächsten Kapitel noch deutlich werden wird, verbergen sich hinter der einfachen Frage nach der Entstehung der Ringe tieferreichende Folgerungen für die Entstehung der Monde, der Planeten und des Sonnensystems.

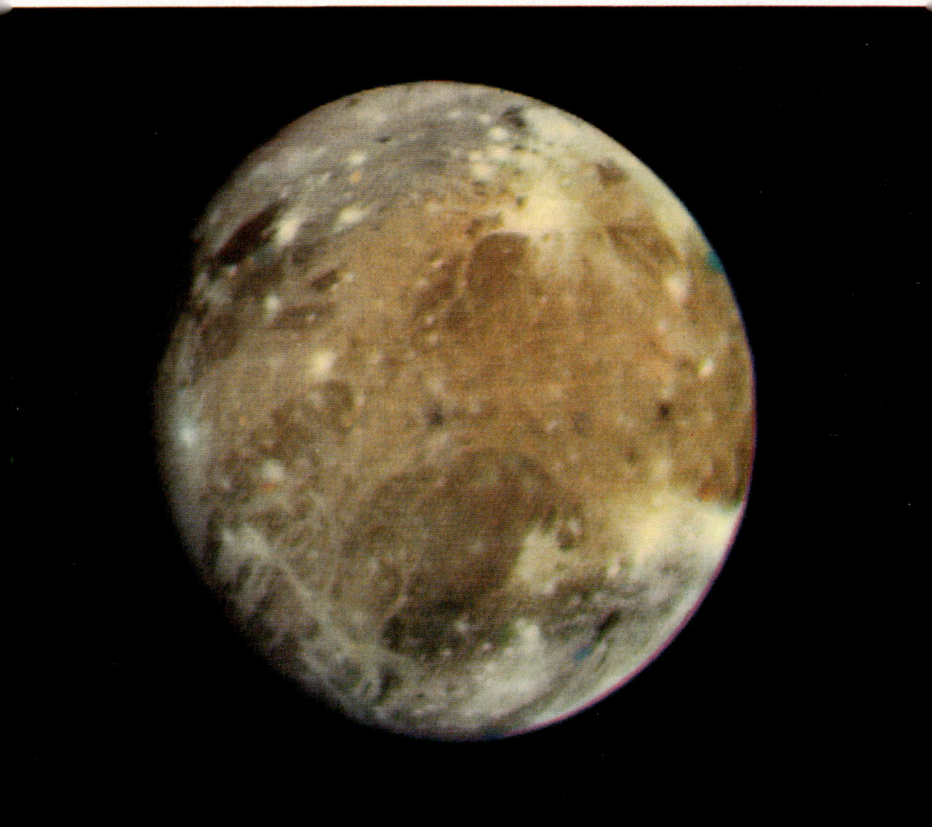

Tafel IV, oben Europa, der kleinste der Galileischen Monde aus 2 Millionen km Abstand von Voyager 1 aufgenommen.

Tafel IV, unten Ganymed, Jupiters größter Mond, 1,5mal größer als unser Mond aus 2,6 Millionen km Abstand von Voyager 1 aufgenommen.

Tafel V, oben Die Oberfläche von Io aus 377000 km Abstand. Die rötlichen, weißen und schwarzen Gebiete sind wahrscheinlich Niederschläge von Salzen und Schwefel, und sie sind sehr wahrscheinlich vulkanischen Ursprungs. Da die Oberfläche keine Einschlagskrater zeigt, muß sie verhältnismäßig »jung« sein.

Tafel V, unten Am 9. Juli 1979 von Voyager 2 aus 1,2 Millionen km Abstand aufgenommenes Bild von Io. Am Rand der Mondscheibe sieht man in bläulicher Farbe wie Federbüsche die Auswurfsäulen zweier Vulkanausbrüche. Diese Vulkane wurden bereits mit Voyager 1 beobachtet, sie waren also mindestens 4 Monate lang aktiv. Insgesamt wurden 8 Vulkanausbrüche beobachtet.

9. Über die Entstehung des Sonnensystems und wie es damit einmal zu Ende geht

Nachdem wir gelernt haben, wie das Sonnensystem »funktioniert« und uns seine Bestandteile angeschaut haben, drängt sich natürlich die Frage auf, wie das alles zustande gekommen ist.

Eine historische Vorbemerkung ist angebracht. Interesse an solchen Fragen dokumentiert sich in der Regel zunächst in der Geburt von Ideen meist spekulativen Charakters. So auch, was die Entstehung des Sonnensystems anlangt. Die bekanntesten sind jene von Immanuel Kant (1755) und Pierre Simon Laplace (1796) (vgl. dazu auch Anhang 1). Laplace hatte Zeichnungen von Galaxien, die der Astronom William Herschel nach der Beobachtung angefertigt hatte, für Sonnensysteme gehalten. Obzwar die Voraussetzung also schon falsch war, lebt die Theorie trotzdem weiter – z. B. um den Gravitationskollaps erweitert. Solch spekulative Züge haften auch modernen Theorien noch an. Darauf hinzuweisen wird insbesondere der schwedische Nobelpreisträger Hannes Alfvén nicht müde.

Wir wollen daher im folgenden Beobachtungen und Tatsachen, insbesondere auch aus der Kosmochemie – die zu diesen Fragen den direktesten experimentellen Zugang erlaubt –, stärker heranziehen.

Einige elementare Eigenschaften des Sonnensystems muß jede Theorie erklären:

1. Die Planetenbahnen liegen fast alle in der Symmetrieebene des Systems.
2. Die Planetenbahnen sind fast Kreise.
3. Die Bewegungsrichtung aller Planeten in ihrer Bahn ist »direkt« (d. h. bei Draufsicht von Norden im Gegenuhrzeigersinn) wie der Drehsinn der Sonne.

4. Der Drehsinn (fast) aller Planeten um ihre Rotationsachse ist ebenfalls direkt.

5 Die Dichte der Planeten nimmt von innen nach außen ab (*Abb. 3.8*), ebenso die der Monde in den Mondsystemen des Jupiter, Saturn und Uranus.

Die Punkte 1–4 begründen die Kondensationshypothese bereits hinlänglich. Es gibt kein anderes physikalisches Gebilde, das diese Eigenschaften ohne weitere Einwirkung von außen hervorzubringen imstande ist. Die Schwierigkeiten, die man lange im Verständnis des Sonnensystems hatte, rühren daher, daß die Sonne zwar 99,9% der Masse des Systems enthält, aber nur 2% des Gesamtdrehimpulses. Die Rotation der Sonne ist aber typisch für »Hauptreihensterne« (vgl. unten), daher muß der »Trennung« von Masse und Drehimpuls bei der Bildung eines solchen Systems ein wichtiger physikalischer Prozeß zugrunde liegen.

Sechs bemerkenswerte weitere Tatsachen sind darüber hinaus zu erklären:

1. Vergleicht man die Häufigkeit der Isotopen[1] einiger Elemente in verschiedenen kosmischen Regionen miteinander – im interstellaren Raum, in der Sonne, in den Planeten – so findet man z. B. als Verhältnis der Häufigkeiten von Deuterium zu Wasserstoff in Planeten und im interstellaren Raum 3×10^{-5}, in der Sonne aber nur 3×10^{-7}. Das Verhältnis des Leichtmetalls Lithium zu Silizium ist ebenso im interstellaren Raum und in Planeten etwa 3×10^{-5}, in der Sonne wiederum 100mal kleiner, wogegen die relative Häufigkeit von Eisen und Silizium in allen drei Bereichen gleich groß ist.

2. Das Alter der Planeten beträgt mit einer Unsicherheit von 100 Millionen Jahren 4,6 Milliarden Jahre (das Alter der Sonne können wir direkt nicht bestimmen). Allein schon diese Tatsachen schließen definitiv solche Modelle von der Entstehung des Sonnensystems aus, die ähnliche Zusammensetzung von Sonne und Planeten brauchen,

---

1 Isotopen eines chemischen Elements unterscheiden sich durch die Zahl der Neutronen im Kern. Dadurch verändern sich die chemischen Eigenschaften eines Elements nicht. Jedoch sind manche dieser Isotopen nicht stabil, sondern zerfallen radioaktiv. Solche Kerne können sich spontan durch Emission von Kernbausteinen (Protonen, Alphateilchen) auch chemisch verändern.

ebenso Modelle, die Planeten aus der Sonne durch einen »nahe« vorbeigehenden Stern entstehen lassen, aus der Sonne »herausgerissen« durch eine fürchterliche Gezeiten-Flutwelle (Jeans-Buffon-Hypothese).

3. Die Kondensations-Hypothese des Sonnensystems rückt damit in den Mittelpunkt aller Überlegungen, wobei zahlreiche Spielarten von Einzelheiten des Geschehens derzeit zur Debatte stehen. Betrachten wir interstellare Gaswolken, so begegnet man der dritten zu erklärenden Tatsache, daß nämlich die Wolken zu heiß sind, um zu kondensieren. Man braucht daher einen effektiven Kühlungsprozeß.

4. Viertens beträgt das Magnetfeld im intergalaktischen Raum etwa 3 Mikro-Gauss. Eine kontrahierende Gaswolke »nimmt das Magnetfeld mit«; dabei wächst die Feldstärke und verlangsamt allmählich die Kontraktion: Die Gaswolke wird »elastisch«. Interstellare Gaswolken können daher nicht kondensieren, wenn sie ihr Magnetfeld nicht »los« werden können. Die Frage ist, wie das geschieht. Eine Gaswolke nimmt an der differentiellen Rotation der Galaxis teil, daher besitzt sie

5. fünftens Drehimpuls. Würde sie sich verselbständigen, sich also von der Umgebung isolieren, so würde nach einem Lehrsatz der Physik ihr Drehimpuls konstant bleiben. Impuls der gradlinigen Bewegung ist das Produkt aus Masse und Geschwindigkeit. Bei der Rotationsbewegung entspricht das dem Drehimpuls, der als Produkt aus dem Trägheitsmoment eines Körpers und dessen Winkelgeschwindigkeit definiert ist. Schrumpft eine Wolke, wird ihr Trägheitsmoment kleiner (wie das des Eiskunstläufers, der bei der Pirouette seine Arme allmählich ganz eng an den Körper anlegt); bei konstantem Drehimpuls wird daher die Winkelgeschwindigkeit größer: Die Rotation wird schneller. Galaktische Gaswolken haben so hohen Drehimpuls, daß sie deswegen so gar nicht kondensieren können. Man muß also ebenso fragen: Wie schafft man den Drehimpuls weg?

6. Sechstens muß man die Titius-Bodesche-Regel (vgl. Anhang 3) erklären, die für das Planetensystem ebenso wie für die Mondsysteme von Jupiter, Saturn und Uranus gilt. Die Regel wird am besten beschrieben durch eine geometrische Reihe mit dem Faktor 1,73, die mit einer periodischen Funktion moduliert ist. Unterteilt man die Entstehungsgeschichte des Sonnensystems in drei Perioden: Scheibenperiode (als der Gasnebel flacher, scheibenförmiger, wurde), Aggregationsperiode (als die Sonne sich bildete und evtl. planetesi-

male Körper) und die Planetenperiode (als die Planeten entstanden), dann kann man Gründe dafür angeben, daß die geometrische Reihe in der ersten Periode wurzelt (die von Weizsäckersche Theorie der Wirbelringe führt z. B. auf eine derartige Zahlenreihe) und daß die periodische Funktion eine Folge von Gravitationswirkungen ist, die in der dritten Zeitperiode auftraten.

Wir haben gesehen, daß die »Gaswolke« der nicht nur plausibelste, sondern wahrscheinlich auch der physikalisch richtige Ansatz für den Prozeß »Entstehung des Sonnensystems« ist. Ehe wir nun diesen Prozeß weiterverfolgen, wollen wir einen kurzen Abstecher in die Vorgeschichte machen. In der Kosmologie nimmt heute die »Urknall«-Hypothese einen viel beachteten Platz ein. Sie basiert einerseits auf der Entdeckung des expandierenden Kosmos (V. H. Slipher, 1913) – Hubbles Gesetz –, die in Einklang ist mit einer Lösung der Einsteins allgemeine Gravitationstheorie beschreibenden Gleichungen (De Sitter) und insoweit auf einen in alle Zukunft expandierenden Kosmos hinweist. Andererseits wurde 1965 durch die Amerikaner Arno Penzias und Robert Wilson von den Bell-Laboratorien die »Thermische Hintergrundstrahlung« entdeckt, deren Temperatur von 3° K einer Wellenlänge (beim Intensitätsmaximum) von etwa 1 mm entspricht: Diese Strahlung wird als Überrest der Feuerball-Strahlung des Urknalls angesehen, die sich im expandierenden Kosmos abkühlte, wie George Gamov vorausgesagt hatte. Diese Beobachtung weist direkt auf einen Anfang des Kosmos hin, den Urknall – die Schöpfung aus dem Nichts. Sowohl das eine (Expansion) wie das andere (Urknall) übersteigt unser Vorstellungsvermögen. Der spekulative Charakter beider Begriffe liegt in der Extrapolation, in der Anwendung vertrauter Begriffe weit über unsere Erfahrung hinaus. Der Physik der vergangenen Jahrzehnte ist solches Vorgehen nicht fremd. Das Bohrsche Atom-Modell (1913) ist eine solche (geniale) Extrapolation gewesen. Dessen Vorläufer – die Atom-Modelle von J. J. Thomson (1898), P. Lenard (1903), H. Nagaoka (1904), E. Rutherford (1911) – waren alle falsch. Es kam offenbar darauf an, die überkommenen Begriffe und Vorstellungen »richtig« zu modifizieren, wodurch die experimentellen Befunde ganz andere Bedeutung erlangten. Darum sollte man auch die kosmologischen Thesen derzeit mindestens mit Skepsis betrachten. Übrigens ist die Isotropie dieser Strahlung (aus allen Richtungen mit gleicher Intensität einfallend) noch nachzuweisen. Darin dürfte ein kritischer Test der Urknall-Hypothese bestehen. Man muß sich vorstellen, daß sich alle Sterne in einem Meer von Photonen bewegen, 100 Millionen mal größer an Zahl als etwa die Nukleonen, die Kernbausteine. Unsere Eigenbewegung relativ zum Photonenmeer muß man abziehen, um zu sehen, ob die von jenen anderen Bezugssystemen aus beurteilte Strahlung tatsächlich isotrop einfällt. Das ist meßtechnisch eine außerordentlich schwierige Aufgabe. Die NASA plant, in den 80er Jahren einen besonderen Satelliten zur Untersuchung dieser Hintergrundstrahlung zu starten (»Cosmic-Background-Explorer«). Unsere Vorstellung von der Entstehung der Sterne ist natürlich ebenfalls hypothetisch. Die Astrophysik bietet unmittelbare Anschauung nur von der Entwicklung der Sterne. Vermutliche »Sterngeburtsplätze«, wie im Orion-Nebel, glaubt man gefunden zu haben.

Das Leben eines Sterns vollzieht sich größtenteils in geordneten Bahnen: Kernreaktionen stellen die Energieversorgung sicher. Die Evolution hängt von seiner Masse ab; massereiche Sterne leben gewissermaßen intensiver, daher weniger lang (nur einige Millionen Jahre), kleinere Sterne leben länger (viele Milliarden Jahre). Während ihrer Evolution verlieren Sterne einen beträchtlichen Teil ihrer Masse durch Strahlung oder in Form stellarer Winde oder in Explosionen. Daher glaubt man heute, daß interstellarer Staub aus Sternen stammt und nicht aus dem Gas kondensierte. Am Ende seiner Entwicklung bricht über einen Stern eine Energiekrise herein: wenn nämlich seine Kernenergie verbraucht ist und er durch Gravitationskontraktion keine weitere Energie freimachen kann. Dann wird der Stern – je nach Masse – ein weißer Zwerg (wie der Sirius-Begleiter) oder ein Neutronenstern (wie der Pulsar im Krebs-Nebel). Wahrscheinlich enden noch massereichere Sterne als »schwarze Löcher«.

Sterne bilden sich aus dem am Entstehungsort vorhandenen Material. Eine kollabierende Gaswolke sollte daher auch dieselbe chemische Zusammensetzung haben wie die an Ort und Stelle vorhandene Materie. Wenn die beobachtete chemische Zusammensetzung des Materials in der Galaxis Ergebnis seiner Entwicklung ist, müßten die ersten Sterne also aus Wasserstoff und Helium (»Progenitoren«) bestanden haben. Wahrscheinlich waren sie so massereich, daß sie nach ganz kurzer Zeit schon »ausgebrannt« waren, dann explodierten, wodurch sich ihr Material mit dem der Umgebung vermischte. Folge-Sterne müssen sich daher auch aus Material bilden, das vordem schon einmal Sternmaterial gewesen ist. Wiederholt man diesen Prozeß, so nimmt der Gehalt an »altem« Sternmaterial im interstellaren Gas und Staub ständig zu. Dabei ändern sich die Sterne allmählich, sicher nur langsam, aber wahrscheinlich systematisch. Man vermutet daher wahrscheinlich richtig, daß junge Sterne, die sich heute in einem Sternhaufen bilden, möglicherweise andere Eigenschaften haben als Sterne, die sich vor 10 Milliarden Jahren gebildet haben. (Übrigens könnte man aus einer derartigen Untersuchung einen weiteren Test für die Urknall-Hypothese gewinnen.) Man darf daher sicher auch nicht erwarten, daß die Zusammensetzung des interstellaren Materials überall die gleiche ist: Sie wird lokal variieren.

Wie sieht Material aus, das früher schon Sternmaterial war? Die moderne Physik gibt hierauf eine bemerkenswerte Antwort, die wir ihrer Bedeutung wegen wenigstens skizzieren wollen. Da sich die Energieerzeugung in Sternen aus der Umwandlung von Atomkernen nährt, ist auch die chemische Zusammensetzung eines Einzelsterns eine Funktion der Zeit: Jüngere Sterne haben eine andere chemische Zusammensetzung als ältere. Das ist auch durch Beobachtungen bestätigt worden. Betrachten wir die chemischen Elemente, die uns bekannt sind. Deren Atomkerne werden aus Z elektrisch geladenen Protonen und N elektrisch neutralen Neutronen, die beide etwa die gleiche Masse haben, aufgebaut. Nennt man die Masse des Kerns A (Atomgewicht), dann ist $A = N + Z$. In *Abb. 9.1* sind in einem Achsenkreuz N und Z aufgetragen. Die Diagonale in dieser Zeichnung entspräche solchen chemischen Elementen, deren Kerne aus gleich vielen Protonen und Neutronen aufgebaut sind. Schraffiert eingezeichnet ist jener Bereich, in dem die in der Natur vorkommenden Kerne liegen. Man sieht sehr deutlich, wie mit zunehmendem Atomgewicht solche Kerne stabil sind, die Neutronenüberschuß haben. Bei kleinen Atomgewichten dagegen sind in den stabilen Kernen immer etwa gleich viele Protonen und Neutronen vorhanden. Der schraffierte Bereich hat eine gewisse Breite, weil es ja immer Kerne mit gerader und ungerader Massenzahl gibt. Bei der Bildung von Kernen durch Neutroneneinfang (s-Prozeß, vgl. unten) werden die Kerne mit ungerader Massenzahl vermindert, weil deren Wirkungsquerschnitt für Neutroneneinfang größer ist. Der Sägezahnverlauf in

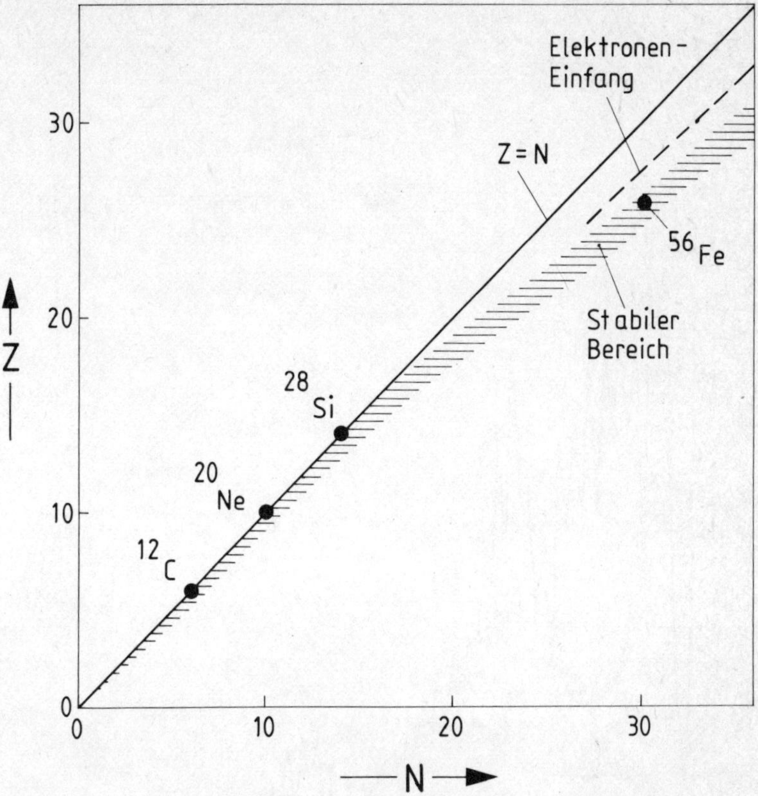

Abb. 9.1 Die chemischen Elemente. Z: Die Zahl der Protonen im Kern, Kernladungszahl oder Ordnungszahl, N: Zahl der Neutronen im Kern. Im schraffierten Bereich findet man die stabilen Elemente. Die gestrichelte Linie entspricht Kernen, die nach ihrer Entstehung durch Elektroneneinfang in den stabilen Zustand übergehen können.

Abb. 9.2 deutet darauf hin, daß dieser Prozeß das Material im Sonnensystem nachhaltig beeinflußt haben muß. Dem überlagert ist natürlich das allgemeine Stabilitätsverhalten von Kernen. Dies ist in Anhang 7 ausführlicher dargestellt.

Die Häufigkeit der Elemente Wasserstoff und Helium übertrifft die aller anderen um viele Größenordnungen, wie man *Abb. 9.2* ebenfalls entnimmt. Darauf gründet sich die Annahme, daß der Entstehungsmechanismus der beiden leichtesten Elemente völlig anders

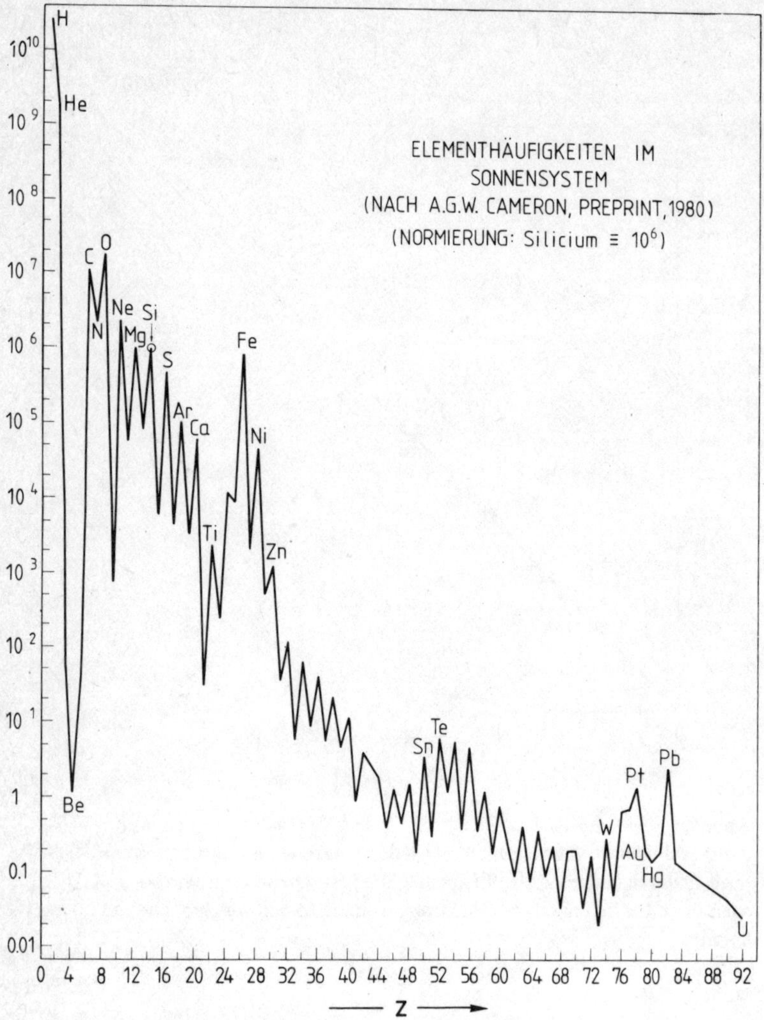

Abb. 9.2 Die Häufigkeit der Elemente im Sonnensystem (nach Cameron). Diese Häufigkeiten wurden aus meteoritischem Material bestimmt. Waagerecht ist die Ordnungszahl aufgetragen. Die Häufigkeiten sind normiert, wobei willkürlich die Häufigkeit von Silizium = 10^6 gesetzt wurde.

sein muß als der der anderen Elemente. Bei Betrachtung von *Abb. 9.2* fällt das fast völlige Fehlen der Elemente Lithium, Beryllium und

Bor ins Auge. Die plausibelste These ist, daß diese Elemente ebenfalls anders erzeugt werden als alle anderen: in Prozessen, die sehr viel seltener vorkommen. Das Diagramm weist auch auf die Existenz von Elementgruppen mit ähnlichen Häufigkeiten hin. Was liegt näher, als dieses Verhalten als eine Art »Verwandtschaftsverhältnis« zu deuten im Sinn einer gemeinsamen Entstehungsgeschichte solcher Elementgruppen. Kohlenstoff und Sauerstoff nehmen eine Sonderstellung ein, dann folgt die Gruppe bis zur Massenzahl 40 (Calzium, Argon), die Eisengruppe und schließlich die Gruppe der schweren Kerne.

Welcher Art sind also die Prozesse, in denen die Elemente synthetisiert werden? Diese Frage hat die Forschergruppe E. M. Burbidge, G. R. Burbidge, W. A. Fowler und F. Hoyle in einem 1957 in der angesehenen Zeitschrift ›Review of Modern Physics‹ erschienenen Artikel erstmalig im Zusammenhang behandelt. Die Synthese, so das Resultat, ist möglich, wenn es 8 verschiedene Prozesse gibt:

1. »Wasserstoff-Verbrennung« (»Fusion«) ist z. B. in der Sonne im Gange. Bei 15 Millionen Grad entstehen dort im Zeitraum von vielleicht $10^6 \ldots 10^{10}$ Jahren aus Protonen in nachvollziehbaren energiefreisetzenden Reaktionen Helium, Kohlenstoff, Stickstoff, Sauerstoff, Fluor, Neon und Natrium.

2. In der »Helium-Verbrennung«, die sich bei 100 Millionen Grad und Dichten von 10^5 g/cm^3 mit Zeitkonstanten von 10 bis 100 Millionen Jahren abspielt, entsteht aus Helium Kohlenstoff, Sauerstoff, Neon und Magnesium (Massenzahlen 12, 16, 20, 24). Diesen Prozeß erwartet man, wenn ein Stern am »Riesenast« angekommen ist (vgl. unten).

3. Massen bis 44 oder 48 (Titan 48) werden im »α-Prozeß« erzeugt, d. h. in Reaktionen, die durch α-Teilchen ausgelöst werden, wobei angenommen wird, daß die α-Teilchen aus Neon und mit der Massenzahl 20 durch Photozerfall entstehen (Temperatur: eine Milliarde Grad, Dauer: 10^2–10^4 Jahre).

4. Die Eisengruppe (Masse 50–60) soll im »e-Prozeß« (equilibrium = Gleichgewichtsprozeß) bei hohen Temperaturen (> 1 Milliarde Grad) und hoher Dichte synthetisiert werden. Zeitkonstanten für diesen Prozeß sind ~ Minuten; man erwartet ihn kurz vor einem Supernova-Ausbruch.

5. Aus der in (4) erzeugten Elementgruppe werden gelegentlich

durch Protoneneinfang oder Neutronenaustritt im »p-Prozeß« seltene schwerere Kerne erzeugt. Zeitskalen sind wie im »r-Prozeß« (7).

6. Neutroneneinfang kann so erfolgen, daß der Abstand zwischen solchen Reaktionen groß ist im Vergleich zur Halbwertszeit der meisten radioaktiven Kerne, so daß meist vorher β-Zerfall (also Elektronenausstoß) eintrat. Als Resultat solcher »s-Prozesse« (s: slow, langsam) können Kerne von der Massenzahl 63 bis zum Wismuth mit der Massenzahl 209 entstehen, die alle im »Stabilitätstal« (schraffierter Bereich in *Abb. 9.1*) angesiedelt sind, außerdem Kerne im Massenbereich 23 bis 46. Dieser Prozeß wird in Roten Riesensternen erwartet und sollte etwa 10^7 Jahre dauern.

7. Neutroneneinfang kann auch extrem schnell erfolgen, wenn so viele Neutronen zur Verfügung stehen, daß alle Kerne so viele Neutronen einfangen können, wie sie »mögen«. Selbst instabile Kerne, die als Zwischenstadium entstehen, können sich wieder stabilisieren. Dieser »r-Prozeß« (r: rapid, schnell) soll mit Zeitskalen von 0,01 ... 10 Sekunden ablaufen, und zwar bei Neutronendichten von 10^{24} pro cm^3, wie sie in der Hülle einer Supernova vorkommen können.

8. Der »x-Prozeß« wird für die Synthese von Deuterium, Lithium, Beryllium und Bor verantwortlich gemacht. Diese Elemente werden, wie wir von der Sonne wissen, im Sterninneren wegen ihrer großen Einfangquerschnitte für Neutronen zerstört. Ihre Entstehung verlangt eine Umgebung von niedriger Dichte und Temperatur. Ihre Entstehung erwartet man daher eher durch Kernspaltung aus Kohlenstoff, Stickstoff, Sauerstoff oder Eisen, initiiert durch Teilchen mit sehr hohen Energien.

Diese 8 Prozesse ermöglichen den Aufbau aller Elemente. Die ersten drei kommen in allen Sternen vor. Für den s-Prozeß gibt es drei Argumente: (a) Die Häufigkeitsverteilung der Elemente zeigt Maxima bei Kernen mit abgeschlossenen Schalen (Atomgewichte 90, 120, 140 und 208). Diese können im s-Prozeß leicht entstanden sein. (b) Das Element Technetikum, das nur im s-Prozeß erzeugt werden kann, hat kein stabiles Isotop. Die größte Halbwertszeit eines seiner Isotope beträgt einige Millionen Jahre – darum muß es ständig neu erzeugt werden. (c) Es gibt eine Reihe verhältnismäßig häufiger Isotopen, die definitiv nur im s-Prozeß erzeugt werden können. Daher glaubt man, daß der s-Prozeß in Riesensternen abläuft. Die erforderlichen Neutronen werden in bestimmten Reaktionen erzeugt, die man dadurch einschränken kann, daß als Endprodukt nicht der seltenere Stickstoff auftauchen darf.

Was ist eine Supernova? Sie steht am Ende der Lebensspanne eines massereichen Sterns. Supernova bezeichnet daher den Zustand eines Sterns im Augenblick seiner Vernichtung, in der die äußere Hülle weggeschleudert wird, während der Kern zum Neutronenstern zusammenfällt. Eine riesenhafte Explosion, bei der mehr als 10^{50} Joule freigesetzt werden (1 Kilowattstunde entspricht 3,6 Millionen Joule, daher entspricht die Supernovaenergie etwa $2{,}8 \times 10^{43}$ kWh, mit 1 kWh könnte man 8,5 l Wasser von 0° auf 100° C erhitzen).

Von solchen Explosionen ausgehende Stoßwellen wurden in den vergangenen Jahren in zahlreichen Fällen identifiziert. Einige dieser Stoßwellen befinden sich ganz in der Nähe von ganzen Schwärmen junger Sterne. Die Astrophysik hat auch Gegenden identifizieren können, in denen das interstellare Medium ganz offenkundig komprimiert und aufgeheizt worden ist.

Den Mechanismus, wie eine Supernova entsteht, versteht man noch nicht sehr gut. Man nimmt heute an, daß, nachdem der Wasserstoff zu Helium »verbrannt« ist, massereiche Sterne kollabieren, wobei Wärme entsteht, bis ihre Temperatur hoch genug ist, um Helium zu Kohlenstoff zu »verbrennen«. Ist das Helium verbrannt, kann der Stern weiter kollabieren. Seine Temperatur steigt so weit an, bis Kohlenstoffkerne zu schweren Kernen synthetisiert werden. Dann ist vermutlich der Zeitpunkt gekommen, an dem eine Supernova entsteht, und zwar als Folge der explosiven Verbrennung des Kohlenstoffs.

In unserer Galaxis können wir davon ausgehen, daß alle 50 Jahre eine Supernova »hochgeht«. Supernovae sind also gar keine seltenen Ereignisse! Sie haben eine ungeheure Wirkung auf das interstellare Medium in ihrer Nachbarschaft. Dort kann man die Überreste solcher Explosionen über 100000 Jahre lang beobachten. Das Material wird anfangs mit Geschwindigkeiten von 10000 km/sec hinausgeschleudert. In einer der ältesten bekannten Supernovae findet man, daß die expandierende Schale mittlerweile einen Durchmesser von 200 Lichtjahren erreicht hat und sich noch immer mit 50 km/sec weiter ausbreitet.

Von daher stammt also der Gedanke, die von einer Supernova ausgehende Stoßwelle für den Beginn der Kondensation der praesolaren Gaswolke verantwortlich zu machen. Im Prinzip kann man sich das so vorstellen, wie wenn sich in einem Glas unter null Grad unterkühltes Wasser befindet, das sofort zu Eisklumpen gefriert, wenn man gegen das Glas schlägt, so daß eine Art »Stoßwelle« in die Flüssigkeit hineinläuft. Einen weiteren Hinweis auf diesen Mechanismus kann man darin sehen, daß die meisten Sterne sich in Gruppen gebildet zu haben scheinen, daß es in interstellaren Staubwolken intensive Infrarotquellen gibt – wiederum Hinweis auf eine sich aufheizende Region – also Sternentstehung!

Vom astrophysikalischen fernen Objekt in unser Sonnensystem zurückkehrend, gerät man in eine unbequeme Lage: Hier ist nicht eine bestimmte Gegebenheit mit plausiblen Annahmen im Rahmen eines physikalisch vertretbaren Modells zu interpretieren, sondern hier muß man eine Fülle von Beobachtungen in solch ein Modell einbringen. Damit ist der quantitative Nachweis zu führen, daß die Vorstellung an keiner Stelle im Widerspruch zur Erfahrung steht, und das ist nun in der Tat eine Sisyphusarbeit. Wir wollen nun, ohne auf zu feine Details einzugehen, kurzerhand dem Ablauf der Ereignisse folgen und uns vorstellen, wir hätten eine präsolare Gaswolke, deren Abmessungen astronomisch plausibel sind: 2.10^{18} cm Durchmesser, Dichte 1000 Atome pro Kubikzentimeter. Wir berechnen die Masse dieser Gaswolke zu 2.10^{33} g, wenn wir 90% Wasserstoff und 10% Helium zugrunde legen: Rotationsperiode etwas kürzer als die der Galaxis (200 Millionen Jahre). Würde man eine solche Gaswolke kurzerhand zusammendrücken, müßte diese »Sonne« am Äquator Rotationsgeschwindigkeiten von 2400 km/sec haben! Nun weiß man aber, daß solch ein mechanisches System schon bei Geschwindigkeiten von 400 km/sec instabil wird (die Sonne hat heute nur 2 km/sec). Der Astronom Fred Hoyle hat daraus den Schluß gezogen, daß der solare Nebel bereits bei einem Radius von $2{,}5 \times 10^{12}$ cm (das sind ⅖ des Merkur-Bahnradius) instabil wurde.

Vom Drehimpuls des gesamten Gasballs findet sich heute nur noch ein Teil in der Sonne wieder, der größte Teil ist in den Planeten, den äußeren zumal, versammelt, ein Teil »sitzt« in Gas und Staub, ein Rest muß im Ablauf der Ausbildung des Planetensystems mit Staub, Gas und Plasma aus dem System hinausgeschleudert worden sein. Das vermutet man, weil sich die Planeten nur aus erheblich dichterem Material hätten bilden können als das, was man erhält, wenn man sich das heute vorhandene Material in der Ekliptik verteilt denkt. Es müßte sogar 10- bis 100mal mehr Material vorhanden gewesen sein. Wohin dieses Material befördert worden ist, ist offen. Das Material kann aber nicht zur Sonne »gefallen« sein: es hätte etwa mit der Winkelgeschwindigkeit der Planeten rotieren müssen. Zur Sonne gebracht, hätte diese ihre Winkelgeschwindigkeit auf einen 5000mal größeren Wert einregeln müssen! Also muß das Material nach außen und schließlich weggeschafft worden sein.

Die Vermittlung des Drehimpulsverlustes vom inneren Sonnensystem nach außen erwartet man nach einem Gedanken von H. Alfvén in der Existenz eines Magnetfeldes, der Ionisation des Gases durch die wachsende Leuchtkraft der zentralen Kondensation (3500° K bei $2{,}3 \times 10^{12}$ cm Radius, wie man aus der Untersuchung von Riesensternen weiß), die etwa das 150fache der Leuchtkraft der heutigen Sonne betragen haben muß und der Existenz (magnet-)feldlinien-paralleler Ströme, über die in der Tat Drehimpuls auf die äußeren Teile des Sonnensystems übertragen werden konnte. (Man muß sich eine Konfiguration so ähnlich wie die in Abb. 13.4 für Jupiter gezeigte vorstellen.) Die Zeit für die weitere Kontraktion vom Radius $2{,}3 \times 10^{12}$ cm auf die heutige Dimension der Sonne dauerte vermutlich nur noch ein paar tausend Jahre. Der Drehimpulsverlust mußte also in dieser Zeit erfolgen, das Magnetfeld im Nebel daher stärker als 10 Milli-Tesla gewesen sein.

Mit der weiteren Schrumpfung sinkt die Leuchtkraft eines solchen Sterns. In diesem Stadium hatte auch die Sonne das »normale« Leben eines Sterns begonnen und die Hauptreihe im sogenannten »Hertzsprung-Russell-Diagramm« erreicht:

Zwei Physiker, der Däne Ejnar Hertzsprung und der Amerikaner Henry Norris Russell, ordneten die Spektren von Sternen in ein Diagramm ein, indem sie nach oben die absolute Helligkeit und auf der horizontalen Achse deren Oberflächentemperatur auftrugen (*Abb. 9.3*). Ein solches Diagramm nennt man heute Hertzsprung-Russell-Diagramm (HRD). Erstaunlicherweise ordnen sich die Sterne einer Sterngruppe in einem solchen Diagramm auf Ästen an und sind gar nicht beliebig über die Fläche verteilt. Man vermutete schon früh, daß jeder Stern eine Geschichte hat, eine Entwicklung durchläuft, deren Verlauf von seiner Masse abhängt.

Das HRD, glaubt man, repräsentiert den »Status« unserer Galaxis heute. Ein Stern, so kann man sich das vereinfacht vorstellen, ver-

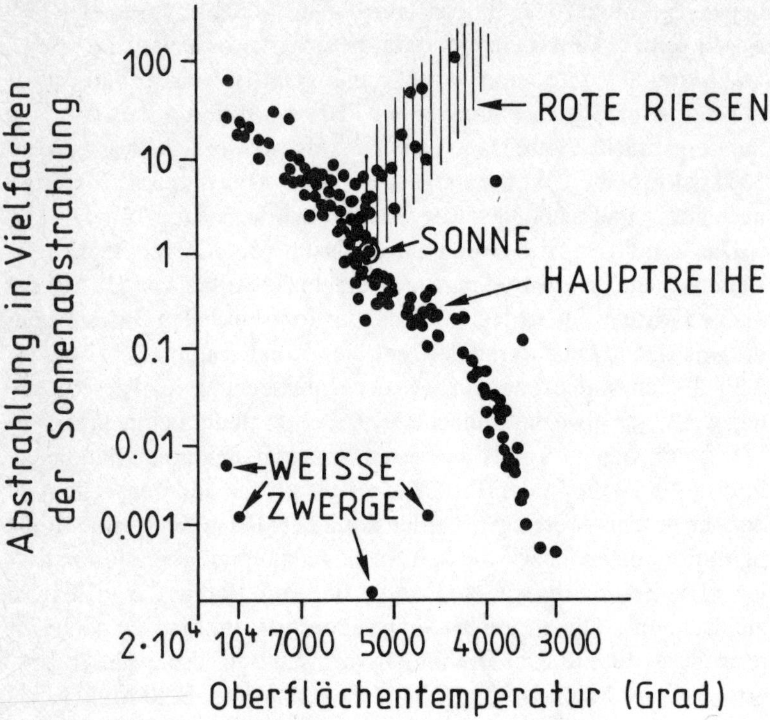

Abb. 9.3 Das Hertzsprung-Russell(H-R-)-Diagramm der Sterne in der Umgebung der Sonne.

weilt seiner Masse entsprechend auf einem Punkt der Hauptreihe. Am Ende des Wasserstoffbrennens setzt Heliumbrennen ein – dann beginnt sich der Stern langsam von der Hauptreihe zu entfernen und »bewegt« sich auf dem Riesenast. Mit dem Beginn des α-Prozesses erreicht er den Zustand des Roten Riesen, in dem auch der s-Prozeß stattfindet.

Nach diesem Exkurs ist es angebracht, sich an das zu erinnern, was wir über das Sonnensystem wissen. Um die Entstehung des Sonnensystems modellmäßig beschreiben zu können, müssen wir zunächst die Eigenschaften des Materials kennen, von dem wir Gründe haben, anzunehmen, daß es fast unverändertes, ursprüngliches Material ist, das so aus der präsolaren Gaswolke kondensierte. Das ist, wie wir sicher wissen, chondritisches Material, das wir z. B. in Meteoriten finden. Altersbestimmungen an diesem Material (vgl. Anhang 7) liefern übereinstimmend ein Entstehungsalter von 4,6 Milliarden Jahren. Die chemische Zusammensetzung dieses Materials ist einheitlich und entspricht der in *Abb. 9.2* gezeigten.

Die Isotopenzusammensetzung des Materials ermöglicht noch viel weitertragende Schlußfolgerungen. Bis vor wenigen Jahren erlaubten die Untersuchungen der Isotopenzusammensetzung zwei wichtige Schlußfolgerungen: 1. Das Sonnensystem ist homogen bezüglich seiner Isotopenzusammensetzung. 2. Zeitabläufe können unter Benutzung verschiedener radioaktiver Kerne bestimmt werden. Benutzt man langlebige Nuklide mit Halbwertszeiten von über einer Milliarde Jahren, dann kommt man zu dem Ergebnis, daß in der Galaxis seit mehr als 7 Milliarden Jahren vor Bildung des Sonnensystems Sterne existierten, die schwere Elemente erzeugten. Die Homogenität in der Isotopenzusammensetzung verschiedener Elemente von sehr verschiedenen Proben (Erde, Mond, Meteoriten) ist bemerkenswert. Zum Beispiel unterscheidet sich das Verhältnis von Barium 135 zu Barium 136, wo immer man es mißt, um weniger als 0,01 % (die Meßgenauigkeit ist heute außerordentlich hoch!). Aber Barium 135 stammt aus einem r-Prozeß, Barium 136 aus einem s-Prozeß. Beide sind also wahrscheinlich an verschiedenen Orten gebildet worden. Daher müssen diese Elemente außerordentlich gut gemischt worden sein. Allerdings hat man schon immer bei den Edelgasen Neon und Xenon Abweichungen gefunden, denen man aber wegen deren Seltenheit keine große Bedeutung beimaß.

In den Jahren seit 1973 aber häuften sich Entdeckungen, die schließlich zu einer drastischen Revision der Vorstellungen geführt haben. Zunächst wurden Isotopenanomalien beim Sauerstoff, also einem der häufigsten Elemente, festgestellt. Sauerstoff, so erkannte man, ist im Sonnensystem nicht homogen verteilt. Ferner wurden Anomalien bei Magnesium gefunden, die auf das (inzwischen zerfallene) Aluminium-26-Isotop (Halbwertszeit 730000 Jahre) hinwiesen. Dessen Existenz aber bedeutet, daß es Nukleosyntheseereignisse innerhalb eines Zeitraums von 3 Millionen Jahren während der Bildungsphase des Sonnensystems gegeben haben muß. Die Entdekkung der Silberisotope mit Masse 107, Zerfallsprodukt von Palladium, weist in dieselbe Richtung. Schließlich entdeckte man eine Klasse von Körpern, bei denen Isotopenanomalien in fast allen Konstituenten auftraten. Diese neue Welle an Erkenntnissen verdankt man vor allem dem Meteoriten »Allende«.

Dieser 2 Tonnen schwere kohlenstoffhaltige Chondrit ging am 8. 2. 1969 in der Nähe von Chihuahua bei Pueblito de Allende, Mexiko, nieder. Sein Fund war mit besonders glücklichen Umständen verbunden: In jenen Tagen wurden die Apollo-Mondlandungen vorbereitet. Weltweit waren viele Laboratorien mit modernsten Geräten zur Gesteinsanalyse ausgestattet worden (heute arbeiten weltweit 150 Laboratorien an solchen Analysen). Wenige Tage nach dem Niedergang waren Wissenschaftler zur Stelle, die einige 100 kg Material sicherstellen konnten, so daß unsachgemäße Behandlung oder gar chemische Einwirkung auf dieses Material ausgeschlossen werden konnte. Als man das Material dann analysierte, begannen die großen Überraschungen. Man hat aus größeren Gesteinsbrocken Scheiben geschnitten, so daß man zum erstenmal auch größere chondritische Flächen sehen konnte, die sich als recht heterogene Mischung von Einschlüssen aller Art erwiesen, wie das für alle Chondriten typisch ist – von Oxyden bis zu Silikaten.

Zunächst fand man Hinweise darauf, daß sich der Meteorit in einem Magnetfeld von etwa 80 Ampere/m gebildet haben mußte. Einzelne Chondrillen (vgl. Kapitel 7) jedoch müssen in etwa 10mal stärkeren Magnetfeldern entstanden sein. Da beim Aufheizen magnetische Information verlorengeht, kann der Meteorit danach nicht mehr stärker erwärmt gewesen sein.

Die Zusammensetzung größerer Inklusionen an Spurenelementen läßt den Schluß zu, daß sich der Meteorit in einem Fraktionierungsprozeß aus einer Gasphase gebildet hat, was circa 8 Millionen Jahre gedauert hat. 1973 entdeckten R. N. Clayton und seine Mitarbeiter in allen Allende-Einschlüssen Anomalien im Isotopenverhältnis der Sauerstoffisotopen mit den Massen 17 und 18: Allende hat eine in ^{16}O stark angereicherte Komponente, die nicht »normal« ist, also vermutlich einen anderen Ursprung hat. Weiter fand man im Allende Material, das älter als 5 Milliarden Jahre ist. Dieses Material muß also außerhalb des Sonnensystems entstanden sein.

Wir können daraus also die wichtige Schlußfolgerung ziehen: Während der Bildung des Sonnensystems hat es ganz in der Nähe der protosolaren Wolke ein Nukleosyntheseereignis gegeben, z. B. die Explosion einer Supernova. Natürlich ist Allende nicht das einzige Beispiel. Als man wußte, wonach man zu suchen hatte, fanden sich noch andere Beispiele: das fragliche Ereignis muß vorwiegend leichte Elemente ($A < 30$) erzeugt haben. Wenn das wirklich so wäre, hätten wir im Sonnensystem zwei Arten von Material: das ursprünglich vorhandene, das aus vielen Sternexplosionen stammte und vollständig durchmischt war, und eine zweite Komponente, die sich nicht mehr mit dem schon vorhandenen Material vermischen konnte!

Andererseits findet man aus Plutonium 244 (Halbwertszeit 80 Millionen Jahre) und Jod 129 (Halbwertszeit 16 Millionen Jahre), aus der Messung des Zerfallprodukts Xenon, daß der Kondensationsprozeß frühestens 100 Millionen Jahre nach Auftreten jener Quelle eingesetzt haben kann, die dem Sonnensystem vor Beginn der Kondensation Material zufügte. Die Aussage für das kurzlebige Aluminium 26 führt zu einer Zeitspanne von nicht mehr als 3 Millionen Jahren. Dieser Widerspruch löst sich nur auf, wenn man annimmt, daß es zwei voneinander unabhängige Ereignisse gab. Das ist ein weiterer Hinweis darauf, daß bei der Bildung der Planeten isotopenmäßig verschieden aufgebaute Materialreservoire existierten. Daher haben die Sonne und die Planeten möglicherweise verschiedene Zusammensetzung. Obwohl in dieser Frage abschließende Klärung noch aussteht, kann man derzeit doch als Modell für die Entstehung des Sonnensystems mittels dieser Hinweise die Annahme vernünftig vertreten, daß die Stoßwelle einer frühen Supernova die Kondensation des Sonnensystems auslöste und daß in das kondensierende System hinein eine zweite Supernova explodierte.

Ebenso könnte der Strahlungsdruck der umliegenden Sterne zu einer Verdichtung des präsolaren Nebels geführt haben, der zunächst elliptisch wurde, später aber unter dem Einfluß wachsender Rotationsgeschwindigkeit Scheibenform annahm und irgendwann eine Dichte erreichte, von der aus Gravitationskollaps möglich wurde. Solche Prozesse hat man schon im Rechner simuliert und dabei gefunden, daß man ein Doppelsternsystem erhält, wenn man den Drehimpuls nicht wegschafft, daß man aber aus einer Scheibe einen Zentralstern erhält, wenn man zuläßt, daß Drehimpuls nach außen geschafft wird, z. B. über den Alfvénschen elektrodynamischen Prozeß. Mit fortschreitender Kondensation erhitzt sich das Material, es wird strahlen und damit auch ionisieren. Mithin muß der letzte Teil des Kollapses durch Plasmaeffekte maßgeblich mitbestimmt worden sein. In der sich verdichtenden Gaswolke wird die Verdichtung – in ihrem Gefolge die Erwärmung – beschleunigt fortschreiten: sich beschleunigen, so wie ein Stein von einem hohen Berge zu Tal rollt, schneller und schneller wird, bis er im Tal zur Ruhe kommt und liegenbleibt.

So setzt sich die Verdichtung unserer Gaswolke fort – wir sprechen nunmehr vom »Gravitationskollaps«. Die Temperatur im Inneren der Gaswolke steigt. Erreicht sie Werte um, sagen wir, 100 000 Grad, so verlieren plötzlich immer mehr Atome ihre Hüllenelektronen – wir sagen, das Gas sei ionisiert –, und jetzt beginnen auch elektrische Kräfte sich gegen die Gravitationskräfte zu stemmen. Aber sie sind noch nicht groß genug, noch überwiegt die Gravitationskraft. So steigt die Temperatur weiter. Erst wenn sie im Inneren auf fast 15 Millionen Grad gestiegen ist, setzen Kernreaktionen ein, denn stoßende Wasserstoffkerne werden sich bei dieser Temperatur zu Deuteriumkernen vereinigen und am Ende einer Reaktionskette Heliumkerne bilden. Bei diesen Prozessen werden gewaltige Energiemengen frei: die Temperatur kann nun weiter steigen, damit auch der Gasdruck – und jetzt wird jener die Gravitationskraft übertreffen. Wir erwarten also Kräftegleichgewicht aus nach innen gerichteter Gravitationskraft, nach außen gerichteter Netto-Gasdruck-Kraft, Zentrifugalkraft und Strahlungsdruck. Jedes Lichtquant hat nämlich eine bestimmte Energie, damit äquivalente Masse. Im Teilchenbild gesprochen, wird es sich daher ähnlich wie ein Atom an der Ausübung von Druck beteiligen, wiederum mit einer netto nach außen gerichteten Komponente (vgl. Anhang 2).

Unter den geschilderten Umständen wird sich also Gleichgewicht zwischen den nach innen und den nach außen wirkenden Kräften einstellen, so daß die Kontraktion aufhört und, sofern nur die Energieproduktion im Inneren des Sterns konstant ist, ein Stern konstanter Größe entsteht. Aus vielerlei Quellen – z. B. aus Untersuchungen von Mondgestein – wissen wir, daß sich die Sonnenstrahlung in einem merklichen Teil der Lebensgeschichte der Sonne nicht verändert hat. Wir haben also Grund zu der Annahme, daß sich die Sonne nach Beginn des »Kernbrennens« (wie man gelegentlich sagt, womit man meint, daß Kernreaktionen stattfinden) nicht mehr verändert hat.

Planeten bildeten sich erst, als die Sonne existierte. Allerdings gehen die Ansichten über das Wie derzeit noch erheblich auseinander.

Aus dem Kondensationsmodell versteht man, warum das Sonnensystem »Scheibensymmetrie« aufweist. Entsprechend ist auch klar, warum alle Planeten die gleiche Bahnebene haben und in gleicher Richtung umlaufen. Pluto ist eine Ausnahme, doch kann er ein »entlaufener« Mond des Neptun sein oder ein aus seiner Bahn geratener Asteroid. Jupiter und Saturn sollten sich dann zuerst gebildet haben, aus Helium und Wasserstoff, danach Uranus, Neptun und die Kometen. Letztere bildeten sich unter extremen Bedingungen, bei nur 100° K, weit weg von der wärmenden Sonne. Sie bestehen vermutlich aus Wassereis, Methaneis und Ammoniakeis und zwischengestreuten Staubkörnern.

Näher an der Sonne, bei entschieden höheren Temperaturen, dampften die leichten Elemente aus den Kondensationsklumpen ab und wurden vom Strahlungsdruck der Sonne nach außen gedrückt. So blieben relativ mehr schwerere Elemente zurück, woraus man sich die andere Zusammensetzung von Merkur, Venus, Erde und Mars erklären kann. Man erkennt diese signifikante Verschiedenheit aus den mittleren Dichten der Planeten (vgl. Abb. 3.8), die für Merkur, Venus und Erde etwa gleich sind. Die Mars-Dichte bleibt dagegen nur wenig zurück; doch ist der Sprung zu den äußeren Planeten unübersehbar – die untereinander aber wieder recht ähnliche Werte haben.

Würden wir im Zeitraffer z. B. die Bildung der Erde betrachten, so würde das etwa folgendermaßen aussehen: Nachdem sich die Protosonne nahezu bis auf ihren heutigen Durchmesser zusammengezogen hatte, bildeten sich auf den Bahnen dei heutigen Planeten größere Materieklumpen. Auf einer bestimmten Bahn wuchs einer rasch über die Größe aller anderen hinaus. Vermöge seiner Gravitationswirkung prasselten auf ihn Gesteinsklumpen aller Größen mit zum Teil gewaltigen Geschwindigkeiten herab. Das führte zu einer erheblichen Erwärmung der Oberfläche, und die junge Erde verwandelte sich rasch in einen Körper glühenden, geschmolzenen Gesteins. Zugleich entwichen aus dem Erdinneren Gase in gewaltigen Vulkanausbrüchen, aus denen sich schließlich die frühe Atmosphäre des Planeten bildete.

Unsere heutige Atmosphäre ist davon erheblich verschieden. Ihre

Zusammensetzung ist ganz wesentlich durch die Wirkung des Lebens geprägt. Die Atmosphären der »toten« Planeten Mars und Venus entsprechen daher der Uratmosphäre jener Planeten weit eher. Die Spuren jenes frühen Geschehens sind von der Oberfläche der Erde weitgehend getilgt: Wind und Wetter haben längst die Narben jener Einschläge geglättet, die Auffaltung der Gebirge (Tektonik) hat der Erde ein neues Gesicht gegeben.

Es ist wahrscheinlich, daß ein Teil der Energie, die zum Schmelzen der bereits verfestigten Erdoberfläche nötig war, durch radioaktiven Zerfall im Erdinneren freigesetzt wurde, wie auch die gravitationsgetriebene Schrumpfung der Erde Wärme freigemacht hat. Während des Aufschmelzens der Erde sank schweres Material nach innen, so daß sich leichteres Material an der Oberfläche sammelte – so bildeten sich Kern, Mantel und Kruste aus. Beim Abkühlen kondensierte Wasser und füllte die Klüfte und Gräben zwischen den Kontinenten. Und irgendwann, nicht lange nach dieser Erstarrung der Oberfläche, bildeten sich organische Moleküle, die – vielleicht durch Zufall – plötzlich die Möglichkeit besaßen, sich zu vermehren. So oder so ähnlich, denken wir uns, entstand all dies um uns – und wir selbst.

Alle Körper im Sonnensystem durchliefen im Prinzip gleichartige Entwicklungen: Nach der Kondensation, die bei vergleichsweise niedrigen Temperaturen stattfand, folgte durch frei werdende Gravitationsenergie und durch Radioaktivität im Inneren dieser Körper Aufheizung. Dadurch wurden die ursprünglichen Strukturen, insbesondere die chemischen Eigenschaften, ganz wesentlich verändert. Bei den terrestrischen Planeten bildeten sich eisenreiche Kerne, umgeben von silikatischen Krusten, im Mantelbereich aus Magnesium-Eisen-Silikaten. Mittlerweile sind diese Prozesse auf den kleineren Planeten, einigen Monden, den Planetoiden abgeklungen, dauern aber mindestens auf der Erde, wahrscheinlich auch auf Venus und Mars noch an. Diese Prozesse haben die Oberflächenstrukturen der Planeten geformt, aber ebenso deren innere Struktur. Durch das Aufschmelzen und anschließende Abkühlen kam es zu fraktionierter Kristallisation (man sagt, das Material sei »differenziert«), aber auch zu vertikalen Verschiebungen. Vulkanismus und Tektonik haben ihre Ursache in diesen Prozessen: Spannungen entstehen und gleichen sich durch Beben aus, Vulkane brechen hervor, innere Hohlräume stürzen zusammen. Die Kontinentalverschiebung der Erde ist ein weiteres Beispiel für Folgen dieser Prozesse.

Die Gestalt der Oberflächen der Planeten ist daher das Resultat des Wirkens von teils aus dem Planeteninneren herrührender Kräfte (z. B. Auffaltung von Gebirgen, Vulkanismus), teils ist sie geprägt durch das Einwirken der Atmosphäre (Erosion), teils durch Einschläge von Meteoriten. Interessant ist die Untersuchung der Häufigkeit solcher Einschläge. Wir haben in den letzten Jahren durch Raumsonden ausgezeichnete Bilder vom Mond und allen inneren Planeten erhalten. Daraus kann man Aussagen über die Variation der Häufigkeiten von Einschlagskratern gewinnen. Für alle Planeten gilt offenbar, daß die Zahl der Einschläge seit der Zeit der Bildung des Sonnensystems exponentiell abgenommen hat.

Eine eigentümliche Schwierigkeit, die unser Verständnis von den Zusammenhängen lange Zeit beschwerte, ist in dem Umstand zu sehen, daß die Erde selbst kein Zeugnis der ersten paar hundert Millionen Jahre des Sonnensystems abzulegen imstande ist. Auf der Erde findet man wenig Gesteine, die älter sind als 2,8 Milliarden Jahre. Die ältesten Gesteine, die man gefunden hat (in West-Grönland), sind etwa 3,8 Milliarden Jahre alt. Warum findet man auf der Erde kein älteres Material? Darauf konnte man vor den Mondlandungen keine Antwort geben. Mondgestein dagegen, das zwischen 3,3 und 3,8 Milliarden Jahre alt ist, findet man in den dunklen Mare-Gebieten reichlich. In den hellen Hochland-Regionen findet man noch älteres Gestein: 3,9–4 Milliarden Jahre alt, die älteste Gesteinsprobe war 4,2 Milliarden Jahre alt. Diese Altersangaben sind »radiogene« Angaben: Das ist die Zeitspanne seit der letzten Umlagerung oder Erhitzung der Gesteine und Mineralien. Wäre etwa nach der ersten Kondensation des Materials eine spätere Erhitzung mit Verflüssigung aufgetreten, so würde die »radioaktive Uhr« wieder auf Null zurückgestellt worden sein. Die ältesten Gesteine signalisieren daher den Zeitpunkt der letzten Erstarrung des Materials. Man muß daher annehmen, daß der Mond in den ersten 200–300 Millionen Jahren nach seiner Entstehung ziemlich »weich« gewesen ist, bevor er erstarrte. Die Erde hat für ihre gut 800 Millionen erste Jahre kein irdisches Zeugnis: bis dahin war sie ein glühender Ball!

Chondritisches Material dagegen kann nach seiner Entstehung nicht »heiß« gewesen sein: Man findet kein radioaktives Jod (Jod

129). Dieses zerfällt mit einer Halbwertszeit von 16,4 Millionen Jahre in Xenon 129, ein Edelgas. Aus der Xenon-Menge kann man auf die Menge Jod zurückschließen, die einmal vorhanden war, und damit die Zeit angeben, die höchstens verstrichen sein kann, bis sich der untersuchte Körper von der Umgebung durch Verfestigung isolierte: 100 Millionen Jahre.

Chondriten sind also »älter« als irdisches Material in dem Sinn, daß sie früher erstarrt sind. Chondritisches Material begegnet uns am häufigsten in Meteoriten. Übrigens ist deren Gasgehalt deutlich niedriger als der im Mondgestein gefundene. Dieser Gasgehalt ist eine Folge des Bombardements von Gestein mit den Wasserstoff- und Heliumkernen des Sonnenwinds. Meteoriten haben sich daher seit ihrer Erstarrung vorwiegend in Entfernungen von einigen Astronomischen Einheiten aufgehalten. Das wird auch durch Abb. 7.3 belegt. Das legt den Schluß nahe, daß Meteoriten vorwiegend aus dem Asteroidengürtel (2,6 AE) stammen.

So wie die Erde haben sich im Prinzip auch die anderen inneren Planeten gebildet. Wie schon erwähnt, ist es wahrscheinlicher, daß sich zunächst »Klumpen« bildeten: Brocken mit Abmessungen von einigen Zentimetern, die in die Symmetrieebene des Systems, die Ekliptik, stürzten, dort gegeneinander stießen, wobei einige zerplatzten, andere sich zu größeren Körpern vereinigten. Das ging dann weiter wie im »Monopoly«, dem vor einigen Jahren in Mode gekommenen Gesellschaftsspiel: Die großen Körper wuchsen immer schneller weiter. *Abb. 9.4* zeigt die inneren Planeten und Jupiter im Größenvergleich.

Die Isotopenzusammensetzung des ältesten Mondgesteins (das in den Terra-Gebieten gefundene) weist ebenfalls darauf hin, daß dieses Gestein durch intensives Bombardement von außen kam, wodurch die dicht mit Kratern übersäten Hochländer des Mondes gestaltet wurden. Vor 3,9 Milliarden Jahren hörte dieser Gesteinsregen von außen plötzlich auf. Mare-Gebiete dagegen sind jüngeren Datums, deshalb zeigen sich dort auch nur wenige Spuren solcher Einschläge.

Natürlich war auch die Erde solchem Bombardement ausgesetzt. Erinnern wir uns an das älteste Erdgestein: Als die Erdkruste erstarrte, gab es nur noch wenig solche Meteoriten, daher ist die Erde weniger »verkratert«. Merkur und Mars sehen ähnlich aus wie der Mond.

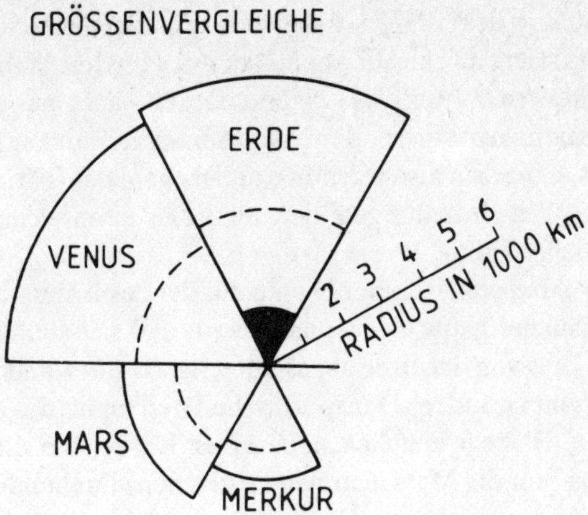

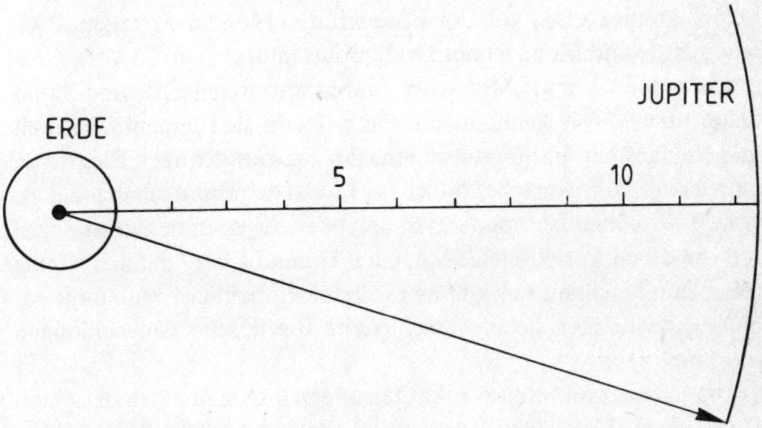

Abb. 9.4 Größenvergleich der Planeten und ihrer inneren Struktur. Im unteren Teil sind Erde und Jupiter etwa maßstabsgerecht miteinander verglichen.

Darum ist es gerechtfertigt anzunehmen, daß alle terrestrischen Planeten diesem Steinhagel ausgesetzt waren, daß die anderen aber eher erstarrten als die Erde. Mars und Venus hatten Vulkane wie die Erde; deren interne Verfassung muß also ähnlich gewesen sein. Nach der Verfestigung setzte Ausgasen ein; so kamen die drei Planeten zu ihren Atmosphären.

Die Entstehung des Mondes ist auch heute noch nicht völlig geklärt. Seine mittlere Dichte ist ähnlich der des oberen Mantels der Erde (vgl. *Tabellen 8.1* und *3.2*). Schon darum – auch aus anderen Gründen – ist die Hypothese, der Mond sei irgendwann »eingefangen« worden, habe sich also irgendwo anders gebildet (hätte er sich unabhängig in der Erdbahn gebildet, müßte er eisenreicher sein), heute nicht mehr haltbar.

Wegen der Ähnlichkeit seiner Dichte mit der des Erdmantels neigen viele Fachleute heute der Annahme zu, daß sich der Mond in irgendeiner Form von der Erde abgespaltet hat. Dafür sprechen eine ganze Reihe von Gründen. Der spezifische Drehimpuls des Systems Erde-Mond z. B. liegt ziemlich nahe einer Kurve, die die obere Grenze dieses (auf die Masseneinheit bezogenen) Drehimpulses fester Körper überhaupt zu sein scheint. Gezeitenwirkung hat zweifellos Rotationsenergie von der Erde auf den Mond übertragen. Zwischen Erde und Mond ist der Drehimpuls mittlerweile im Verhältnis 2:1 aufgeteilt. Vor 4,5 Milliarden Jahren waren sich Erde und Mond daher ohne Zweifel »näher« als heute. Denn die Elementhäufigkeit im Mondgestein, insbesondere jene der schwerflüchtigen Elemente, ist der der Erdkruste sehr ähnlich (z. B. was den Eisengehalt anlangt: circa 7 %). Auch Isotopen des Sauerstoffs zeigen in beider Material fast dieselben Verhältnisse. Nach der Trennung der beiden Systeme (über den Mechanismus gibt es gar keine einheitliche Meinung) haben beide Körper sicher verschiedene thermische Entwicklungen genommen.

Die Evidenz für intensive Aufheizungen im Sonnensystem ist vielfältig. Eisen-Meteoriten waren mit Sicherheit geschmolzen und haben sich nur langsam abgekühlt. Auch bei allen inneren Planeten gibt es Hinweise darauf, daß die Oberflächen geschmolzen waren. Die Wärme kann durch beim Schrumpfen freigesetzte Gravitationsenergie entstanden sein; sie kann Folge radioaktiver Aufheizung sein. Die Wärme kann auch von Strömen erzeugt worden sein, die vom solaren Magnetfeld in den rotierenden Planeten induziert wurden. Für die Aufheizung des Mondes kommt Gravitationsenergie praktisch nicht in Betracht.

Über das Alter der Erde wissen wir, wie gesagt, noch nicht sehr lange Bescheid. Es ist nützlich, sich klarzumachen, daß vor der Entdeckung der Radioaktivität durch Antoine Becquerel (1896) das Erd-

Tabelle 9.1: Geologische Formationen

Aera	Periode	Formation	Beginn (vor Mio Jahren)	Fossilien
Neozoikum	Quartär	Alluvium	0,01	häufig
		Diluvium	1	
	Tertiär	Pliozän	15	
		Miozän	30	
		Oligzän	40	
		Eozän	50	
		Paläozän	60	
Mesozoikum	Kreide	Obere und untere Kreide	130	häufig
	Jura	Malm	180	
		Dogger		
		Lias		
	Trias	Keuper	220	
		Muschelkalk		
		Buntsandstein		
Paläozoikum	Perm	Zechstein	260	häufig
		Rotliegendes		
	Karbon	Ober-Karbon	320	
		Unter-Karbon		
	Devon	Ober-/Mittel-/Unter-Devon	400	
	Silur	Gotlandium	460	
		Ordovizium		
	Kambrium	Ober-/Mittel-/Unter-Kambrium	600	
Präkambrium	Algonkium		1500	wenige
	Archaikum		2500	ein Fall
	Bildung der Erdkruste		4500	keine

alter auf einige tausend Jahre (meist mit biblischen Argumenten begründet) geschätzt wurde, im Stile jenes Erzbischofs Usher, der das Schöpfungsdatum auf 4004 v. Chr. festlegte. Mit relativen Datierungen begannen die Geologen (*Tabelle 9.1*), als sie bemerkten, daß bestimmte Fossilien nur in bestimmten geologischen Formationen vorkamen. Erst 1907 wurde mit Methoden des radioaktiven Zerfalls eine erste wirkliche Altersbestimmung durchgeführt.

Das erste Zeugnis von Leben auf der Erde hat man in einem Felsbrocken in Australien gefunden, dessen Alter man zu 3,4 Milliarden Jahren bestimmt hat. Man kann also davon ausgehen, daß Leben praktisch unmittelbar nach der Bildung der Erdkruste entstand. Natürlich hatte die Erdatmosphäre damals eine andere Zusammensetzung: Wasserstoff, Methan, Wasserdampf, Ammoniak und Kohlendioxyd. Natürlich gab es Aerosol, d. h. feinen Staub, dessen Relativbewegung zur Atmosphäre zu Aufladungserscheinungen führte und elektrische Entladungen zur Folge hatte. Blitze, weiß man, gibt es auch in der Atmosphäre von Venus und in der des Jupiter. Unter diesen Bedingungen können, wie man im Laboratoriumsversuch zeigen kann, Aminosäuren entstehen. Diese Atmosphäre war, chemisch gesehen, reduzierend, nicht oxydierend. Sauerstoff gelangte in die Atmosphäre erst als Folge der Evolution des Lebens, das sich vor 3 Milliarden Jahren bereits so intensiv entwickelt haben mußte, daß uns heute noch Zeugnisse davon in die Hände gelangen können! Lebende Systeme entwickelten sich aus diesen frühen Formen durch eine Art chemischer Evolution, deren Ergebnis replikationsfähige Moleküle waren. Sauerstoff muß sich nach der Entstehung von Leben sehr rasch gebildet haben. Jedenfalls gibt es Hinweise darauf, daß der Sauerstoffgehalt der Atmosphäre in den letzten 350 Millionen Jahren niemals unter 6 % abgefallen ist.

Drei Materialkategorien bestimmen die Struktur des Sonnensystems: Gas, Eis und Gestein. Wasserstoff und Edelgase kondensieren praktisch nicht, Sauerstoff, Kohlenstoff und Stickstoff sind die wichtigsten Eisbildner (Wasser, Methan und Ammoniak). Die häufigsten der restlichen Elemente (Silizium, Magnesium, Eisen) bilden Gesteine. Der Hauptunterschied zwischen den äußeren und den terrestrischen Planeten ist hauptsächlich in der Tatsache zu sehen, daß die großen, äußeren Planeten mindestens einen größeren Teil der flüchtigen Gase behielten, den die inneren Planeten zweifellos verloren haben.

Der Druck im Inneren eines Planeten ist ungefähr bestimmt durch das Verhältnis von Masse und Radius. Ist der Druck nicht zu hoch, verhält sich Materie wie unter »normalen« Drucken, und der Radius ist proportional zur dritten Wurzel aus der Masse. Wird der Druck aber so groß, daß die Atome degenerieren, dann gilt das nicht mehr. Dann findet man, daß man Masse und Radius von Jupiter und Saturn nur erklären kann, wenn beide überwiegend aus Wasserstoff aufgebaut sind. Uranus und Neptun sind nicht so klar definierbar.

Die Masse von Jupiter und Saturn ist so groß, daß sich bei deren Bildung eine Art Gravitationskollaps vollzog. Uranus und Neptun dürften dagegen eher das Produkt einer langsamer verlaufenen Kondensation gewesen sein. Vermutlich bildeten sich in der Äquatorebene gasförmige Scheiben, aus denen schließlich die Monde

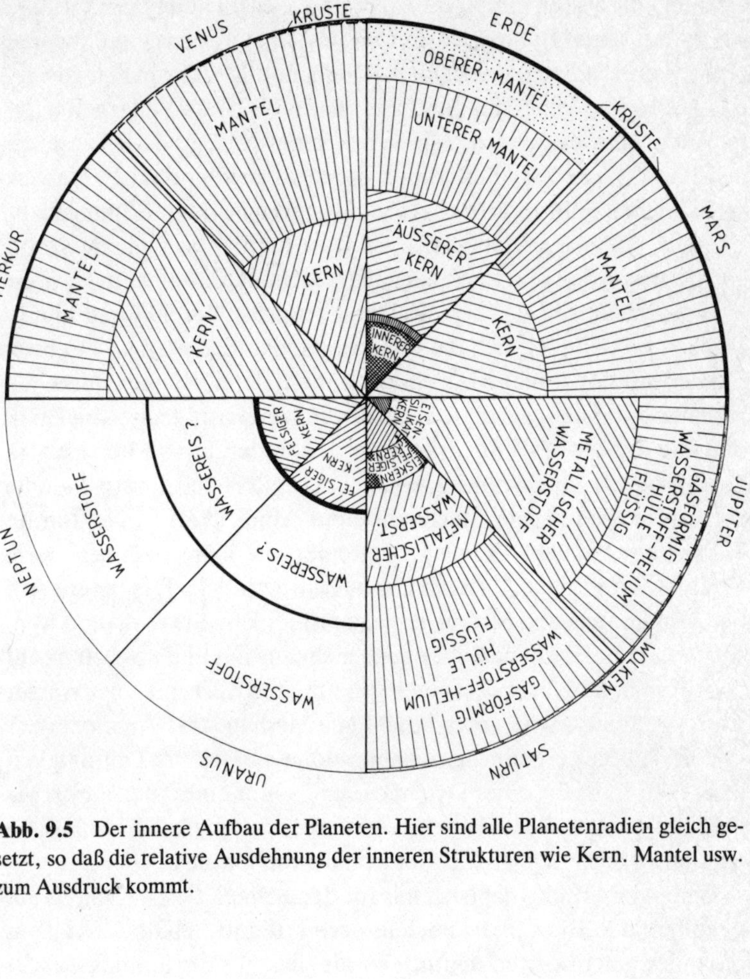

Abb. 9.5 Der innere Aufbau der Planeten. Hier sind alle Planetenradien gleich gesetzt, so daß die relative Ausdehnung der inneren Strukturen wie Kern. Mantel usw. zum Ausdruck kommt.

kondensierten. In *Abb. 9.5* haben wir unsere heutigen Kenntnisse über den inneren Aufbau der Planeten zusammengestellt.

Diese Verschiedenheit der Planetenbildung könnte erklären, warum die Großplaneten so viele Monde haben, die inneren Planeten dagegen »keine«. Denn der Erdmond ist sehr wahrscheinlich aufgrund einer ganz speziellen Situation entstanden, und die Marsmonde sehen viel eher wie Asteroiden aus (auch bezüglich ihrer »Lichtkurve«). Die räumliche Nachbarschaft des Mars mit Jupiter in Verbindung mit dessen Gravitationspotential, das schon manchen Asteroiden aus seiner Bahn geworfen hat, lassen diese Annahme sogar als recht wahrscheinlich erscheinen. Venus und Merkur haben gar keinen Mond – so klingt das durchaus plausibel. Uranus dagegen bereitet noch Schwierigkeiten: Mit Venus hat er retrograde Ratation gemeinsam. Während aber Venus durch Gezeitenreibung ihren ursprünglichen Spin verloren hat, hat Uranus nie anderen Spin gehabt. Er muß, ehe seine Monde sich gebildet hatten, von einem Körper getroffen worden sein (man hat nachgerechnet, daß einer mit 7 % der Uranus-Masse reicht), der die Rotationsachse um 90 Grad kippte. Danach erst können sich die Monde, die den Planeten im Drehsinn seiner Rotation umlaufen, gebildet haben, deren Bahnen durch Gezeitenreibung, möglicherweise auch durch elektrodynamische Effekte in die Äquatorebene gedrängt wurden. Jedenfalls dürften die Uranus-Monde, wenn das alles zutrifft, von Jupiter- und Saturn-Monden recht verschieden sein, doch sollte die Ähnlichkeit zu Neptun unübersehbar bleiben. Das wird man aber erst klären können, wenn Voyager 2 im Januar 1986 am Uranus vorbeifliegt[1]. Der innere Aufbau von Uranus und Neptun dagegen ist anders: Sie enthalten weniger Wasserstoff, können aber auch nicht aus nur einer Substanz aufgebaut sein. Man vermutet einen silikatischen Kern mit einer Wasserstoffenveloppe sowie einer Schale aus Methan- und Ammoniakeis. Dieser Aufbau erlaubt hinreichend hohe elektrische Leitfähigkeit, damit die Existenz eines Dynamos, und somit eines planetaren Magnetfeldes. Auf diese Annahme gründet sich natürlich auch die in Kapitel 14 besprochene Magnetosphäre von Uranus.

Eine Anmerkung habe ich mir für den Schluß dieses Kapitels aufgehoben: den Blick in die noch fernere Zukunft. Ich denke, daß aus dem hier geschilderten deutlich wurde, daß aus der Sonne eines fernen Tages ein »weißer Zwerg« von einigen Kilometern Durchmesser werden wird, der langsam auskühlen wird. Um diesen Zwerg werden nur noch vom Sternenlicht erhellte Planeten kreisen, deren Temperaturen sich langsam der Strahlungstemperatur der Umgebung (wenige Grade über dem absoluten Nullpunkt) angleichen werden. Lebendi-

---

1 Die Raumsonde wird danach im September 1989 am Neptun vorbeifliegen.

ges darf man daselbst nicht mehr erwarten. Die Heimstatt der Menschen wird in 10 Milliarden Jahren (spätestens) nicht mehr wohnlich sein.

Im folgenden aber wollen wir unsere Aufmerksamkeit wieder auf unsere Gegenwart lenken und uns nach einem Blick ins Interieur unseres Planeten (in Kapitel 10) dessen Exterieur zuwenden.

10. Wie es im Inneren eines Planeten aussieht und wie man das erfährt

Erdbeben treten als Folge von Einstürzen im Erdinneren oder von Vulkanausbrüchen auf, häufiger noch als Folge des Ausgleichs von Spannungen in der Erdkruste. So wie ein ins Wasser geworfener Stein Wellen im Wasser auslöst, so verursacht ein solches Ereignis Schwingungen im Erdkörper, die sich vom Herd des Bebens aus ausbreiten. Die Ausbreitung solcher Wellen läßt sich mathematisch beschreiben. In dieser Theorie gibt es eine Reihe von Größen, in die Eigenschaften des Erdkörpers eingehen. Die Wellen breiten sich nämlich mit bestimmten Geschwindigkeiten aus. Der Erdkörper verhält sich wie ein elastisches Medium, und entsprechend findet man aus der Geschwindigkeit der sich ausbreitenden Wellen die Kompressibilität des Materials und dessen Elastizität. Das sind zunachst phänomenologische Größen, die gewisse Eigenschaften des Materials beschrieben. Die Physik führt solche Größen auf andere, fundamentale Größen zurück. Die makroskopischen Erscheinungen ergeben sich ja aus dem Zusammenwirken von vielen Atomen, z. B. im Kristallverband. Auf diese Weise liefert die Messung phänomenologischer Größen Informationen etwa über die Dichte des Materials oder über dessen chemische Zusammensetzung oder dessen Tiefenschichtung.

Natürlich kann sich eine elastische (longitudinale und transversale) Welle in einer Materialkugel entweder längs der Oberfläche oder quer durch das Innere dieses Körpers ausbreiten. An einem bestimmten Beobachtungsort werden daher solche Wellen, je nachdem, welchen Weg sie genommen haben, zu verschiedenen Zeiten eintreffen. Und natürlich kann der Ausbreitungsweg im Körperinneren durch Verschiedenes beeinflußt werden: Die Wellen können an Grenzflächen, ähnlich wie man das beim Licht kennt, gebrochen oder reflektiert worden sein. Allerdings haben wir es hier nicht mit elektromagnetischen Wellen zu tun, sondern mit elastischen, und sie können vom longitudinalen Typ sein (wie Schallwellen) oder transversaler Art (wo die Schwingungsrichtung senkrecht zur Ausbreitungsrichtung liegt).

Die (longitudinalen) Wellen laufen auch durch den Kern der Erde. Hat man weltweite Registrierungen zur Verfügung, dann kann man den Ausbreitungsweg dieser Wellen im Erdinneren rekonstruieren. Wie Lichtstrahlen werden diese Wellen in bestimmten Zonen verstärkt, in anderen abgeschwächt (Schattenzonen). Die transversalen Wellen können sich nur in festem, nicht in flüssigem Medium ausbreiten. Die durch den Kern laufenden Wellen treffen in der Regel als Erste beim weit vom Herd entfernten Beobachter ein. Man nennt sie daher Primärwellen, die später ankommenden Sekundärwellen. Registriert werden diese Wellen mit »Seismographen«: das sind hochempfindliche Geräte zur Registrierung der Bodenunruhe, die so aufgehängt sind, daß die Relativbewegung des Bodens gegen deren Masse aufgezeichnet werden kann. Da man in Stationen, die vom Erdbebenherd aus gesehen »hinter« dem Kern lagen, keine Transversalwellen beobachtet hat, muß man schließen, daß der Erdkern ab 5100 km Tiefe (*Abb. 4.5*) flüssig ist.

Ebenso wie natürliche Erdbeben kann man künstlich ausgelöste Explosionen zu Untersuchungen der Erdkruste benutzen. Die Lagerstättenforschung macht beispielsweise von derartigen Verfahren (Seismik) ausgiebig Gebrauch. Natürlich spielt die Stärke der Explosion mit eine Rolle, wenn man die Struktur tieferer Schichten untersuchen will, weil jeder Seismograph durch die Unruhe seiner Umgebung ein gewisses »Rauschen« besitzt. Um also eine Welle nachweisen zu können, muß sie eine Mindeststärke haben. Aus diesem Grund spielen in der Geophysik sehr starke »Explosionen« eine besondere Rolle, und sie sind dem Geophysiker als Datum auch recht geläufig. Der Ausbruch des Vulkans Krakatao vom 23. bis 26. August 1883 und der Einschlag des riesigen Meteoriten in Sibirien am 30. Juni 1908 sind solche Daten.

Die Grundlage für diese seismische Methode hat Emil Wiechert geschaffen, der im Jahr 1898 auf den ersten an einer deutschen Hochschule geschaffenen Lehrstuhl für Geophysik an der Universität Göttingen berufen wurde. Mit solchen seismischen Untersuchungen hat

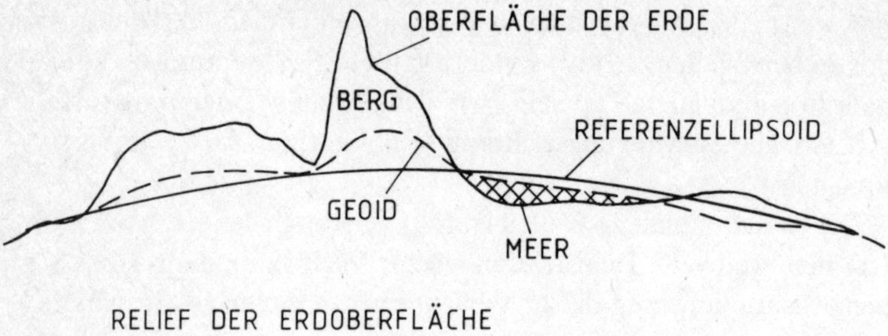

Abb. 10.1 Relief der Erdoberfläche, schematisch. Neben der wirklichen Oberflächenstruktur ist das geometrische Referenzellipsoid eingezeichnet und das durch Schweremessungen bestimmte Geoid, das in der Geophysik eine wichtige Rolle spielt.

man die Beschaffenheit der Erdkruste und des tieferen Erdinneren weitgehend aufklären können.

Das Schwerefeld der Erde im Außenraum ist eine weitere Quelle für Informationen über die Struktur des Erdinneren. Informationen über das Schwerefeld erhält man z. B. aus Beobachtungen der Bewegung von Erdsatelliten: die Abweichung der Bewegung von dem berechenbaren Fall einer idealen, homogenen Massekugel führt zu Modifikationen über die Verteilung der Masse und über die Gestalt der Erde im Großen. Die wirkliche Erdoberfläche ist natürlich kein mathematisch einfach beschreibbares Gebilde. Darum versucht man die wirkliche Form (*vgl. Abb. 10.1*) durch eine der Wirklichkeit angenäherte Fläche zu ersetzen: durch das »Geoid«[1]. Das ist eine geschlossene glatte Fläche, eine, wie man sagt, Äquipotentialfläche in der Nähe der Meeresoberfläche. Lokale Variationen der Schwere – z. B. in der

1 Das Geoid wird durch Schweremessungen allein festgelegt. Für geographische Zwecke z. B. ist es nützlich, eine solche Referenzoberfläche zu haben. Empirisch läßt sich ein aus vielen Flächenelementen aufgebautes Polyeder durch Triangulation bestimmen. Der Anschluß der verschiedenen Teilstücke des Erdpolyeder aneinander ist heute mit Hilfe von Erdsatelliten bis auf einige Meter möglich. Bequemer ist mitunter die Benutzung eines Referenzellipsoids. International üblich ist das beschriebene abgeplattete Rotationsellipsoid, dessen große und kleine Halbachsen 6378,2 und 6356,8 km betragen.

Tafel VI Voyager-Aufnahmen von Saturn-Monden. Von links nach rechts: Obere Reihe: Titan, am 9.11.1980 aus 4,5 Millionen km Abstand, Dione, am 9.11.1980 aus 4,2 Millionen km Abstand aufgenommen. Untere Reihe: Rhea, am 11.11.1980 aus 1,196 Millionen km Abstand, Japetus von Voyager 2 am 22. August 1981 aus 1,1 Millionen km Abstand aufgenommen.

Nähe von Gebirgen oder Erzlagerstätten – wirken sich signifikant nur in der Nähe der die Anomalie hervorrufenden Massen aus. In größerer Entfernung verschwinden solche Abweichungen, dann wirkt sich hauptsächlich die globale Verteilung der Massen aus. Eine gegenüber ihrer Umgebung schwerere Masse »schwimmt« im umgebenden Material. Der Gesteinsklotz »Alpen« beispielsweise taucht an 50 km tief in die umgebenden weniger dichten Gesteinsmassen ein.

Um die Dichteverteilung im Erdinneren zu ermitteln, geht man von hydrostatischer Druckverteilung[1] aus. Die mittlere Dichte der Erde, die man aus astronomischen Messungen kennt, beträgt 5,52 g/cm^3. Ebenso kennt man das Trägheitsmoment der Erde um ihre Rotationsachse. An diese vorgegebenen Werte paßt man den Dichteverlauf in der Tiefe an und findet im Erdmantel Dichtewerte zwischen 3,3 und 5,9 g/cm^3, im Erdkern Werte von 9,8 bis 12,8 g/cm^3. Für den im Erdinneren herrschenden Druck liefert diese Rechnung 1400 kbar an der Grenze von Mantel und Kern, im Erdmittelpunkt 3400 kbar. Die Temperatur des Erdinneren nimmt in der Erdkruste um circa 30° C pro km Tiefe zu (»geothermische Tiefenstufe«), steigt in größerer Tiefe aber wahrscheinlich langsamer an und erreicht im Erdmittelpunkt Werte, für die Schätzungen von 3000 bis 6000° C reichen. Diese Temperatur kann durch infolge fortdauernder Schrumpfung des Erdkörpers freigesetzte Gravitationsenergie oder durch Zerfall radioaktiver Substanzen oder beides aufrechterhalten werden. Sie wird aber sicher eines Tages abklingen. Man nimmt heute an, daß 70 % der Erdwärme radioaktiven Zerfällen zuzuordnen sind.

Aus Anomalien des Erdschwerefeldes gewinnt man weitere Aussagen über die Struktur der Erdkruste. Vereinigt man die Erkenntnisse aus Bestimmungen des Schwerefeldes mit Kenntnissen aus der Untersuchung von Erdbeben, so kann man sich schon ein recht genaues Bild vom inneren Aufbau der Erde machen. Dazu tritt noch als dritte Quelle der Erkenntnis die Vermessung des Magnetfeldes der Erde. Die Erde besitzt ein globales magnetisches Dipolfeld, dem Abweichungen lokal überlagert sind.

1 Das ist die sich einstellende Druckverteilung in einer Flüssigkeit unter dem Einfluß der Schwerkraft alleine.

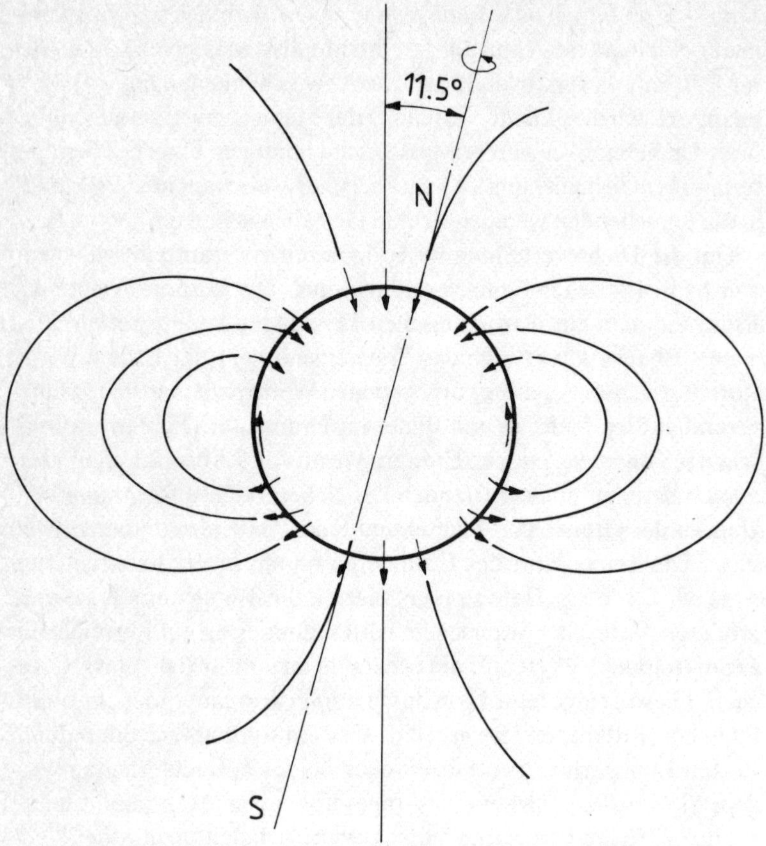

Abb. 10.2 Das magnetische Dipolfeld der Erde ist gegen die Rotationsachse der Erde um etwa 11,5 Grad geneigt. Der magnetische Pol im Norden ist ein magnetischer »Südpol« (Konvention, hat keine tiefere Bedeutung).

An der Oberfläche des Planeten und seiner nahen Umgebung dominiert der Dipolanteil des Magnetfeldes (vgl. *Abb. 10.2*). Das Feld hat an den Polen eine Stärke von 60 Mikrotesla, 30 Mikrotesla am Äquator (die in der Geophysik früher gebräuchliche Maßeinheit ›Gauss‹ wurde unlängst ersetzt durch die Einheit ›Tesla‹: 10000 Gauss sind 1 Tesla). Der magnetische Dipol ist gegen die Rotationsachse der Erde um etwa 11 Grad geneigt. An der Oberfläche verändern natürlich lokal Gesteine, die magnetisches oder magnetisierbares Material enthalten, das allgemeine Magnetfeld der Erde. Ströme, die in leitfähigen Schichten der Erdatmosphäre fließen, verändern das äußere Magnetfeld der Erde ebenfalls und wirken vermöge des Induktionseffektes auch auf das innere Magnetfeld zurück. Auch im Erdinneren fließen in leitfähigen Schichten Ströme, ebenso an der Erdoberfläche (Erdströme).

Solche lokalen Inhomogenitäten sind zum Teil zeitlich variabel mit charakteristischen Perioden von circa 1000 Jahren. Alle zeigen eine nach Westen gerichtete Drift von rund 9,5 km/Jahr. Das Erdfeld hat sich in typischen Zeitabständen von etwa einer Million Jahren »umgedreht«, wobei eine solche Reversion wohl an 1000 Jahre gedauert haben kann. Zwischendurch hat das Feld nach aller Kenntnis ungefähr die Stärke gehabt, die es jetzt auch hat, und dieses Magnetfeld besitzt die Erde seit gut 3 Milliarden Jahren. Ob solche Feldumkehrungen – während der zweifellos die Intensität der am Erdboden einfallenden kosmischen Strahlung erhöht war (am Äquator auf den Wert, die sie heute in der Polregion hat) – mit biologischen Änderungen einhergegangen sind, ist zur Zeit nicht beweisbar; darum kann man das ernsthaft auch nicht behaupten (obwohl gerade dies eine zur Zeit heiß diskutierte Frage ist).

Das Dipolfeld der Erde würde, wenn man Atmosphäre und Sonnenwind außer acht ließe, so aussehen wie in Abb. 10.2 dargestellt. Man erkennt, daß das Dipolfeld eine Achse besitzt, um die herum der Feldverlauf symmetrisch ist. Diese Achse ist merkwürdigerweise bei keinem jener Planeten, die ein Magnetfeld besitzen, identisch mit der Rotationsachse, sondern dagegen geneigt. Die Dipolachse ist auch aus dem Erdmittelpunkt versetzt (exzentrischer Dipol) und ist keineswegs fixiert, sie wandert vielmehr. Das erkennt man z. B., wenn man in regelmäßigen Abständen an einem Ort Stärke und Neigungswinkel des lokalen Magnetfeldes bestimmt. Man findet dann, was die Geophysiker die Säkularvariation des Erdmagnetfeldes nennen, ein regionales Phänomen, das etwa innerhalb eines Kontinents konsistente Werte ergibt. Die Säkularvariation des Magnetfeldes anderer Kontinente kann ganz anders verlaufen. Die Säkularvariation gehört daher zu jenen Phänomenen, die man noch nicht versteht, also auch nicht erklären kann.

Das Magnetfeld ist natürlich auch ein hervorragendes Instrument zur Tiefensondierung des Erdkörpers. So gesehen weist die Säkularvariation auf Änderungen im tiefen Erdinneren hin. Zweifellos ist die Existenz des Magnetfelds an das Vorhandensein eines flüssigen Erdkerns geknüpft. Seine Lageänderungen müssen daher notwendig auf Veränderungen im tiefen Erdinneren zurückgeführt werden. Wir kommen darauf in Kapitel 11 ausführlicher zurück.

Es gibt aber auch Schwankungen der Erdrotation, aus der wir Kenntnisse über das Erdinnere herleiten können. Natürlich verändert sich die Richtung der Erdachse im Raum als Folge der Gravitationskraft von Sonne und Mond (vgl. *Abb. 2.2*). Denn die Erde (jeder Planet) ist ein Kreisel. Wiederum weiß man aus der Physik, daß, wenn auf einen Kreisel eine Kraft ausgeübt wird, das dann auf die Drehachse wirkende Drehmoment diese zwingt, senkrecht zur Achse des Drehmoments auszuweichen. Eine stetig wirkende äußere Kraft zwingt also die Erdachse, sich auf einer Kegelfläche um die Ruhelage zu bewegen. Wir nennen diese Bewegung die »Präzession«. Da die Erde ungleichförmige Massenverteilung aufweist, wird auch die Gravitationskraft leicht variieren, mithin die Präzessionsbewegung keine glatte, sondern eine eher rauhe Kegeloberfläche erzeugen. Aus der Präzessionsbewegung kann man das Verhältnis der Trägheitsmomente der Erde um verschiedene Achsen bestimmen. Das wiederum kann man mit Modellrechnungen vergleichen, z. B. wenn man einen homogenen Erdkörper annimmt, also einen, dessen Material überall dieselbe Dichte hat, oder indem man Schichtungen annimmt, usw. Auf diese Weise lassen sich globale Aussagen über Modelle machen, die dem wirklichen Aufbau der Erde ähnlich sind.

Weil aber die Erde kein starrer Körper ist, was man schon aus Erdbebenbeobachtungen geschlossen hat, wird sie dem idealen Bild, das solche Modelle entwerfen, nicht immer entsprechen. Die geophysikalischen Messungen muß man daher durch Laboratoriumsmessungen unterstützen, weil die Materie in größerer Tiefe ja bei hoher Temperatur unter gewaltigem Druck steht, so daß Chemie und Mineralogie des so beeinflußten Materials von anderen Gesetzmäßigkeiten bestimmt werden, als uns das in oberflächennahen Bereichen bekannt ist. Im Gegensatz zur Erforschung von Atmosphäre und Magnetosphäre, wo in-situ-Messungen die interessierenden physikalischen Größen mittlerweile leicht direkt erfassen können, fehlt uns das Werkzeug für Messungen in der Tiefe des Planeten fast völlig.

Die Erforschung der festen Erde lebt daher hauptsächlich von den Informationen, die seismische Messungen, Bestimmungen des Gravitationspotentials und seiner Anomalien sowie magnetische und geoelektrische Messungen liefern. Hinzu treten die Untersuchungen der Eigenschwingungen des Erdkörpers, der Gezeiten und schließlich der Geothermik. Die so gewonnenen Informationen verbindet der Geophysiker mit physikalischen Theorien, in die der Verlauf der Dichte, der Temperatur, des Drucks im Erdinneren in Abhängigkeit von der Entfernung vom Erdmittelpunkt eingehen. Darüber muß man Annahmen machen und gelangt auf diese Weise zu Modellen, über deren Realität man dann wiederum durch Vergleich von modellabhängigen Voraussagen mit experimentellen Befunden Aussagen machen kann.

Wir kennen ein säkulares Verlangsamen der Erddrehung: eine Verlängerung des Tages um 1 Millisekunde pro Jahrhundert. Dies wird hauptsächlich durch Gezeitenreibung herbeigeführt. Wir kennen ferner unregelmäßige Veränderungen, die sich in Verspätungen oder Verfrühungen der Meridiandurchgänge um bis zu 30 Sekunden äußern können. Ihre Ursachen sind in Massenverlagerungen im Erdkörper zu suchen, sowohl tief im Inneren als auch an der Oberfläche (z. B. war das Abschmelzen des Eises in Mitteleuropa am Ende der Eiszeit so ein Prozeß). Aber auch elektrodynamische Effekte können derlei bewirken: starke magnetische Stürme auf der Erde können die Tagesdauer um mehrere Millisekunden ändern. Die Wiedereinstellung des Normalwertes kann mehrere Monate dauern. Dann gibt es die schon erwähnten periodischen Änderungen. Dazu gehören eine jahresperiodische Verlangsamung im Nordfrühling und Nordsommer, gegenteilige Änderung im Herbst und Winter, verursacht durch Gezeiten, Meeresströmungen, Wind und Luftmassenverlagerung. Schließlich gibt es die Chandlersche Periode, die ihre Ursache in der Elastizität des Erdkörpers hat. Am bekanntesten ist ihre Manifestation als Bewegung der Erdachse, die sich innerhalb eines Kreises von 10 m Radius bewegt. All die Informationen, die mit Hilfe der geschilderten Methoden gewonnen wurden, führen zu dem in Abb. 4.5 skizzierten Modell des Aufbaus des Erdkörpers.

Natürlich ist der einzige Planet, über den wir so viele Detailkenntnisse besitzen, unsere Erde. Aber seit dem Apollo-Programm befinden sich auch Seismographen auf dem Mond. Wir wissen daher auch einiges über das Mondinnere. Mittels Reflektoren ist der Abstand Erde–Mond durch Lasermessungen exakt bekannt. Wir kennen Schwereanomalien und magnetische Anomalien auf dem Mond. Die Übertragung von Kenntnissen des Erdaufbaus auf den Mond – unter Berücksichtigung der Mondgegebenheiten natürlich – hat dann auch bezüglich des Mondes zu verhältnismäßig detaillierter Kenntnis über seine Struktur geführt. So – im Prinzip – ist auch die Kenntnis über den Aufbau der Planeten Stück für Stück vorangetrieben worden. Das was wir heute als gesicherte Erkenntnis bezeichnen, ist auf solche Weise gewonnen worden.

11. Der Magnetismus der Planeten

Den – nach Christian Morgenstern – »steten Magnetismus der Planeten« hielt man früher eher für einen Gag der Natur. Die Chinesen entdeckten das Magnetfeld im ersten Jahrtausend nach Christi; seinen räumlichen Charakter erkannte der englische Physiker William Gilbert. Carl Friedrich Gauss fand schließlich Methoden, wie Stärke und Richtung des Magnetfeldes verläßlich gemessen werden konnten. Auch veranlaßte er ein weltweites Programm zur Herstellung genauer magnetischer Karten der Erdoberfläche. Weil nämlich das Erdmagnetfeld die nützliche Eigenschaft hatte, eine Magnetnadel abzulenken, ergab sich eine einfache Methode zur Orientierung auf der Erde.

Über Magnetfelder anderer Sterne oder der anderen Planeten konnten wir erst in diesem Jahrhundert verläßliche Informationen erlangen. Darum wissen wir natürlich über das Erdmagnetfeld am meisten. Viele Vorstellungen, die sich die Geophysiker in den letzten 50 Jahren über das irdische Magnetfeld gebildet hatten, konnten aber auch mit Erfolg auf andere Planeten übertragen werden, auch auf die Sonne. Mit Raumsonden war das Erdmagnetfeld auch seinem äußeren Verlauf nach untersucht worden; auf ähnliche Weise erlangten wir Kenntnisse über die Magnetfelder vom Mond, von den inneren Planeten, vom Mars, vom Jupiter und vom Saturn, und auch Uranus wird sich in dieser Hinsicht bald entschleiern lassen müssen.

Ein Magnetfeld läßt sich als »Vektorgröße« beschreiben: Das Feld hat an jedem Ort einen bestimmten Betrag und relativ zum Lot eine bestimmte Richtung. Gebräuchlich sind zur Festlegung der Richtung zwei Winkel: die Inklination ist der Winkel des Magnetfeldvektors mit der Horizontalen, die Deklination ist die in der Horizontebene gemessene Winkeldifferenz zwischen der geographischen und der magnetischen Nordrichtung. Zur Darstellung des Magnetfeldes benutzt man Karten, in die Linien gleicher Feldstärke oder gleicher Inklination oder gleicher Deklination eingetragen sind.

Das Dipolfeld (*Abb. 10.2*) der Erde kann man sich – für die Zwecke der Beschreibung des Erdmagnetfeldes im Außenraum – vorstellen durch die Annahme eines Stabmagneten in der Nähe des Erdmittelpunktes (genauer für die Epoche 1955): um 436 km in einer Richtung gegen den auf der Erdoberfläche gelegenen Punkt mit der geographischen Breite 15,7° N und die geographische Länge 150,8° Ost vom Erdmittelpunkt verschoben und um etwa 11,4° gegen die Rotationsachse geneigt mit den Achsendurchstoßpunkten: Südpol in die Richtung mit der geographischen Breite 79° N und der Länge 70° West weisend[1]. Der so gedachte Magnet müßte ein magnetisches Moment[2] $M = 8{,}06 \times 10^{25}$ Gauss cm^3 ($8{,}06 \times 10^{21}$ Tesla cm^3) besitzen. Ein solcher Magnet würde dann an der Erdoberfläche Feldstärken von 30 Mikrotesla am Äquator und circa 60 Mikrotesla am Pol, wie gemessen, erzeugen.

Wie beim Gravitationsfeld gibt es auch beim Erdmagnetfeld lokale Anomalien. Diese können durch Einlagerungen von magnetischem Material (z. B. Eisenerzvorkommen in der Nähe von Kiruna in Nordschweden) verursacht werden. Das von ihnen erzeugte Feld erreicht nur in wenigen Fällen die Größe des Dipolfeldes. Die stärkste lokale Anomalie liegt in der Nähe von Kursk, 400 km südlich von Moskau. Eine regionale Anomalie ist z. B. die sogenannte Südamerika-Anomalie, wo das Oberflächen-Magnetfeld nur 25 Mikrotesla erreicht. Solche regionalen Anomalien sind Folgen von Stromsystemen, die im äußeren Erdkern fließen, sind also räumlich weiter ausgedehnt als die lokalen Anomalien.

Aber auch zeitliche Variationen des Erdmagnetfeldes gibt es.

---

1 1965 befanden sich die Pole an folgenden Positionen: Südpol 100,75° W, 75,6° N, Nordpol 140° O, 66,5° S.

2 Zur Charakterisierung des Magnetfeldes eines Körpers benutzt man den Begriff des »magnetischen Moments«. Daraus erhält man z. B. die magnetische Feldstärke an der Oberfläche eines Planeten am Äquator durch Division mit der dritten Potenz des Abstands vom Mittelpunkt des Planeten.

Kurzzeitige Veränderungen von wenigen Stunden Dauer entstehen im Gefolge magnetosphärischer Teilstürme, auf die wir bei der Beschreibung der Magnetosphäre (Kapitel 13) näher eingehen werden. Änderungen mit der typischen Dauer von Tagen treten bei magnetischen Stürmen auf.

Eine tägliche Änderung des Magnetfeldes auch an sonst »ruhigen« Tagen wird von Stromsystemen, die in der Ionosphäre fließen, hervorgerufen. Auch dafür ist die Sonne verantwortlich: durch die sich im Lauf des Tages ändernde Ionisierung der Ionosphäre durch die Sonnenbestrahlung mit Röntgenstrahlung und ultraviolettem Licht entstehen Ströme durch einen Dynamoeffekt. Die Aufheizung und die von Sonne und Mond bewirkte Gezeitenbewegung setzen Luftmassen in Bewegung. Diese relativ zum Magnetfeld bewegten elektrischen Ladungen entsprechen einem elektrischen Strom, der seinerseits wieder (über das ihn begleitende Magnetfeld und durch Magnetfelder, die von induzierten Strömen hervorgerufen werden) auf das Magnetfeld zurückwirkt. Das diese tägliche Variation hervorrufende Stromsystem fließt in etwa 100 bis 150 km Höhe; es ist bezüglich der Erde-Sonne-Richtung fixiert, die Erde dreht sich praktisch darunter weg.

Säkulare Variationen (als solche mit viel längeren Perioden) verlaufen beim Erdmagnetfeld rascher als beim Gravitationspotential oder bei der Rotation der Erde. Die Wanderung der Dipolachse um etwa 0,5 Längengrade pro Jahr, die also einer Eigenrotationsperiode des Dipolfeldes von ~ 600 Jahren entspricht, ist möglicherweise Ausdruck dieser Periode. Aus der Orientierung magnetisierbarer Gesteine in der Erdkruste weiß man, daß auch die Richtung des Erdmagnetfeldes nicht immer die gleiche war, sich sogar wiederholt umgekehrt hat!

Der für den Gesteinsmagnetismus wichtigste Mineralbestand ist Magnetit (Fe_3O_4). Die remanente Magnetisierung, mit der wir es hierbei zu tun haben, ist in erster Linie »eingefrorene« Magnetisierung: Wenn Gesteine sich im Erdmagnetfeld abkühlen, ordnen sich die Kristallbereiche des Materials nach dem herrschenden Magnetfeld. Bei sehr viel niedrigeren Temperaturen besteht dann die Magnetisierungsrichtung fort, auch wenn sich später das äußere Feld ändert. Solches kann beim Erstarren der Erdkruste geschehen sein oder beim Erstarren von Lava nach Vulkanausbrüchen, auch im Sedimentgestein. Dort allerdings, weil sich die Gesteinskörner beim Absinken in Richtung des äußeren Magnetfeldes orientiert hatten. Bestimmt man das Alter solcher Gesteine (z. B. mit den Methoden des radioaktiven Zerfalls, vgl. Anhang 7 »Altersbestimmungen«), so kann man auch noch angeben, wann sich das Erdmagnetfeld umgekehrt hat.

So unterscheidet man heute vier Epochen, deren jede etwa 1 Million Jahre gedauert hat, in denen sich das Erdmagnetfeld wahrscheinlich jeweils umgekehrt hat. Dabei haben sich nicht nur die Dipol-, sondern auch die Nicht-Dipolanteile des Erdmagnetfelds umgekehrt. Diese Epochen sind wiederum unterbrochen durch kürzere Zeiträume, in denen sich das Magnetfeld kurzzeitig mal so und mal so einstellte, ehe es wiederum für längere Zeit fast stabil blieb. Es gibt aber auch Hinweise auf Feldveränderungen mit Zeitskalen von ~ 100 Millionen Jahren. Aus Untersuchungen so »eingefrorener« Magnetfeldrichtungen in Gesteinen verschiedener Kontinente lassen sich dann wieder Hinweise auf die Kontinentalverschiebung gewinnen, die, aus magnetischen Messungen erschlossen, beispielsweise für die Südhalbkugel recht beträchtlich gewesen sein muß.

Auch beim Mond der Erde hat man, um das fehlende Eigenmagnetfeld des Mondes und zugleich die lokale starke Magnetisierung in den rätselhaften Mascons zu erklären, an Abkühlung im äußeren Magnetfeld gedacht. Da aber das Erdmagnetfeld nach irdischen Zeugnissen nie viel stärker als heute war und für ein extrem starkes solares Magnetfeld ebenfalls keine Hinweise existieren, muß man diese Möglichkeiten ausschließen.

Wie aber muß man sich die Entstehung des Erdmagnetfeldes denken? »Permanentmagnet Erde« – diese einfachste Erklärung muß man verwerfen, denn schon in 50 km Tiefe ist die Temperatur des Materials höher als der sogenannte »Curiepunkt« (so nennt man die Temperatur, oberhalb deren alle ferromagnetischen Materialien – auch Eisen – ihre magnetischen Eigenschaften verlieren). Das Magnetfeld muß also durch elektrische Ströme erzeugt werden. Ein elektrischer Strom, der in einem Draht fließt, erzeugt ein den Draht als Achse kreisförmig umgebendes Magnetfeld. Denkt man sich viele Drähte nebeneinanderliegend, alle vom Strom in der gleichen Richtung durchflossen, so kompensieren sich die Magnetfelder zwischen den Drähten; über und unter der so entstandenen Drahtschicht

(»Stromschicht«) aber entstehen ausgedehnte »homogene« (gleichförmige) Magnetfelder entgegengesetzter Richtung. Bewegt sich leitfähiges Material relativ zu einem Magnetfeld, so beginnt Strom zu fließen (wird »induziert«), der seinerseits wieder ein Magnetfeld hervorruft, das aber dem primären Feld entgegengesetzt ist. Dieses System ist also so angelegt, daß es, einmal angestoßen, von selbst zur Ruhe kommen würde, wenn es nicht eine treibende Kraft gäbe, die den Zustand aufrechterhalten würde.

Die einzige Kraft, die imstande ist, bezüglich des Erdmagnetfeldes eine derartige stabilisierende Wirkung hervorzurufen, ist aber die Rotation der Erde. Verweilen wir für einen Moment bei der Rotation der Erde: das (Haupt-)Trägheitsmoment der Erde beträgt $8{,}118 \times 10^{44}$ g cm^3; damit errechnet sich für die in der Erdrotation gespeicherte Energie ein Wert von $2{,}2 \times 10^{36}$ erg oder $6{,}1 \times 10^{22}$ kWh. Entsprechend groß ist der Drehimpuls der Erde. Nun kennt man aus der Physik den Satz, daß der Drehimpuls abgeschlossener Systeme (die Erde ist ja insoweit ein solch abgeschlossenes System) konstant ist (der Eisläufer, der seine Pirouettendrehung durch Ausbreiten der Arme, also Vergrößerung des Trägheitsmoments, verlangsamt, handelt nach diesem Satz). Er kann aber verändert werden durch eine von außen wirkende Kraft (etwa die Gravitationskraft der Sonne) oder durch den Einschlag eines Meteoriten. Um eine merkliche Veränderung z. B. der Lage der Drehachse zu bewirken, muß jedoch schon ein gewaltiger Körper (von vielen km Durchmesser) auftreffen!

Der geschmolzene Erdkern hat eine recht hohe (aber endliche!) spezifische elektrische Leitfähigkeit (2×10^5 Siemens/m). Ein in einem solchen Leiter angestoßener Strom würde mit einer Halbwertszeit von circa 30000 Jahren abklingen, weil im Material infolge seines Widerstandes elektrische Energie in Wärme umgesetzt wird. An der äußeren Grenze des Kerns hat das Magnetfeld eine Stärke von möglicherweise 0,5 Millitesla, im Kern wahrscheinlich erheblich mehr. Moderne Schätzungen geben die magnetische Energie im Inneren der Erde mit 4×10^{21} Joule an. Mit der oben erwähnten Halbwertszeit von 30000 Jahren ($\sim 10^{12}$ Sekunden) kann man ausrechnen, daß magnetische Energie ständig neu erzeugt werden muß, und zwar mit einer Rate von 4×10^9 Joule/sec, was, in Einheiten der Umgangssprache ausgedrückt, einer Leistung von 4 Millionen Kilowatt entspricht.

Die Leistung eines sehr großen Kraftwerks wird also im Erdinneren ständig dazu benutzt, um magnetische Energie zu erzeugen, mit der das Erdmagnetfeld aufrechterhalten wird. Andererseits kennt man den Wärmefluß durch die Erdkruste, für den man etwa 50 mW/m^2 ansetzt. Das entspricht einem thermischen Energieverlust von 10^{13} Joule/sec. Daraus sieht man, daß gegenwärtig nur ein kleiner Bruchteil der thermischen Verluste des Erdkörpers zur Erzeugung magnetischer Energie aufgewendet wird. Die im Erdkern fließenden Ströme können daher durchaus von thermischer Konvektion getrieben werden, wobei die von der Erdrotation herrührende Corioliskraft (vgl. Anhang 6) die auftretenden hydrodynamischen Kräfte – damit die magnetische Feldstärke – begrenzt.

Die Erdrotationsachse steht nun nicht genau senkrecht zur Ekliptik. Auch wirken auf den abgeplatteten Erdkörper die Gravitationskräfte von Sonne und Mond, was zu der schon besprochenen Präzessionsbewegung der Erdachse führt. Wegen der Elastizität des Erdkörpers verformt sich dieser auch ständig ein wenig. Das sich verändernde Trägheitsmoment führt damit zwangsläufig wie beim Eiskunstläufer zu kleinen Schwankungen der Rotationsperiode.

Diese Abweichungen von Symmetrie und Gleichförmigkeit sind, wie man heute annehmen muß, wesentliche Voraussetzungen für die Aufrechterhaltung des Erdmagnetfeldes. Darum übrigens eignet sich auch die Erdumdrehung zur Zeitmessung nicht besonders.

Der Erdkern verhält sich mechanisch wie eine Flüssigkeit, und dort ist Konvektion eine notwendige Ursache für Massenbewegungen, die über die Corioliskraft durch die Erddrehung beeinflußt werden. Thermisch getriebene Konvektion des Kernmaterials kann aber zu Induktionseffekten führen. T. G. Cowling, ein amerikanischer Physiker, zeigte 1934 in einem berühmten Theorem, daß achsialsymmetrische Magnetfelder nicht durch achsialsymmetrische Bewegung elektrisch leitfähiger Flüssigkeiten – wie auch immer – induziert werden können. Man muß daher im Kern ein kräftiges azimutales Feld vermuten, das von der Corioliskraft, die auf die Konvektionsströmung wirkt, geordnet wird und außerhalb des leitfähigen Kerns nicht existieren kann. Der amerikanische Physiker W. M. Elsasser zeigte 1946, daß die magnetische Energie in der Tat hauptsächlich mit diesem azimutalen Feld verknüpft ist, woraus wegen der erwähnten nicht gleichförmigen Rotation des Planeten, verbunden mit einer irregulären Konvektion, das Dipolfeld entsteht, das weiter draußen wegen seines langsamen Abklingens dominiert. Dieser hydrodynamische Dynamoprozeß ist inzwischen theoretisch gut begründet und spielt als Teilprozeß in Modellen von Sternen, Galaxien usw. eine wichtige Rolle, obwohl »Details« noch weiterer Klärung bedürfen.

Wir haben bisher nur sehr qualitativ darauf hingewiesen, daß es dazu eines flüssigen, elektrisch leitfähigen Kernes bedürfe, sowie eines entsprechend rotierenden Planeten. Wir werden unten noch sehen, daß die Abklingzeiten für Magnetfelder in allen Planeten viel kleiner sind als das Alter der Planeten. Daher kann das Magnetfeld nicht von außen hineingekommen sein, sozusagen beim Gravitationskollaps mit eingefangenes »primordiales« (also in der Umgebung existierendes) Magnetfeld gewesen sein. Das Feld muß, wie wir jetzt verstanden haben, ständig neu erzeugt und seine Verluste müssen dauernd ausgeglichen werden. Natürlich können auch Kerne anderer Planeten nicht permanent magnetisiert sein, weil die Kerntemperaturen über dem Curiepunkt liegen.

Wie sieht das bei anderen Planeten aus?

Offensichtlich spielt für das Dynamo-Magnetfeld eines Planeten seine Rotationsrate und die elektrische Leitfähigkeit des Planetenkerns eine wichtige Rolle, damit natürlich auch dessen chemische Zusammensetzung. Insoweit würde man für die inneren (oder terrestrischen, d. h. erdähnlichen) Planeten vergleichbare Eigenschaften erwarten. Man nimmt heute an, daß alle terrestrischen Planeten Kerne haben.

Diese Kerne sollten reich an Eisen sein, Nickel enthalten und auch einige leichtere Elemente. Allerdings ist die Unsicherheit bezüglich der chemischen Zusammensetzung des Kerns eines jener Hindernisse, dessentwegen sich die Modelle nur schwer verbessern lassen. Jupiters Kern dürfte metallischer Wasserstoff sein, der 0,71 bis 0,75 Jupiterradien des Planetenvolumens füllt, dessen elektrische Leitfähigkeit bei 2×10^5 Siemens/m liegen dürfte. Sein Radius von 7×10^4 km und sein magnetisches Moment von $1{,}55 \times 10^{26}$ Tesla cm^3 ergeben ein Oberflächenfeld von 0,3–0,4 Millitesla am Äquator. Die Dipolachse ist etwa 10° gegen die Rotationsachse geneigt. Die Dissipationszeitkonstante des Kerns dürfte erheblich größer sein als die der Erde. Setzen wir analog zur Überlegung für die Erde die magnetische Feldstärke am Rand des Kerns mit 0,05 Tesla an, so erhalten wir als gesamte magnetische Energie des Planeten 2×10^{26} Joule. Die zur Aufrechterhaltung des Magnetfeldes erforderliche Energie dürfte, verglichen mit der nach außen verbrachten Wärme von $6{,}4 \times 10^{17}$ Joule/sec, erheblich kleiner als diese sein. Bemerkenswerterweise ist die thermische Abstrahlung des Jupiter größer als seine von der Sonne empfangene Energie.

Allerdings hat das Jupiter-Magnetfeld erhebliche Nicht-Dipolanteile, wie die Messungen der amerikanischen Raumsonden Pioneer 10 (4. 12. 1973) und 11 (3. 12. 1974) und Voyager 1 (5. 3. 1979) und 2 (9. 7. 1979) übereinstimmend bestätigt haben. Das hat wahrscheinlich mit der Lage des Kerns in relativ geringer Tiefe unter der Oberfläche des Planeten zu tun.

Da Saturn ähnlich wie Jupiter eine starke Radioquelle ist, konnte man sein Magnetfeld abschätzen. Allerdings ergab dann die Messung von Pioneer 11 am 1. 9. 1979 einen etwas kleineren Wert, der ein Jahr später durch die Voyager-Sonde bestätigt wurde: das magnetische Moment beträgt $4{,}6 \times 10^{24}$ Tesla cm^3, das Oberflächenfeld 22 Mikrotesla. Vergleicht man mit Jupiter, so muß man für den Kern etwa 54 % des Jupiterkerns ansetzen, was einem Kernradius von ~ 28000 km entspricht. Sein Magnetfeld ist dipolähnlicher als das des Jupiter (was nach der Bemerkung von vorhin nicht überrascht: vom relativ tiefer liegenden Kern sind die Nicht-Dipolanteile rasch abgeklungen). Die größte Überraschung aber war, daß die magnetische Achse praktisch nicht ($0{,}7 \pm 0{,}35$ Grad) gegen die Rotationsachse geneigt ist. Ein angepaßtes Modell verlangt, daß das magnetische Zentrum um 0,02 Saturnradien aus dem Massenzentrum verrückt ist.

Auch von Uranus und Neptun erwartet man, daß sie ein Magnetfeld besitzen. Wahrscheinlich hat Uranus ein starkes Magnetfeld. Neptun dagegen besitzt vermutlich ein nur schwaches Magnetfeld (mindestens eine Größenordnung schwächer als das des Uranus).

Für Mars kann man für das magnetische Moment nur eine obere Grenze von $M = 2{,}5 \times 10^{17}$ Tesla cm^3 angeben, womit man für die Feldstärke am Äquator (Marsradius $R = 3{,}4 \times 10^8$ cm) zwei Promille der magnetischen Feldstärke an der Erdoberfläche findet. Die mittlere Dichte des Mars beträgt 72 % der mittleren Dichte der Erde (5,52 g/cm^3), seine Rotationsperiode ist der der Erde fast gleich. Daraus kann man schließen, daß der Mars nur einen kleinen geschmolzenen Kern hat (obwohl auch ein inzwischen erstarrter Kern nicht auszuschließen ist). Hätte Mars ein eigenes Magnetfeld, müßte er einen flüssigen Kern haben, da sonst kein Feld erzeugt werden könnte. Die Dissipationszeit sollte aber kürzer sein als die für das Erdfeld und nur etwa 3000 Jahre (10^{11} sec) betragen. Vom Oberflächenfeld schließt man auf 1 Gauss an der Kerngrenze; aus der Theorie folgt dann mit dem starken azimutalen Feld im Kern eine gesamte magnetische Energie von 2×10^{16} Joule. Das ergibt eine Dissipationsrate von einigen 10^5 Joule/sec, was einer Leistung von einigen hundert kW entspricht. Man darf daher annehmen, daß die für die Aufrechterhaltung des Magnetfeldes erforderliche Energie für den Thermalhaushalt auch des Planeten Mars vernachlässigbar klein ist. Die Messungen der amerikanischen Raumsonde Mariner 4 (15. 7. 1965), der sowjetischen Sonden Mars 1 (27. 4. 1971), 2 (2. 12. 1971) und 5 (13. 2. 1974) sprechen nicht zwingend für ein Dynamofeld – das beobachtete Magnetfeld könnte auch vom Sonnenwind induziert worden sein. Möglicherweise wird man aber das Fehlen starker Dipolfelder bei Mars und Venus darauf zurückführen müssen, daß deren mechanische Festigkeit höher, deren Rotation daher gleichmäßiger ist, so daß die Erzeugung von Dipolfeld im Dynamoprozeß kleiner ist.

Magnetfeldmessungen bei Venus-Vorbeiflügen (Mariner 2 im Dezember 1962, Mariner 5 am 19. 10. 1967, Venus 4, Venera 9 und 10 am 22. und 25. 10. 1975) und durch den Pioneer Venus Orbiter (seit 4. 12. 1978) haben für das Feld an der Oberfläche des Planeten eine obere Grenze von 1000 nT ergeben, weshalb das magnetische Moment kleiner als 10^{18} Tesla cm^3 sein muß. Wäre Venus ähnlich wie die Erde aufgebaut, würde man ein wesentlich größeres Feld erwarten. Die niedrigere Rotationsrate allein erklärt den Befund nicht. Daher muß man schließen, daß im Inneren die Kernkonvektion nicht ausreicht, den Dynamo zu treiben, oder daß die elektrische Leitfähigkeit des Materials anders ist, entsprechend möglicherweise auch die chemische Zusammensetzung, oder eben, wie schon erwähnt, daß höhere Gleichmäßigkeit der Rotation weniger Dipolfeld »auskoppelt«.

Auch der Mond kann wegen seiner geringen Rotationsrate kein starkes Magnetfeld haben. Da er aber sehr wahrscheinlich keinen flüssigen Kern hat, sollte er gar kein Magnetfeld haben, was die Beobachtungen bestätigen. Der Mond scheint also statisch zu sein, d. h. er ist heute tot und war früher nie sonderlich »lebendig«. Magnetisierung von Mondgesteinen existiert dann wahrscheinlich seit 4 Milliarden Jahren und sollte von einem früher wirksamen Mond-Dynamo nicht herrühren.

Merkur dagegen hat ein Magnetfeld, wie die Vorbeiflüge der Raumsonde Mariner 10 (März 1974 – März 1975) gezeigt haben. Sein Dipolmoment wurde zu $3{,}3 \times 10^{18}$ Tesla cm^3 gemessen, um 0,47 Merkur-Radien vom Mittelpunkt versetzt, gleichgerichtet dem der Erde, auch etwa so gegen die Rotationsachse geneigt. Am Äquator erwartet man entsprechend ein Oberflächenfeld von 0,3 Mikrotesla. Anders als bei der Erde, deren mittlere Dichte mit der des Merkur praktisch übereinstimmt, muß man aber wegen des kleineren Radius auf einen relativ größeren metallischen Kern (~ 1800 km Radius) schließen, für dessen Leitfähigkeit man den gleichen Wert wie für die Erde ansetzt, so daß man auf vergleichbare Abklingzeiten kommt (10000 Jahre). Mit einem entsprechend kräftigen azimutalen Feldanteil im Kern schätzt man seine magnetische Energie auf 6×10^{21} erg, womit sich die magnetische Verlustleistung zu circa 3 kW ergibt.

Wir sehen also bei allen Planeten, von denen wir entsprechende Informationen haben, daß die Abklingzeitkonstanten deutlich kleiner sind als das Alter der Planeten und daß die Energie der Magnetfelder viel kleiner ist als die in der Rotation der Planeten gespeicherte Energie, aus der sie gespeist werden.

12. Die Atmosphären der Planeten

Was einen Himmelskörper an Materie im gasförmigen Zustand umgibt, nennt man seine Atmosphäre. (Bei der Sonne ist in jüngerer Zeit der Begriff »Atmosphäre« für die oberhalb der Photosphäre liegende Gashülle in Gebrauch gekommen, obwohl ja auch die Photosphäre im gasförmigen Zustand ist.) Atmosphären können auf verschiedene Weisen entstanden sein: Bei der Kondensation des Planeten kann erstens Gas aus dem solaren Nebel eingefangen worden sein. Zweitens kann es sein, daß bei der Kondensation miteingeschlossenes Gas aus dem festen Körper nach und nach entwichen ist. Schließlich kann man drittens daran denken, daß sich ein sozusagen nackter Planet irgendwann einen Kometen respektabler Größe eingefangen hat, der dann bei Erwärmung abdampfte und sich in Planetenatmosphäre verwandelte. Keine der drei Hypothesen ist heute definitiv zu verwerfen, alle sind möglich, einige allerdings wahrscheinlicher als andere (vgl. Kapitel 8).

Die Zusammensetzung der Atmosphäre bestimmt weitgehend ihre Temperaturstruktur (*Abb. 12.1*) und Dynamik. Die Energie, die in der Atmosphäre umgesetzt wird, stammt aus dem, was die Sonne einstrahlt und was der feste Planet in seine Atmosphäre abgibt. Dazu kommt noch Energie, die aus der Rotationsenergie des Planeten »abgezweigt« wird (Gezeiten der Atmosphäre), und schließlich das, was – direkt oder indirekt – vom Sonnenwind zugeführt wird.

Die Erkundung von Planetenatmosphären beginnt mit der Sammlung der grundlegenden Informationen: Zusammensetzung, Druck und Temperaturverlauf mit der Höhe, Windsysteme der Atmosphäre. Der nächste, schwierigere Schritt befaßt sich mit der Aufklärung der chemischen Kinetik, des Wärmetransports, der Dynamik, Geschichte

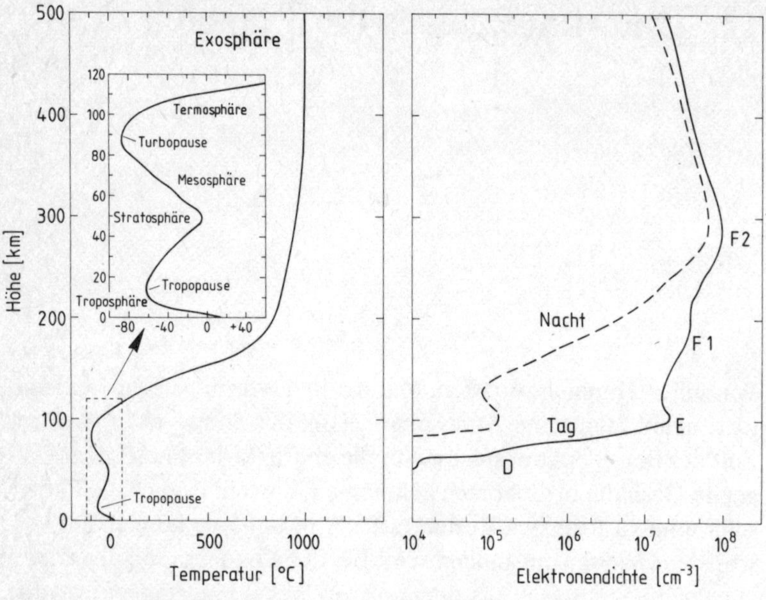

Abb. 12.1 Linke Seite: Temperaturstruktur der Atmosphäre. Entsprechend der Variation des Parameters Temperatur teilt man die Atmosphäre in verschiedene Schichten ein: Troposphäre, Stratosphäre, Mesosphäre und Thermosphäre. Wo die Temperatur Extremwerte annimmt, sprechen wir in geophysikalischer Terminologie von der Tropopause, der Stratopause, der Turbopause (auch Mesopause genannt). Den Bereich oberhalb von 500 km nennt man häufig Exosphäre.
Rechte Seite: Verlauf der freien Elektronendichte in der Atmosphäre: Die Struktur der Ionosphäre (vgl. Text).

und Entwicklung. Zur Klärung derartiger Fragen muß ein breites Spektrum verschiedenartiger Methoden angewendet werden, um zu verläßlichen Aussagen zu kommen. Während man Kenntnisse dieser Kategorie natürlich hauptsächlich von der Erdatmosphäre hat, kennt man seit einigen Jahren doch zahlreiche Einzelheiten von Venus, Mars und Jupiter (Merkur und Mond haben keine eigentliche Atmosphäre). Über Uranus und Saturn werden wir in Kürze erste bzw. weitere detaillierte Informationen erhalten (mit Hilfe von Pioneer-11 und den beiden Voyager-Sonden). Wir wollen uns im folgenden daher zuerst näher mit der Atmosphäre der Erde befassen und im Anschluß daran über die Atmosphären der anderen Planeten berichten.

Das einfachste Modell einer Atmosphäre erhält man, wenn man hydrostatisches Gleichgewicht annimmt (vgl. Fußnote auf Seite 193). Das ist natürlich nicht richtig, weil in Wirklichkeit ein verwickeltes System vieler physikalischer und chemischer Prozesse, im dynamischen Gleichgewicht stehend, eine Atmosphäre ausmacht. Je nach Dichte (also nach Höhe) haben diese Prozesse unterschiedliche Bedeutung. Die Zusammensetzung der bodennahen Luftschichten beträgt 78 % N_2 (Stickstoff), 21 % O_2 (Sauerstoff), knapp 1 % Argon, sowie Spuren von Wasserstoff (H_2), Neon (Ne), Xenon (Xe), Krypton (Kr) und Helium (He). Zu diesen Komponenten tritt ein um 0,3 % schwankender Kohlendioxydgehalt (CO_2) und natürlich der räumlich und zeitlich stark zwischen 0 und 4 % schwankende Wasserdampfgehalt (H_2O).

Die naive hydrostatische Vorstellung führt zu einer mit der Höhe exponentiell sich verringernden Dichte. Die Dichteabnahme beschreibt man mit Hilfe der Skalenhöhe H, die zugleich das Verhältnis von Schwerkraft zu thermischer Energie angibt. Sie führt zu einer Schichtung der Atmosphäre, in der die schweren Gase unten, die leichteren oben dominieren. Im unteren Teil der Atmosphäre sorgt jedoch Turbulenz für weitgehend gleichmäßige Durchmischung der Atmosphäre. Diese Turbulenz wird durch die Einstrahlung von Sonnenenergie getrieben: Einstrahlung führt zu lokaler Aufheizung des Bodens, damit zur Ausbildung von Konvektion. Solch aufsteigende Luftmassen tauschen mit der Umgebung keine Wärme aus, gelangen daher warm in kalte Umgebung. Irgendwann wird das System – aufsteigende Luftmasse und Umgebung – instabil und endet meist in irregulären Bewegungsabläufen: in Turbulenz. Solchermaßen turbulente Durchmischung der Atmosphäre hat in etwa 100 km Höhe ihre Grenze (Turbopause, *Abb. 12.1*). Solche und andere Bewegungen der Atmosphäre werden von einer Vielzahl von Energieumsetzungsprozessen getrieben (*Abb. 12.2*). Primärenergie ist natürlich die von der Sonne eingestrahlte Energie von 0,136 Watt/cm^2 (Solarkonstante), die jahreszeitlich infolge der Exzentrizität der Erdbahn um ± 3,4 % schwankt (Perihel: 2. Januar, Aphel: 2. Juli). Inwieweit die »Solarkonstante« konstant ist oder zeitlich variiert, ist eine zur Zeit häufig diskutierte Frage (vgl. Kapitel 5). Die in der Atmosphäre einer Hemisphäre vorhandene Energie beträgt nach einer Abschätzung von A. H. Oort $1{,}5 \times 10^{17}$ kWh! In einer Zyklone werden 5 ×

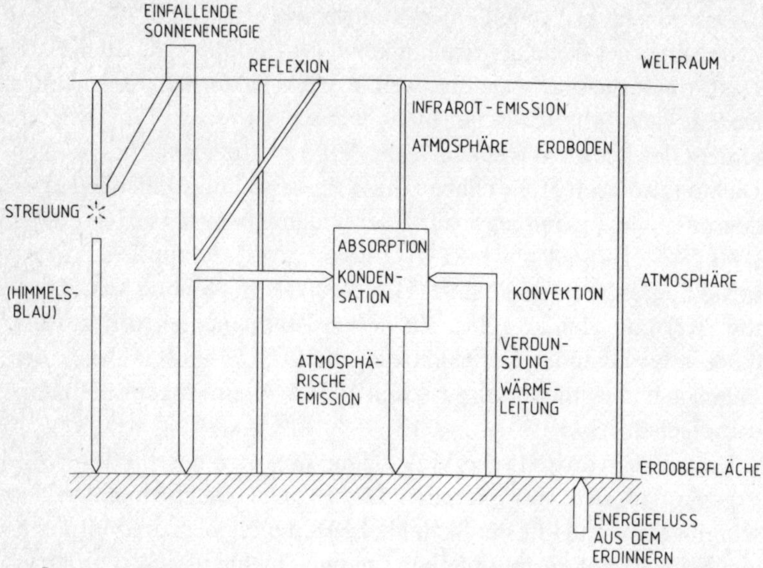

Abb. 12.2 Die Energiebilanz der Atmosphäre: Einfallende Sonnenenergie wird in der Atmosphäre zum Teil absorbiert, zum Teil gestreut. Durchgelassene Strahlung wird am Erdboden teils absorbiert, teils rückgestreut. Auch von der gestreuten Strahlung wird ein Teil absorbiert. So entsteht ein kompliziertes Gleichgewichtssystem, dessen Bilanz durch Änderung der Einstrahlung, durch Änderung der Zusammensetzung oder durch Veränderung der Transparenz nachhaltig und heute nicht mit Bestimmtheit vorhersagbar verändert wird.

10^{12} kWh umgesetzt, in einem Hurrikan 5×10^{11} kWh. Der Weltenergieverbrauch beträgt pro Jahr circa 10^{12} kWh (eine beunruhigende Größe!); die größte je gezündete Wasserstoffbombe entwickelte 5×10^{10} kWh. Die von Menschen umgesetzte Energie fällt zu einem guten Teil als Wärmeenergie an, wird also hauptsächlich der Atmosphäre zugeführt.

Die Atmosphäre teilt man zweckmäßigerweise nach dem Verlauf der Temperatur mit der Höhe in verschiedene Bereiche ein (*Abb. 12.1*). Die unterste Region nennt man Troposphäre. Mit zunehmender Höhe nimmt die Temperatur in der Atmosphäre ab bis zur sogenannten »Tropopause«, in der die Temperatur auf etwa −50° C absinkt. Danach steigt die Temperatur in der Stratosphäre (Mesophäre) bis auf +10° C in etwa 50 km Höhe an. Dieser Antieg der Temperatur ist vor allem auf die Absorption der ultravioletten Sonnenstrahlung durch das Ozon, den dreiatomigen Sauerstoff O_3, zurückzuführen. In größerer Höhe sinkt die Temperatur zunächst wieder ab bis zur Turbopause (~ 100 km), um danach wieder infolge Absorption des noch kürzerwelligen Sonnenlichts, vorzugsweise durch Sauerstoff in der Thermosphäre, und dann kontinuierlich mit der Höhe zur Temperatur der »Exosphäre« anzusteigen. In diesen Höhenbereichen wird die »mittlere freie Weglänge« der Moleküle (der Weg, den sie bis zum Stoß mit einem anderen Teilchen zurücklegen) von der Größenordnung 100 km. Für die Moleküle wird daher der »Ausblick« in den Weltraum nicht mehr durch darüberliegende Atome oder Moleküle versperrt. Diese »kritische« Höhe liegt bei circa 400 km Höhe. Gelegentlich wird dann ein Atom von unten gestoßen und kann, wenn seine Geschwindigkeit groß genug ist, in den Weltraum entweichen. Bei dieser Geschwindigkeit muß ein Molekül der Masse m das Gravitationsfeld der Erde überwinden (seine kinetische Energie muß also die Gravitationsenergie übersteigen: $\frac{1}{2} mv^2 > \gamma mM/r$, γ ist die Gravitationskonstante, M die Erdmasse). Am Erdboden beträgt diese Geschwindigkeit 11,2 km/sec, in 400 m Höhe »nur« noch 10,8 km/sec.

Absorption der Strahlung erfolgt hauptsächlich durch Wasserdampf, Kohlendioxyd, Sauerstoff, Stickstoff, Ozon. Der Erdboden absorbiert mit lokalen und zeitlichen Schwankungen (Sommer/Winter). 96% der Energie des Sonnenlichts liegen im Wellenlängenbereich 0,3–3µm; langwelliges Infrarot und Röntgenstrahlung tragen daher zum Energiefluß wenig bei. Die Erdalbedo – der von der Erde zurückgestrahlte Teil der Strahlung – liegt im Mittel bei 30%; am Südpol erreicht sie 65%, am Nordpol 50%, in niederen Breiten ist sie entsprechend geringer. Außerdem spielt der Bewölkungsgrad noch eine Rolle. Nur etwa 57% der einfallenden Sonnenstrahlung werden direkt in der Atmosphäre absorbiert und gestreut. Der Rest erreicht den Erdboden. Auch vom Erdboden wird ein Teil des Lichts zurückgestrahlt (reflektiert und gestreut). Streuung findet an Atomen und Molekülen, aber auch an den Wassertröpfchen der Wolken oder Eiskristallen und Staubteilchen statt. Die Streuung an Molekülen erfolgt umgekehrt proportional zur vierten Potenz der Wellenlänge der

Strahlung (Rayleighsche Streuformel). Daher wird der kürzerwellige Blauanteil des Lichts stärker gestreut, und so erscheint uns Erdenbewohnern unser Himmel blau.

Durch den ultravioletten Teil des Sonnenlichts (Wellenlängen unter 2000 A°) wird in Höhen oberhalb 160 km der Sauerstoff »dissoziiert«; d. h. das »Molekül« Sauerstoff O_2 wird zerlegt in 2 »Atome« Sauerstoff, O. Die dabei freiwerdende Energie der Dissoziationsprodukte trägt zur Wärmebewegung der Atome bei (denn so definiert man dort »Temperatur«: als die ungeordnete, regellose Bewegung von Atomen und Molekülen mit »thermischer« Geschwindigkeit).

In der Thermosphäre (*Abb. 12.1*) steigt die Temperatur mit zunehmender Höhe so lange an, bis ein Gleichgewichtszustand erreicht ist. Die thermische Abstrahlung des dominierenden Sauerstoffmoleküls und -atoms ist nämlich sehr klein, auch die Wärmeleitfähigkeit des Gases ist gering; da keine anderen Prozesse zur Herstellung von Temperaturgleichgewicht zur Verfügung stehen, steigt die Temperatur so lange an, bis die Verlustprozesse effektiver werden, weil einerseits die Abstrahlung mit der Temperatur steigt, andererseits Wärmeleitung um so effektiver wird, je steiler der Gradient der Temperatur mit der Höhe wird. Die Thermosphärentemperatur stellt sich daher in einigen hundert Kilometer Höhe auf Werte um 1000° K ein.

Theoretisch ist die hohe Atmosphäre außerordentlich schwer zu behandeln, weil man ein kompliziertes Gleichungssystem lösen muß: nämlich die Energiebilanzgleichung, die Impulsbilanz- und die Massenbilanzgleichung – für alle Konstituenten, die neutralen und die ionisierten. Schließlich geht noch die komplizierte Chemie der Hochatmosphäre ein, bei der Reaktionen eine Rolle spielen, die wir am Boden zum Teil gar nicht nachvollziehen können, wie sogenannte »verbotene« Strahlungsübergänge bei angeregten Atomen oder reaktive Stöße zwischen elektrisch geladenen und neutralen Teilchen. Natürlich möchte man diese Gleichungen lösen. Da aber auch noch zeitliche Veränderlichkeiten hinzukommen, kann man höchstens hoffen, den Zustand der Atmosphäre unter bestimmten, einschränkenden Bedingungen beschreiben zu können. Diese Hoffnung indessen ist klein, da schon die Eingangsgrößen – d. h. der Energiefluß von der Sonne – nur mit aufwendigen Meßgeräten von Erdsatelliten erfaßt werden können. Die gelegentlich als Maß für den Energiefluß benutzte Radiostrahlung der Sonne bei 10,7 cm Wellenlänge kann, wie man heute weiß, nur als grobe Näherung betrachtet werden.

Wie wir oben gesehen haben, können Gase aus dem Anziehungsbereich eines Planeten entweichen: Planeten sind (oder waren) Quellen für neutrales Gas, das im interplanetaren Raum vorhanden ist. Entweichen ist möglich, wenn das Molekül die für seine Höhe charakteristische Geschwindigkeit überschreitet (und sich nach oben bewegt). Nun haben nicht alle Moleküle dieselbe Geschwindigkeit, aber sie haben auch nicht irgendeine. Da Atome und Moleküle gegeneinander stoßen, verlieren die schnellen Energie an die langsamen, so daß sich die vorkommenden Geschwindigkeiten in einem gewissen Bereich verteilen. Je höher die Temperatur, desto breiter wird dieser Bereich sein. In der Physik beschreibt man eine solche Geschwindigkeitsverteilung durch eine »Maxwell-Verteilung« (so benannt nach dem großen englischen Physiker J. Clerk Maxwell), bei der eine Exponentialfunktion der wichtigste Term ist, in deren Exponent für atmosphärische Gase das Verhältnis von Gravitationsenergie zur thermischen Energie steht.

Auf diese Weise kann man angeben, wie hoch die Verlustraten von Gasen bei vorgegebener Dichte- und Temperaturverteilung sein werden. Mit solchen Überlegungen kann man zeigen, daß aus der Hochatmosphäre bei Temperaturen von 500° K in geologischen Zeiträumen (d. h. Millionen Jahren) nur Wasserstoff entwichen sein kann, während Stickstoff und Sauerstoff erst bei 6000° K entweichen können. Damit ergeben sich z. B. recht allgemeine Bedingungen für maximale Temperaturen, die in Planetenatmosphären geherrscht haben können. Unsere Erdatmosphäre würde abdampfen, wenn die Oberflächentemperatur der Sonne sich über 10000° K hinaus erhöhen würde. Andererseits kann die Oberflächentemperatur der Sonne seit ihrer Bildung niemals weit über dem heutigen Wert gelegen haben, sonst könnten weder Venus noch Erde und Mars heute Atmosphären haben. Sie kann aber auch nicht dramatisch unter dem heutigen Temperaturwert gelegen haben, sonst müßte der Wasserstoffanteil unserer Atmosphäre höher sein. Wir können also aus derartigen Überlegungen Anhaltspunkte gewinnen nicht nur über das Verhalten der Planeten, sondern auch über das der Sonne in vergangenen Zeiten.

Natürlich gibt es Moleküle, überwiegend Wasserstoff, die aus der

Hochatmosphäre auf ballistischen Bahnen, ähnlich wie Raketen, in den Raum hinaustreten und später wieder zur Erde zurückfallen. Auf solchen Bahnen können Teilchen bis in Höhen von 10000 km hinaufgetragen werden. Daher erwarten wir, daß die Erde in eine gewaltige Gashülle eingehüllt ist, vornehmlich aus neutralem Wasserstoff, weil die Verweilzeit der Atome in dieser Gashülle kleiner ist als die Zeit, die im Mittel erforderlich ist, um die Atome zu ionisieren. So ist es in der Tat: Man nennt diese Gashülle die Geokorona. Die Dichte der Wasserstoffatome in der Geokorona ändert sich mit der Sonnenaktivität, in 500 km Höhe bis zu einem Faktor zwei! Natürlich nimmt die Dichte mit der Höhe sehr rasch ab: von 100 km Höhe bis 1000 km Höhe um einen Faktor 10^8. Wegen der Anregung der Wasserstoffatome leuchten diese im Licht der Lyman-Alpha-Spektrallinie. Dieses Leuchten ist zwar schwach, aber z. B. von Satelliten aus sehr wohl beobachtbar. Die Erde mit ihrer Atmosphäre stellt für das einfallende Sonnenlicht eine Scheibe mit Radius R dar. Jeder Körper strahlt ein Spektrum elektromagnetischer Strahlung aus, dessen Energieverteilung durch seine Temperatur bestimmt ist. Die Temperatur für den Planeten Erde beträgt im Mittel 256° K. Entsprechend liegt das Strahlungsmaximum im fernen Infrarot. Die Wellenlänge, bei der das Maximum der Ausstrahlung erfolgt, ergibt sich aus dem »Wienschen Verschiebungsgesetz«:

$\lambda_{max} \cdot T = 2{,}88 \cdot 10^8$ [Nanometer × Grad], wobei T in absoluter Skala (Grad Kelvin) anzugeben ist. Die Ausstrahlung aber ist proportional zur Fläche der Kugel mit dem Radius R!

Während für die Erdoberfläche die Energie der absorbierten Strahlung größer ist als die im Infrarot ausgestrahlte, ist das für die Atmosphäre umgekehrt. Der Energieüberschuß am Boden wird durch Verdunstung von Wasser und durch Wärmeleitung abgeführt, die Verdunstungswärme wird bei der Wolkenbildung als Kondensationswärme frei und auf diese Weise der Atmosphäre wieder zugeführt.

Messungen mit Erdsatelliten haben es in den letzten Jahren ermöglicht, Einzelheiten dieses komplizierten Strahlungshaushalts der Atmosphäre aufzudecken. Vom Gesamtsystem Erde + Atmosphäre wird in polnahen Regionen oberhalb des 35. Breitengrades mehr Energie durch Emission im Infraroten abgestrahlt (*Abb. 12.3*), als aus der Sonnenenergie insgesamt absorbiert wird, während es in den

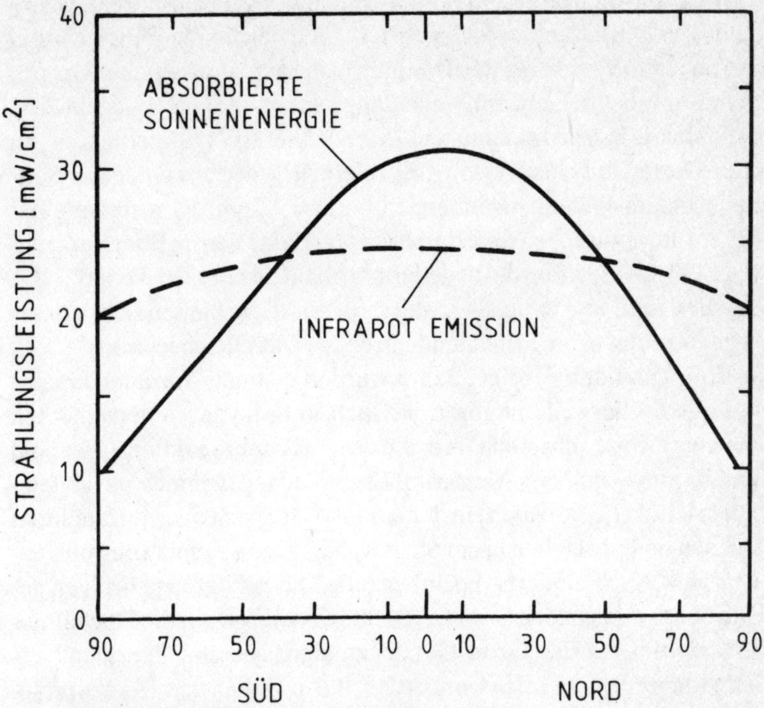

Abb. 12.3 Für den Strahlungshaushalt der Atmosphäre ist wichtig die starke Absorption in niederen Breiten. Da die Abstrahlung in hohen Breiten überwiegt, gibt es einen Energietransport von niederen in hohe Breiten in Form eines mächtigen meridionalen Strömungssystems.

äquatornahen Regionen umgekehrt ist. Dies bedeutet, daß ständig Energie vom Äquator zum Pol transportiert werden muß; das ist die Hauptursache für Dynamik der Atmosphäre! Natürlich sind an diesem Energietransport auch die Ozeane beteiligt (Golfstrom). In der Atmosphäre findet dieser Transport durch die Wirbel der großräumigen Meridianzirkulation statt, die durch den Äquator-Pol-Temperaturgradienten getrieben werden. Es ist aber bekannt, daß insbesondere durch menschliche Einwirkungen in den letzten 20 Jahren Veränderungen im CO_2- und im Ozon-Gehalt der Atmosphäre stattgefunden haben. Wir haben das CO_2-Problem in Kapitel 5 besprochen.

Wir fügen dem in diesem Zusammenhang das »Ozon-Problem« hinzu. Ozon ist triatomarer Sauerstoff, O_3, der bei der Photodissoziation des Sauerstoff, d. h. bei der Trennung von Sauerstoffmolekülen unter dem Einfluß von Licht mit Wellenlänge unter 0,232 μm, entsteht. Die Ozondichte hat ein Maximum in 25 km Höhe: 10^{13} Ozonmoleküle pro cm^3. Dieses »bißchen« Ozon absorbiert 99 % des ultravioletten Sonnenlichts im Wellenlängenbereich unter 0,32 μm! Es wird zum Teil (25 %) auf natürliche Weise durch das von Bakterien im Boden erzeugte N_2O (Stickstoffoxydul) wieder abgebaut, das zu Stickoxyd (NO) oxydiert wird und dann als Katalysator wirkt. So hielten sich ozonerzeugende und ozonvernichtende Prozesse das Gleichgewicht.

Zu Beginn der siebziger Jahre wurden erstmals Warnungen laut, daß die mittlerweile häufig u. a. auch in Spraydosen verwendeten »inerten« Gase (das sind Gase, die chemisch sehr reaktionsträge sind und darum auch beim Menschen keinen unangenehmen physiologischen Effekt hervorrufen) in der Atmosphäre nach oben diffundieren würden und hoch oben in der Stratosphäre Ozon zu zerstören imstande seien. Auch moderne hochfliegende Düsenflugzeuge bringen genug Staub und andere Gase (z. B. Stickoxyd, NO) in die Hochatmosphäre, um für das Ozon Gefahr zu signalisieren. Überschallverkehrsflugzeuge, wie die »Concorde«, die in Höhen von 18 km operieren, sind besonders gefährlich. Zum Glück hatten die Russen mit ihrem Überschallverkehrsflugzeug technologische Probleme und stellten den Betrieb ein. Franzosen und Engländern muß man wünschen, daß sie aus wirtschaftlichen Gründen den »Concorde« genannten ökologischen Unsinn aufgeben müssen. Die USA haben, nicht zuletzt wegen der Ozon-Argumente, von der Entwicklung ihres »SST« (Super Sonic Transportation) abgesehen und ihren Prototyp in der Nähe von Kissimee in Florida in ein Museum gestellt.

Die erwähnten inerten Gase heißen chemisch Chlorfluormethane ($CFC1_3$ und CF_2C1_2). Diese Verbindungen, die chemisch nicht zu zerstören sind, sind eine leichte Beute der »Photodissoziation«: des Zerbrechens der Moleküle in ihre Bestandteile unter dem Einfluß insbesondere von ultraviolettem Licht. Das dabei frei werdende Chloratom wird von Ozon zu Chloroxyd oxydiert, wobei das Ozonmolekül zerstört wird. Auch auf natürliche Weise werden Ozonmoleküle vom Licht (Wellenlänge unter 1140 Nanometer) dissoziiert. Dabei entsteht atomarer Sauerstoff, der aggressiv genug ist, um dem

Chloroxyd den Sauerstoff zu entreißen, wodurch er sich in ein Sauerstoffmolekül verwandeln kann. Zum Schluß führt die Zerstörung von zwei Ozonmolekülen wieder zum ursprünglichen freien Chloratom! Diese Reaktion bedeutet nicht mehr und nicht weniger, als daß das alleinige Vorhandensein von Chlor in der Hochatmosphäre das Ozon zerstören könnte, wenn die Reaktion schneller abliefe als die Entstehung von Ozon. Man weiß jedoch inzwischen, daß in der Stratosphäre eine ganze Reihe solcher »katalytischer« Reaktionen abläuft, bei denen der »Katalysator« nicht vermehrt oder vermindert wird – wie Chlor in der oben beschriebenen Reaktion. Statt Chlor kann man Stickoxyd NO oder Brom oder das Hydroxyd-Radikal OH einsetzen: diese Reaktionen gibt es. Die inerten Gase sind also nicht allein in Betracht zu ziehen – und darum ist ihr Effekt auch nicht so groß wie zunächst befürchtet. Die anderen reaktiven Spurenstoffe sind in erheblich größeren Mengen vorhanden. Deren Effekt ist also sehr viel größer. Bei fortgesetzter Nutzung und sogar noch vermehrten Verwendung der Chlorfluormethane kann sich das aber sehr wohl ändern! Darum sollte man die Verwendung dieser inerten Gase einschränken. Weil das aber nicht aus Einsicht geschieht, muß man sie wohl verbieten.

Von der Sonne in Flares ausgestoßene Protonen erzeugen, wenn sie in die Atmosphäre eindringen, Stickoxyde. Der größte beobachtete Flare im August 1972 führte zu einer enormen Zunahme an Stickoxyden im Gehalt der Stratosphäre und damit zu einer gewaltigen Verminderung der Ozonkonzentration in der Polregion im Höhenbereich unter 45 km um fast 20%. Stickoxyde werden natürlich auch durch menschliche Aktivitäten erzeugt und in die Atmosphäre gebracht. Neben Flugzeugen erwähnen wir Atombombenexplosionen und die Benutzung von Kunstdüngern, die Stickoxyde in die Atmosphäre entlassen. Es gibt auch Reaktionen, die die Ozonzerstörung vermindern, wie die Oxydation von NO zu NO_2 auf dem Umweg über oxydiertes OH, also HO_2, was besonders in geringeren Höhen vorkommt. Aus diesen Andeutungen mag man ersehen, wie kompliziert und wie vielfältig rückgekoppelt die in der Hochatmosphäre ablaufenden chemischen Prozesse sind. Darum ist es auch so außerordentlich schwierig, verläßliche Vorhersagen über die Wirkung der durch menschliche Tätigkeit in die Atmosphäre verbrachten Spurenstoffe zu machen.

Mit zunehmender Höhe über dem Erdboden nimmt die mittlere freie Weglänge der Moleküle zu; die Zeit, die zwischen Stößen vergeht, wird größer. Die energiereiche, kurzwellige Strahlung von der Sonne ionisiert Atome; wegen der solchermaßen größeren Lebensdauer können freie Ionen (also elektrisch geladene Atome) und freie Elektronen gleichzeitig existieren. Bei größerer Dichte würden diese Ionen viel schneller wieder mit Elektronen rekombinieren. Die so entstehende Struktur bekommt nun plötzlich Eigenschaften, die ganz anders sind als die bisher besprochenen: Die geladenen Teilchen bewegen sich nicht mehr gradlinig, sondern auf Kreisbahnen um das Magnetfeld der Erde herum. Bewegt sich das Neutralgas, so wird auch die ionisierte Komponente »mitgenommen« (und umgekehrt); es fließt Strom (oder es weht Wind). Elektromagnetische Strahlung, deren Frequenz unterhalb der »Gyrofrequenz« liegt (das ist die Zahl der Umläufe pro Sekunde, mit der sich die geladenen Teilchen um das Magnetfeld herumbewegen), wird von dieser Schicht reflektiert. Darum hat man dieser Schicht einen eigenen Namen gegeben: Ionosphäre. Eben weil elektromagnetische Wellen von dieser Schicht reflektiert werden, hatte man ihre Existenz in den zwanziger Jahren entdeckt und nach ihrem Entdecker zunächst »Heavyside«-Schicht genannt. Die Beeinflussung elektromagnetischer Wellen durch die Ionosphäre erlaubte es, mit diesen Wellen zugleich eine recht detaillierte Untersuchung der Struktur dieses Bereichs vorzunehmen (Echolotung, Absorptionsmessungen, partielle Reflexionen, inkohärente Streuung usw.): Man mißt die Konzentration der Elektronen, und kann von ihr auf die der Ionen schließen.

Mit zunehmender Höhe vergrößert sich die Elektronenkonzentration (vgl. *Abb. 12.1*). Den Bereich von 50–90 km Höhe nennt man aus historischen Gründen D-Region. Eine Struktur, für die ein sie beschreibender Parameter durch ein Maximum geht, kann gemeinhin als »Schicht« angesehen werden. So nennt man die auf die D-Region in Höhen um 100 km folgende Schicht die E-Schicht; knapp unter 200 km Höhe folgt die F_1-Schicht und über 250 km Höhe die F_2-Schicht. Wie kommt es zur Ausbildung solcher Schichten?

Das hat einer der bedeutendsten Geophysiker der Neuzeit, Sidney Chapman, 1931 auf einfache Weise erläutert. Er betrachtete die Ionisation von Gas durch ionisierende Strahlung, wobei er die Variation der Zenit-Distanz der Sonne im Tageslauf mit einbezog. Wir finden eine vom Zenitwinkel abhängige, mit zunehmender »Atmosphärentiefe« exponentiell sich vermindernde Intensität ionisierender Strahlung, andererseits eine von unten nach oben exponentiell abnehmende Gasdichte. Diese beiden gegenläufig höhenabhängigen Funktionsabläufe muß man im Prinzip miteinander multiplizieren. Dann findet man, daß die Ionisation in einer bestimmten Höhe ein Maximum aufweist, weil sie nach oben (wegen der abnehmenden Dichte) und nach unten (wegen der abnehmenden Strahlungsintensität) jeweils abnehmen muß. Die so erzeugte »Chapman«-Schicht variiert gleichzeitig auch noch mit dem Tageslauf.

Im Prinzip muß man sich das so vorstellen: Im Höhenbereich zwischen 12 und 60 km bildet der dort meist molekulare Sauerstoff im Prozeß der Dreierstoßreaktion[1] Ozon. Wegen der starken Abnahme der Wahrscheinlichkeit für Dreierstöße bei geringeren Dichten bildet sich oberhalb dieses Bereichs kein Ozon mehr; dort dominiert dann der dissoziierte atomare Sauerstoff. Oberhalb des Ozonbildungsbereichs können mit einiger Wahrscheinlichkeit ionisierter molekularer Sauerstoff, O_2^+, und Stickoxyd, NO^+, entstehen (D-Region). Diese sind einschließlich atomarem Sauerstoff O^+ auch noch für die E-Schicht verantwortlich, während ionisierter atomarer Sauerstoff und molekularer Stickstoff N_2^+ die F_2-Schicht »macht«.

Die Elektronendichten erreichen im Bereich der D-Schicht Werte von 10^3 pro cm^3, im Bereich der F-Schicht bis zu 2×10^6 pro cm^3! Es ist einleuchtend, daß eine Schicht mit so großer freier Elektronendichte sich für elektromagnetische Wellen nicht zu hoher Frequenz (unter 40 MHz) wie ein Reflektor verhält – d. h. die Welle reflektiert. Als man zur Nachrichtenübermittlung noch hauptsächlich den Bereich langer und kurzer Radio-Wellen benutzte, spielte die Ionosphäre als »Spiegel« zur Erreichung großer Übertragungsentfernungen eine wichtige Rolle. Die Erforschung der Ionosphäre ging daher weitgehend Hand in Hand mit dem Interesse an Funkwellenausbreitung (was zum Teil auch militärisches Interesse war). Funkamateure, die im Bereich kurzer Wellen (Wellenlängen 10–80 m) arbeiten, wissen sehr genau, daß die Reflexionseigenschaft der Ionosphäre von der Tageszeit, der Jahreszeit und natürlich auch von der Sonnenakti-

---

1 Ein Stoßprozeß, bei dem drei Stoßpartner gleichzeitig aufeinandertreffen.

vität abhängt. Entsprechend sind für Funkübertragungen in bestimmte Länder bestimmte Tageszeiten besonders günstig. Ein »Flare« auf der Sonne ist häufig mit der Emission von Röntgenstrahlung verbunden, die in der Ionosphäre zur spontanen Erhöhung der Elektronendichte führt, insbesondere zur Veränderung der Absorptionseigenschaft für Radiowellen, aber auch zur Veränderung der Leitfähigkeit in der Ionosphäre. Dieser Effekt wurde schon beobachtet, ehe man überhaupt verstand, was es damit für eine Bewandtnis hatte (Mögel-Dellinger-Effekt). Die Ionosphäreneigenschaften haben für die Wellenausbreitung etwas wie Wetter-Charakter. Daher nannte man die Vorhersage der Ionosphäreneigenschaften »Funkwetterprognose«. Mit der Benutzung höherer Frequenzen, die durch die Ionosphäre ziemlich unbeeinflußt durchtreten können, hat die Kenntnis dieser Eigenschaften der Ionosphäre an praktischer Bedeutung verloren. Ebenso ist die Ionosphärenforschung heute nicht mehr als fast eigenständige Disziplin anzusehen, sondern Teilaspekt der Physik der Atmosphäre: Unterhalb der Tropopause nennt man das Meteorologie, darüber Aeronomie.

Viele der für die irdische Hochatmosphäre und Ionosphäre wichtigen Prozesse kann man auf die Gashüllen der anderen Planeten übertragen. Photochemische Gleichgewichtsschichten wie die D-, E- und F-Regionen gibt es bei Mars und Venus, auch bei Jupiter – überall wo man molekulare Ionen erwarten kann. Wegen der großen Stabilität von CO_2 aber findet man der F_2-Schicht vergleichbare Strukturen auf Mars und Venus nicht. Erde und Venus ist gemeinsam, daß der Übergang von einer molekular bestimmten Atmosphäre zu einer atomaren Struktur innerhalb der Thermosphäre stattfindet.

Wo nicht Magnetfelder wie bei der Erde die Atmosphäre von der Einwirkung des Sonnenwindes abschirmen, haben wir wie bei Mars und Venus direkte Einwirkung auf die Ionosphäre, deren Begrenzung (Ionopause) dann viel näher am Planeten (unter 500 km Höhe) liegt. Die entsprechende Plasmapause der Erde findet sich dagegen erst in 4 Erdradien Abstand! Die zum Teil überraschenden Entdekkungen im Bereich der Atmosphären anderer Planeten – Merkur und Mond haben praktisch keine Atmosphäre – haben zu wichtigen Einsichten in physikalische Zusammenhänge geführt, die andererseits wieder zu einer Vertiefung unseres Verständnisses irdischer Verhält-

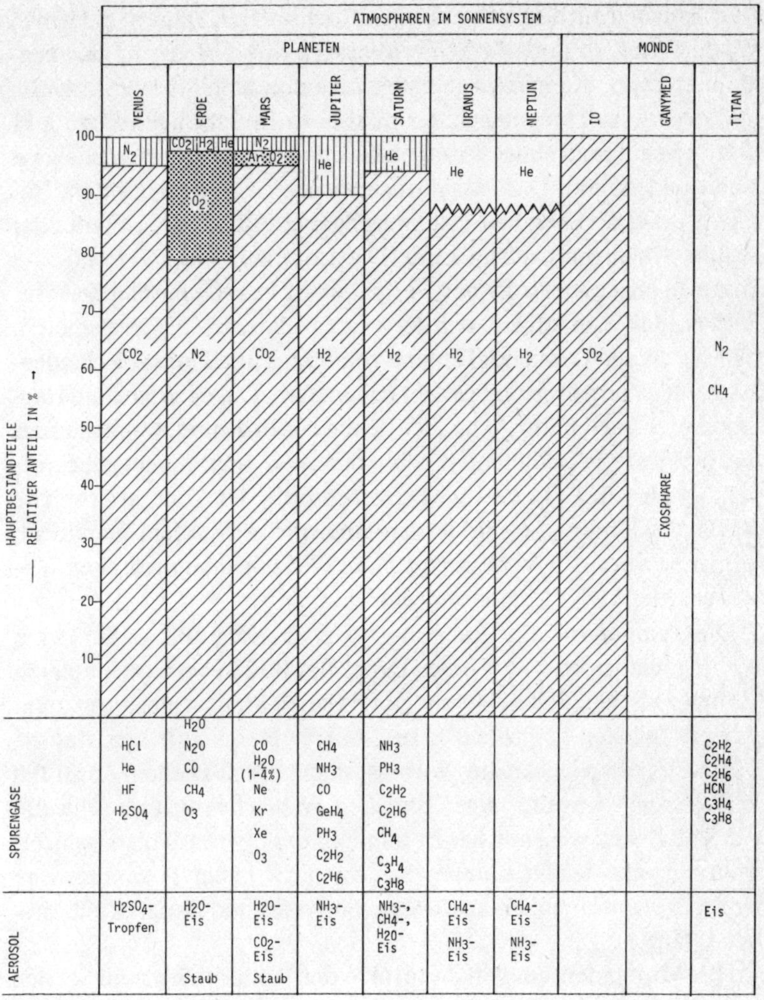

Abb. 12.4 Die Zusammensetzung der Planetenatmosphären.

nisse beigetragen haben. Die Zusammensetzung (vgl. *Abb. 12.4*) der Planetenatmosphären ist zur Zeit auch ein wichtiges Indiz zur Aufklärung der Entstehungsgeschichte der Planeten aus dem solaren Nebel.

Die untere Atmosphäre der Venus besteht zu 95 % aus CO_2, der

Rest hauptsächlich aus molekularem Stickstoff. In Spuren findet man Wasserdampf (50 ppm[1]), Schwefeldioxyd SO_2 (200 ppm), Kohlenmonoxyd CO, atomaren Sauerstoff und atomaren Stickstoff, Argon und Neon. Aus Messungen der russischen Raumsonden Venera 11 und 12 kennt man einige Isotopenzusammensetzungen der Edelgase Neon und Argon. Das ist natürlich wichtig, weil man aus dem Isotopenverhältnis über die Entstehung der betreffenden Moleküle oder Atome Aussagen machen kann. Die Isotopen ^{20}Ne, ^{36}Ar und ^{38}Ar kommen gegenüber irdischen Verhältnissen fast 100mal häufiger vor. Daraus muß man folgern, daß der solare Nebel zur Zeit der Planetenbildung an den Orten der Bildung von Venus und Erde verschiedenartige Zusammensetzung gehabt haben muß. Dagegen sind die Häufigkeiten von N_2 und ^{40}Ar ähnlich denen der Erde und, wenn man das auf der Erde in Sedimenten gebundene CO_2 mitrechnet, auch die Häufigkeit von CO_2. Warum z. B. Wasser in der Venusatmosphäre 1000mal seltener ist als in der Erdatmosphäre, versteht man nicht. Übrigens wurde die Venusatmosphäre 1761 von dem russischen Wissenschaftler M. V. Lomonosov entdeckt.

Die Temperatur am Boden der *Venus* beträgt 482° C, in 35 km Höhe immer noch 160° C. Der Druck am Boden beträgt 91 Bar. In Höhen zwischen 35 und 49 km gibt es einen Staubschleier aus 1 μm großen Teilchen (1 pro cm^3). In größerer Höhe trifft man das die Venus ständig bedeckende Wolkensystem an, mit Dichten bis zu 100 Teilchen/cm^3. Kugelförmige Tröpfchen, wahrscheinlich aus schwefliger Säure, sind wesentlicher Bestandteil der oberen Wolkenschicht, während man in der unteren Schicht nicht näher bekannte feste Körner, wahrscheinlich aus Chlor, Schwefel und Sauerstoff bestehend, fand.

Das Vorhandensein von Aerosol in der Atmosphäre muß bei den beobachteten intensiven Bewegungen der hohen Wolkenschichten zu elektrostatischen Aufladungserscheinungen und folglich zu Blitzen in der Atmosphäre führen. Solche sind neuerdings von den russischen Raumsonden Venera 11 und 12 indirekt über die bei solchen Entladungen entstehende elektromagnetische Strahlung nachgewie-

---

1 ppm: »parts per million« = Teile pro Million.

Tafel VII, oben Das Ringsystem des Saturn. Die Aufnahme wurde am 6. 11. 1980 aus 8 Millionen km Abstand von Voyager 1 gemacht. Man kann fast 1000 verschiedene konzentrische Strukturen ausmachen. Auch die sogenannten »Teilungen« (d. h. die Lücken zwischen den Ringen) sind nicht leer, sondern ebenfalls von Materie erfüllt. Ganz links oben im Bild ist der von der Raumsonde Pioneer 11 entdeckte schwache, nur 150 km breite F-Ring erkennbar.

Tafel VII, unten Nahaufnahme von Titan, am 12. 11. 1980 aus 22000 km Entfernung aufgenommen. Die blauen Strukturen sind Staubschleier, die in Höhen von 200, 375 und 500 km erkennbar sind. Der obere Teil des dicken Aerosols über dem Mondrand erscheint rötlich.

sen worden. Die Blitze traten in der Venusatmosphäre aber nicht häufiger auf als in der Erdatmosphäre. Der Staubschleier in der Venusatmosphäre ist an den Polen so dicht, daß selbst die Sicht auf die bodennahen Wolkensysteme verdeckt ist. Übrigens stabilisiert das Aerosol maßgeblich die Temperatur der Planeten auf dem beobachteten hohen Wert.

Die hohe Oberflächentemperatur ist vor allem dem schon früher besprochenen Treibhauseffekt zuzuschreiben, den hier überwiegend das Kohlendioxyd besorgt. Sonneneinstrahlung führt zu kräftiger Erwärmung der Oberfläche. Im Infraroten kann die Oberfläche nicht abstrahlen, da die Atmosphäre bei diesen Wellenlängen unterhalb von 50 km Höhe undurchsichtig ist. Der überwiegende Teil der »Strahlungsfenster« wird durch CO_2 geschlossen, den Rest besorgen die in Spuren (0,01–0,5 %) vorhandenen Moleküle von H_2O und SO_2. Hätte die Venus eine Atmosphäre wie die Erde, würde die Temperatur am Venusboden trotz der erheblich größeren Sonnenenergie in der Venusbahn nur etwa 38° C betragen. Übrigens ist die Nachtseite der Venus nicht völlig dunkel, sondern etwas durch das »Aschenlicht« erhellt. Das ist ein atmosphärisches Leuchten, ähnlich dem irdischen, »Airglow« genannten Nachthimmelsleuchten.

Stürmische Bewegung in der Venusatmosphäre ist lange bekannt – am besten untersucht ist die viertägige, retrograde (von Ost nach West gerichtete) zonale Zirkulation der oberen Atmosphäre, in der Geschwindigkeiten von bis zu 100 m/sec auftreten.

Genauer finden wir in der Venusatmosphäre zwei verschiedene Windsysteme, nämlich den schon erwähnten »Jet-Strom«, der am Äquator in 65 km Höhe Werte von bis zu 360 km/Stunde erreicht, in 50 km Höhe immer noch knapp 200 km/Stunde und in 20 km Höhe noch 80 km/Stunde aufweist. Trotz dieser hohen Geschwindigkeiten, die in 4 Tagen um den Globus führen, ist die bodennahe, dichte Venusatmosphäre fast bewegungslos: Unter 10 km Höhe erreichen die Windgeschwindigkeiten Werte von höchstens 20 km/Stunde. Dieses Windsystem ist allerdings nicht permanent: Es verändert sich langsam. 1974 beispielsweise hatten sich in 45 Grad Breite 400 km/Stunde schnelle Jet-Ströme ausgebildet, während die Windgeschwindigkeit am Äquator »nur« 360 km/Stunde betrug.

Diesem Windsystem ist überlagert das zu erwartende meridionale Windsystem, das warme Gasmassen aus der Äquatorebene in die

Polregion schafft und dabei Geschwindigkeiten bis 25 km/Stunde erreicht.

Die hohe Geschwindigkeit der Windsysteme wird durch Impulsübertragung aus der dichten niederen Atmosphäre vermittelt.

Das fehlende Magnetfeld führt zur Bildung einer Ionopause in knapp 500 km Höhe. Das Elektronendichteprofil der Ionosphäre führt zur Ausbildung einer »Chapman-Schicht« (vgl. S. 221) in 140 km Höhe, mit Elektronendichten von 10^5 pro cm^3. CO_2- und O_2-Ionen scheinen die wichtigsten Ionen zu sein. Auf die Wechselwirkung mit dem Sonnenwind werden wir im Kapitel über die Magnetosphären der Planeten eingehen.

Daß der *Mars* »Atmosphäre« habe, vermutete 1784 zum erstenmal der Astronom W. Herschel. Doch erst seit 1964 wissen wir darüber mehr, nämlich daß die Marsatmosphäre wie die der Venus überwiegend aus Kohlendioxyd (CO_2) (95 %) besteht. Der Stickstoffanteil erreicht nur 2,7 %, Argon 1,6 %, und in den Rest teilen sich andere Gase wie Stickstoff, Kohlenmonoxyd (CO), Neon, Xenon, Krypton. Der Wasserdampfgehalt der Atmosphäre variiert erheblich: Im Winter liegt er weit unter einem Prozent, im Sommer erreicht er aber im Gleichgewicht mit dem Polareis Werte von etlichen Prozent. Erst oberhalb von 250 km Höhe wird der Stickstoff tonangebend, einfach als Folge von Gravitationsschichtung; darüber dominiert molekularer, ionisierter Sauerstoff. Die Marsionosphäre hat ein Elektronendichtemaximum (»Chapman«-Schicht) von 10^5 Elektronen pro cm^3 in 130 km Höhe. Wiederum, bei vergleichbarer Elektronen- bzw. Ionendichte wie bei Venus, erwartet man auch beim Mars eine Ionopause (wegen des schwachen Magnetfeldes) in 500 km Höhe, die zugleich die Atmosphäre gegen den Sonnenwind abgrenzt.

Der Kohlendioxydgehalt der Atmosphäre wird offenbar von den polaren Eiskappen kontrolliert. Der Atmosphärendruck am Boden ist übrigens sehr niedrig – nur 7 mb, höchstens 10 mb (im Winter). Druckänderungen werden verursacht durch Kondensation und Sublimation von CO_2 an den Polen. Man hat abgeschätzt, daß der CO_2-Austausch Atmosphäre-Eiskappen etwa 7×10^{18} g betragen muß.

Das Marswetter wird, da jegliches Leben fehlt, durch die Struktur der Oberfläche weit stärker beeinflußt als das auf der Erde, ebenso durch die Oberflächenstrahlung und durch den in gelegentlichen Staubstürmen aufgewirbelten Staub, der zur Trübung der Atmosphäre wesentlich beiträgt. Dadurch kommt es auch zu ganz erheblichen Temperaturabsenkungen am Boden (10 Grad!). Die Bodentemperaturen schwanken im Verlauf eines Marsjahres zwischen −83 und −31° C.

Die Marsatmosphäre geht bereits in geringer Höhe in die Ionosphäre über: Im Höhenbereich 110–150 km erreicht die Elektronendichte der irdischen F_2-Schicht in 300 km Höhe vergleichbare Werte. Die Marsionosphäre ist aber eher vom F_1-Typ. Die Atmosphärentemperatur variiert mit dem Sonnenzyklus von 200 bis 400° K. Die Turbopause (*Abb. 12.1*) der Atmosphäre liegt bei 125 km Höhe. Dort ist O_2^+ das dominierende Ion.

Die Exosphärentemperatur liegt bemerkenswert niedrig, bei nur 350° K. Die Mariner-Untersuchungen haben u. a. ergeben, daß Wasserstoff in nicht unerheblichen Mengen aus der Marsatmosphäre entweicht: 2×10^8 Atome/cm^2sec, was für Mars einen allmählichen Verlust von Wasser bedeutet.

Wie schon bei Venus wurden auch bei Mars im Verhältnis der Edelgase zu den auf der Erde gefundenen Häufigkeiten Unterschiede bemerkt. Es hat den Anschein, als steige der Gehalt von ^{36}Ar mit Annäherung an die Sonne (je ein Faktor 100 im Verhältnis Erde/Mars und Venus/Erde). Überhaupt hat man bei den Isotopen beachtliche Unterschiede zu irdischen Verhältnissen gefunden. Das Stickstoffisotop ^{15}N ist um 75 % stärker angereichert als auf der Erde, ebenso das Kohlenstoffisotop ^{13}C.

Über die Atmosphären der äußeren Planeten konnte man durch spektrale Beobachtungen von Absorptions- und Emissionspektrum Aufschluß gewinnen (es sind äußerst schwierig durchzuführende Messungen). Man benutzt einmal die spektrale Veränderung des von der Planetenatmosphäre zurückgestrahlten Sonnenlichts, zum anderen die Veränderung des Lichts eines Sterns bei einer Sternverfinsterung, wenn das Sternlicht streifend am Rand des Planeten durch dessen Atmosphäre durchtritt. Daraus kann man auf die relative Häufigkeit verschiedener Gase in einer Atmosphäre schließen. Emissionsspektren auf der anderen Seite geben Aufschluß über die thermische Struktur des Planeten und seiner Atmosphäre (wegen der niedrigen Temperaturen liegen diese vorzugsweise im fernen Infrarot, also bei großen Wellenlängen). War es schon schwierig, die äußeren Planeten zu finden, so ist die Untersuchung ihrer physikalischen Eigenschaften noch viel schwieriger. Darum war ja auch die Zunahme der Kenntnisse von der Physik des Jupiter bereits beim ersten Vorbeiflug von Pioneer 10 so gewaltig.

Vom Erdboden aus sind optische Beobachtungen anderer Himmelskörper der Atmosphäre wegen sehr beschränkt. Darum versucht man, die durch die Undurchlässigkeit unserer Atmosphäre gegebenen Grenzen zu überwinden, indem man Teleskope auf hochfliegenden (40 km) Ballonen montiert. Jupiters Wolkendecke ließ sich so inspizieren, und daß auch Saturn von Wolken bedeckt ist, konnte man ebenfalls auf diese Weise feststellen. Aus Uranus-Bildern ließen sich noch Strukturen erkennen, wogegen Neptun kaum aufzulösen ist. Immerhin konnte man über Neptun in Erfahrung bringen, daß er eine Atmosphäre hat, weil seine Helligkeit kaum schwankt, was man für rotierende Atmosphären natürlicherweise erwartet (»nackte« Oberflächen, die ja sicher nicht homogen aufgebaut sind, zeigen mit der Rotation Helligkeitsschwankungen). Da Pluto solche Helligkeitsvariationen zeigt, ist fraglich, ob er eine Atmosphäre hat. Die Schwankungen werden seiner Rotation zugeschrieben – für deren Periode man so 6,39 Tage errechnet.

Die vier großen äußeren Planeten haben dank ihrer gewaltigen Gravitationsanziehung ihre ursprüngliche Zusammensetzung beibehalten – auch die Zusammensetzung ihrer Atmosphäre sollte der der Sonne ähnlich sein, was bei Jupiter nachgewiesen ist. Die Photochemie dieser Atmosphären ist vermutlich noch komplexer als die irdische, allein schon weil so viele verschiedene Gase beteiligt sind.

Beginnen wir mit *Jupiter.* Die Grenze zwischen »Planet« und »Atmosphäre« ist schwer zu ziehen, wahrscheinlich ist der Übergang vom flüssigen zum Gaszustand fließend. Dichte Wolken verwehren uns den Blick auf tiefere Atmosphärenschichten. Mit spektroskopischen Methoden hat man Wasserstoff, Methan, Ammoniak, Wasser, Phosgen, Germanium-Wasserstoff, Kohlenmonoxyd, Azetylen und viele andere nachgewiesen. Seit den Vorbeiflügen weiß man, daß auch Helium vorhanden ist (das optisch nicht nachzuweisen ist). Um zu einer Höhenskala zu gelangen, wählt man willkürlich die einem Druck von 20 Bar entsprechende »Fläche« (die man natürlich nicht sehen kann) als Referenzoberfläche (Höhe Null). Dort herrschen Temperaturen von 400° K, die mit der Höhe sehr wahrscheinlich zur Tropopause bei 0,1 Bar Druck auf 100° K fallen. In der Stratosphäre steigt die Temperatur der Sonneneinstrahlung wegen wieder an, bleibt in der Mesosphäre auf vielleicht 160° K stehen, um in der Thermosphäre schließlich auch als Folge der Wechselwirkung mit der Magnetosphäre auf sehr hohe Werte anzusteigen.

Die Bilder von Jupiter (*Tafel II*) zeigen uns als Wolkenstruktur ein System von hellen und dunkleren Streifen, die parallel zum Äquator angeordnet sind. Man nennt die hellen, gelblichen Streifen »Zonen«, die rotbraunen, dunkleren Streifen hingegen »Bänder«. Fünf Zonen und vier Bänder im mittleren Bereich der Planetenscheibe scheinen eine dauerhafte Struktur der Atmosphäre zu sein, die sich mit der Zeit nur wenig verändert. In den polnahen Bereichen ist die Struktur weniger regelmäßig. Die hellen Zonen zeigen niedrigere Temperatur, liegen also räumlich höher als die dunkleren. Daher erwartet man, daß in den »Zonen« Gas nach oben steigt, und in den »Bändern« nach unten zurücksinkt. Die Feinstruktur der Wolken legt die Vermutung nahe, daß sich bis zu hohen Breiten Konvektionszellen ausbilden. Den Sachverhalt hat man daher so zu interpretieren, daß das in den Zellen aufsteigende Gas teils zum Äquator, teils zum Pol abströmt. Die wegen der hohen Rotationsrate des Planeten gewaltige Corioliskraft (vgl. Anhang 6) zwingt diese Strömung in eine Ost-West-Zirkulation (so wie auf der Erde die Passatwinde entstehen). Windgeschwindigkeiten von weit über 100 km/h wurden in diesem Wolkenregime beobachtet. An der Grenze zwischen Zonen und Bändern bilden sich Jet-Ströme aus, in deren Gefolge sich auch Wirbel ablösen.

Der von Cassini 1665 erstmals beobachtete »Große Rote Fleck« (GRF) wird heute allgemein für eine Zyklone gehalten – allerdings eine von gewaltiger Dimension. Der GRF liegt in der südlichen tropischen Zone bei etwa 35° südlicher Breite. Er liegt nicht fest, sondern bewegt sich etwas. Seine Größe behält er aber weitgehend bei (22 000 × 11 000 km^2), wogegen sich seine Farbe gelegentlich ändert (sie wird blasser). 1888, 1912, 1916, 1938 und 1944 verschwand er zeitweilig. Aus alten Planetenzeichnungen entnimmt man aber, daß der GRF mindestens seit 400 Jahren existiert und nur wenig wandert (*Abb. 12.5*). Da Jupiter keine feste Oberfläche hat, also keine Gebirge, kann man sich die Existenz eines tropischen Wirbelsturms (Hurrikan) schon vorstellen (ein solcher kann auf der Erde nur über Wasseroberflächen länger existieren). 1972 ist auch in der Nord-Hemisphäre

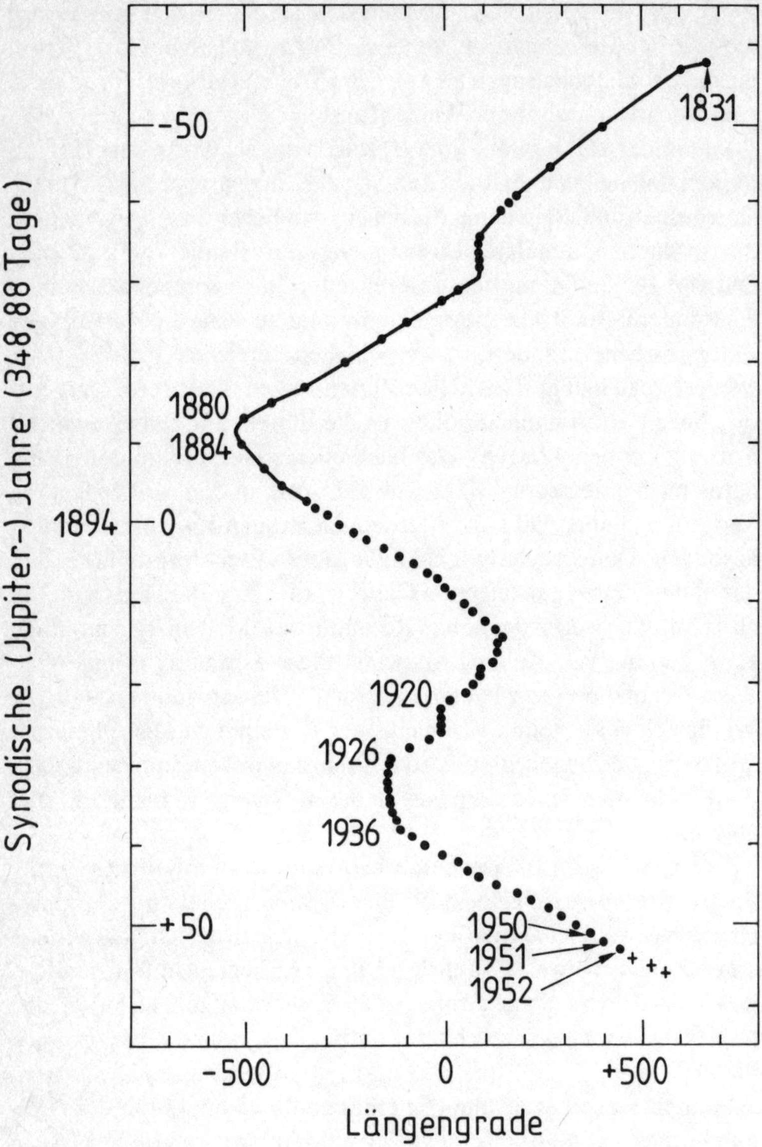

Abb. 12.5 Die »Wanderung« des großen Roten Flecks in der Jupiteratmosphäre.

ein derartiger Wirbelsturm aufgetaucht. Eine der phantastischen Voyager-Aufnahmen der Wolkenregion ist in *Tafel VIII, oben,* gezeigt.

Drei Wolkenschichten – nimmt man an – verbergen sich unter dieser farbenprächtigen turbulenten Szene. Die oberste Schicht dürfte farblosem Ammoniak zuzuordnen sein, darunter dürften Schwefel und Schwefelverbindungen die zweite, farbige Wolkenschicht bestimmen, die dritte könnte aus Wassereis bestehen. Kumulonimbus-Wolken in der Erdatmosphäre sind Wassereis-Wolken. Ausregnendes Wasser führt zur Trennung von elektrischen Ladungen (wie im Wasserfall!); kleine Teilchen und Tropfen laden sich vorzugsweise positiv auf und werden daher leichter nach oben befördert. Ähnlich müssen wir uns das in der Jupiteratmosphäre vorstellen: Solche Ladungstrennung führt zur Ausbildung von Blitzen, die wir also auch bei Jupiter erwarten.

Im Max-Planck-Institut in Lindau/Harz wird gerade ein Meßinstrument gebaut, das Blitze nachweisen und auch untersuchen kann und das in die Abwurfprobe eingebaut wird, die 1985 von der Raumsonde »Galileo« aus in die Jupiteratmosphäre geworfen werden soll. Die Voyager-Kamera hat bereits momentane Aufhellungen in den Wolken feststellen können, die als Blitze interpretiert worden sind.

Natürlich ist Staub (Aerosol) in der Atmosphäre für die Auslösung von Blitzen besonders günstig. Wie nicht anders zu erwarten, hat Voyager einen ausgedehnten Staubschleier in der Hochatmosphäre gefunden, der bis zu Druckniveaus von 3,5 mbar in der Mesosphäre(!) herunterreichte.

Die Entdeckung der Jupiterionosphäre mit Pioneer-10 war der erste Schritt zu einer systematischen Erforschung der Hochatmosphäre der äußeren Planeten, die in den letzten Jahren stattgefunden hat. Der Nachweis einer Ionosphäre am Mond Io war der nächste, spektakuläre Schritt in dieser Richtung.

Wie kann sich eine Ionosphäre bilden? Da die äußeren Planeten so viel weiter von der Sonne entfernt sind, reichen die Intensitäten des kurzwelligen Sonnenlichts nicht aus, um z. B. molekularen Wasserstoff, atomaren Wasserstoff oder gar Helium in größeren Mengen zu ionisieren (dazu sind nur jene Photonen des Sonnenspektrums in der Lage, deren Wellenlänge unterhalb 80.4, 50.4 bzw. 91.2 Nanometer liegen). Deshalb kommt man zu dem Schluß, daß die wahrscheinlichste Quelle von Ionisierung »dissoziative Photoionisation« von molekularem Wasserstoff ist – worunter man dessen Trennung in ein Wasserstoffatom und ein Proton versteht. Die dabei frei werdende ultraviolette Strahlung hat man übrigens nachgewiesen. Die relative Häufigkeit der Moleküle in verschiedenen Höhen wird durch das Molekulargewicht bestimmt – schwerere Moleküle dominieren in niedrigeren Höhen –; daher erwartet man, ähnlich wie bei der Erdionosphäre, je nach der Konzentration besonders leicht ionisierbarer Konstituenten die Ausbildung verschiedener relativer Maxima der Elektronendichte in verschiedenen Höhen. Zur Ionisation trägt natürlich auch die kosmische Strahlung bei, die wegen der geringen Sonnenlichtintensität bei den äußeren Planeten eine wesentlich größere Bedeutung hat. Die Struktur der Ionosphären der äußeren Planeten wird außerdem noch durch solche Ionen modifiziert, die durch energiereiche Ionen der Strahlungsgürtel aus den Oberflächen der Monde, die diese Planeten ja in reicher Zahl umschwärmen, herausgeschlagen wurden (»Sputtering«). Jupiters Magnetosphäre wird dazu ganz wesentlich auch durch die Vulkane des Mondes Io mit Ionen versorgt (Schwefel ist dort ein dominierendes Ion). Diese schweren Ionen, die tief in der Magnetosphäre erzeugt werden, können unter der Wirkung zeitlich variabler elektrischer Felder auch nach innen driften und so in die Atmosphäre des Planeten gelangen. Dabei deponieren sie natürlich auch Wärme in der Atmosphäre – man schätzt, daß bei Jupiter mehrere $erg/cm^2 sec$ auf diese Weise in die äußere Atmosphäre gelangen könnten. Diese Energie könnte sogar die durch die Dissipation von Schwerewellen in die Hochatmosphäre gebrachte Energie übersteigen.

Io hat eine Ionosphäre: In 100 km Höhe erreicht die Elektronendichte Werte von 6×10^4 Elektronen/cm^3 und erstreckt sich bis in Höhen von 750 km. Natürlich lebt die Atmosphäre von Io von den bei Vulkanausbrüchen in große Höhen hinaufgeschleuderten Gasen. Die Ionisation der Ionosphäre ist das Ergebnis des Bombardements dieser Atmosphäre mit den hochenergetischen geladenen Teilchen, die die Magnetosphäre des Jupiter bevölkern. Immerhin dürfte die Dichte auf der Tagseite der Io-Atmosphäre an der Oberfläche von Io (vermutlich überwiegend Schwefeldioxyd) 10^{11}–10^{13} Moleküle/cm^3 betragen. Wiederum wegen der geringen Schwerebeschleunigung können leichte Atome und Moleküle leicht entweichen. Daher vermutet man, daß in der Atmosphäre leichte Moleküle dominieren.

Ganymed könnte ebenfalls eine Atmosphäre haben – eine »exosphärischer« Natur, die also im diffusiven Gleichgewicht mit Gasen steht, die an der Oberfläche absorbiert sind. Dann müßte man entsprechend auch eine Art Inosphäre um Ganymed erwarten. Um bei Monden zu bleiben: Von *Titan*, Saturns größtem Mond, weiß man seit langem, daß er »Atmosphäre« hat: Methan wurde dort 1944 von G. Kuiper erstmalig spektroskopisch nachgewiesen.

Das mittlere Molekulargewicht der Titanatmosphäre ist 28. Weil man aber Kohlenmonoxyd (CO) nicht gefunden hat, dagegen viele Hinweise auf Stickstoff, dürfte molekularer Stickstoff der Hauptbestandteil der Atmosphäre sein (vgl. *Abb. 12.4*). Daneben hat Voyager mittels Infrarotspektroskopie folgende Moleküle identifiziert (in Klammern sind die relativen Häufigkeiten angegeben): Methan (10^{-2}), Äthan 2×10^{-5}), Azetylen (3×10^{-6}), Äthylen (1×10^{-6}), Cyanwasserstoff (2×10^{-7}), ferner Propan und Methyläthylen.

Die niedrigste Temperatur in der Atmosphäre von Titan beträgt 70° K, die mittlere Temperatur wird mit 86° K angegeben. Die Kohlenwasserstoffe der Atmosphäre werden vermutlich aus dem Mond selbst nachgeliefert. Da Titan sich in der Saturnmagnetosphäre bewegt, wird die Atmosphäre auch mit energiereichen Elektronen bombardiert, so daß auch Stickstoffionen entstehen, die in die Saturnmagnetosphäre entweichen können; ferner entsteht auf diese Weise Cyanwasserstoff, der in einer thermischen Inversionsschicht akkumuliert wird. Wasserstoff kann natürlich aus der Atmosphäre entweichen. Ihn kann man als Ringstruktur von 6 Saturnradien Dicke um den Planeten herum im Abstand von Titan (also bei 20 R_s) tatsächlich identifizieren.

Titans Atmosphäre ist erheblich dichter, als man angenommen hat. Der Atmosphärendruck an der Mondoberfläche erreicht 1,6 Bar, die Atmosphärentemperatur beträgt 93° K. An der Mondoberfläche erreicht der Methananteil aus Atmosphärengas 10 %.

Da der sogenannte »Tripel-Punkt« von Methan (die Temperatur, bei der Methan in fester Form als Eis, als Flüssigkeit und als Gas zugleich existieren kann) bei 93° K liegt, erwartet man in geringer Höhe (etwa 10 km) über der Mondoberfläche Methaneis-Wolken.

Titan hat gewiß auch eine Ionosphäre. Da sich Titan auch gelegentlich außerhalb von Saturns Magnetosphäre aufhalten kann, muß man erwarten, daß Titans Atmosphäre recht verschiedenartige Zustände annehmen kann. Ehe man diese Zustände im Detail beschreiben konnte, mußte man wissen, ob Titan ein Magnetfeld hat. Nach dem Vorbeiflug der Pioneer-11-Sonde hatte man geglaubt, Titan könne ein eigenes Magnetfeld haben. Diese Vermutung ist aber durch die (bessere) Voyager-Messung widerlegt worden: Titan hat wahrscheinlich kein eigenes Magnetfeld; die obere Grenze für ein größtes magnetisches Moment liegt mit 5×10^{17} Tesla cm^3 nur eine Größenordnung über dem für den Erdmond zulässigen Wert. Das spricht dafür, daß Titan kein Magnetfeld hat. Dann hat er aber auch keinen flüssigen metallischen Kern.

Titans sichtbare (Atmosphären-)Oberfläche erscheint rötlich. Das Vorhandensein organischer Moleküle haben verschiedene Wissenschaftler als Bestätigung des Vorhandenseins organisch-chemischer Prozesse in seiner Atmosphäre interpretiert. Derartige Prozesse könnten durch galaktische kosmische Strahlung hervorgerufen worden sein oder durch energiereiche Teilchen aus Saturns Magnetosphäre. Die Bildung organischer Verbindungen wird für die Färbung der sichtbaren Oberfläche verantwortlich gemacht.

Auch *Saturn*, *Uranus* und *Neptun* haben Atmosphären. Die effektive Oberflächentemperatur von Saturn beträgt 94,4 ± 3° K. Daraus kann man ableiten, daß Saturn dreimal mehr Energie abstrahlt, als ihm die Sonne zustrahlt. So erwarten wir im Prinzip eine der Atmosphäre des Jupiter sehr ähnliche Struktur. Wasserstoff dominiert, wie man mit Pioneer-11 herausfand: 85 % der Atmosphäre sind Wasserstoff. Trotzdem gibt es Schwierigkeiten: 6 Atmosphärenmodelle stehen derzeit zur Wahl, seitdem das erste 1967 aufgestellt worden ist. Infrarotmessungen lassen eine Inversionsschicht in der Atmosphäre erwarten, wo also die Temperatur mit zunehmender Höhe ein Minimum durchläuft.

Diese – vermutlich mit der Tropopause identische – Schicht beeinflußt Austauschprozesse zwischen unterer und höherer Atmosphäre. Ammoniak scheint in der Troposphäre zu dominieren. Auch ein Staubschleier – möglicherweise Ammoniakkristalle – existiert in der Atmosphäre. Die *Saturnatmosphäre* enthält neben Wasserstoff und Ammoniak Methan, Äthan, Phosgen, Helium und anderes, ist also wahrscheinlich ähnlich wie die Jupiters zusammengesetzt. Da Helium vom Boden aus nicht nachzuweisen ist, gilt dieser Schluß dafür insbesondere auch aus kosmogonischen Gründen. Saturn erscheint uns in gelblicher Farbe und heller als die meisten Sterne – darum ist er neben Jupiter am Himmel leicht auszumachen. Das hat seinen Grund in der relativ hohen Albedo des Saturn. Weil seine Schwerebeschleunigung geringer ist als die des Jupiter und seine Temperatur niedriger, findet sich in seiner Atmosphäre ein bestimmter Temperaturbereich bei höherem Druck als beim Jupiter, also auch in größerer Tiefe. Die Kondensation von Ammoniak, die bei Jupiter für die kontrastreiche Färbung der obersten Atmosphärenschichten verantwortlich ist, liegt bei Saturn in tieferen Regionen, ist daher von außen weniger gut sichtbar. Die geringere Beleuchtung durch die Sonne schließlich tat ein übriges, um die von Voyager zurückgefunkten Bilder vom Planeten etwas blaß erscheinen zu lassen.

Dennoch entdeckt man in den Aufnahmen bei näherem Hinschauen (*Tafel VIII, unten*) »Zonen« und »Bänder« wie bei Jupiter. Man muß annehmen, daß in (helleren Hadley-)Zonen warmes Gas aufsteigt, sich abkühlt und unter Bildung von Ammoniak-Cirrus-Wolken in (dunkleren) Bändern absinkt. In den Bändern erkennt man tatsächlich tiefer liegende Wolkenschichten. Die Bewegungsrichtung des Gases ist zyklonisch in Bändern und in Zonen antizyklonisch. Großräumige Strukturen treten häufiger auf als bei Jupiter, ovale Flecken sind seltener und kleiner als bei Jupiter.

Die Windgeschwindigkeiten in den Äquatorregionen zeigen bis zu viermal höhere Werte als bei Jupiter, auch erstrecken sie sich auf einen Breitenbereich von ± 40° (bei Jupiter: ± 15°). Am Äquator erreicht der nach Osten gerichtete Jetstrom Geschwindigkeiten von 480 m/sec, das sind zwei Drittel der Schallgeschwindigkeit bei Temperaturen um 100° K! Bei 38° N erreicht ein westwärts gerichteter Jet »nur« 30m/sec. (Diese Jets haben übrigens wenig mit der Bänderstruktur zu tun.) Während bei Jupiter die aus der Sonne zugestrahlte Energie größer ist als die in die Atmosphäre eingespeiste innere Energie des Planeten, übertrifft jene bei Saturn die Sonnenenergie um das Doppelte.

Die Tropopause liegt wie bei Jupiter bei einem Druck von 0,1 Bar, doch enthält die Saturnatmosphäre weniger Staub. Chemische Reaktionen verlaufen langsamer als bei Jupiter, darum vermutet man, daß die Saturnatmosphäre homogener ist als die von Jupiter. Für Aerosol sprechen Blitze, auf deren Vorhandensein bestimmte elektromagnetische Wellen schließen ließen (Whistler), die von Voyager registriert wurden. Überraschenderweise erstreckt sich aber die Atmosphäre bis weit hinaus in das Ringsystem. Möglicherweise stellen die Ringe eine Quelle für exosphärischen Wasserstoff dar, der in Dichten von 600 Atomen/cm^3 gefunden wurde.

Von *Uranus* wissen wir, daß er keine Überschußenergie besitzt wie Jupiter und Saturn, so daß diese Antriebsursache für atmosphärische Konvektion wegfällt. Daher erwartet man für Uranus – und das gilt auch für Neptun – eine relativ stabil geschichtete Atmosphäre, eine, auf die die für die Erdatmosphäre einst ersonnene barometrische Höhenformel fast exakt zutrifft. In der Tat ist die Uranusatmosphäre bemerkenswert klar, so daß Sonnenlicht bis in tiefe Schichten eindringen kann, ehe es reflektiert wird. Wiederum erwartet man Wasserstoff und Helium als Hauptbestandteile, aber auch Methan wurde in reichlichen Mengen gefunden. Ammoniak dagegen fehlt in den Spektren von Uranus und Neptun. Der Grund könnte darin liegen, daß wegen der geringeren Temperaturen Ammoniak in geringer Höhe Wolken bildet, wo sie nicht beobachtbar sind. *Neptuns* Atmosphäre schließlich enthält wenig Methan, hauptsächlich molekularen Wasserstoff und Helium. Die Kohlenwasserstoffe (vermutlich gibt es neben Methan auch noch andere) können bei UV-Bestrahlung, wie schon erwähnt, Polymere bilden. Solche Stoffe muß man in den Atmosphären dieser Planeten in der Tat auch erwarten. Wie die Uranusatmosphäre ist auch die des Neptun klar. Wie jene könnte auch die des Neptun durch Absorption von Licht durch Methan relativ hohe Temperaturen erreichen. Schätzungen für die Mesosphäre reichen bei beiden Planeten bis 140° K!

Alle äußeren Planeten haben sicher auch Ionosphären – einfach, weil Sonnenstrahlung und kosmische Strahlung für deren Ausbildung – im einfachsten Fall als Chapman-Schicht – sorgen. Einzelheiten der Struktur dieser Ionosphäre hängen davon ab, ob die Planeten Magnetfelder haben. Saturns Magnetfeld ist bestätigt, das der anderen ist derzeit nicht bekannt. Die Modelle können daher von »Kometen-(Venus)-ähnlich« bis »Erd- oder Jupiter-ähnlich« reichen.

13. Elektrisch geladene Teilchen in Magnetfeldern: Die Magnetosphären der Planeten

Jenseits von Atmosphäre und Ionosphäre, in der »Exosphäre«, erwartete man vor dem Raumflugzeitalter die Fortsetzung der Abnahme von Gasdichte und magnetischer Feldstärke in die uninteressanten Weiten des interplanetaren Raumes – eines Raumes, in dem die Planeten majestätisch ihre Kreise zogen, an denen ab und an ein Meteorit, zuweilen ein Komet vorüberschoß ...

Indessen wissen wir seit gar nicht so vielen Jahren vom Sonnenwind, was im nächsten Kapitel näher zu besprechen ist. Doch wollen wir dort die Planeten ignorieren – darum hier die Frage: Was geschieht, wenn ein Planet im Sonnenwind als Hindernis erscheint? Sonnenwind ist eine Plasmaströmung, hauptsächlich aus ionisiertem Wasserstoff (Protonen) bestehend, lokal elektrisch neutral (so daß Elektronen in vergleichbarer mittlerer Dichte die schweren Ionen umschwärmen), welche Sonnenmagnetfeld mit sich zerrt.

Wegen der elektrischen Leitfähigkeit des Sonnenwind-Plasmas werden wir ganz naiv erwarten, daß es von Bedeutung ist, ob der Planet ein Magnetfeld hat oder nicht. Also werden wir auch zwei Typen von Wechselwirkungsregionen um Planeten zu besprechen haben – die von Venus, Mars, dem Mond (Titan) und Io auf der einen, die der restlichen Planeten auf der anderen Seite. Denn obgleich diese Planeten bzw. Monde kein nachweisbares planetares Magnetfeld haben, wird das sie umströmende Plasma Ströme induzieren, die Magnetfelder hervorrufen. Dadurch wird das Plasma, je nach Leitfähigkeit des Körpers, dessen Oberfläche entweder erreichen oder um ihn herumgeführt werden. Nur im zweiten Fall entsteht ein magnetosphärenähnliches Gebilde. Wir beginnen mit der Magnetfeldgruppe und zeigen exemplarisch an der mittlerweile gut bekannten Erdmagnetosphäre, wie die Dinge liegen.

Im Vakuum würde das Magnetfeld eines Planeten – ein Dipolfeld – die in *Abb. 10.2* gezeigte Form haben. Die magnetische Feldstärke B eines solchen Feldes nimmt mit der dritten Potenz des Abstands vom Planetenzentrum ab, ist also weit draußen sehr schwach. Wie jeder feststellen kann, der mit kleinen Magneten hantiert, muß man Kraft aufwenden, um ein Stück Eisen aus einem Magnetfeld zu entfernen oder um die gleichnamigen Pole z. B. zweier Stabmagneten einander anzunähern: Man sagt, quer zum Magnetfeld herrsche ein Druck ($B^2/8\pi$) in dem Sinn, daß magnetfelderfüllte Medien nur unter Energieaufwendung einander näherzubringen sind. Im interplanetaren Raum, so stellen wir uns vor, habe man den Sonnenwind für eine Weile abgeschaltet, so daß das Erdmagnetfeld wie obiger Dipol ausschaut. Und jetzt schalten wir den »Wind« ein: Die geladenen Teilchen verhaken sich im Magnetfeld, das sie zwingt, die Feldlinien auf Kreisbahnen zu umlaufen. Natürlich haben sie »Impuls« (Masse mal Geschwindigkeit) und versuchen daher, das Magnetfeld nach innen zu drücken. Das gelingt ihnen so lange, bis der dynamische Druck der Teilchen (Teilchenzahl mal Impuls pro Teilchen) gleich dem magnetischen (Gegen-)Druck des Feldes geworden ist. Diese Gleichgewichtslage ändert sich natürlich mit dem Druck des Sonnenwindes – liegt aber eben sehr viel näher am Planeten als die unverformten Feldlinien: bei 10 Erdradien am subsolaren Punkt der Erdmagnetosphäre. So nennt man die »Höhlung«, die das Magnetfeld aus dem solaren Wind ausspart (*Abb. 13.1*). In der Grenzfläche, die Sonnenwindteilchen und Magnetfeld aufbauen, fließen Ströme, die von den elektrischen Teilchen des Sonnenwindes getragen werden; und zwar so, daß innerhalb jener Fläche, die man (in Anlehnung an meteorologische Begriffsbildung) »Magnetopause« nennt, das Dipolfeld der Erde, wie es ohne Sonnenwind vorhanden wäre, existiert, außerhalb das interplanetare Magnetfeld, während in der Magnetopause der Übergang zwischen beiden praktisch sprunghaft erfolgt. Wegen der in der Magnetopause fließenden Ströme ist das Dipolfeld in seinen äußeren Bereichen stark verzerrt.

Die Magnetosphäre wirkt in der Strömung des Sonnenwindes wie ein elastisches Hindernis. Die Strömung hat Überschallcharakter. Ähnlich wie in der Atmosphäre, wo mit einer Überschallbewegung eine Stoßwelle verbunden ist, bildet sich vor dem Hindernis Magnetosphäre in der magnetohydrodynamischen Analogie eine »stehende

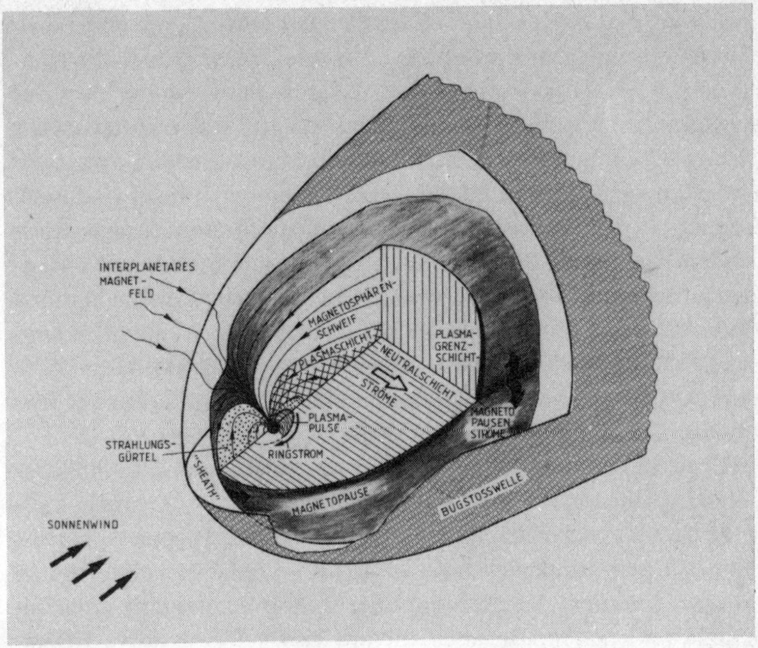

Abb. 13.1 Die Magnetosphäre der Erde.

stoßfreie Stoßwelle« – Bugstoßwelle genannt. Mit »stoßfrei« ist gemeint, daß die Bildung der Stoßwelle nicht durch Stöße zwischen Atomen oder Ionen vermittelt wird, sondern durch elektromagnetische Wechselwirkung. Der Sonnenwind verliert beim Durchgang durch diese, einem riesigen Rotationsparaboloid ähnliche Stoßwelle seinen Überschallcharakter und strömt entlang der Magnetopause um die Magnetosphäre herum. Wellen, die von der Umlenkung der Strömung in der zwischen Stoßwelle und Magnetopause sich erstrekkenden Zwischenschicht ausgelöst werden, laufen stromauf und signalisieren dem anströmenden Ionenstrom das Hindernis: So kommt die Stoßwelle zustande, als Wechselspiel zwischen stromauf laufenden Wellen und Strömung. Sonnenwindplasma und interplanetares Magnetfeld bewegen sich zusammen. Von der ruhenden Erde aus betrachtet, sorgt ein elektrisches Feld für diesen Zustand. Dieses sogenannte »Konvektionsfeld« ist für die Erde »fühlbar« und ist von der Abend- zur Morgenseite gerichtet – quer über die Magnetosphäre hinweg. Natürlich stimmt dieses Bild nur etwa so, wie wenn man ein Ölbild aus großer Entfernung betrachtet. Da sieht man die Konturen um den Zusammenhang des Dargestellten. Nähert man das Auge der Leinwand, lösen sich Flächen in Farbkleckse auf; was glatt wirkte, wird rauh. So auch hier. Die Magnetopause wird lokal tiefe Einbuchtungen haben und wird, dem variablen Sonnenwinddruck folgend, wie Wäsche auf der Leine hin- und herflattern. Gelegentlich werden daher auch die Oberflächenströme bei komplizierter Geometrie Bereiche aussparen, in denen magnetische Feldlinien durch die Grenzfläche durchtreten können. Längs solcher Feldlinien können sich aber geladene Teilchen bewegen, so daß also lokal durchaus auch Austausch von Teilchen im Inneren und im Äußeren der Magnetosphäre erfolgen kann.

Die Variabilität des Sonnenwindes verursacht so etwas Ähnliches wie interplanetares »Wetter«, das die Erdmagnetosphäre recht kräftig zu beeinflussen imstande ist. Das Innere dieser Magnetosphäre ist mit elektrisch geladenen Teilchen gefüllt, die dieser komplizierten Struktur zu einem ebenso komplizierten wie bemerkenswerten Eigenleben verhelfen. Begeben wir uns also auf eine kurze Erkundungsreise in die Magnetosphäre der Erde.

Wir durchqueren Atmosphäre und Ionosphäre und bemerken dort Magnetfelder, die von horizontalen Stromsystemen hervorgerufen werden. Dabei wird uns klar, daß die ionisierende Sonnenstrahlung die Leitfähigkeit der Ionosphäre jeweils um die Mittagszeit besonders stark anhebt. Die rotierende Erde bewirkt, daß sich ein Stromsystem ausbildet, dessen magnetisches Feld auch am Erdboden nachweisbar ist. Die Ionosphäre ist also elektrisch gut leitend; das Magnetfeld durchsetzt sie. Längs dem Magnetfeld fließende elektrische Ströme können sich über die Ionosphäre schließen, ein in der Polarlichtzone sehr wichtiger Prozeß. Außerhalb der Ionosphäre ist das Magnetfeld der Erde noch so stark, daß die verschiedenen Stromsysteme dessen Form nicht wesentlich verändern können: Das Magnetfeld hat in diesem erdnahen Bereich, den man konsequent »innere Magnetosphäre« nennt, weitgehend Dipolcharakter. Elektrisch geladene Teilchen werden in einem Magnetfeld in eine Spiralbahn um das Magnetfeld gezwungen (*Abb. 13.2*). In einem Dipolfeld bewegt sich ein Teilchen, nachdem es das Feldminimum am Äquator passiert hat, längs einer Feldlinie in Bereiche mit zunehmender Feldstärke (weil

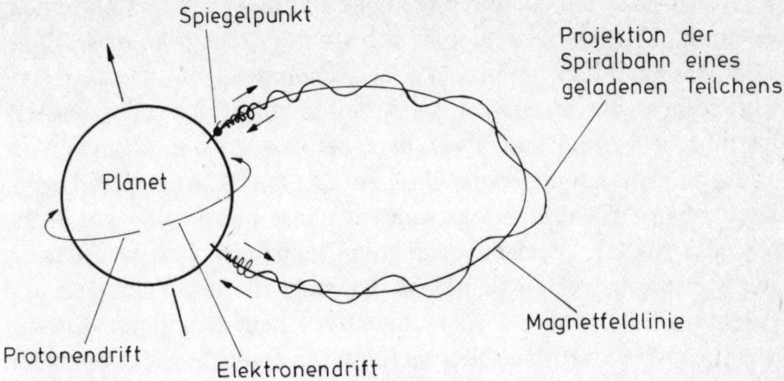

Abb. 13.2 Die Bewegung elektrisch geladener Teilchen im magnetischen Dipolfeld der Erde: Das Magnetfeld zwingt die Teilchen zum Umlaufen der Feldlinien. Da ihre Geschwindigkeit nicht notwendig senkrecht zum Feld ist, bewegen sie sich auf Spiralbahnen. Bei Annäherung an die Erde verengt sich das Feld, die Feldstärke nimmt zu. Entsprechend wird die Spirale flacher und enger, bis sich die Teilchenbewegung längs der Feldlinie umkehrt. Man sagt, das Teilchen sei »reflektiert« worden. Nach demselben Prinzip der »magnetischen Flasche« versucht man bei Fusionsexperimenten Plasma in Magnetfelder einzuschließen und so von den Gefäßwänden fernzuhalten.

es sich ja auch der Erde nähert). Diese Feldkonfiguration sorgt nach einiger Zeit dafür, daß das Teilchen nicht tiefer eindringen kann, vielmehr wie in einem magnetischen Spiegel reflektiert wird. Das Teilchen läuft daher auf einer Feldlinie zwischen seinem nördlichen und südlichen Spiegelpunkt hin und her, ist also »gefangen«. Es ist dies jener Bereich, in dem wir den Strahlungsgürtel – nach seinem Entdecker »Van-Allen-Gürtel« genannt – erwarten. Dessen Konfiguration ähnelt im Prinzip einer sogenannten »magnetischen Flasche«, die wie sie in der Plasmaphysik zur Einschließung eines Plasmas benutzt wird. Wegen der Krümmung und der radiusabhängigen Stärke des Feldes erfahren die elektrisch geladenen Teilchen aber außerdem noch Kräfte, die sie zwingen, um den Globus herumzudriften. Dabei beschreibt ein Teilchen eine Driftschale, auf der es bleibt – von Abweichungen wegen des nicht idealen Feldcharakters abgesehen. Die Lebensdauer geladener Teilchen im inneren Strahlungsgürtel kann viele Jahre betragen.

Die Strahlungsgürtel wurden 1957/1958 mit den ersten amerikanischen Erdsatelliten der Explorer-Klasse entdeckt. Kaum hatte man sie gefunden, da erinnerte man sich wieder daran, daß dieser Umstand bereits früher von einem griechischen Ingenieur namens N. C. Christofilos (der auch wichtige Arbeiten zum Prinzip der Wasserstoffbombe verfaßt hatte) vorausgesagt worden war. Seinem Vorschlag folgend, zündeten die USA am 27., am 30. August und am 6. September 1958 drei Atombombenexplosionen in 480 km Höhe (Projekt Argus). Die dabei erzeugten Elektronen taten, was man erwartete: Sie bewegten sich längs der magnetischen Feldlinien und erzeugten Polarlichter. 1962 tat man das erneut an anderem Ort mit dem Projekt »Starfish«: Diesmal füllten so erzeugte Elektronen den inneren Strahlungsgürtel. Völlig unerwartet war, daß diese künstliche »Population« erst nach über 10 Jahren (!) wieder so weit abgeklungen war, daß die dadurch hervorgerufene Strahlungsschädigung von Satelliten in diesen Höhen wieder abnahm. In dieser Zeitspanne mußte die Erforschung der natürlichen Population jener Region unterbleiben, weil sie von der künstlich injizierten nicht mehr zu unterschieden war.

Wie aber kommen geladene Teilchen auf natürlichem Wege in diese Speicherzone hinein? Es gibt drei natürliche Möglichkeiten: Atomkerne der kosmischen Strahlung stoßen in der Atmosphäre mit Atomen zusammen. Da die stoßenden Kerne sehr energiereich sind, können aus den getroffenen Atomkernen Neutronen abdampfen. Neutronen haben nur eine endliche Lebensdauer, ehe sie in ein Proton und ein Elektron zerfallen. Solange sie Neutronen, also neutral sind, können sie sich ohne Einschränkung ausbreiten. Sobald sie zerfallen, werden sie augenblicklich vom Magnetfeld gefangen. Energiereiche Protonen aus Sonnenflares können dasselbe tun.

Auf ähnliche Weise können Protonen aus den äußeren Magnetosphärenbereichen, vorübergehend als neutrale Wasserstoffatome getarnt, eingeschmuggelt werden. Diese Protonen können gelegentlich ein Elektron von einem anderen Teilchen »übernehmen« und sich so neutralisieren. Nach diesem »Ladungsaustausch« fliegen sie ohne Beschränkung durch die Magnetosphäre, bis sie wieder ionisiert werden – z. B. durch die intensive Wasserstoff-Lyman-Alpha-Strahlung der Geokorona oder von ultraviolettem Sonnenlicht. Auf diese Weise können sie auch in den inneren Teil des Strahlungsgürtels gelangen. Schließlich »pumpen« magnetische Stürme geladene Teilchen von äußeren Magnetosphärenbereichen nach innen, wobei die Teilchen Energie gewinnen.

Im Abstand von etwa 3 Erdradien (*Abb. 13.1*) durchqueren wir eine »Fläche«, deren Existenz wir aus dem plötzlichen Absinken der Plasmadichte um einen Faktor hundert entnehmen. Denn neben dem »energiereichen-Teilchen-Strahlungsgürtel« ist dieselbe Region der geschlossenen Dipolfeldlinien von Plasma erfüllt, das aus der Ionosphäre in diese daher »Plasmasphäre« genannte innere Region austritt. Da in der Hochatmosphäre atomarer Sauerstoff dominiert, wundert es niemanden, wenn man in der Plasmasphäre neben Wasserstoff und Helium besonders viele Sauerstoff-Ionen findet. Die genannte Begrenzung der Plasmasphäre nach außen nennen wir »Plasmapause«. Natürlich ist das in hohen Breiten anders, weil das strukturbestimmende Magnetfeld dort nicht mehr Dipolcharakter hat. In niedrigeren Breiten, bis zum äquatorseitigen Rand der Polarlichtzone, aber gibt es diese Plasmasphäre. Die Plasmapause hat noch die weitere Eigenschaft, daß sie die Grenze der »Korotation« markiert: Jenseits driftet Plasma unter dem Einfluß von Zentrifugalkraft und elektrischen Feldern zur tagseitigen Magnetopause, wo es die Magnetosphäre verlassen kann. Innerhalb der Plasmapause aber rotiert das Plasma mit dem Magnetfeld, weil korotierendes Neutralgas auf der einen, die reibungsähnliche Wechselwirkung zwischen Ionen und Elektronen auf der anderen Seite in der Ionosphäre auch das Plasma zum Mitrotieren zwingt. Erst wo andere Kräfte überwiegen, bricht dies Regime zusammen: In dieser Region finden wir die Plasmapause. Würden wir uns auf der Tagseite weiter nach außen bewegen, stießen wir in 10 Erdradien Abstand auf die Magnetopause. Nicht so auf der Nachtseite. Dort gelangen wir jenseits von Feldlinien, die in der Polarlichtzone wurzeln, in Bereiche, wo das Magnetfeld nicht mehr dipolähnlich, sondern offen ist: In einem »materialisierten« Bild können wir uns einen mit langem Haar bewachsenen Kopf in starkem Wind vorstellen. Da wird Haar nach hinten hinausgeblasen, so daß sich ein flatterndes, gleichwohl etwa paralleles Büschel von Haaren ergibt: Die Region nennen wir Magnetosphärenschweif. Da Magnetfelder eine Richtung haben, bemerken wir, daß in der Mitte zwischen nördlicher und südlicher Hälfte die Feldlinien entgegengesetzte Vorzeichen haben. Netto ist dort das Magnetfeld Null – man nennt diese Schicht Neutralschicht. Sie ist eingebettet in die in der

Dicke variable, 1–3 Erdradien dicke Plasmaschicht. Sie teilt sich näher an der Erde in zwei Zangenarme, die über der nördlichen und südlichen Polkappe auf die Erdoberfläche münden. So wiederum wird dort das Magnetfeld gestaltet: Eine »Polar-Wind« genannte Plasmaströmung führt kaltes Ionosphärenplasma in die Schweifregion.

Auf der Tagseite bildet sich auf der Nord- und Süd-Hemisphäre auf dem Mittagsmeridian in etwa 60 Grad (geomagnetischer) Breite je ein trichterförmiges Gebiet aus: Am äquatorseitigen Rand dieses Trichters sind die Feldlinien geschlossen, die anderen werden nach hinten über die Pole in den Magnetosphärenschweif gezerrt. Durch diesen Trichter kann Sonnenwind-Plasma in die Magnetosphäre eindringen. Um den vom Sonnenwind umströmten, viele hundert Erdradien weit sich in den Raum erstreckenden Magnetosphärenschweif bildet sich ein, Plasmamantel genannter, Bereich aus, von dem aus weiteres Sonnenwind-Plasma in die Schweifregion eindringen kann. In dieser Schweifregion akkumuliert sich Energie, die sich in unregelmäßigen Abständen »entlädt«: Das Resultat ist ein magnetosphärischer Teilsturm, in dessen Gefolge Teilchen auf hohe Energien beschleunigt werden. Indem sie sich aus der Schweifregion erdwärts bewegen, gelangen diese Teilchen in die Polarlichtzone. Polarlichter sind also sichtbarer Ausdruck dieses letzten Endes aus dem Sonnenwind gespeisten Energieumsetzungsprozesses.

Die Magnetosphäre ist daher nur teilweise eine durch das Erdmagnetfeld aus dem Sonnenwind »ausgesparte« (und daher für Sonnenwindteilchen unzugängliche) Region. Zu einem gewissen Teil ist die Magnetosphäre »offen«, wobei solche Prozesse wie die »Verschmelzung« zweier vorher nicht miteinander verbunden gewesener magnetischer Feldlinien – die eine in der Magnetosphäre entsprungen, die andere im Sonnenwind-Plasma vorbeigeschwemmt – (im Englischen »merging« oder »reconnection« genannt) von Bedeutung sind.

Nur muß man dabei ein bißchen vorsichtig sein. Faraday hat das Konzept der Feldlinien eingeführt, und damit lassen sich Felder und deren Wirkung sehr schön veranschaulichen. Man muß sich aber darüber im klaren sein, daß man diesen Faradayschen Standpunkt nicht überziehen darf. Felder sind für uns nur im Zusammenhang mit Materie, auf die diese Felder wirken, wahrnehmbar. Im interplanetaren Raum sind es, genauer gesagt das Plasma und der örtliche Magnet-

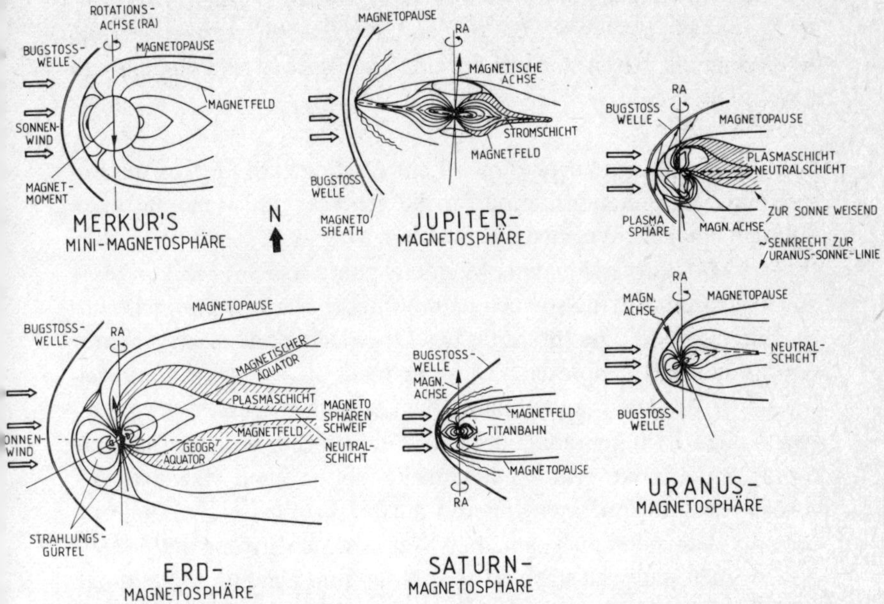

Abb. 13.3 Die Magnetosphären im Sonnensystem, die man heute kennt – nachdem Raumsonden an Ort und Stelle Messungen durchgeführt haben, lassen sie sich schematisch so darstellen. Lediglich die Uranusmagnetosphäre basiert auf noch nicht experimentell belegten Annahmen. Gemeinsam ist allen, daß sie dort existieren, wo der Planet ein eigenes Magnetfeld hat. Der Sonnenwind verliert seinen Überschallcharakter vor dem Hindernis »Planet« in einer Stoßwelle. Innerhalb der Magnetopause ist durch den anbrandenden Sonnenwind das planetare Magnetfeld zusammengedrängt. In der Magnetopause »springt« die magnetische Feldstärke vom interplanetaren auf den magnetosphärischen Wert. Auf der Nachtseite erstrecken sich die quasi »offenen« Magnetosphären viele Planetenradien weit in den Raum hinaus, bis »Magnetosphäre« und »interplanetarer Raum« nicht mehr unterscheidbar geworden sind.

feldvektor, die wir wirklich beobachten können. Man zieht es deshalb heute vor, von »Flußröhren« zu sprechen, also schlauchartigen Feldregionen, die einen bestimmten »magnetischen Fluß« enthalten und in denen sich Plasma befindet. Dieses Bild hat einen definitiven Bezug zur Materie und ist daher für die Vorstellbarkeit der Wechselwirkungsprozesse hilfreicher.

Nachdem wir uns eine Vorstellung von irdischen Verhältnissen verschafft haben, wollen wir uns den anderen Planeten zuwenden. Deren Magnetosphären sind alle miteinander in *Abb. 13.3* schematisch dargestellt.

Nach der Erdmagnetosphäre wird ein Ausflug zum *Merkur* die Bedeutung der Planetenrotation für die Struktur der Magnetosphäre deutlich machen. Wegen des schwachen Magnetfeldes ist dies natürlich die Miniaturversion einer Magnetosphäre. Da der Merkur keine Atmosphäre besitzt, also auch keine Ionosphäre, erwarten wir einige Unterschiede. Die Intensität des Oberflächenfeldes am Äquator beträgt nur 350 Nanotesla, also wenig mehr als 1 % des Äquatorfeldes der Erde. Die Magnetopause liegt am subsolaren Punkt nur einen halben Planetenradius über der Oberfläche, vor der sich eine Stoßfront befindet. Auf der Nachtseite gibt es einen Magnetosphärenschweif und in dessen Inneren notwendigerweise eine Neutralschicht. Wahrscheinlich sind aber Neutralschichtströme und jene in der Magnetopause so stark im Verhältnis zum planetaren Feld, daß sich keine Strahlungsgürtel halten können. Man erwartet auch keine interne Plasmaquelle, auch kein mit der Rotation verknüpftes elektrisches Feld, daher auch keine Plasmasphäre. Teilsturmähnliche Energieentladungen des Magnetosphärenschweifs sollten mit Zeitkonstanten von einigen Minuten ablaufen (1–2 Stunden bei der Erde).

Noch geringere Magnetfeldstärke würde den Sonnenwind zur Planetenoberfläche gelangen lassen, wenn die Leitfähigkeit des Körpers klein ist, so daß nur kleine Ströme fließen können. Daher kann der Sonnenwind die Oberfläche unseres *Mondes* erreichen – außer wenn der Mond durch den Magnetosphärenschweif der Erde zieht. Magnetosphäre hat er folglich nicht. *Venus* dagegen hat Atmosphäre und Ionosphäre. Deren Leitfähigkeit erlaubt induzierten Strömen so viel Magnetfeld aufzubauen, daß der Sonnenwind nicht über die Ionopause (in 500 km Höhe) hinaus-, besser hineinkommt. *Mars* bietet Ähnliches, auch die Kometen. Je nachdem, ob die Sonnenwindteilchen umgelenkt oder absorbiert werden, wird sich vor dem Hindernis eine Stoßfront aufbauen können oder nicht. Die Marsionopause liegt in 400 km Höhe. Da der Atmosphärendruck dort dem Sonnenwinddruck nicht standhalten würde, muß erhebli-

Tabelle 13.1: Planetenmagnetosphären im Vergleich[1]
(Entfernungen in Planetenradien, vom Planetenmittelpunkt aus gerechnet, jeweils im Mittagsmeridian)

Planet	Bug-Stoßwelle	Magnetopause	Plasmapause/Ionopause
Merkur	1,8	1,5	–
Venus	1,3	–	1,2
Erde	12	10	3
Mars	1,5	1,3	1,12
Jupiter	110	100	?
Saturn	24	23	?
Uranus	?	?	?
Neptun	?	?	?
Pluto	?	?	?
Mond	–	–	–
Io	–	–	?
Titan	–	?	?

[1] – bedeutet: nicht vorhanden
? bedeutet: nicht bekannt

cher magnetischer Druck durch induzierte Felder aufgebaut werden. Auf der Nachtseite dagegen bildet sich bei allen eine Schattenzone aus, die einer Schweifregion ähnlich ist. Gewaltig hingegen ist die Magnetosphäre des *Jupiter*. Würde sie leuchten, wäre sie für uns das größte Objekt am Himmel; sie hat nämlich fast 20 Millionen Kilometer Durchmesser, erschiene uns also etwas größer als die Sonnenscheibe. Diese gewaltige Blase ist stark variabel, je nach Sonnenwinddruck.

Die Galileischen Monde des Jupiter laufen innerhalb dieser gewaltigen Magnetosphäre um, modifizieren sie also auch. Zu einer fundamental ganz anderen Struktur aber führt die hohe Rotationsrate des Jupiter. Man nennt die Magnetosphäre deshalb auch »rotationsbestimmt«, und das rückt sie in die Nachbarschaft von Pulsaren. Insoweit haben Jupiter-Magnetosphärenmodelle auch bei denen für Pulsare entworfenen Pate gestanden.

Die gewaltigen Zentrifugalkräfte beladen das Magnetfeld vorzugsweise in der Äquatorregion mit Plasma, wodurch das Feld in der Äquatorebene weit hinausgezerrt wird. Die Magnetosphäre ist daher in ihrer Struktur stark abgeflacht. Wie schon im Magnetosphärenschweif der Erde haben wir in nahe beieinander liegenden Regionen

Magnetfelder entgegengesetzten Vorzeichens, also eine Neutralschicht, in der Ströme fließen können.

Die Voyager-Sonden haben zur Aufklärung der Konstitution der Jupitermagnetosphäre entscheidende Hinweise geliefert. Die Magnetosphäre ist von zwei Plasma-Arten bevölkert: einem kalten, dichteren Plasma, das ab etwa 17 Planetenradien hinter der Rotation des Planeten zurückbleibt und außerhalb von 40 R_J nicht mehr nachzuweisen ist, und einem heißen Plasma, das bis hinaus zur Magnetopause mit dem Magnetfeld des Planeten mitrotiert. Im Gegensatz zu anderen Magnetosphären aber ist die Zahl schwerer Ionen (insbesondere Helium, Sauerstoff, Schwefel) im Plasma etwa so groß wie die der Wasserstoff-Ionen (Protonen), die im übrigen Sonnensystem dominiert.

Innerhalb von 15 Jupiterradien (R_J) dominiert das Dipolfeld des Planeten. Entsprechend findet man dort stabil gefangene Teilchen hoher Energien, deren Intensität nach innen stark zunimmt. Elektronen mit Energien im Bereich von Millionen Elektronvolt emittieren, während sie sich längs der Feldlinien bewegen, die Synchrotronstrahlung, die von der Erde aus schon 1955 nachgewiesen werden konnte. Die Monde, die in diesen Regionen umlaufen, absorbieren diese Teilchen, so daß jeweils längs ihrer Bahn die Intensität der Teilchenflüsse in bestimmten Energiebereichen herabgesetzt ist. Das stimmt überein mit anderen Befunden: Die lokale Alfvén-Geschwindigkeit, die in der Plasmaphysik die Bedeutung der Schallgeschwindigkeit in der Hydroynamik hat, ist niedriger als die Relativgeschwindigkeit der Monde zum Plasma. Da auch keiner der Monde ein nachweisbares Magnetfeld hat, ist die Wechselwirkung mit den Teilchen des Strahlungsgürtels wie die des Mondes mit dem Sonnenwind: Die Teilchen erreichen die Oberfläche direkt, werden also nicht abgelenkt. Diese Oberflächen dürften sich dabei auf Potentiale aufladen, die der Elektronenenergie des Plasma entsprechen, außer wenn dichtes, kaltes Plasma vorhanden ist, das sozusagen für Entladung sorgt. Amalthea, Io, Europa, Ganymed und Callisto laufen in der Jupitermagnetosphäre um und beeinflussen die Struktur der Magnetosphäre. Dies trifft nicht für die äußeren Monde zu, die sich, wie der Erdmond, im interplanetaren Raum bewegen.

Für den Jupitermond Io gibt es noch einen weiteren Effekt (*Abb. 13.4*): Ios Umlaufperiode von ~ 42,5 Stunden ist viel länger als die

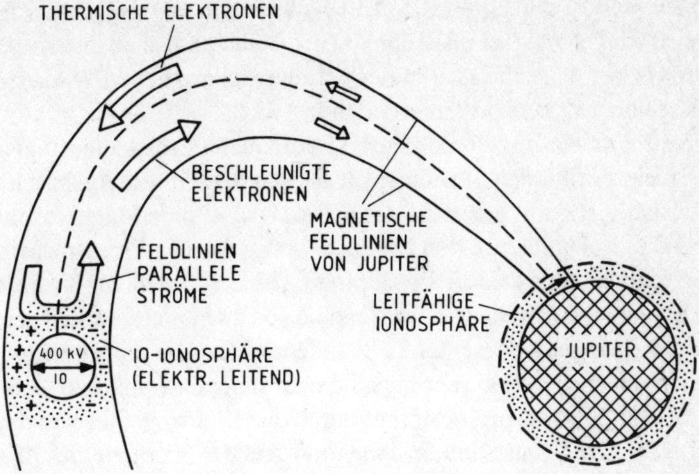

Abb. 13.4 Wegen der schnellen Rotation des Jupiter wird der Mond Io ständig vom Planetenmagnetfeld »überholt«. Dabei bildet sich als Folge der so entstehenden Dynamowirkung ein elektrisches Feld quer über den Mond hin aus. Dank der elektrischen Leitfähigkeit des Mondes fließt Strom, der sich über die Ionosphäre des Jupiter schließt und das Plasmaregime in der Jupitermagnetosphäre nachhaltig beeinflußt.

Jupiterrotationsrate (9,84 Stunden). Da in der Entfernung der Iobahn vom Planeten dessen Magnetfeld zweifellos starr mitrotiert, gibt es also einen von J. H. Piddington 1967 vorausgesagten Induktionseffekt, als dessen Folge sich quer über Io ein hohes Potential aufbaut. Daher fließen längs der Feldlinien des Jupitermagnetfeldes Ströme aus der Ionosphäre des Jupiter zum Io zurück, die sich entweder über das Innere von Io oder über dessen Ionosphäre schließen, wobei die Teilchen beschleunigt werden. Diese Wechselwirkung zwischen Io und der Jupiterionosphäre führt über einen komplizierten Plasmaprozeß dazu, daß sie am stärksten ist, wenn der exzentrische Dipol des Jupiter Io zugeneigt ist, wobei die Nordseite bevorzugt wird. Dieser Effekt wird zur Erklärung der von der Position von Io abhängigen Stimulierung der Emission von Radiowellen mit Dezimeterwellenlängen herangezogen. Die Vulkane auf Io sorgen für Ios Atmosphäre. Ionisation sorgt für die Existenz eines Plasmatorus um die Bahn des Io, der nach innen scharf begrenzt ist, sich aber nach außen weit in die Jupitermagnetosphäre hineinerstreckt. Auf diese Weise wird es möglich, daß das von den Vulkanen ausgestoßene Element Schwefel schließlich in der Magnetosphäre neben Wasserstoff und Sauerstoff zum dominierenden Ion wird.

Saturn ist wie Jupiter eine starke Radioquelle – zeigt allerdings keine nichtthermische Strahlung. Das Magnetfeld ist entsprechend schwächer. Das Magnetfeld des Saturn spannt eine Magnetosphäre auf, die, in Planetenradien gemessen, etwa der der Erde entspricht, also viel kleiner ist als die des Jupiter (*Abb. 13.3*). Die Stoßwelle vor der Magnetosphäre wurde im Abstand von 24 Planetenradien gefunden, die Magnetopause bei 22 Planetenradien. Die Saturnmagnetosphäre entspricht also sehr genau der Erdmagnetosphäre, d. h. ihre Größe und Form wird bestimmt durch das Gleichgewicht von dynamischem Druck des Sonnenwindes und dem des Magnetfeldes. Sie ist also bei weitem nicht so stark »aufgeblasen« wie die des Jupiter. Die Magnetosphäre selbst läßt sich in vier Teile mit charakteristischen Eigenschaften unterteilen:

Die äußere Magnetosphäre enthält ein mit dem Planeten mitrotierendes Plasma, dessen größte Dichte im Abstand von 6 Planetenradien auftritt, in dem außer Protonen auch Stickstoff- oder Sauerstoffionen und Hydroxylionen (OH^+) identifiziert wurden. H_3^+-Ionen wie bei Jupiter hat man nicht gefunden. Man vermutet, daß ein Teil des Plasmas auch aus Material von den Ringen stammt. Im Magnetfeld »gefangene« Teilchen wurden erwartungsgemäß gefunden. Natürlich variieren die gemessenen Flüsse zeitlich, aber auch bezüglich ihrer Winkelverteilung relativ zum Magnetfeld. Wie beim Jupiter hat man eine den Planeten im Abstand zwischen 8 und 16 Planetenradien umgebende äquatoriale Stromschicht gefunden, von 4 Planetenradien Dicke (senkrecht zur Äquatorebene), ebenso eine Stromschicht im Magnetosphärenschweif. Die nach innen nächste Magnetosphärenregion nennt man »Schlitz-Region«. Sie ist charakterisiert durch die Verminderung des Teilchenflusses infolge Absorption durch die Monde Dione, Tethys und Enceladus. Diese Region erstreckt sich von 4 bis zu etwa 7,5 Planetenradien.

Innerhalb dieses Bereichs bis zu den Ringen hin nehmen die Teilchenflüsse wieder zu, Teilchen höherer Energien kommen vor: die Spektren werden, wie man sagt, härter – wie bei der Erde und beim Jupiter. An der Bahn von Mimas bei 3,1 Radien werden Teilchen wieder stark absorbiert, so daß dort die Teilchenflüsse wieder kleiner werden. Im Gebiet der Ringe, der vierten Region schließlich, verschwinden energiereiche geladene Teilchen praktisch vollständig.

Saturn ist also erdähnlich in bezug auf die Stärke seines Magnetfeldes und seine innere Magnetosphäre. Wie die des Jupiter ist aber seine äußere Magnetosphäre rotationsbestimmt (Stromschicht). Der Ionendruck im Inneren ist aber offenbar klein, daher gibt es wahrscheinlich keinen Ringstrom wie bei der Erde. Im Gegensatz zum Jupiter dominiert der Wasserstoff deutlich über die schweren Ionen. Die Monde Mimas, Enceladus, Tethys, Dione, Rhea laufen ständig innerhalb der Saturnmagnetosphäre um, Titan und Hyperion manchmal. Japetus und die anderen Monde tauchen in die Magnetosphäre nicht mehr ein. Wo immer sich Monde innerhalb einer Magnetosphäre bewegen, wird man mit den Monden verknüpfte Erscheinungen erwarten dürfen. Titan zumal, der massige Mond, bewegt sich über weite Teile seiner Bahn im Inneren der Saturnmagnetosphäre; er wird ihr zweifellos Struktur aufprägen. Die Beobachtungen zeigten, daß der Mond Titan eine torusartige Gaswolke »verliert«, deren Durchmesser senkrecht zu seiner Bahnebene etwa 2 Saturnradien ist, während sich die Wolke in der Bahnebene von 7 bis 23 Saturnradien hin erstreckt. Diese Wolke aus überwiegend neutralem Wasserstoff sollte aufgrund theoretischer Überlegungen so lange existieren können, daß sich längs der gesamten Umlaufbahn von Titan ein geschlossener Torus ausbilden könnte. Ihre Dichte erreicht 10 Teilchen/cm^3.

Natürlich gibt es eine enge Kopplung zwischen Magnetosphäre und Atmosphäre eines Planeten – auch bei Saturn gibt es Polarlicht. Allerdings ist die Polarlichtzone bei 80° Breite deutlich näher am Pol als z. B. bei der Erde, wo sie bei ~ 70° liegt. Offen ist noch die Frage, ob durch »Sputtering«, d. h. durch Herausschlagen von Material aus den Ringstaubkörnern durch energiereiche Ionen der Magnetosphäre, Ringmaterial in nennenswertem Umfang in die Magnetosphäre des Planeten gelangt, wodurch sich bestimmte schwere Ionen anreichern könnten – ähnlich wie bei Io, dessen Vulkanismus dazu führt, daß Schwefel zu den am häufigsten vorkommenden Ionen in der Magnetosphäre des Jupiter gehört. Interessant ist, daß man für das Verhältnis Wasserstoff zu Helium einen sehr großen Wert fand; da dieses Verhältnis im Sonnenwind etwa 10 zu 1 ist, hat man einen weiteren

Hinweis darauf, daß ein großer Teil des ionisierten Wasserstoffs aus »inneren« Quellen stammt.

Titan befindet sich nicht nur innerhalb der Saturnmagnetosphäre, sondern teilweise auch in der »Magnetosheath«, der direkt vorgelagerten, turbulenten Region oder gar im interplanetaren Medium – anders als man zunächst vermutet hatte. Damit muß man natürlich in Rechnung stellen, daß Titan zeitweilig vom Sonnenwind traktiert wird und während solcher Zeiten eine gewisse Ähnlichkeit mit Venus zeigen dürfte, wo eben auch die Atmosphäre direkt vom Sonnenwind beeinflußt wird. Ist Titan innerhalb der Magnetosphäre (wie beim Voyager-Vorbeiflug), so beobachtet man keine Stoßwelle, obwohl das Plasma in der äußeren Magnetosphäre mit circa 200 km/sec mit dem Planeten korotiert. Das Saturnmagnetfeld verzerrt sich dank induzierter Ströme in der Nähe von Titan so, daß es den Mond wie in die Falte eines Gewandes einhüllt.

Natürlich ist Titan eine wichtige Quelle für Plasma, das die äußere Magnetosphäre Saturns erfüllt, ebenso wie der Mond Dione, der auch Radiowellenemissionen von Saturn auszulösen scheint.

Das Massenverhältnis der Planeten Jupiter/Saturn/Uranus ist 22/6,5/1,0. Daraus leitet man ab, daß der Druck im Inneren des Uranus kleiner ist als der im Inneren der anderen beiden Planeten. Die Werte der mittleren Dichten dagegen sind 1.33/0,7/1,31 g/cm^3. Man sieht sofort, daß Uranus aus der Reihe fällt. Er muß also von den beiden anderen deutlich verschieden sein. Daß die Rotationsachse um 98° gegen die Senkrechte zu seiner Bahnebene gekippt ist, macht den Planeten vollends zum interessanten Objekt. Zwar gibt es keinen direkten Hinweis auf das Magnetfeld von Uranus, doch glaubt man sicher, daß er eines hat. Hätte er keins, wäre das nicht weniger interessant, weil man bei der Bildung von Planeten mit einer Reihe von Prozessen mit physikalisch plausibler Reihenfolge rechnen muß, die eigentlich bei Uranus zu einem Magnetfeld hätten führen sollen.

Da die Rotationsachse, je nachdem an welchem Punkt einer Umlaufbahn um die Sonne sich der Planet gerade befindet, relativ zur Sonne scheinbar umläuft: also zeitweilig zur Sonne zeigt, zeitweilig senkrecht zur Planeten-Sonne-Linie steht, und da das magnetische Moment außerdem etwa längs der Achse gerichtet sein sollte, ist die Magnetosphäre des Planeten nichts Stationäres, sondern etwas extrem Variables. Denn wenn die Achse senkrecht zur Uranus-Sonne-Linie steht (*Abb. 13.3*, unteres Bild), gelten Verhältnisse ähnlich wie bei der Erde: also Stoßwelle, Magnetopause und Magnetosphärenschweif, nur alles um 90° gedreht. Zeigt aber die Achse zur Sonne (*Abb. 13.3*, oberes Bild), dann bläst der Sonnenwind voll auf den Pol, wo vermutlich die Feldlinien in Richtung Äquator weggedrückt werden. Am Pol bildet sich also ein riesiges »magnetisches Loch«, in das ein »Neutralschicht-Trichter« hineinragt. Dort dürften sich in diesem Falle Magnetosphäreneffekte abspielen, die von den uns bekannten völlig verschieden sind! Diese Konstellation erwarten wir im Jahr 1985, danach erst wieder im Jahr 2027. Voyager 2 wird 1986, also gerade zur rechten Zeit, da sein.

Der Sonnenwind ist für die Struktur einer Magnetosphäre ein bestimmendes Element. In der Nähe des Uranus, also im Abstand von 20 astronomischen Einheiten von der Sonne, erwartet man Dichten des Plasmas um 0,02 Teilchen/cm^3, Windgeschwindigkeiten um 400 km/sec. Die Stärke des interplanetaren Magnetfeldes, die in Erdbahnnähe etwa 5 Nanotesla (nT) beträgt, dürfte bei 0,2 nT liegen. Das Spiralfeld liegt in dieser Entfernung fast senkrecht zur Planet-Sonne-Linie, also fast azimuthal.

Aufbau und Gestalt einer Uranusmagnetosphäre erwartet man ähnlich der Struktur der Erdmagnetosphäre, wobei natürlich für die einzelnen Parameter geeignete Skalierungs-Transformationen angewendet werden. So sollte sich vor der Magnetosphäre eine stehende Stoßwelle ausbilden. Die innere Struktur wird natürlich mitbestimmt durch die Rotationsperiode des Planeten, weil Zentrifugalkräfte für die Ausbildung bestimmter Strukturen bestimmend sind. Wegen der Geometrie erwartet man bei der Konfiguration, in der die Rotationsachse zur Sonne zeigt, ständig Feldlinienverschmelzung zwischen planetarem und interplanetarem Feld. Bei diesem magnetohydrodynamischen Prozeß wird magnetische Energie in kinetische Energie geladener Teilchen umgewandelt, was einer Beschleunigung solcher Teilchen entspricht. Quer zur Magnetosphäre erwartet man ein elektrisches Konvektionsfeld von (falls das magnetische Moment des Uranus etwa den gleichen Wert wie das der Erde hat) etwa 8000 Volt. Der Magnetosphärenschweif des Uranus sollte sich sogar über viele hundert Planetenradien nach hinten erstrecken. Natürlich erwartet man polarlichtähnliche Phänomene, einen stabilen Strahlungsgürtel und möglicherweise noch andere Strukturen innerhalb der Magnetosphäre.

Da alle bekannten Uranus-Monde innerhalb der erwarteten Magnetosphäre umlaufen, werden sie ähnlich wie bei Jupiter und Saturn die Magnetosphäre strukturieren und vermöge der von ihnen entweichenden Gase auch die Plasmazusammensetzung beeinflussen.

Für Neptun, der dem Uranus bis auf die Lage der Rotationsachse recht ähnlich ist, erwarten wir analoge Verhältnisse. Zwar konnte bisher von keinem der beiden Radiostrahlung nachgewiesen werden, dennoch glaubt man schon aus Aufbaugründen an die Existenz von Magnetfeld. Nur für Pluto ist eigentlich alles offen. Lediglich Triton, der innere der beiden Neptun-Monde, dürfte sich innerhalb der Neptunmagnetosphäre bewegen. Er könnte – je nachdem, wie er aufgebaut ist – die Neptunmagnetosphäre beeinflussen.

14. Die Heliosphäre: Kosmische Plasmaphysik

»Sonnensystem« nennen wir das aus Sonne, Planeten, deren Monden, Asteroiden, Kometen, Meteoriten, Staub und Gas bestehende Materie-Ensemble, in einem der Spiralarme der Galaxis gelegen – das System, in dem wir leben. Mit diesem Begriff meint man das mechanische System, wie es sich vor 4,6 Milliarden Jahren gebildet hat und wie es seitdem – von einer turbulenten »kurzen« Anfangsgeschichte abgesehen – ohne große Veränderungen existiert. Diese Beschreibung des stationären Systems ist unvollständig, weil sie eine sehr wichtige dynamische Komponente außer acht läßt: den Plasmazustand des Sonnensystems. Mit diesem verbindet man den Begriff »Heliosphäre«, der seinerseits die Planeten als lokale Anomalien außer acht läßt. Der Begriff tauchte Anfang der siebziger Jahre erstmalig in der Literatur auf. Eine Beschreibung der Heliosphäre beginnt natürlich mit der Sonne. Wir werden uns auf ganz wenige Aspekte beschränken, uns danach mit dem Sonnenwind befassen und dessen Eigenschaften insbesondere in großer Entfernung von der Sonne bestimmen und so ganz zwanglos auf jenen Bereich stoßen, wo das weitere Ausströmen des Windes durch Einflüsse von außen verhindert wird.

Wir können uns für die folgende Betrachtung daher auf den Standpunkt stellen, es gäbe nur die Sonne und das von ihr abströmende Plasma, mit dem solares Magnetfeld nach außen transportiert wird.

Da aber die Sonne ein Stern unter vielen in der Galaxis ist, noch dazu weit weg vom galaktischen Zentrum, wird man vermuten, daß in der Nachbarschaft des Sonnensystems auch galaktisches Magnetfeld existiert, Staub natürlich, Neutralgas und vielleicht »galaktischer Wind«. Das Sonnensystem bewegt sich relativ zu dieser galaktischen Umgebung.

Ähnlich wie bei Planetenmagnetosphären erwarten wir also eine plasmadynamische Abgrenzung der Sonnenregion vom interstellaren Raum, eben der Heliosphäre. Wir definieren die Heliosphäre daher als jenen natürlichen Bereich, auf den das interplanetare Magnetfeld beschränkt bleibt.

Die Temperatur der Sonnenatmosphäre erreicht in der Korona Werte von über einer Million Grad. S. Chapman hatte in den fünfziger Jahren, nachdem diese Temperaturwerte als gesichert gelten konnten, eine Theorie entwickelt, in der er von hydrostatischen Gleichgewichtsbedingungen der Sonnenatmosphäre ausging. Dabei ergab sich eine Ausdehnung der Korona weit in den interplanetaren Raum hinaus. Jedoch lieferte die Theorie in großer Entfernung von der Sonne nicht die erhofften niedrigen Dichten und niedrigen Temperaturen.

In dieser Zeit sorgte eine Hypothese von L. Biermann für Aufregung. Als er bemerkte, daß man den radial von der Sonne weggerichteten Plasmaschweif der Kometen nicht durch die Wirkung des Strahlungsdrucks der Sonne beschreiben könne, schlug er vor, dies als Wechselwirkung eines kontinuierlichen Ionenstromes mit dem Kometenmaterial zu erklären. Als Flußdichte gab Biermann etwa 10^{10} Ionen/cm^2 sec an. Die deutschen Astronomen A. Behr und H. Siedentopf hatten ebenfalls anfangs der fünfziger Jahre bemerkt, daß das Zodiakallicht, jene in der Ekliptik sichtbare Leuchterscheinung in der Sonnenumgebung, stark polarisiert ist und daß dies nur zu verstehen war, wenn es in diesen Raumbereichen freie Elektronen mit einer Konzentration von 10^3 cm^{-3} gibt. Dies stand im Gegensatz zu der überkommenen Vorstellung des »leeren« interplanetaren Raumes, in dem allenfalls einige Gesteinsbrocken herumschwirrten. Kombinierte man beide Beobachtungen, so konnte man auf eine Ausbreitungsgeschwindigkeit des Biermannschen Ionenstromes von über 100 km/sec schließen. Hinweise auf nichtstatische Prozesse in der äußeren Sonnenregion waren lange bekannt. Wie überall im Kosmos sind mit Magnetfeldern äußerst heftige dynamische Prozesse verknüpft: Materie wird bewegt, Energie in extrem kurzen Zeiten umgesetzt. Die chromosphärischen Eruptionen der Sonne, die man heute »Flares« nennt, in denen wahrscheinlich magnetische Feld-

Tafel VIII, oben Das Voyager-2-Foto der Jupiteratmosphäre, aus einer Entfernung von 6 Millionen km aufgenommen, zeigt die Umgebung des großen Roten Flecks. Südlich des GRF hatte sich eine weiße Wolkenstruktur neu gebildet. Diese Wolkenstruktur verhindert, daß die kleinen Wirbel, die im Bild links zu sehen sind, wie vordem um den GRF herumlaufen. Man muß sich die Strukturen dreidimensional vorstellen: Die dunkleren Strukturen liegen tiefer als die helleren.

Tafel VIII, unten Aus 7,5 Millionen km Abstand vom Saturn von Voyager 1 am 7. November 1980 gewonnene Aufnahme der Saturnwolkendecke in der nördlichen Hemisphäre zwischen 40° und 60° Breite. Die braunen Ovale sind ähnliche Wirbelstrukturen wie der große Rote Fleck am Jupiter.

energie in wenigen Minuten in kinetische Energie geladener Teilchen umgesetzt wird, sind dafür ein Beispiel. Die mit Magnetfeldern verknüpften Sonnenflecken treten periodisch in größerer Zahl auf. Diesen 11jährigen Zyklus kennt man schon sehr lange. In *Abb. 3.3* ist die »Sonnenfleckenrelativzahl« als Funktion der Zeit dargestellt. Periodisch kommt die Sonnenaktivität (damit auch die Flare-Häufigkeit) fast zum Erliegen. Mitte des 17. Jahrhunderts zeigte die Sonne gar 40 Jahre lang keinen Sonnenfleck (Maunder-Minimum).

E. N. Parker hat 1958 aus all diesem den Schluß gezogen, daß man die Existenz der Sonnenkorona nur dynamisch verstehen könne. Er hatte die Schwierigkeit des Chapman-Modells dadurch beseitigt, daß er in großer Entfernung die Angleichung an galaktische Bedingungen verlangte. Dies aber ließ sich hydrostatisch nicht erklären, wohl aber dynamisch. Von Biermanns Idee geleitet, zog Parker die geniale Schlußfolgerung, daß die Korona stetig expandieren müsse. Er erkannte, daß die Wirkung des Gravitationsfeldes der Sonne, der niedere Druck des interplanetaren Mediums und die sphärische Ausbreitung der Strömung zu einer Überschallströmung von Plasma in den interplanetaren Raum führen müsse, und nannte dies »solar wind«, Sonnenwind. Die Energieströmung aus dem Sonneninneren in die Korona beträgt etwa 10^{-2} Joule/cm^2 sec; davon werden knapp 10^{-3} Joule/cm^2 sec von der Korona abgestrahlt, $9{,}5 \times 10^{-3}$ Joule/cm^2 sec transportiert der Sonnenwind nach außen! So gesehen ist der Sonnenwind das Regulativ, mit dem die Koronatemperatur relativ konstant gehalten werden kann.

Expandierende hydrodynamische Strömungen wie der Sonnenwind sind natürlich ein allgemeines astrophysikalisches Problem. Das Plasma im galaktischen Halo expandiert ähnlich, und in der Nachbarschaft von Pulsaren vermutet man gar stellare Winde mit relativistischen Geschwindigkeiten. Die Expansionsgeschwindigkeit der Sonnenkorona ist nahe der Sonne niedrig, sie nimmt aber mit der Höhe zu. Beim »kritischen Radius« (*Abb. 14.1*) werden thermische und kinetische Energie des expandierenden Plasmas gleich: die Geschwindigkeit ist dann gleich der Schallgeschwindigkeit im Plasma. Weiter draußen wird die Strömung zur Überschallströmung. Dieser kritische Radius ist nicht sehr genau bekannt; er dürfte zwischen 15 und 30 Sonnenradien liegen. Außerhalb von 20 Sonnenradien kann der Sonnenwind praktisch frei abströmen. Eine kleine Aberration

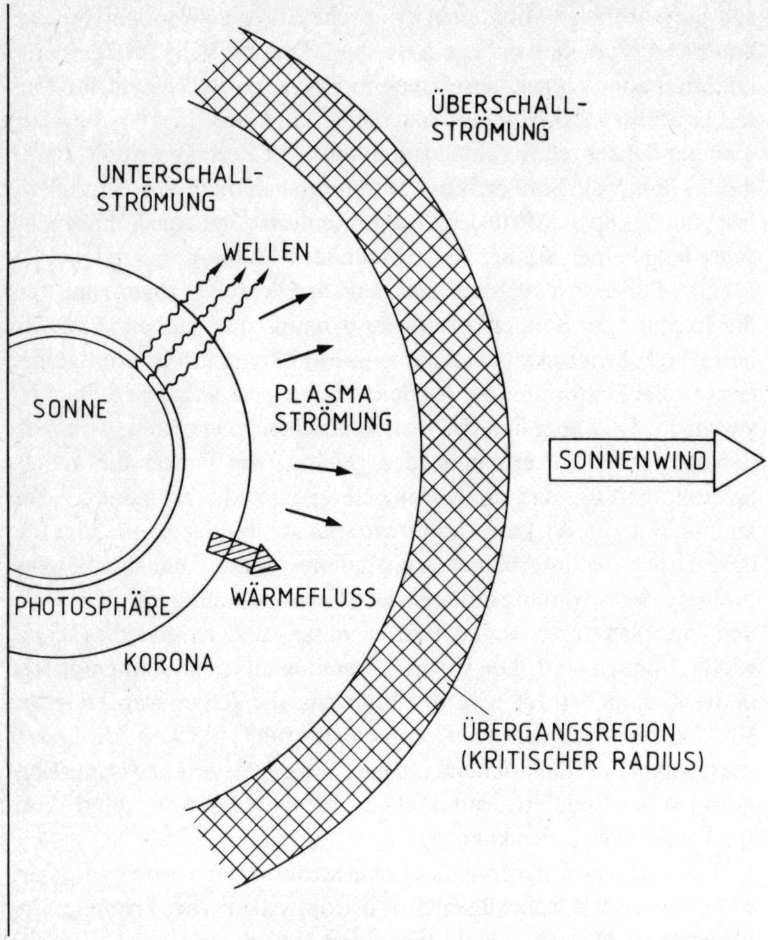

Abb. 14.1 Der Sonnenwind nimmt erst in einiger Entfernung von der Sonne beim »kritischen Radius« (in 10–20 Sonnenradien Abstand) »Überschall«-Strömungscharakter an. Weiter innen wird er von Temperaturgradienten getrieben und von Wellen aufgeheizt.

(vgl. Anhang 1) rührt von dem Drehimpuls her, den er bei seiner Ablösung aus der mitrotierenden Atmosphäre der Sonne mitgenommen hat. Das solare Magnetfeld verhindert übrigens, daß sich Sonnenwind bei Geschwindigkeiten unter 100 km/sec ausbreiten kann; die Aufheizung der Korona erzwingt aber die Existenz von Sonnenwind. Dessen Geschwindigkeiten liegen daher notwendigerweise oberhalb 100 km/sec. Wegen der höheren kinetischen Energiedichte des Plasmas wird das solare Magnetfeld mit dem Wind nach außen gezerrt, bleibt aber mit der Sonne verknüpft. Es hat im Korotationsbereich radiale Struktur; außerhalb windet sich das solare interplanetare Magnetfeld in der Art einer archimedischen Spirale (*Abb. 14.2*) auf. Der Effekt ist analog zum »Rasensprenger-Effekt«, bei dem die Stromlinien eine archimedische Spirale bilden, während die Wassertröpfchen radial wegfliegen. Den Wassertropfen entspricht das Plasma, das Magnetfeld den Stromlinien. Ist V die Geschwindigkeit des Sonnenwindes, Ω die Winkelgeschwindigkeit der Sonne, r der Abstand und $\Phi-\Phi_0$ der Winkelabstand eines Punktes der Sonne von einer Bezugslänge, so gilt für die Form des interplanetaren Magnetfeldes die Beziehung

$$r = \frac{V}{\Omega}(\Phi-\Phi_0)$$

Je weiter man nach draußen kommt, desto mehr nähert sich diese Spirale einem Kreis. Außerhalb der ekliptischen Ebene windet sich das Feld auf Kegelflächen nach außen. Im Mittel ist der Sonnenwind elektrisch neutral – d. h. in einem nicht zu kleinen Volumenbereich ist die Zahl der positiv geladenen Teilchen der der negativ geladenen gleich. Lokal (auf kleiner Skala also) kann das natürlich anders sein. Dann gibt es zwischen Bereichen mit dominierender Ladung elektrische Felder, deren Tendenz es ist, die Unterschiede auszugleichen. Natürlich werden solche Felder alle möglichen Richtungen haben und zeitlich verschieden lange existieren – mit anderen Worten: im Sonnenwind gibt es turbulente elektrostatische Felder und entsprechend natürlich elektrostatische Wellen, die sich ausbreiten. Es gibt noch andere: elektromagnetische, magnetische, akustische Wellen. Mit den Wellen ist Energietransport verbunden, Energieaustausch und Beschleunigung geladener Teilchen.

Sonnenwind wurde zum erstenmal direkt während des Fluges der russischen Raumsonde Lunik II im September 1959 von Gringauz und Mitarbeitern gemessen. Diese Beobachtungen wurden fortgesetzt durch andere russische Raumsonden (Lunik III und Venus I). Das Ergebnis jener ersten Messungen ergab eine Protonenstromdichte von 10^8–$10^9 cm^{-2} sec^{-1}$, zwar in Übereinstimmung mit der theoretischen Erwartung einer Überschallströmung, jedoch noch keinen di-

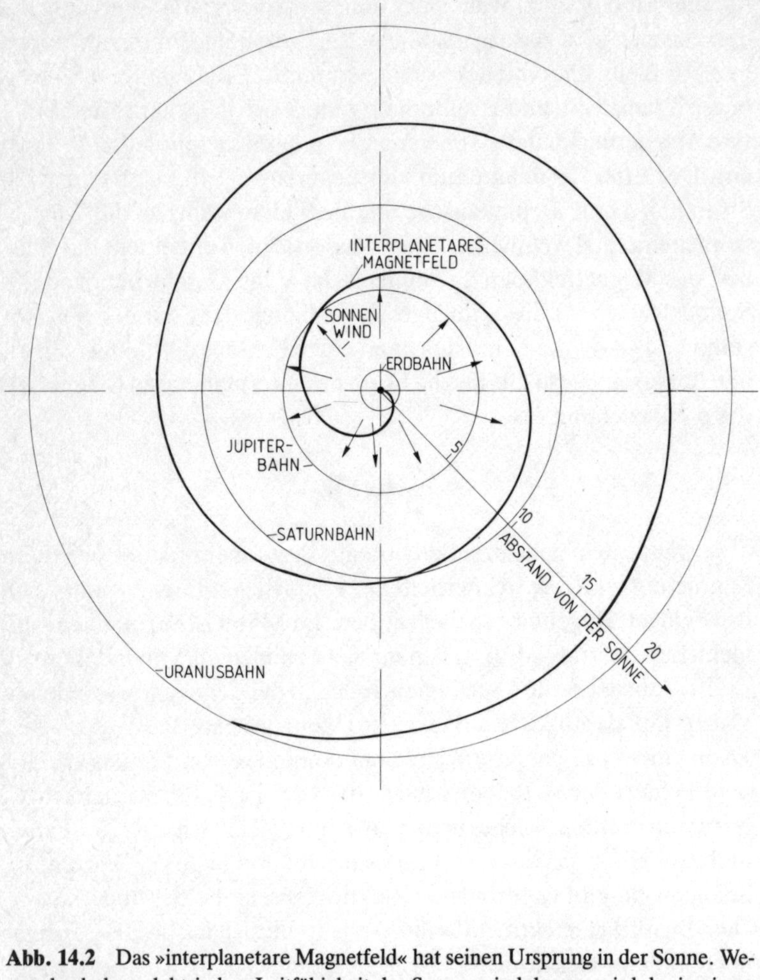

Abb. 14.2 Das »interplanetare Magnetfeld« hat seinen Ursprung in der Sonne. Wegen der hohen elektrischen Leitfähigkeit des Sonnenwindplasmas wird das in einem bestimmten Volumelement in Sonnennähe enthaltene solare Magnetfeld mit diesem Volumelement radial nach außen getragen. Bildlich kann man sich vorstellen, daß das Magnetfeld aus dem im Rotationssinn der Sonne folgenden (»westlichen«) Element eintritt und an ein im Rotationssinn vorhergegangenes Element »übergeben« wird. Während das vorhergegangene Element schon weiter draußen, das nachfolgende aber noch weiter innen ist, entsteht ein gegen den Radius schief liegendes Magnetfeld. Genauer windet es sich in Form einer archimedischen Spirale nach außen. Fluktuationen im Sonnenwind übertragen sich unmittelbar auf das Feld, so daß es nur im Mittel und im großen ganzen die gezeichnete Struktur hat. Lokal und in kürzeren Zeitintervallen kann das Feld ganz erheblich von der mittleren Lage abweichen.

rekten Beweis für eine einseitig gerichtete Strömung. Auf amerikanischer Seite wurde eine erste eindeutige Messung dann mit dem Satelliten Explorer-10 im Jahr 1961 von einer Arbeitsgruppe des Massachusetts Institute of Technology (MIT) in Boston, USA, gewonnen, wobei die Geschwindigkeit zu ~ 300 km/sec und die Protonentemperatur zu 10^5–$10^{6°}$ K bestimmt werden konnte.

Die erste extensive Messung der Eigenschaften des Sonnenwindes über einen längeren Zeitraum gelang dann mit der amerikanischen Venus-Sonde Mariner-II 1962–1963. Diese Messungen enthüllten zum erstenmal auch die starke Variabilität des Sonnenwindes. *Abb. 14.3* zeigt als Beispiel die Variation der Sonnenwindgeschwindigkeit über viele Sonnenrotationsperioden hin. Hier wurde die Geschwindigkeit des Sonnenwindes in Abhängigkeit von der Zeit aufgetragen. Da die Länge einer Zeile gleich einer Sonnenrotationsperiode gewählt wurde, erkennt man in aufeinanderfolgenden Zeilen die

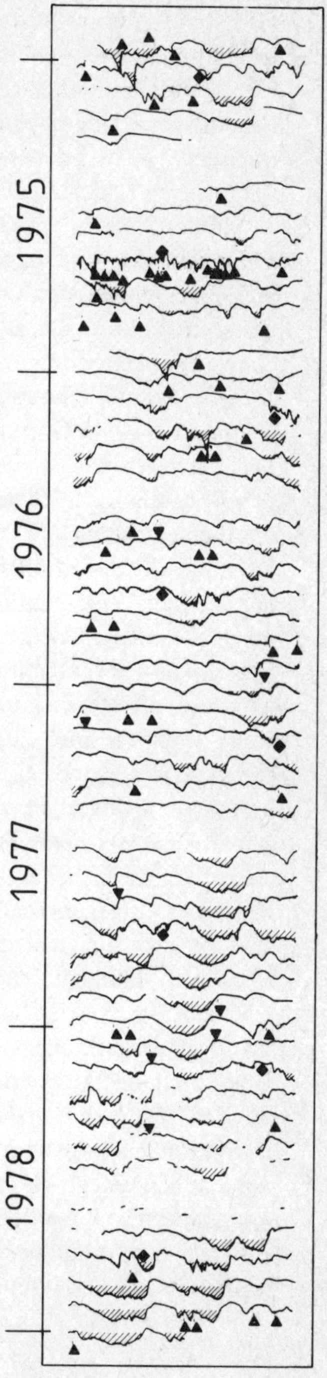

Abb. 14.3 Die Geschwindigkeiten des Sonnenwindes. Mit der Raumsonde Helios 1 von 1974 bis 1978 im interplanetaren Raum, praktisch in der ekliptischen Ebene, gemessene Sonnenwindgeschwindigkeiten. Die schraffierten Bereiche zeigen Geschwindigkeiten oberhalb von 500 km/sec an. Die kleinsten Geschwindigkeiten liegen bei etwa 200 km/sec. Mit einem Punkt ist angedeutet, wann Helios im Perihel (0,3 AE) war. Die waagerechte Skalierung geht über 27 Tage (eine Sonnenrotation). Die untereinander gezeichneten Kurven entsprechen aufeinander folgenden Sonnenrotationen (also jeweils 1 »Sonnentag«).

Persistenz gewisser Strömungseigenschaften über mehrere Sonnenrotationen hinweg. Die Messungen wurden mit dem Plasmainstrument des Max-Planck-Instituts für Aeronomie in Lindau, auf der deutsch-amerikanischen Raumsonde »Helios« gemacht. Die Zusammensetzung des Sonnenwindes entspricht erwartungsgemäß jener der äußeren Schichten der Sonne.

Auf der Sonne gibt es Bereiche, deren Temperatur und Dichte besonders niedrig sind, aus denen unipolare, offene Magnetfelder und schneller Sonnenwind (V > 400 km/sec) stammen. Diese Bereiche nennt man koronale Löcher. Das wurde bereits 1957 von dem Schweizer Astronomen M. Waldmeier bemerkt, der auch auf die 27tägige Wiederholungstendenz und den möglichen Zusammenhang mit den 1934 vom Göttinger Geophysiker J. Bartels postulierten, in 27tägigem Abstand wiederkehrenden erdmagnetischen Stürmen und hypothetischen »M-Zentren« hinwies. Aber erst die Untersuchungen mit dem »Orbiting Solar Observatory«, dem OSO-Satelliten der NASA und »Skylab« ermöglichten definitive Aussagen. Diese Messungen stellten 1973 zum erstenmal den direkten Zusammenhang zwischen koronalen Löchern und Hochgeschwindigkeitsströmen im Sonnenwind her. Damit war bewiesen, daß in der Nähe des Sonnenäquators auftretende koronale Löcher mit den Bartelsschen »M-Zentren« identisch sind. Zu Zeiten maximaler Sonnenaktivität sind sie selten zu finden und existieren nicht sehr lange. In *Abb. 14.3* spiegelt sich dieser Sachverhalt wider: Schneller Sonnenwind ist rar in Zeiten hoher Sonnenaktivität. Bei geringer Sonnenaktivität hingegen finden sich über den Polen der Sonne ausgedehnte und recht stabile koronale Löcher entgegengesetzter magnetischer Polarität. Darin manifestiert sich das allgemeine dipolartige Magnetfeld der Sonne. Zu Zeiten hoher Sonnenaktivität wird dieses Feld durch lokale starke Magnetfelder im Bereich der Sonnenflecken in Sonnennähe verzerrt. In größerer Entfernung von der Sonne dominiert jedoch immer eine Bipolarität des Magnetfeldes. Die quasi offenen Magnetfeldlinien aus den polaren koronalen Löchern werden durch eine Stromschicht in einer magnetisch neutralen Fläche (*Abb. 14.4*) kompensiert, oder anschaulich gesagt, getrennt. Koronale Löcher können sich in Minimumszeiten von den Polbereichen bis über den Äquator erstrecken. Entsprechend kann die Stromschicht in einer stark verworfenen gewellten Fläche verlaufen.

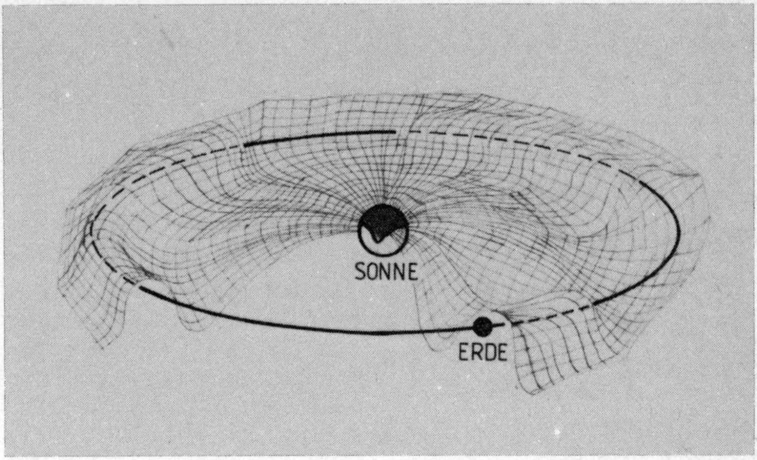

Abb. 14.4 Schematische Darstellung der Stromschicht im Sonnensystem. Die Erdbahn kann oberhalb oder unterhalb dieser Schicht verlaufen. Ist das nördlich der Schicht verlaufende solare (interplanetare) Magnetfeld auswärts, dann ist das darunter verlaufende Feld einwärts gerichtet. Eine Raumsonde beobachtet daher einwärts- oder auswärts gerichtetes Feld, je nachdem auf welcher Seite der Stromschicht sie sich befindet.

Ein Beobachter in der Ekliptik würde abwechselnd ihre Oberseite und ihre Unterseite zu sehen bekommen, entsprechend also einwärts und auswärts gerichtete Polarität des interplanetaren Magnetfeldes bemerken. In *Abb. 14.4* ist eine derartige Situation skizziert. Auf diese Weise erklärt man heute die lange Zeit rätselhafte »Sektorstruktur« des interplanetaren Magnetfeldes (*Abb. 14.5*), die ein Beobachter in der Ekliptik findet.

Der Sonnenwind strömt radial so lange nach außen, bis äußere Kräfte weitere Ausströmung verhindern. Um uns eine Vorstellung zu verschaffen, welcher Art diese Kräfte sind und wie die Grenzregion beschaffen sein muß, müssen wir ein Bild der Umgebung des Sonnensystems entwerfen. Die Sonne befindet sich in einem der Spiralarme der Galaxis, relativ weit vom galaktischen Zentrum entfernt. Dort erwarten wir eine große Ansammlung von Sternen, die einen dem Sonnenwind ähnlichen stellaren Wind erzeugen. Wir erwarten daher, daß sich im interstellaren Raum mit stellaren Winden in den Raum hinausgezerrte Magnetfelder finden, daß sich dort Plasma befindet, dessen Elektronendichte wir aus verschiedenartigen Messun-

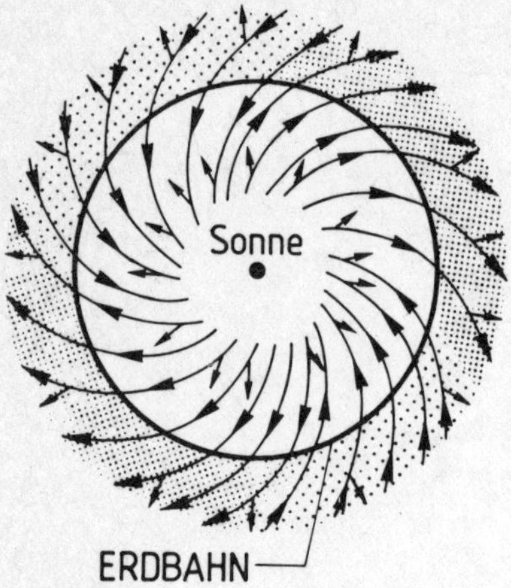

Abb. 14.5 Zur Erläuterung der »Sektorstruktur« des interplanetaren Magnetfelds. Einwärts oder auswärts gerichtetes Magnetfeld findet man, je nachdem auf welcher Seite der Stromschicht man sich befindet.

gen mit circa 0,05 Elektronen/cm^3 ansetzen können, dessen Temperatur nicht über 10^4 ° K liegen dürfte und dessen vermutlich eingefrorenes Magnetfeld[1] Feldstärken um 0,35 Nanotesla haben sollte. Außerdem gibt es im interstellaren Raum Staub und neutrales Gas – vornehmlich Wasserstoff und Helium. Über das neutrale Gas wissen wir aus photometrischen Beobachtungen der Wasserstoff-Lyman-α-Strahlung, daß es sich relativ zum Sonnensystem mit einer Geschwindigkeit von ~ 20 km/sec bewegt.

Plasma und neutrales Gas bewegen sich wegen der gelegentlichen Stöße zwischen beiden Teilchengruppen gemeinsam, daher ist die Relativgeschwindigkeit zum Plasma ebensogroß.

Neutrales Gas kann die von Magnetfeld und Sonnenwind geprägten Strukturen im Sonnensystem ohne weiteres durchdringen. Nun gibt es zwei Effekte, über die Plasma und Neutralgas miteinander Energie austauschen können: Ionisation und Ladungsaustausch. Der

1 Wenn sich Plasma und Magnetfeld nicht gegenseitig bewegen: das ist der Fall, wenn die Energiedichte des strömenden Plasmas sehr viel größer ist als die des Magnetfeldes. Das Magnetfeld wird vom Plasma »mitgenommen«, was in kosmischen Plasmen, hauptsächlich wegen der relativ hohen elektrischen Leitfähigkeit des Plasmas häufig vorkommt.

erste Effekt wird immer wahrscheinlicher, je mehr sich ein neutrales Teilchen der Sonne nähert. Im Augenblick der Ionisation erfährt das nun geladene Teilchen eine Beschleunigung, die über das nach außen getragene Magnetfeld vermittelt wird: im Augenblick der Ionisierung beginnt das nun geladene Teilchen um das Magnetfeld herumzulaufen. Bewegt sich das Feld unter einem von Null verschiedenen Winkel gegen des Teilchens Bewegungsrichtung, so wird dieses schon nach wenigen Umlaufperioden auf die Plasmageschwindigkeit gebracht worden sein. Auf diese Weise entstehen irgendwo im Sonnensystem einfach geladene Teilchen, die mit dem Sonnenwind wieder nach draußen getragen werden, dazwischen aber in mannigfacher Weise, z. B. an Stoßwellen, beschleunigt werden können, die aber auch wegen ihrer größeren »magnetischen Steifigkeit« (d. i. Impuls pro Ladung!) wieder in das Innere des Sonnensystems zurückdiffundieren können. Atome, die zur Ionisierung besonders hohe Energieaufwendung brauchen, wie z. B. die Edelgase Helium oder Neon, können besonders tief ins Sonnensystem eindringen, entsprechend auch effektvoller beschleunigt werden. Bei Messungen der kosmischen Strahlung fand man gerade bei diesen Elementen eine Anomalie der relativen Elementhäufigkeiten bei Energien zwischen 20 und 100 MeV pro Kernbaustein. Man vermutet, daß diese »anomale Komponente« gar nicht der aus dem Kosmos stammenden kosmischen Strahlung zuzurechnen ist, daß sie vielmehr aus ursprünglich neutralem interstellarem Gas durch den beschriebenen Prozeß entstanden ist.

Ladungsaustausch zwischen einem langsamen (kalten) neutralen Wasserstoffatom und einem (»heißen«) Sonnenwindproton führt zu einer direkten Veränderung der Eigenschaften des Sonnenwindes: dabei entstehen ein »kaltes« Sonnenwindproton und ein schnelles neutrales Wasserstoffatom, das sich fortan um Magnetfelder nicht mehr zu kümmern braucht. Geschieht das im Bereich des überschallschnellen Sonnenwindes, so fliegt das neutrale Wasserstoffatom mit Sonnenwindgeschwindigkeit von der Sonne weg. Als direkte Folge müssen wir daher aus dem Sonnensystem ausströmendes, schnelles Neutralgas erwarten. Das neue Sonnenwindproton dagegen hat jetzt neben seiner Strömungsenergie zusätzlich »thermische Energie«, die seiner ursprünglichen Geschwindigkeit als Neutralteilchen entspricht, etwa 20 km/sec. Das ist erheblich mehr, als »alte« Wind-Ionen mitbringen. Ladungsaustausch und Photoionisation führen also zu einem Verlust von Sonnenwindströmungsenergie und einer Zunahme an thermischer Energie, netto somit zur Verlangsamung und Aufheizung der Strömung. In der Überschallströmungsregion aber überwiegt zunächst die Aufheizung des Plasmas.

In den äußeren Bereichen des Sonnensystems nimmt der Staudruck des Sonnenwindgases ab. Der Sonnenwind, dessen mitgeführtes Magnetfeld weit draußen praktisch senkrecht zur Strömungsrichtung ist (*Abb. 14.2*), wird nun auf das interstellare Plasma treffen. Erreicht sein Staudruck den Wert des totalen Drucks des interstellaren Gases, muß sich der Sonnenwind – ähnlich wie beim Auftreffen auf das Erdmagnetfeld – durch einen Stoßwellenübergang vom Überschallcharakter seiner Strömung befreien. Hinter dieser Stoßwelle breitet sich der Wind dann als Unterschallströmung weiter aus. Wegen des gegen diese Region anströmenden interstellaren Plasmas wird sich in einem Übergangsbereich die Strömungsrichtung des Sonnenwindes umkehren und den so gebildeten »Körper« axialsymmetrisch in Richtung des anströmendes stellaren Windes umströmen. Wir haben daher eine Konfiguration, wie sie schematisch in *Abb. 14.6* gezeigt ist. Wir nennen den Bereich, auf den, wie beschrieben, der Sonnenwind und das interplanetare Magnetfeld beschränkt ist, »Heliosphäre«. Darum herum entwickelt sich aus abströmendem Plasma eine Art Kometenschweif – der Heliosphärenschweif. Die Heliosphäre wird in ihrer Größe variabel sein, nicht wegen der Sonnenaktivität – der Effekt sollte nicht dramatisch sein –, sondern je nach Beschaffenheit (Gasdichte) des interstellaren Raums.

Aus der Balance zwischen dem Staudruck des Sonnenwindes hinter der Stoßwelle einerseits und dem Gegendruck des interstellaren Mediums andererseits kann man auf den Abstand dieser Region von der Sonne schließen. Mit plausiblen Zahlenwerten findet man, daß der Abstand zur Stoßwelle zwischen 100 und 130 AE liegen muß.

Zur Umlenkung des Sonnenwindes hinter der Stoßwelle trägt natürlich auch die Wechselwirkung mit dem interstellaren Neutralgas durch Ladungstausch bei. Anders als bei der oben diskutierten Wechselwirkung mit der Überschallströmung des Sonnenwindes ergibt sich im turbulenten Unterschallbereich des umgelenkten Sonnenwindes – dessen Ionen auf zeitweilig recht gewundenen Bahnen schließlich ihre Strömungsrichtung finden – Emission von im Ladungstausch

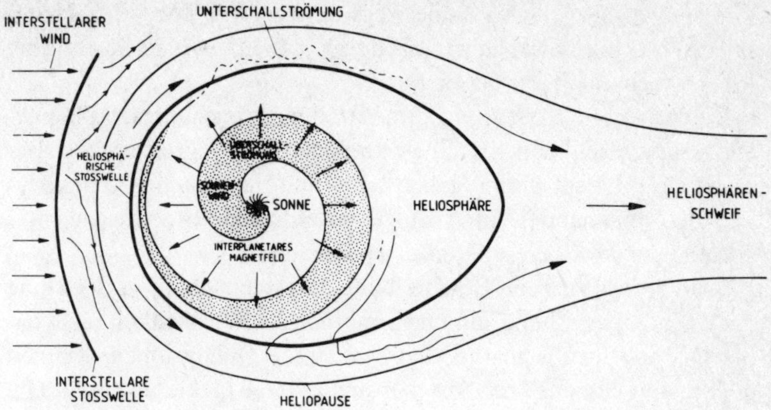

Abb. 14.6 Die Heliosphäre, schematisch. Schnitt in der ekliptischen Ebene. »Aufgespannt« vom Sonnenwind sehen wir in der Heliopause die Abgrenzung des heliosphärischen Magnetfeldregimes gegen das interstellare Feld. Man erkennt, wie ein auf der Sonne fast 180° solarer Länge überdeckender Bereich in großer Entfernung wegen der fast azimutalen Magnetfeldrichtung zu einer in radialer Richtung sehr dünnen Struktur schrumpft. Weitere Einzelheiten sind im Text erläutert.

erzeugtem Neutralgas in praktisch alle Richtungen, also auch in die Heliosphäre hinein. Die Geschwindigkeit dieses Gases dürfte bei etwa 100 km/sec liegen, also deutlich höher sein als die des direkt aus dem interstellaren Raum mit Relativgeschwindigkeiten von circa 20 km/sec einströmenden Gases. Dieses Gas, insbesondere die schnellere Komponente, sorgt für die weitere Aufheizung und Verlangsamung des Sonnenwindes im äußeren Teil der Heliosphäre. Wir haben also einen raffinierten Wechselwirkungsprozeß vor uns, über den die Dichte des interstellaren Neutralgases nachhaltig auf Gestalt, Dimension und Eigenschaften der Heliosphäre Einfluß hat. Große Dichte kann dazu führen, daß sich der Übergang zur Unterschallströmung gar nicht in einer Stoßwelle, sondern stetig vollzieht. Andererseits ist bei den derzeitigen Umgebungsparametern nicht zu erwarten, daß sich auch auf der interstellaren Seite vor der Heliosphäre eine Stoßwelle aufbaut. In Bereichen anderer Neutralgasdichte ist das jedoch durchaus möglich. Da sich das Sonnensystem auf seinem Weg durch die Galaxis durch dichtere und dünnere Regionen bewegt, erwarten wir also keineswegs eine zeitlich konstante Heliosphäre. Derzeit bewegen wir uns durch ein »Loch«, also durch eine Region recht niedriger Gasdichte.

Das praktisch kreisförmig aufgewundene interplanetare Magnetfeld definiert schließlich auch eine magnetische Begrenzung des Bereichs, und trennt mithin galaktisches und interplanetarisches Magnetfeld voneinander. In Analogie zu erdmagnetosphärischen Begriffen nennen wir diese Grenze »Heliopause«.

Die vorangegangene Beschreibung der Heliosphäre in der Nähe der ekliptischen Ebene kommt vermutlich der Wirklichkeit recht nahe. Die aus der Plasmatheorie abgeleiteten Dimensionen stimmen überein mit Dimensionen, die man aus anderen Gebieten kennt. Die amerikanische Pioneer-10-Raumsonde, die jetzt die äußeren Planetenbahnen (~ 25 AE) erreicht hat, bestätigt, daß die Struktur des Magnetfeldes dort praktisch kreisförmig ist.

Laufzeiten von energiereichen Sonnenteilchen längs dieser Feldlinien bestätigen auch die Verwurzelung der Felder auf der Sonne (im Gegensatz zur Vorstellung abgelöster »magnetischer Blasen«). Die Sonden haben bisher weder die Stoßwelle noch die Heliopause erreicht. Insofern ist man zuversichtlich, daß die oben skizzierten Vorstellungen von der Beschaffenheit der Heliosphäre richtig sind. Wie man sich allerdings die Erstreckung in die dritte Dimension vorzustellen hat, ist weniger genau bekannt. Wahrscheinlich wird man sich die äußeren Teile nicht rotationssymmetrisch, sondern eher abgeflacht denken müssen. Wichtige experimentelle Hinweise auf diese Fragen erwarten die Wissenschaftler von der zur Zeit in Vorbereitung befindlichen »International Solar Polar Mission«, von der im nächsten Kapitel noch die Rede sein wird. Dann erst wird man auch dieses physikalische Szenario experimentell nachprüfen können.

15. Schlußbetrachtung

Die näheren physikalischen Kenntnisse von den Planeten, von Merkur bis Saturn, verdanken wir den mit Hilfe von Raumsonden durchgeführten Messungen und den von diesen Sonden aus der Nähe gewonnenen Bildern. Die Mehrzahl dieser Messungen wurde im vergangenen Jahrzehnt ausgeführt – und ebenso jung ist vieles, von dem in diesem Buch die Rede war. Auf der anderen Seite aber setzen die schwierigen finanziellen Verhältnisse in den meisten der bisher an der Weltraumforschung beteiligten Nationen harte Grenzen für künftige Forschungsarbeiten. Eine der Pioneer-Sonden, vor einem Jahrzehnt gestartet, ist immer noch aktiv, so daß mit den großen Antennen der NASA noch immer Signale von dieser Sonde empfangen werden können. Sie hat sich inzwischen 25 AE von der Sonne entfernt, das ist der Sonne-Erde-Abstand 25mal nach außen verlängert. Das ist die größte Entfernung, aus der wir bisher direkte Messungen des interplanetaren Plasmas, des Magnetfeldes und der kosmischen Strahlung erhalten haben. Sie haben die wichtige Information vermittelt, daß die Extrapolation, die die Physiker vorgenommen haben, um die Struktur des interplanetaren Raumes aufzuklären, in der Ebene der Ekliptik im wesentlichen korrekt war. Insbesondere haben sie die Spiralstruktur des interplanetaren Magnetfeldes bestätigt, das – wie vermutet – in der Sonne wurzelt und vom Sonnenwind bis an die Grenze der Heliosphäre hinausgetragen wird. Kann es eine schönere Bestätigung für eine grandiose physikalische Konzeption geben?

Eine der Voyager-Sonden, denen wir die wundervollen Bilder vom Jupiter- und Saturn-System verdanken, wird sich im Jahr 1985 dem Uranus nähern und uns – hoffentlich – Messungen und Bilder von vergleichbarer Qualität auch von diesem äußeren Planeten verschaffen. Das wird dann für längere Zeit vermutlich die letzte exploratorische Mission zu einem Planeten gewesen sein.

Die nächste fest geplante »große Mission« ist die »International Solar Polar Mission« (ISPM abgekürzt). Zwei Sonden sollten ursprünglich gemeinsam starten und zunächst in eine Bahn zum Jupiter gebracht werden. Durch kleine Kurskorrekturen kurz vor Erreichen des Planeten sollten beide so gesteuert werden, daß sie im Schwerefeld des Planeten umgelenkt werden und fast senkrecht zur Ebene der Ekliptik aufsteigen. Allerdings hat die NASA aus finanziellen Gründen Ende 1981 die Arbeiten an der US-Sonde einstellen lassen. So wird wahrscheinlich nur die ESA-Sonde gestartet werden, um die Sonne auf einer Bahn zu umkreisen, die ebenfalls eine Ellipse ist, deren sonnenfernster Punkt auf der Jupiterbahn, deren sonnennächster Punkt auf der Erdbahn liegt, die sie aber in eine heliographische Breite von über 70 Grad emportragen wird. Das heißt, die Sonde wird praktisch die Pole der Sonne überfliegen. Am Jupiter wird sie so gesteuert, daß sie den Planeten nach Norden verläßt. Die »Überflug«-Periode über den Pol wird etwa 100 Tage dauern. Da wir gleichzeitig von der Erde aus die Sonne beobachten können, werden wir also zum erstenmal einen Stern in drei Dimensionen betrachten können.

Das sollte man natürlich nicht zu wörtlich nehmen, weil »betrachten« sich nur zum Teil auf das schmale spektrale Band bezieht, das unseren Sinnen unmittelbar zugänglich ist. Physikalisch nicht weniger wichtig ist die Untersuchung des solaren Magnetfeldes, des Sonnenwindes, der von der Sonne emittierten energiereichen geladenen Teilchen, der aus der Galaxis in das Sonnensystem eindringenden kosmischen Strahlung und der Photonenemission der Sonne vom Röntgenbereich über das Infrarote bis zum Radiowellenbereich.

Auch diese Mission dringt in unbekannte Regionen vor. Natürlich haben die Physiker von der dreidimensionalen Struktur des interplanetaren Raumes längst Modelle entworfen: vom Magnetfeld und von der Plasmaströmung insbesondere. Aber das sind Extrapolationen: aus den Erfahrungen im Zweidimensionalen, in der ekliptischen Ebene also, hinaus ins Dreidimensionale, zwar erweitert mit physikalischen Argumenten, aber eben auch noch mit einigen Annahmen. Wo immer die Physik Modelle verwendet, sind solche Annahmen eingebaut. Dann ist der jeweils nächste Schritt, durch kluge Messungen herauszufinden, ob die Modellvorstellung immer mit solcher

»Erfahrung« übereinstimmt. Tut sie es nicht, muß man das Modell ändern oder die Annahmen oder beides.

Da der Start der von ESA gebauten Sonde mit dem »Space-Shuttle« durchgeführt wird, haben sich die Verzögerungen in der Entwicklung der »Raumfähre« auch in diesem Programm ausgewirkt. Gegenwärtig ist der Start für 1984 geplant.

Ein zweites Programm zur weiteren Erforschung des Planeten Jupiter ist das »Galileo«-Programm – eine deutsch-amerikanische Zusammenarbeit. Eine Sonde soll in eine Umlaufbahn um Jupiter gebracht werden und von dort mehrere Jahre lang Messungen durchführen, um insbesondere über die Magnetosphäre des Jupiter weitere Aufschlüsse zu erhalten. Beim Anflug auf den Planeten wird sich von einer zweiten Sonde ein »Tochter-Satellit« lösen, der so gesteuert wird, daß er in die Atmosphäre Jupiters eindringen kann. Zwar wird seine Lebensdauer in der Atmosphäre nur wenig mehr als 30 Minuten betragen, doch erwartet man just von dieser »Probe«, die Massenspektrometer, Magnetometer, Strahlungsdetektor und einen Blitz-Detektor enthält, Kenntnisse von der Atmosphäre des Planeten, die bisher der Messung nicht zugänglich waren.

Für die zweite Hälfte dieses Jahrzehnts plant die Sowjetunion eine Sonde, die um den Planeten Mars umlaufen soll, und bei ESA denkt man für das Ende dieses Jahrzehnts ebenfalls an eine Mars-Sonde. Einen Radar-Satelliten wollen die USA in einigen Jahren zur Venus schicken, um mit einem hochauflösenden Radar Bilder von fast optischer Qualität erhalten zu können. Ferner plant ESA, 1985 eine Meßsonde namens GIOTTO zum Kometen Halley zu schicken. Ähnliches hat Japan vor; die Sowjetunion wird zwei die Venus anfliegende Venera-Sonden nach der Venus-Passage zum Kometen Halley dirigieren (sie werden dann VEGA genannt).

Dies ist das derzeit bekannte Raumfahrtprogramm. Es sieht nicht so aus, als ob bis dahin unsere Kenntnisse von den Planeten wesentlich erweitert werden würden. So schien es mir gerechtfertigt, unsere derzeitigen Kenntnisse jetzt in einem Buch zusammenzufassen, von dem angenommen werden darf, daß es bis zum Ende des Jahrzehnts das Sonnensystem im wesentlichen uneingeschränkt »richtig« beschreibt. Ich bin ziemlich sicher, daß die großen Züge dieses Gemäldes unserer kosmischen Nachbarschaft sich auch zu Ende des Jahrtausends nicht wesentlich verändert haben werden.

Anhang 1: Entfernungen im Sonnensystem und darüber hinaus:

Unsere Nachbarschaft im Kosmos

Der gestirnte Himmel hat nicht erst seit Immanuel Kant die Phantasie der Menschen beflügelt. Rätselhaft aber blieb lange Zeit das sich über den Nachthimmel hinziehende Band von Sternen – die Milchstraße. Kant hatte schon darauf hingewiesen, daß die »Nebelflecke« schließlich als Vielzahl von Einzelsternen aufgefaßt werden müßten. Aber die begriffliche Klärung, wie wir uns unsere Umgebung vorstellen müßten, erfolgte erst sehr viel später.

Das weitere Vordringen in den Raum über den Bereich des Sonnensystems hinaus konnte erst beginnen, als es leistungsfähige Fernrohre gab. Erst Johannes Kepler stellte klar, daß die Sterne weiter weg sind als die Planeten. Aber er glaubte auch, alle Sterne seien gleich weit weg. Wir wissen heute, daß das nicht richtig ist. Wir wollen daher in diesem Kapitel zunächst beschreiben, wie man Entfernungen mißt. Die Antwort auf die Frage lautet einfach: durch parallaktische Messungen. Was aber ist damit gemeint?

Setzt man sich in einen Stuhl und betrachtet man einen, sagen wir in einem Meter Abstand stehenden Gegenstand: Kneift man das linke Auge zu, erscheint der Gegenstand, den man betrachtet, an einer bestimmten Stelle der Wand. Kneift man das rechte Auge zu, erscheint der Gegenstand an einer anderen Stelle der Zimmerwand. So ist es in *Abb. A1* dargestellt. Augen haben voneinander den Abstand D; der Körper war im Abstand a vom Auge aufgestellt, der Abstand zur Wand sei b genannt. Den Winkel α nennen wir »die Parallaxe« des Gegenstandes. Diese wird also um so kleiner, je weiter entfernt der Gegenstand ist, und um so größer, je weiter entfernt die »Augen« voneinander sind. Beim Militär benutzte man daher schon seit lan-

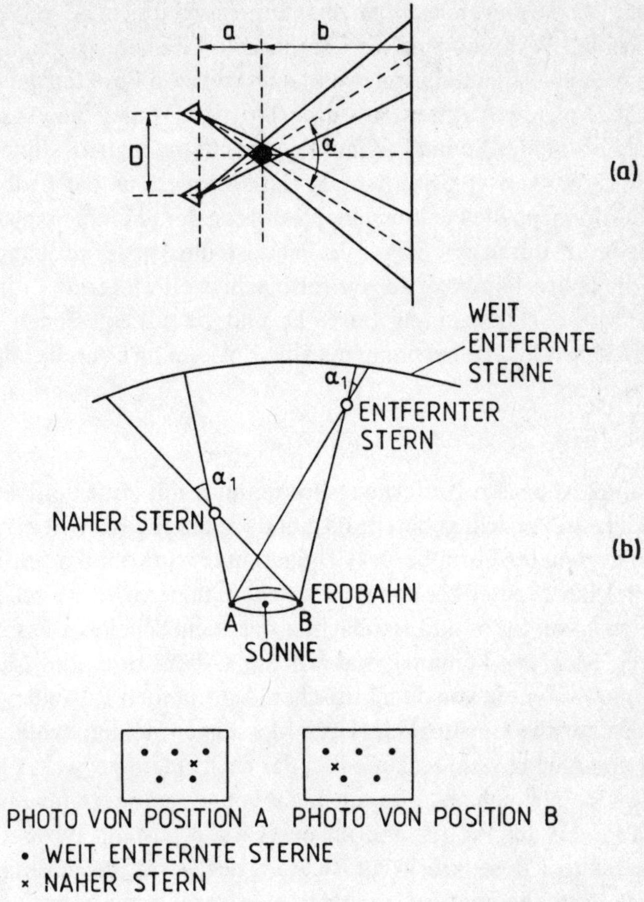

Abb. A1 (a) Räumliches Sehen: Ein Gegenstand erscheint vor verschiedenem Hintergrund, wenn wir ihn einmal mit dem linken, dann mit dem rechten Auge betrachten. Dieses Prinzip der parallaktischen Verschiebung wird auch in der Astronomie (b) häufig zur Entfernungsbestimmung angewandt.

gem zur Entfernungsmessung ein Rohr, in dem Spiegel die durch zwei Löcher im Abstand von vielleicht zwei Metern einfallenden Lichtstrahlen zur Mitte hin umlenkten, wo sie dann durch ein weiteres Spiegelpaar in die Augen reflektiert wurden. Wie man aus Teil b des Bildes erkennt, läßt sich dieses Verfahren auch auf weit entfernt liegende Sterne anwenden: man muß nur eine hinreichend große Basis D haben. Während man die Parallaxe von Planeten noch hinreichend genau bestimmen kann, wenn man von zwei Punkten der Erdoberfläche aus beobachtet (so wurde 1761 von Halley der Abstand der Venus von der Sonne bestimmt), braucht man zur Bestimmung der Entfernungen von Sternen als Basis wenigstens die Erdbahn. Man bestimmt so die Position eines Sterns an der »Himmelssphäre«, die wiederum durch jene Sterne definiert ist, die von der Erdbahn aus keine meßbare Parallaxe zeigen (also sehr weit entfernte Objekte sind). Mit der bekannten Basis D und dem gemessenen parallaktischen Winkel α bestimmt man die Entfernung a durch einfache Rechnung zu

$$a = \frac{D}{2\,(\alpha/2)}$$

Allerdings ist bei der Entfernungsbestimmung mit Hilfe der Parallaxenmethode Vorsicht geboten: Es gibt da einen Effekt, den man zuerst in geeigneter Form berücksichtigen muß: Sowohl der Stern als auch der Beobachter können sich bewegen; daher wird bei relativer Bewegung von Stern und Beobachter das Licht scheinbar aus einer anderen Richtung kommen, was wir die »Aberration« des Lichtes nennen. Das wurde von dem britischen Astronomen J. Bradley aufgedeckt, der die Genauigkeit seiner Messungen steigern wollte und daher gezwungen war, genauer über das nachzudenken, was er gerade machte. Wir nehmen also an, Licht von einem Stern falle in ein Teleskop, das aus Eintrittsapertur und Okular besteht. Bewegt sich das Teleskop z. B. senkrecht zur Richtung des Sterns, so würde, wenn das Teleskop »geometrisch« eingerichtet wäre, wenn also Okular, Objektiv und Stern auf einer Geraden lägen, das Licht, das durch das Objektiv fällt, das Okular gar nicht erreichen, weil sich ja dieses schon bis zu einem anderen Ort weiterbewegt hätte. Man muß daher bei bewegtem Beobachter »vorhalten« um einen Winkel, der gegeben ist durch das Verhältnis der Bewegungsgeschwindigkeit zur Lichtgeschwindigkeit. Diesen Effekt nennt man die »Aberration« (vom Lateinischen: verirren) des Lichts. Berücksichtigt man daher die Eigenbewegung des Beobachters und die der Quelle, so ist die Bestimmung der Parallaxe ein einfacher und durchaus brauchbarer Meterstab fürs Universum.

Die erste exakte Bestimmung der Entfernung Erde–Mond nahm

der Grieche Aristarch auf diese Weise vor (vgl. Kapitel 1), Hipparch verbesserte die Messung später, als er von zwei weit entfernten Orten gleichzeitig die Position des Mondes bestimmte. Damit konnte Hipparch auch die Dimension des Mondes angeben und – wenn auch nicht sehr genau – den Abstand der Erde von der Sonne (nämlich zu 20mal der Erde–Mond-Entfernung). Der deutsche Mathematiker F. W. Bessel wandte diesen Gedanken 1838 auf die Beobachtung von Sternen an. Dazu wählte er Beobachtungszeiten, die voneinander genau ein halbes Jahr getrennt waren, weil sich die Erde dann genau im gegenüberliegenden Bahnpunkt ihrer Bahnellipse um die Sonne befand. Die Basis für die parallaktische Messung ist in diesem Fall der Erdbahndurchmesser, also 2 AE. Er fand schließlich einen Stern, dessen parallaktische Verschiebung von dieser Basis aus und mit den ihm zur Verfügung stehenden Instrumenten meßbar war, der in astronomischen Tafeln als 61 Cygnus (im Sternbild des Schwan) aufgeführt ist. Die parallaktische Verschiebung, die Bessel fand, betrug 0,6 Bogensekunden! Daraus berechnete Bessel die Entfernung des Sterns zu 1.03×10^{14} km, natürlich unter der Annahme, daß sich der Stern innerhalb des Beobachtungsintervalls von 6 Monaten nicht bewegte. Da diese Zahlen groß sind, pflegen die Astronomen Entfernungen mit Hilfe der Lichtgeschwindigkeit auszudrücken, weil dies eine Naturkonstante ist ($c \approx 300\,000$ km/sec).

Von der Sonne erreicht uns Licht in etwa 8 Minuten. Vom Stern 61 Cygnus erreicht uns Licht nach circa 11 Jahren! Wir sagen daher, der Stern sei 11 Lichtjahre entfernt. Dieser Stern ist einer unserer nächsten Nachbarn im Kosmos. Bessel konnte auch angeben, daß dieser Stern nur wenig kleiner als unsere Sonne sein müßte. Tatsächlich gibt es einige Sterne, die uns noch näher sind als 61 Cygni; der »nächste« ist Alpha-Centauri, der nur 4,3 Lichtjahre entfernt ist (vgl. *Tab. A 1*). Jener ist unserer Sonne ebenfalls sehr ähnlich.

Dies war der erste experimentelle Beweis, daß zwischen der Sonne und den Planeten Entfernungen von einigen AE auftreten, daß aber um dieses Sonnensystem herum Lichtjahre hin »leerer« Raum war, und weiter, daß es noch andere Sonnensysteme gibt, daß daher unsere irdische Existenz nicht unbedingt etwas Einmaliges zu sein braucht.

Astronomen schätzen heute, daß es in unserer Galaxis (dem Milchstraßensystem) etwa 4×10^{10} Sterne mit Eigenschaften gibt, die denen unserer Sonne vergleichbar sind. Wie wir im Kapitel 9 gesehen haben, wird für die Entstehung eines Sternes heute Gravitationskollaps einer Gas- und Staubwolke angenommen. Es ist daher natürlich, daß auch außerhalb des Zentralsternes Körper kondensieren können, die wir in Analogie zum Sonnensystem »Planeten« nennen würden. Weiter: radioastronomische Beobachtungen haben insbesondere in Gebieten, in denen wir interstellares Gas und Staub beobachten können, Emissionslinien von organischen Molekülen gefunden. Wir *wissen* also, daß die Bildung solcher Moleküle ein durchaus normaler Prozeß im interstellaren Raum ist. In der Entstehung von Leben darf man daher ebenfalls kein ungewöhnliches Ereignis sehen. Als einen Glücksfall allerdings würde ich den Umstand ansehen, daß sich die Erde in gerade diesem Abstand von der Sonne gebildet hat, was für die Entwicklung von Leben zweifellos die günstigsten Voraussetzungen schuf. Weder Venus noch Mars sind belebt, obwohl zweifellos beider Historie der der Erde recht nahe kommen. Das hat sicher mit der auf ihrer Oberfläche ankommenden Sonnenstrahlung zu tun. Vermutlich ist es eine brauchbare Hypothese, daß, wo immer im Universum um einen Stern ähnlicher Spektralklasse ein Planet in einem solchen Abstand kreist, auf dessen Oberfläche eine vergleichbare Strahlungsintensität wie im Fall der Erde auffällt, daß auf solchen Planeten im Prinzip Leben möglich sein müßte. Direkt sehen könnte man solche Planeten natürlich nicht; man müßte indirekt, z. B. aus Bahnbesonderheiten, auf die Gegenwart von Planeten schließen. Derartige Untersuchungen sind natürlich vielfach vorgenommen worden. Mrs. S. L. Lippincott vom Swarthmore College in Philadelphia (USA) hat jetzt zum erstenmal glaubhaft nachgewiesen, daß Barnards Stern (kleiner und kühler als die Sonne) von einem (oder zwei) unsichtbaren Begleitern von der Größe Jupiters umlaufen wird. Bei fünf weiter entfernten Sternen weisen die Beoachtungen ebenfalls entschieden auf die Existenz von Planeten hin, so bei dem 18 Lichtjahre entfernten Stern Stein 2051 und bei dem 30 Lichtjahre entfernten Stern CC 1228. Einen Planeten von 10 Jupiter-Massen glaubt man beim Stern Lalande 21185 gefunden zu haben, einen von 8 Jupiter-Massen bei 61 Cygni.

Der Astronom Friedrich Wilhelm Herschel hatte eine ganze Reihe von Sternhaufen beobachtet (und Zeichnungen davon angefertigt), die zunächst als durch Rotation abgeflachte Sonnen angesehen wurden. Immanuel Kant bemerkte dazu (in seiner 1755 erschienenen

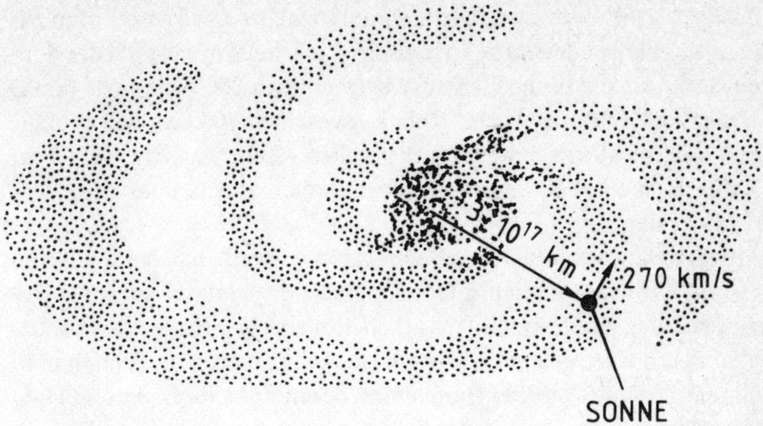

Abb. A2 Schemazeichnung unserer Galaxis mit Position der Sonne.

»Naturlehre und Theorie des Himmels«), daß es natürlicher sei, anzunehmen, es handle sich um Systeme aus vielen Sonnen, also um Milchstraßensysteme (S. 309). Denn die Milchstraße ist in Wirklichkeit eben eine Ansicht unserer Galaxis (*Abb. A2*). Die offenbare »Konzentration« der Sterne im Band der Milchstraße ist ein rein geometrischer Effekt, der mit der relativen Lage unseres Sonnensystems in der Galaxis zu tun hat – es liegt ziemlich am Rand in einem der Spiralarme, im Orion-Arm, der auch die Sterne der Sternbilder Hund und Schiffskiel enthält. Im Orion-Arm liegt die Sonne in der Nähe des inneren Randes, wogegen die anderen zum Sternbild des Orion gehörenden hellen Sterne am äußeren Rand liegen. Der Blick auf das sternreiche galaktische Zentrum ruft in uns den Eindruck eines Bandes, eben der Milchstraße, hervor. Gleichmäßiger über den Himmel verteilt finden wir andere Sterngruppen, denen wir Eigenschaften zuschreiben müssen, die denen unserer Galaxis ähnlich sind, die aber weit von uns entfernt sind. Die nächstgelegene, der Andromeda-Nebel, ist 1,7 Millionen Lichtjahre entfernt und etwas kleiner als unsere Galaxis. Die Sterne der Galaxis rotieren um das Zentrum der Galaxis herum. Der Blick auf das Zentrum unserer Galaxis ist uns durch eine interstellare Gaswolke (»Dunkelwolke«) verwehrt. Die Milchstraße scheint sich daher an dieser Stelle (im Sternbild Schütze) zu teilen. Die Sonne ist etwa 30000 Lichtjahre vom Zentrum der Galaxis entfernt, etwa zwei Drittel des maximalen Abstandes, den zur Galaxis gehörende Sterne aufweisen. Die Rotationsperiode der Sonne um das galaktische Zentrum beträgt etwa 200 Millionen Jahre. Näher am Zentrum ist die Rotationsgeschwindigkeit noch größer. Die äußeren Sterne bewegen sich um dieses Zentrum herum etwa auf Keplerbahnen, während die zentrumsnahen Sterne quasi »im Verband« rotieren.

Aus radioastronomischen Beobachtungen weiß man heute, daß im »Kern« (etliche Lichtjahre Durchmesser) der Galaxis intensive Radiostrahlung emittiert wird, so als ob dort ein gigantischer Stern säße. Um diesen Kern gruppiert sich ein Halo von Sternen; mit zunehmender Entfernung vom Zentrum nimmt deren Zahl ab. In diesem Halo befinden sich die ältesten der bekannten Sterne, auch Rote Riesen. Die Spiralarme dagegen enthalten vornehmlich junge Sterne, eingebettet in Gas und Staub.

Relativ zu den ihr benachbarten Sternen bewegt sich die Sonne mit einer Geschwindigkeit von 19,4 km/sec (Pekuliarbewegung), was auch durch die Messung der Dopplerverschiebung der 21-cm-Strahlung des interstellaren neutralen Wasserstoffs bestätigt wurde.

Die Galaxis ist etwa 12 Milliarden Jahre alt. Das Sonnensystem, das 4,6 Milliarden Jahre alt ist, hat daher seit seiner Bildung erst 23 Umläufe um das galaktische Zentrum vollendet. Die Bahngeschwindigkeit der Sonne im galaktischen System beträgt etwa 230 km/sec. In den Spiralarmen – wie man aus der Beobachtung anderer Galaxien weiß – ist ein Spektraltyp von Sternen beobachtbar, den man im Zentrum von Galaxien nicht findet: die Blauen Riesen. Das sind sehr heiße, helle Sterne: »junge« Sterne! Daher vermutet man, daß in den äußeren Regionen der Galaxien auch heute noch Sterne entstehen. Unter den beobachtbaren Galaxien findet man solche kugelförmiger und elliptischer Gestalt, scheibenförmige und solche mit ausgebildeten Spiralarmen. Diese Erscheinungsformen interpretiert man als Entwicklungszustände: eine kugelförmige Galaxis wird als junges System angesehen, das sich nach und nach, wegen der Erhaltung des Drehimpulses eines solchen Systems, immer stärker abflacht, scheibenförmig wird, wobei Gas in der Ebene der sich bildenden Scheibe nach außen abströmt. Dieses »primordiale« Gas sollte das Baumaterial der Sterne sein.

Der amerikanische Astronom E. P. Hubble hat versucht, die Entfernungen der Galaxien zu bestimmen und gefunden, daß Galaxien

Tabelle A 1: Entfernung und Lage einiger der näheren Sterne

Name des Sterns	Entfernung (Lichtjahre)	im Sternbild
Alpha Centauri	4,3	Centauer
Barnards Stern	5,97	Ophiuchius
Wolf 359	7,74	Löwe
Luyten 726-8	7,9	Walfisch
Lalandé 21185	8,2	Großer Bär
Sirius	8,7	Großer Hund
61 Cygni	11,1	Schwan
Altair	15,7	Adler

(1 Lichtjahr = $9{,}5 \times 10^{12}$ km)

Andere Galaxien (oft in Nebelhaufen zusammenstehend):

Name	Entfernung in Millionen Lichtjahre
Andromeda Nebel (M31)	2,25
Virgo	36
Hercules	340
Ursa Major II	1240

mehr oder weniger gleichförmig (isotrop) im Raum verteilt sind, obwohl es auch Cluster (Haufen) von Galaxien gibt. Unsere Galaxis scheint zusammen mit dem Andromeda-Nebel, einer weiteren Spiralgalaxis, sechs elliptischen und vier irregulären Nebeln (zu denen die beiden Magellanschen Wolken gehören), eine solche Gruppe (Cluster) zu bilden. Man schätzt, daß es 75 Millionen Galaxien bis zur Größe 21^m im Universum gibt. Warum sollten unter diesen vielen Einzelsternen Erde–Sonne-ähnliche Bedingungen, also auch Leben, nicht vieltausendmal realisiert sein? Mehr noch: Sternentstehung ist ein ständig stattfindender Prozeß in unserer Galaxis und in anderen. Unsere Sonne ist ein durchaus durchschnittlicher Stern bezüglich Größe, Radius, Masse, Leuchtkraft. Daher werden wir erwarten, daß wir in allen Phasen der Entwicklung Sonnensysteme finden können: solche, bei denen sich Planeten eben gebildet haben, solche, die unserer Entwicklungsstufe ähnlich sind, und schließlich solche, deren Zentralstern »Sonne« entweder schon Weißer Zwerg oder Neutronenstern geworden ist, wo also Leben wegen veränderter »Umweltbedingungen« erloschen ist.

Anhang 2: Der Strahlungsdruck des Lichts

Wenn Sonnenlicht auf ein Prisma fällt, erscheint – jedem geläufig – ein von rot nach blau aufgefächertes Spektrum der Farben, aus denen »weißes« Licht gemischt wird. Man kann dies erklären und verstehen, wenn man Licht als elektromagnetische Welle auffaßt, mit bestimmter Wellenlänge λ, die sich mit der Lichtgeschwindigkeit c ausbreitet. Der Vektor des elektrischen Feldes, der diese Welle mit bildet, schwingt mit einer bestimmten Frequenz ν hin und her, für die die Bezeichnung $c = \nu\lambda$ gilt. Man kann sich das wie folgt veranschaulichen: ν gibt die Zahl der Schwingungen in einer Sekunde an. Eine Welle besteht aus vielen aufeinanderfolgenden Einzelschwingungen; jede hat eine bestimmte Länge λ. ν solcher Wellenlängen lang ist also die Entfernung, um die sich die Welle in einer Sekunde bewegt hat. Das ist aber gerade die Ausbreitungsgeschwindigkeit dieser Welle.

In einem Prisma, dessen Brechungsindex n größer ist als 1 ($n = 1$ gilt im Vakuum), wird das Licht von seiner Einfallsrichtung weg gebrochen, und zwar um so stärker, je größer λ ist. Auf diese Weise entsteht das Prismenspektrum.

Isaac Newton hatte zur Erklärung der Beugung des Lichts – damals gab es noch keine Wellentheorie – ad hoc den Standpunkt eingenommen, es gäbe Lichtteilchen. Diese Schlußfolgerung ist fast unausweichlich, wenn man den lichtelektrischen Effekt erklären will: da tut man sich im Wellenbild sehr schwer. Die Geschwindigkeit des aus dem Material durch die Lichteinstrahlung freigesetzten Elektrons wächst mit der Energie des eingestrahlten Lichts. Je kurzwelliger also das Licht, desto schneller das Elektron. Im Wellenbild würde man naiv eher einen Zusammenhang mit der Intensität des Lichts erwarten.

Mit einem Lichtquant muß sich also der Begriff der Energie verbinden lassen, und da Röntgenlicht energiereicher ist als Radiowellen, muß diese Energie proportional zur Frequenz des Lichts sein. Max Planck schrieb daher $E = h\nu$. Die Konstante h, die Planck damit in die Physik einführte, kennen wir als das Plancksche Wirkungsquantum, mit dem Zahlenwert $h = 6{,}624 \times 10^{-27}$ erg sec. Dieses ist eine universelle Naturkonstante, wie die Lichtgeschwindigkeit.

Mit dieser Vorstellung verband Einstein seine aus der Relativitätstheorie abgeleitete Verknüpfung von Energie und Masse: $E = mc^2$. Durch Kombination beider Formeln können wir also einem Lichtquant die Masse

$$m = \frac{h\nu}{c^2}$$

zuschreiben oder wegen $\lambda\nu = c$ auch $m = h/c\lambda$. Drückt man h in erg cm, c in cm/sec und λ in cm aus, so findet man, daß ein »blaues« Photon von 400 nm Wellenlänge eine Masse von $m = 5{,}5 \times 10^{-33}$ g und ein »rotes« von 800 nm Wellenlänge eine Masse von $m = 2{,}7 \times 10^{-33}$ g hat (1 nm = 1 Nanometer = 10^{-9} m). Die Masse eines Wasserstoffatoms beträgt im Vergleich dazu $1{,}7 \times 10^{-24}$ g! Darum ist natürlich im Bereich unserer sinnlichen Wahrnehmung der Strahlungsdruck des Lichtes nicht spürbar.

Der Druck P eines Gases, beispielsweise auf eine Wand, entsteht durch Stöße der Gasatome auf diese Wand. Der dabei übertragene Impuls g (das Produkt aus Masse m und Geschwindigkeit υ, $g = m\upsilon$) erlaubt es, den Gasdruck direkt zu berechnen. Völlig analog dazu bestimmen wir den von Lichtquanten auf Körper (z. B. auf Staubteilchen) ausgeübten Strahlungsdruck durch $P = mc = h\nu/c$.

Denken wir uns im interplanetaren Raum ein Staubteilchen, so unterliegt dieses einerseits der Gravitationsanziehung durch die Sonne, andererseits der durch den Strahlungsdruck des Lichts ausgeübten Kraft, die es von der Sonne wegzudrücken versucht. Der Strahlungsdruck, den ein Staubteilchen erfährt, hängt natürlich ab von dem Querschnitt, von der Wellenlänge des Lichts und von den Materialeigenschaften. Andererseits nimmt die Intensität des Lichts ebenso wie die Gravitationskraft mit dem Quadrat der Entfernung von der Sonne ab. Kleine Staubteilchen verhalten sich daher so, als sei die Masse der Sonne im Gravitationsgesetz »herabgesetzt«. Zum Lichtdruck gesellt sich übrigens auch noch der ebenfalls nach außen wirkende, vom Sonnenwind übertragene Partikeldruck. In der Nähe der Erdbahn kann vom Sonnenwind übertragene Kraft die Gravitationskraft bei Teilchen mit Durchmessern unter 0,1 μm übertreffen.

Die Staubteilchen bewegen sich ja auf Ellipsenbahnen – in erster Näherung also fast senkrecht zur Verbindungslinie zur Sonne. Auch für sie trifft die in Anhang 1 besprochene Aberration des Lichts zu: Sonnenwindteilchen wie Lichtquanten kommen scheinbar von »schräg vorne«. Daher erfahren diese Teilchen eine ihrer Bewegungsrichtung entgegengesetzte Kraft, die im Lauf der Zeit zu einer Verringerung ihrer Geschwindigkeit führt. Staubteilchen bewegen sich wegen dieser nach ihren Entdeckern Poynting-Robertson-Effekt benannten Abbremsung auf Spiralen auf die Sonne zu. Dieser Effekt begrenzt die Lebensdauer von sehr kleinen Teilchen (0,1 μm Durchmesser) auf einige 100 Jahre, die von Zentimeter-Abmessungen auf einige Millionen Jahre, denn bei Annäherung an die Sonne verdampfen die Staubteilchen. Andererseits aber werden sehr kleine Teilchen (und Moleküle) vom Strahlungsdruck nach außen verfrachtet. Sind die Teilchen auch noch elektrisch geladen, werden sie durch die Wirkung elektrischer Kräfte im Sonnenwind aus dem Sonnensystem hinausgetragen. Daneben begrenzen natürlich Erosionseffekte die Lebensdauer von Staubteilchen: Protonen des Sonnenwinds, die auf die Oberflächen auftreffen, schlagen ständig Atome aus den Oberflächen heraus (man nennt das »sputtering«, englisch, gleichbedeutend mit wegspritzen) und tragen so zur ständigen Verkleinerung der Staubteilchen bei (typisch ~ μm/Jahr).

Übrigens ist der Strahlungsdruck auch für Anwendung im Bereich der Raumfahrt diskutiert worden. Wenn man eine große Fläche der Sonnenstrahlung aussetzt, wird diese beschleunigt, so wie das Segel ein Segelboot in Bewegung setzen kann. Entsprechend kann man mit einem Raumfahrzeug, das eine solche große »Segelfläche« besitzt, im interplanetaren Raum manövrieren (»kreuzen«). Als »Wind« wirken hier das Sonnenlicht und der Sonnenwind, die beide in der Ekliptik in dieselbe Richtung »drücken«. Solche Raumfahrzeuge mit »solar sailing«-Antrieb wurden ernsthaft diskutiert und werden möglicherweise in nicht allzu ferner Zeit angewandt.

Anhang 3: Die Titius-Bodesche Regel

Trägt man in ein Koordinatensystem in einer Richtung ganze Zahlen (0, 1, 2, 3 usw.), in der anderen Richtung den Logarithmus der mittleren Entfernung der Planeten von der Sonne oder den der mittleren Entfernung der Monde von Planeten in irgendwelchen Einheiten auf, so erhält man erstaunlicherweise in dieser Darstellung Geraden, gleich ob man das für das Sonnensystem, für Jupiter, Saturn, Uranus oder Neptun tut. Dies ist insbesondere deshalb bemerkenswert, weil es bis heute keine unangefochten akzeptierte Erklärung dafür gibt. Dies wiederum hat seine Ursache hauptsächlich darin, daß für die Entstehung des Sonnensystems in Einzelheiten verschiedene Theorien existieren. Zur Entscheidung für die eine oder die andere (oder gar eine dritte) fehlen experimentelle Befunde, Fakten, die nur in einer bestimmten Weise erklärt werden können.

Johann Daniel Titius (1729–1796) bemerkte diese Gesetzmäßigkeit als erster. Man nehme, so schreibt er, die Zahlenfolge 0, 3, 6, 12, 24 usw. (die dadurch charakterisiert ist, daß jede Zahl – außer den ersten beiden – durch Verdopplung aus der vorhergehenden Zahl entsteht) und addiere zu jeder so gebildeten Zahl 4. Dann entsteht eine Zahl D′. Schreiben wir D′ = 10D und beschreiben wir die eben beschriebene Folge algebraisch durch

$$D' = 10D = 4 + 3 \times 2^n \text{ für } n > 1, \text{ ganzzahlig.}$$

und

$$D' = 10D = 4 \qquad \text{für } n = 1,$$

so entspricht D erstaunlich genau dem Abstand der Planeten von der Sonne (gemessen in Vielfachen des Erde–Sonne-Abstands, also in AE, wie man aus der Tabelle sieht.

Titius, Professor der Physik zu Wittenberg, fügte bei seiner Über-

Tabelle A 2

Planet	Merkur	Venus	Erde	Mars	Ceres	Jupiter	Saturn	Uranus	Neptun	Pluto
n	$-\infty$	0	1	2	3	4	5	6	7	–
Beobachtung	0,39	0,72	1,0	1,52	2,77	5,2	9,54	19,18	30,06	39,4
Titius-Regel	0,4	0,7	1,0	1,60	2,80	5,2	10,0	19,6	38,8	77,2

setzung des Buches »Contemplation de la Nature« von Charles Bonnet einiges von seiner eigenen Erkenntnis hinzu, so auch die eben beschriebene Regel in Teil I, Kapitel 4. Doch fand seine Bemerkung zunächst wenig Beachtung. Johann Elert Bode (1747–1826), königlicher Astronom und hoch dekoriert, machte diese Regel in seinem Buch »Anleitung zur Kenntnis des gestirnten Himmels« bekannt. Zwar verschwieg er die Herkunft der Regel zunächst, in späteren Auflagen aber erwähnt er, daß er die Regel in der Titiusschen Übersetzung von Bonnets Buch 1772 gefunden habe. In der Folge erwähnt er die Regel in vielen seiner Schriften, so daß sie oft als »Bodes Regel« zitiert wurde (Bode wählte übrigens auch den Namen des damals entdeckten Planeten Uranus aus).

Historisch hat die Regel Wurzeln in Keplers »Mysterium Cosmographicum«, wo er versucht, die Bahnen der Planeten durch reguläre Polygone zu beschreiben, die in die von den Bahnen bestimmten Kugeln einbeschrieben werden können. Kepler macht – mit anderen Worten – schon Gebrauch von ganzen Zahlen zur Beschreibung des Planetensystems. Übrigens machte auch er schon auf die große Lükke zwischen Mars und Jupiter aufmerksam.

Die Regel gewann Aufmerksamkeit, als Uranus entdeckt wurde. Als die Suche nach einem Planeten im Abstand 2,8 AE die Entdekkung des Planetoiden Ceres einbrachte, wurde sie zur Suche von Neptun gar systematisch angewandt und erlangte große Berühmtheit. In der Zwischenzeit wurde sie in mehrfacher Hinsicht verbessert. Der Astronom Wurm bemerkte, daß die Vorhersage der Regel verbessert wird, wenn man statt des Multiplikanden 3 die Zahl 2,93 und statt der Zahl 4 die Zahl 3,87 verwendet. W. Gilbert ließ wenig später die Potenzen zur Zahl 2 fallen und verwendete statt dessen 2,08.

Aus *Abb. A3* erkennt man eine weitere Besonderheit. Die die den einzelnen Planeten zugeordneten Punkte verbindende Kurve schlän-

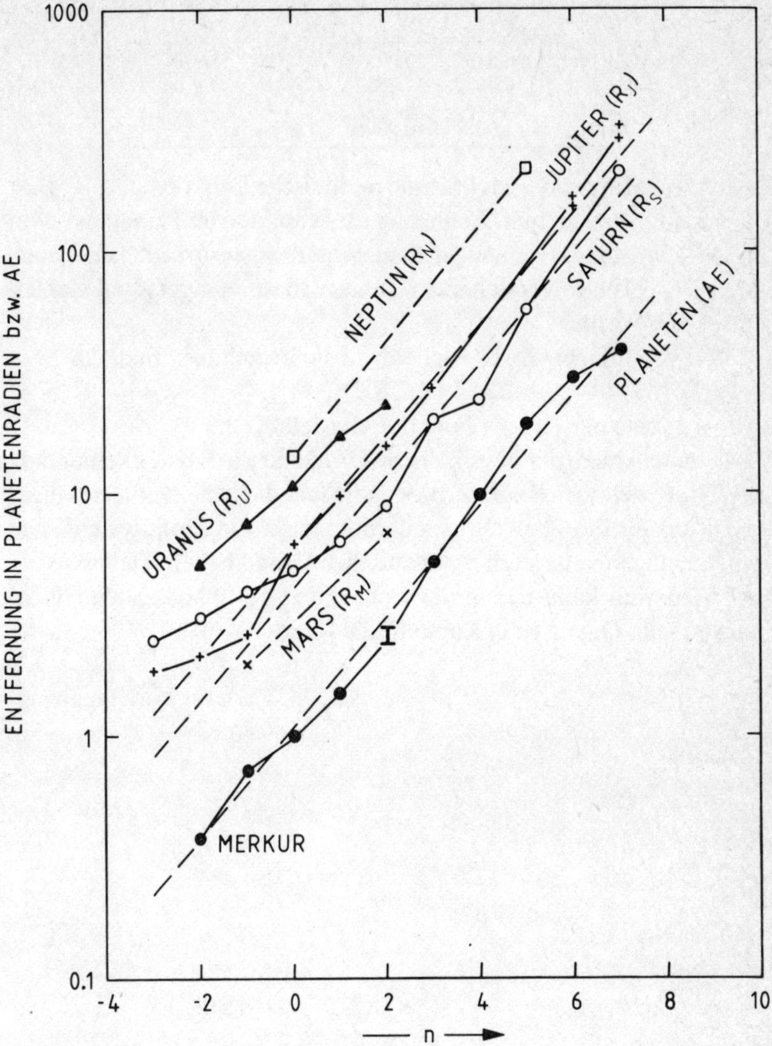

Abb. A3 Zur Titius-Bodeschen Regel.

gelt sich periodisch um die eingezeichnete Gerade herum. Dies veranlaßte 1913 Miss Mary Adela Blagg (1858–1944), periodische Funktionen einzuführen. Miss Blagg schrieb die Beziehung in der Form

$$D_n = A \cdot (1{,}7275)^n \cdot [B + f(\alpha + n\beta)]$$

	A	B	α	β
Planeten	0,4162	2,025	112°,4	56°,6
Jupiter	0,4523	1,852	113°,0	36°,0
Saturn	3,074	0,0071	118°,0	10°,0
Uranus	2,98	0,0805	125°,7	12°,5

In dieser Beziehung stellt f eine periodische Funktion dar, A, B, α und β sind Konstanten. Wenn man die Abstände im Planetensystem in AE, in Mondsystemen in Planetenradien ausdrückt, sind nach Miss Blagg die in vorstehender Tabelle zusammengefaßten Zahlen die besten Werte.

1945 vereinfachte D. E. Richardson die Beziehung erneut zu

$$D_n = (1{,}728)^n \varrho_n (\Theta_n),$$

wobei ϱ_n eine periodische Funktion darstellte.

Trotzdem blieb der physikalische Grund für die Existenz einer derartigen Regel noch lange verborgen. Denn, daß eine derartige Regel nicht nur für die Planeten, sondern auch für die Mondsysteme zutrifft, muß einen tieferen physikalischen Grund haben. Dessen Wurzel wiederum kann nur in der Entstehung des Planetensystems zu suchen sein. Davon ist in Kapitel 9 die Rede.

Anhang 4: Die Bewegung der Planeten

Während Kepler die Ableitung seiner die Planetenbewegung beschreibenden Gesetze sozusagen empirisch zu leisten hatte, ergeben sich diese bei Kenntnis des Kraftgesetzes, nämlich der Gravitationskraft, praktisch von selbst. Bildet man nämlich das Vektorprodukt der Kraft $\vec{K}$ mit dem Radiusvektor, so ergibt sich $\vec{K} \times \vec{r} = O$. Da die Kraft aber zugleich die zeitliche Änderung des Impulsmoments $\vec{G}$ um die Sonne darstellt, folgt, daß

$$\vec{G} \times \vec{r} = \text{konstant}$$

ist. Dies ist aber gerade der »Flächensatz«: Der Radiusvektor überstreicht in gleichen Zeiten gleiche Flächen – das zweite Keplersche Gesetz (vgl. *Abb. A4*).

Um zum ersten Kepler-Gesetz zu gelangen, müßte man die Gleichung in Polarkoordinaten hinschreiben und würde die Ellipsengleichung in der Form

$$r = \frac{a\,(1 - \varepsilon^2)}{1 + \varepsilon \cos \varphi}$$

gewinnen, wobei ε die numerische Exzentrizität der Ellipse ist, a die große Halbachse und φ den Azimut-Winkel bezeichnet. Die Fläche der Ellipse beträgt $F = \pi\, ab = \pi a^2 \sqrt{(1 - \varepsilon^2)}$. Diese wird in der Umlaufzeit T umlaufen. Mit dem zweiten Gesetz können wir daher sofort schreiben

$$c \cdot T = \pi a^2 \sqrt{1 - \varepsilon^2}$$

Drückt man noch die Flächenkonstante C durch das Gravitationsgesetz aus:

$C^2 = \gamma Ma(1-\varepsilon^2)$, wo M die Sonnenmasse, γ die Gravitationskonstante ist, so ergibt sich

$$\frac{T^2}{a^3} = \frac{4\pi^2}{\gamma M}$$

also das dritte Keplersche Gesetz. Da sich aber die Planeten nicht um die Sonne, sondern Sonne und Planet gemeinsam um den im Ellipsenbrennpunkt liegenden gemeinsamen Schwerpunkt drehen, müßte exakt die Mitbewegung der Sonne berücksichtigt werden. Dies würde zu der korrekten Form

$$\frac{T^2}{a^3} = \frac{4\pi^2}{\gamma (M + m)}$$

führen. T^2/a^3 ist also keine universelle Konstante, sondern für jeden Planeten etwas anders.

Von alters her teilt man das Jahr nach Tierkreisen ein (Wassermann, Fische, Widder usw.). Wie man sich leicht klar macht, liegt die Äquatorebene der Erde zweimal im Jahr so, daß sie durch den Sonnenmittelpunkt geht. Zu diesen Zeitpunkten steht daher die Sonne – von der

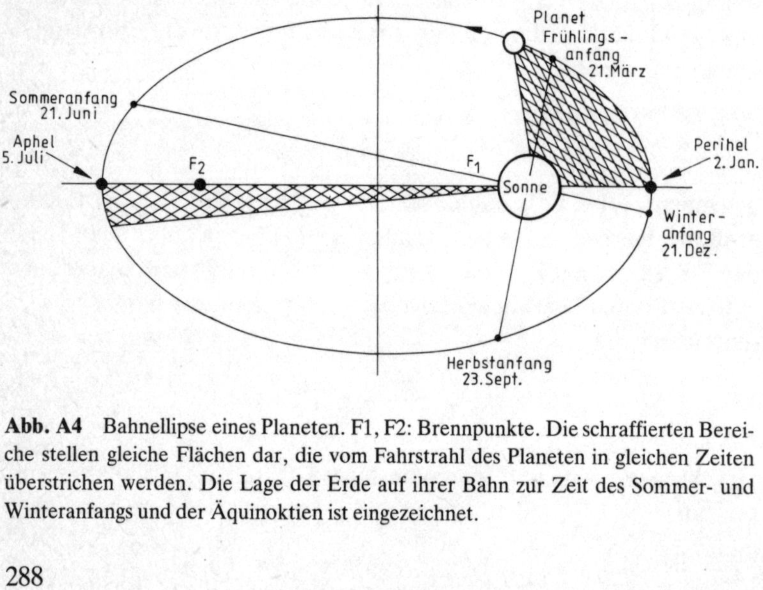

Abb. A4 Bahnellipse eines Planeten. F1, F2: Brennpunkte. Die schraffierten Bereiche stellen gleiche Flächen dar, die vom Fahrstrahl des Planeten in gleichen Zeiten überstrichen werden. Die Lage der Erde auf ihrer Bahn zur Zeit des Sommer- und Winteranfangs und der Äquinoktien ist eingezeichnet.

Erde aus gesehen – in den Schnittpunkten von Himmelsäquator und Ekliptik, also im Frühlingspunkt (21.3.) oder im Herbstpunkt (23.9.). Hier hat die Sonne die Deklination 0° – das sind die Zeiten der Tag- und Nachtgleichen (Äquinoktien).

Übrigens ist die Bahngeschwindigkeit im Aphel (*Abb. A4*) kleiner als im Perihel. Darum ist das Sommerhalbjahr der Nordhalbkugel um 7,5 Tage länger als das Winterhalbjahr.

Anhang 5: Librationspunkte – oder: Die Lage der »Trojaner«

Als Librationspunkte bezeichnet man die Gleichgewichtslösungen des »eingeschränkten Drei-Körper-Problems«. Sie wurden von Lagrange 1792 entdeckt. Als Problem der Himmelsmechanik haben die Librationspunkte in der Vergangenheit viel Aufmerksamkeit hervorgerufen. In neuerer Zeit ist das Interesse an ihnen im Zusammenhang mit der Frage der Positionierung von künstlichen Satelliten neu aufgelebt.

Der geometrische Ort dieser Librationspunkte in einem System, das aus zwei um ihren gemeinsamen Schwerpunkt rotierenden Körpern M1 und M2 besteht, ist im wesentlichen konstant (in korotierenden Koordinaten): drei Librationspunkte liegen auf der die beiden Körper verbindenden Geraden (L1, L2, L3 in dem Diagramm *Abb. A5*), zwei weitere bilden mit den beiden Körpern gleichschenklige Dreiecke. Wird ein Massepunkt (z. B. ein Satellit) in einem dieser Punkte mit der richtigen Geschwindigkeit positioniert, so befindet er sich in einem Gleichgewichtszustand, da die Gravitations- und die Zentrifugal-Beschleunigungen sich aufheben.

Zur Lösung des Problems betrachtet man die Bewegung eines Massepunktes im Gravitationsfeld zweier Körper großer Masse (M1, M2, z. B. Sonne und Erde oder Erde und Mond) im Abstand R, die um ihren gemeinsamen Masseschwerpunkt S (*Abb. A5*) auf elliptischen Bahnen umlaufen.

Berechnet man kinetische und potentielle Energie dieses Massepunkts in korotierenden Koordinaten, so kann man nach der Lagrange-Methode drei Differentialgleichungen zweiter Ordnung aufstellen, als deren Gleichgewichtslösungen man die Librationspunkte findet. Physikalisch gesehen sind diese Lösungen für den Fall von kreis-

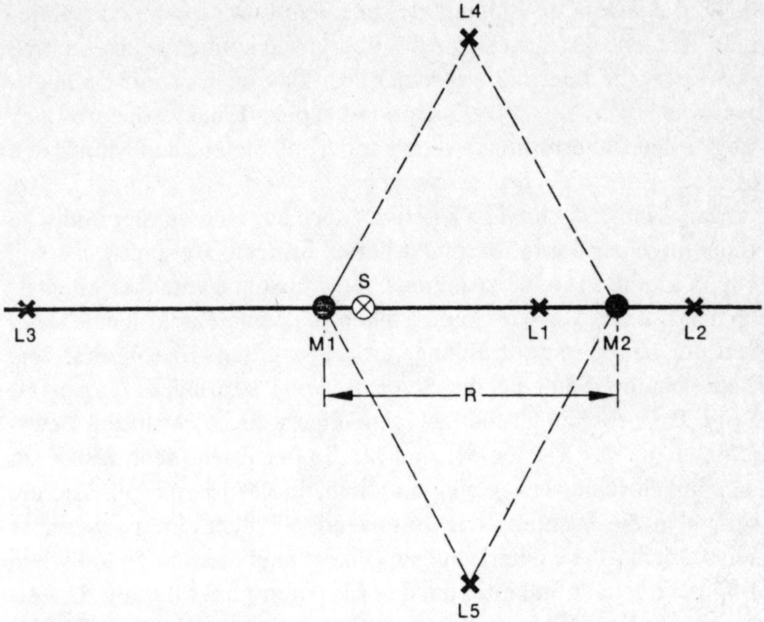

Abb. A5 Die Lage der Librationspunkte.

förmigen Bahnen stationär, während sich für elliptische Bahnen die Abstände der Librationspunkte von den Massen M1 und M2 periodisch ändern, wobei jedoch die Kollinearität (L1, L2, L3) und die Gleichseitigkeit der Dreiecke (L4, L5) erhalten bleiben. Anschaulich kann man sich das modifizierte Potentialfeld in rotierenden Koordinaten so vorstellen: Die beiden Massepunkte M1 und M2 sind »Täler« des Potentialfeldes, während die Librationspunkte L4 und L5 »Bergspitzen« in diesem Feld gleichen. Die Librationspunkte L1, L2 und L3 sind »Sattelpunkte«, ähnlich Paßstraßen im Hochgebirge: In zwei entgegengesetzten Richtungen fällt das Gelände ab, während es senkrecht zu diesen Richtungen ansteigt. Eine Masse, in den letztgenannten Richtungen bewegt, fällt immer wieder in ihre Ausgangslage zurück (stabiles Gleichgewicht); bewegte man sie jedoch senkrecht dazu, so würde sie in die Täler von M1 und M2 hinunterrollen (instabiles Gleichgewicht).

Der Massepunkt befindet sich daher nicht in »absolut« stabiler Lage, vielmehr im Zustand »relativer« Stabilität. Aus diesem Grunde wird man einen Satelliten, der in einem Librationspunkt positioniert werden soll, nicht sich selbst überlassen können; vielmehr muß man etwas für die Erhaltung seiner Position tun: man muß Bahnkorrekturmanöver ausführen (»station-keeping«), insbesondere auch wegen der Bahnstörungen durch andere Planeten, den Mond, den Strahlungsdruck der Sonne usw.

Man kann jedoch einen Satelliten auch auf eine quasiperiodische Bahn um einen Librationspunkt herum bringen. Beispielsweise soll ein im Librationspunkt zwischen Erde und Sonne verankerter Satellit nicht direkt vor der Sonne stehen, da seine Radiosignale dann von der Sonnenradiostrahlung verdeckt würden. Er soll eher eine Bahn beschreiben, die die Sonnenscheibe sozusagen »ausspart«. Seine Bahnebene legt man zweckmäßigerweise nicht in die Bewegungsebene der Massen M1 und M2. In der Ebene senkrecht dazu ist nämlich seine Bewegung periodisch. In der Ebene sollte sie natürlich in die Richtung der ansteigenden Potentialberge gerichtet sein. Durch solche Überlegungen gelangt man dann zu periodischen Bahnen relativer Stabilität um den Librationspunkt herum, die entweder den Charakter von Lissajou-Figuren haben oder vom Typ der »Halo«-Orbits sind (entsprechend zwei Klassen von Lösungen des Problems).

Eine erste praktische Anwendung der »Verankerung eines Satelliten im Librationspunkt« wurde mit dem Satelliten ISEE-C Mitte 1978 erreicht. ISEE-C ist der dritte Satellit des »*I*nternational *S*un-*E*arth-*E*xplorer«-Programms, das von den amerikanischen und europäischen Weltraumorganisationen NASA und ESA gemeinsam durchgeführt wurde. Es hat aber außer diesem schon eine ganze Reihe anderer Vorschläge gegeben, wie man praktischen Nutzen aus dieser »Nische der Natur« ziehen könnte – hauptsächlich deshalb, weil der Treibstoffaufwand für das »station-keeping« am Librationspunkt erheblich kleiner ist als z. B. der für die Positionserhaltung eines geostationären Satelliten (Nachrichtensatellit) erforderliche. Eine dieser Ideen war, an einem Librationspunkt des Systems Erde–Mond Satelliten mittels »solar sailing« zu verankern, d. h. Positionserhaltung vermöge des Strahlungsdrucks der Sonne zu realisieren. Für den Fall der Einrichtung von Basen auf dem Mond ließe sich Kommunikation auch mit Punkten auf der Rückseite des Mondes mit Hilfe eines Satelliten, der im Librationspunkt L2 des Erde-Mond-Systems verankert wäre, aufrechterhalten. Für interplanetare Missionen hat jemand – im Shuttle-Zeitalter – daran gedacht, in den Librationspunkten des Sonne-Planet-Systems Depots anzulegen, zwischen denen ein Shuttle (mit geringer Antriebsleistung) verkehren könnte.

Anhang 6: Kräfte auf rotierenden Körpern

Betrachten wir einen Planeten als starre Kugel – was ja in erster Näherung zutrifft –, so können wir uns als mitrotierende Beobachter überlegen, welchen Kräften wir unterworfen sein werden. Allerdings müssen wir in diesem Kapitel ein paar Formeln verwenden und etwas Mathematik treiben. Zunächst erfahren wir die Schwerkraft. Diese ist gegeben durch

$$K = \gamma \frac{mM}{r^2} \quad (\gamma = 6{,}67 \times 10^{-8}\ \mathrm{cm^3 g^{-1} sec^{-2}},\ \text{Gravitationskonstante})$$

Andererseits ist die auf einen Körper der Masse m wirkende Kraft gleich dem Produkt aus dessen Masse und der erfahrenen Beschleunigung: $K = mg$. Tragen wir das oben ein, so können wir die von der Erde (Masse M) auf uns ausgeübte Schwerebeschleunigung berechnen zu $g = \gamma M/r^2$.

Andererseits weiß jeder, daß bei Rotation eines Körpers um eine Achse Fliehkraft (Zentrifugalkraft) auftritt, die wir z. B. mit dem straff gespannten Faden eines daran befestigten herumgewirbelten Körpers auffangen. Wie in *Abb. A6* skizziert, wirkt die Fliehkraft senkrecht zur Rotationsachse unter einem Winkel φ gegen das Lot im Punkt P, an dem wir uns befinden (φ ist die geographische Breite). Die Fliehkraft berechnet man als Produkt aus der Masse m eines Körpers und der Zentrifugalbeschleunigung b. Letztere ist gegeben durch $b = \upsilon^2/r$, wenn υ die Geschwindigkeit im Punkt P bedeutet. Der Abstand von der Drehachse ist $r = R \cos \varphi$, die Drehwinkelgeschwindigkeit der Erde Ω ist $\Omega = \dfrac{2\pi}{1\ \text{Sterntag}} = 7{,}29 \times 10^{-5}\ \mathrm{sec}^{-1}$, mithin gilt für $\upsilon = r\Omega = R\Omega \cos \varphi$, woraus sich schließlich die Fliehkraft errechnet zu

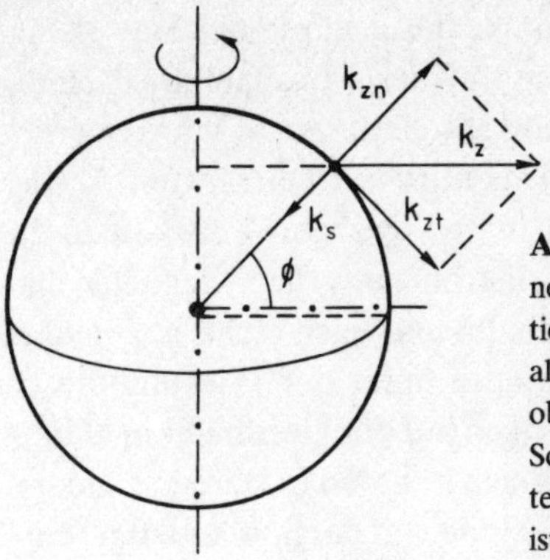

Abb. A6 Zur Relativbewegung: Komponentenzerlegung der senkrecht zur Rotationsachse wirkenden Zentrifugalkraft parallel zum Radiusvektor und parallel zur Erdoberfläche. Während der ersteren die Schwerkraft entgegenwirkt, steht der zweiten nur die Materialsteifigkeit entgegen. Sie ist für die Ausbildung des Äquatorwulstes der Planeten verantwortlich.

$$K_F = m\,\Omega^2\,R\cos\Phi$$

Man macht sich leicht klar, daß die Fliehkraft eine Komponente in Richtung des Lots und einer Komponente tangential zur Erdoberfläche in Richtung Äquator besitzt (*Abb. A6*)

$$K_{Ft} = m\,\Omega^2\,R\cos\Phi\sin\Phi$$

Diese Kraft wirkt natürlich auch auf die Elemente der Erdkruste; sie hat im Verlauf der Erdgeschichte Krustenteile zum Äquator hin verschoben und so die Ausbildung des Wulstes in der Äquatorregion verursacht. Polarer und äquatorialer Radius der Erde unterscheiden sich heute um 21,4 km.

Bewegt sich ein Körper auf der Oberfläche einer rotierenden Kugel, so erfährt er eine weitere Kraft: die Corioliskraft. Nehmen wir an, er bewege sich längs eines Meridians mit der Geschwindigkeit υ_r.

Dann erwarten wir das Auftreten von zwei Komponenten der Zentrifugalkraft: einer radial gerichteten $K_1 = m\,R\,\mu^2$ und der schon erwähnten, senkrecht zur Erdachse gerichteten Kraft $K_2 = m\,R\,\Omega^2 \cos\varphi$. In der Oberfläche tritt zusätzlich eine Kraft auf, die man auch als »zusammengesetzte Zentrifugalkraft« bezeichnet. Meist nennt man sie jedoch Corioliskraft. Ihrem Betrag nach ist sie

$$C = 2\,m\,\upsilon_r\,\Omega\sin\Phi.$$

υ_r ist die Relativgeschwindigkeit eines Massenpunktes gegen das rotierende Bezugssystem. Die Richtung der Corioliskraft ist von der Lage auf der Erdkugel abhängig. Übrigens steht C auf der Bewegungsrichtung senkrecht, ändert daher die Energie der Bewegung nicht! Sie bewirkt z.B. bei Flüssen auf der Nordhalbkugel einen Druck auf das (in Strömungsrichtung gesehen) rechte Ufer, auf der Südhalbkugel auf das linke Ufer. Das führt zur verstärkten Abtragung der jeweiligen Flußufer und in geologischen Zeiträumen zu Flußverschiebungen. Auch der Golfstrom unterliegt der Corioliskraft und wird deshalb auf der Nordhalbkugel nach rechts abgelenkt. Atmosphärische Strömungen verändern unter der Wirkung dieser Kraft die Richtung: Rechtsablenkungen auf der Nordhalbkugel führen bei einer Luftströmung vom Bereich höheren in Bereiche niedrigeren Drucks zur Ausbildung der Zyklone, auf der Südhalbkugel entsprechend zu Antizyklonen. Entsprechend finden wir beim freien Fall von Körpern auf der Erde nicht nur eine Ostablenkung (wegen der höheren Rotationsgeschwindigkeit des zunächst über der Erdoberfläche festgehaltenen Körpers), sondern auch eine Rechts- bzw. Linksablenkung je nach Halbkugel.

Die Corioliskraft versteht man leicht: Bewegt man sich vom Äquator polwärts, so bringt man, da ja der Abstand zur Drehachse zum Pol hin auf Null abnimmt, immer eine höhere (Erd-)Rotationsgeschwindigkeit mit, als sie am Zielpunkt herrscht – man befindet sich also alsbald östlich vom Meridian. Würde man sich genau in Richtung parallel zur Erdachse bewegen, wäre die Corioliskraft Null. Bewegt man sich senkrecht nach oben, wirkt die Corioliskraft entgegengesetzt.

Anhang 7: Radioaktiver Zerfall und Methoden zur Altersbestimmung

Atomkerne sind aus Protonen und den etwa gleichschweren Neutronen aufgebaut. Die elektrisch geladenen Protonen bestimmen die Kernladungszahl des betreffenden Atomkerns, Protonen und Neutronen zusammen seine Masse. Nur solche Atomkerne sind zeitlich stabil, deren Neutronen- und Protonenzahl in dem in Abb. 9.1 gezeigten Diagramm in dem schraffierten Bereich liegen. In diesem Diagramm ist waagerecht die Zahl der Neutronen (N), senkrecht die Zahl der Protonen (Z) in Atomkernen aufgezeichnet. Der Geraden $Z = N$ entsprechen Kerne, die gleich viele Protonen und Neutronen enthalten. Bei Kernen mit niederen Massen ($N+Z = A$: Atomgewicht) ist diese Linie identisch mit der Linie $N = Z$. Bei höheren Massenzahlen (etwa oberhalb Silizium) weicht die stabile Zone davon aber doch merklich in Richtung größerer Neutronenzahl ab. Ursache dieses Verhaltens ist, daß im Atomkern zwei Kräftearten wirken: solche, die einem symmetrischen Term zugeordnet sind, die also $N = Z$ herbeizuführen suchen, und eine Coulombkraft, die Z möglichst klein zu halten sucht. Daher folgt der Aufbau der Atomkerne der durch die schraffierte Kurve angedeuteten Gesetzmäßigkeit. Kerndimensionen sind von der Größenordnung 10^{-13} cm; entsprechend groß sind die wirkenden Kräfte, und entsprechend groß ist die Energie, die man aufwenden muß, um einen Atomkern entweder zum Zerplatzen zu bringen oder einen Atomkern durch Einlagerung weiterer Kernbausteine zu verändern. Andererseits ist es möglich, bei bestimmten Veränderungen von Atomkernen gewaltige Energiemengen freizusetzen. Aber nicht nur Menschen betreiben solche Veränderungen von Atomkernen, auch die Natur tut dieses und natürlich in kosmischen Dimensionen. Als stoßende Kerne hat sie die kosmische Strahlung zur Verfügung, in der Teilchenenergien bis zu 10^{20} eV vorkommen (die Energie 1 eV – Elektronvolt – hat ein Teilchen, das eine Elementarladung besitzt und eine Potentialdifferenz von 1 Volt durchlaufen hat). Stößt ein Kern auf einen anderen Kern mit genügend hoher Energie, so können Protonen, Neutronen Heliumkerne und andere aus einem Kern herausgeschleudert werden. Zurück bleibt ein Kern, der sich entweder chemisch verändert hat (also Isotop eines anderen Elements geworden ist, weil sich die Kernladungszahl verändert hat) oder der ein Isotop desselben Elements geworden ist (weil sich die Neutronenzahl im Kern verändert hat). In der Regel sind die so entstandenen Isotopen nicht stabil; das heißt, sie zerfallen spontan in andere Elemente oder andere Isotopen, wobei sie energiereiche Kernbausteine aussenden: sie sind radioaktiv. Für diesen radioaktiven Zerfall gibt es einfache Gesetzmäßigkeiten, weil die Wahrscheinlichkeit für spontanen Zerfall eines bestimmten Isotops eine für den betreffenden Kern charakteristische Konstante λ ist, die von äußeren Einflüssen unabhängig ist. Den Kehrwert der Zerfallskonstante nennt man Halbwertszeit T. Hat man daher N Kerne, so ist die Zerfallsrate pro Zeitintervall Δt: $N \cdot \lambda \cdot (\Delta t)$. Waren zur Zeit Null N_0 Atomkerne vorhanden, so gibt es zu einer späteren Zeit t noch $N = N_0 \cdot e^{-\lambda t}$ solche Atomkerne: In einem Material, in dem bei Bildung N_0 Kerne eines langlebigen radioaktiven Elements enthalten waren, die in N_1 andere Kerne zerfallen, welche ihrerseits weiter zerfallen, ist im radioaktiven Gleichgewicht das Verhältnis der Kernzahlen $N_1/N_0 = T_1/T_0$; d. h. die Kernzahlen verhalten sich zueinander wie die Zerfallszeiten. Radioaktives Gleichgewicht bedeutet, daß von jedem Partner der Zerfallsreihe stets gleich viele Atome entstehen und zerfallen. Kennt man beide Zerfallsschemata, kann man durch Messung der Konzentration der Mutter- (N_0) und der Tochtersubstanz (N_1) in einem Material auf das Alter des Materials schließen. Man mißt also bei dieser radioaktiven Altersbestimmung das Alter des Materials in Einheiten der Zerfallszeitkonstanten. Solche Methoden sind schon lange in Gebrauch. Bei der Altersbestimmung von Gesteinen wird oft die Uran-Blei-Methode und die Uran-Helium-Methode angewandt. Da bei der Bildung sicher Uran und Blei zugleich vorhanden waren, kann man aus der Konzentrationsmessung beider eine obere Grenze für das Alter des Gesteins angeben. Uran 238[1] zerfällt mit einer Halbwertszeit von 4,56 Milliarden Jahren über viele Zwischenstationen schließlich in das stabile Blei 206. Uran 235 zerfällt mit Halbwertszeit von 713 Millionen Jahren in Blei 207. Über den häufig auftretenden α-Zerfall entsteht auch Helium (α-Teilchen sind Heliumkerne), von dem natürlich ein Teil aus dem Material entwichen sein kann. Darum ergibt die Uran-Helium-Methode eine untere Grenze für das Alter des Materials. Das Mengenverhältnis von Blei 207 zu Blei 206 in einer Gesteinsprobe kann man bestimmen. Da andererseits das Isotopenverhältnis $^{235}U/^{238}U = 1:137{,}8$ im natürlichen Uran sehr konstant ist, kann man aus dem Verhältnis V der beiden Blei-Isotopen das Alter der Gesteinsprobe bestimmen zu $t \approx \ln(137{,}8 \cdot V) \cdot 0{,}845 \cdot 10^9$ Jahre.

Für Altersbestimmungen in der jüngeren Erdgeschichte hat die »Radio-Kohlenstoff«-Methode – heute meist ^{14}C-Methode genannt – eine überragende Stellung errungen, seit sie durch den amerikanischen Chemiker W. F. Libby entdeckt wurde. Die kosmische Strahlung erzeugt im Stickstoff (^{14}N) der Atmosphäre das radioaktive Isotop des Kohlenstoff ^{14}C, das mit einer Halbwertszeit von 5720 Jahren durch Beta-Zerfall durch Aussendung eines Elektrons weiter zerfällt. Bei chemischen Reaktionen in der Atmosphäre wird auch ^{14}C zu CO_2 oxydiert. Lebewesen bauen daher auch radioaktiven Kohlenstoff seiner natürlichen Konzentration in der Luft entsprechend in organisches Material mit ein. Lebewesen stehen im dauernden Austausch mit der Atmosphäre, nehmen also, solange sie leben, ^{14}C auf. Mit ihrem Tod beginnt der Zerfall von ^{14}C ohne gleichzeitige Neuzufuhr. Bestimmt man das Verhältnis von ^{12}C und ^{14}C in den Resten von Organismen, so kann man deren Alter bestimmen: Aus der Halbwertszeit T von $1{,}804 \times 10^{11}$ Sekunden errechnet man die Zerfallsrate von $5{,}5 \times 10^{-12}$ Atomen pro Sekunde oder $1{,}75 \times 10^{-4}$ pro Jahr. Von einer Tonne ^{14}C zerfallen daher im Jahr nur 175 Gramm. ^{14}C entsteht in der Atmosphäre praktisch ausschließlich durch Neutroneneinfang von Stickstoff ^{14}N. Neutronen entstehen in der Atmosphäre durch Kernreaktionen der primären kosmischen Strahlung mit Atomkernen der Atmosphäre. Sie verlieren Energie in Stößen mit Luftatomen

---

1 Man gibt die Massenzahl des Isotops üblicherweise in der Form ^{238}U an. Diese Skalierung bezieht sich auf Sauerstoff, dessen Masse gleich 16,00 gesetzt wird.

und können als langsame Neutronen in Höhen um etwa 100 mb Atmosphärendruck (was circa 20 km entspricht) besonders leicht von Stickstoffkernen eingefangen werden. Da die kosmische Strahlung vom Erdmagnetfeld abgeschirmt wird, am Äquator stärker, am Pol schwächer, gibt es eine Variation der ^{14}C-Produktionsrate mit der geomagnetischen Breite (mehr in hohen Breiten). Auch die Sonne sorgt durch ihre Aktivität für Veränderung im Zustrom kosmischer Strahlung: Im Aktivitätsmaximum ist die Intensität der kosmischen Strahlung niedriger, im Minimum ist sie höher. Gemittelt über alle Breiten schwankt die Produktionsrate von ^{14}C zwischen 2,1 und 2,6 Atomen pro Sekunde in einer Luftsäule über 1 cm^2 Querschnitt im Sonnenfleckenmaximum bzw. im Minimum.

Über 10 Sonnenfleckenzyklen gemittelt kommt man zu einer mittleren ^{14}C-Produktionsrate von $\sim$ 2,5 ^{14}C-Atomen in einer Luftsäule von 1 cm^2 Fläche pro Sekunde. Auch die Sonne emittiert gelegentlich hochenergetische geladene Teilchen, die imstande sind, in der Erdatmosphäre Neutronen zu erzeugen. Dadurch kann sich die ^{14}C-Produktion in der Erdatmosphäre um circa 0,1 Atome pro cm^2 und Sekunden erhöhen. Nun kann man eine einfache Rechnung anstellen: In der Erdatmosphäre werden – mit Benutzung der oben genannten Quellstärken – 15,4 Gramm ^{14}C pro Tag erzeugt. Würden die Verluste die Produktion überwiegen, gäbe es kein ^{14}C in der Atmosphäre, umgekehrt wäre es stark angereichert. Wir müssen also ein natürliches Gleichgewicht annehmen und können die Gesamtmasse von ^{14}C in der Atmosphäre berechnen zu $15{,}4 \times 365/175 \times 10^{-4}$ g = $3{,}2 \times 10^4$ kg! Dieser radioaktive Kohlenstoff sinkt langsam aus der Stratosphäre hinab in die Biosphäre, wo er zum Teil von Organismen aufgenommen wird.

Literaturhinweise

Bücher und Monographien zur Vertiefung: Man sollte darauf achten, daß Bücher zur Kosmogonie des Sonnensystems, die vor 1970 erschienen sind, von vielen in der Zwischenzeit überholten Annahmen ausgehen. In deutscher Sprache sind nur sehr wenige Bücher erschienen, die physikalisch relevante Aussagen machen; darum tauchen hier zahlreiche in englischer Sprache abgefaßte Bücher auf. Wir möchten den Leser deshalb insbesondere auch auf Zeitschriften wie ›Bild der Wissenschaft‹, ›Physik in unserer Zeit‹, ›Umschau‹ und ›Spektrum der Wissenschaft‹ (›Scientific American‹) hinweisen, in denen regelmäßig ausgezeichnete Arbeiten auch zu diesem Themenkreis erscheinen.

T. Beer: The Aerospace Environment; The Wykenham Science Series, London 1976.

J. A. Burns (Ed.): Planetary Satellites; University of Arizona Press, Tucson/Arizona 1977.

Max Caspar: Johannes Kepler; Kohlhammer Verlag, Stuttgart 1948.

A. H. Delsemme: Comets, Asteroids, Meteorits; University of Toledo, Bookstore 1977 (dort auch Origianlliteratur).

J. L. E. Dreyer: A History of Astronomy from Thales to Kepler; Dover Publications Inc., New York 1953.

Albert Einstein: Aus meinen späten Jahren; Deutsche Verlags-Anstalt, Stuttgart 1953.

Das Fischer-Lexikon: Astronomie (Herausgeber: K. Stumpff, 1957); Geophysik (Herausgeber: J. Bartels, 1960).

W. Gerlach, M. List: Johannes Kepler; Piper-Verlag, München 1980

R. H. Giese: Erde, Mond und benachbarte Planeten; B. I. Hochschulskripten 705/705a, 1969.

J. F. Griffiths: Climate and the Environment; Westview Press, Boulder, Colorado 1976.

J. Herrmann: dtv-Atlas zur Astronomie; dtv, München 1973.

Fred Hoyle: Astronomy, Crescent Books, 1962.

F. Hoyle und C. Wickramasinghe: Does epidemic decease come from space?; New Scientist *76,* 405–404, November 1977.

Fred Hoyle: The Cosmogony of the Solar System; University College Cardiff Press, 1978.

W. Kertz: Einführung in die Geophysik; B. I. Hochschultaschenbücher 275/275a/535/a/b, 1969 und 1971.

R. Kippenhahn: 100 Milliarden Sonnen; Piper-Verlag, München 1980.

B. Müller: Grundzüge der Astronomie; Taschentexte Bd. 12, Verlag Chemie-Physik, 1973.

M. M. Nieto: The Titius-Bode Law of Planetary Distances: It's History and Theory; Pergamon Press, 1972.

A. E. Ringwood: Origin of the Earth and the Moon; Springer-Verlag, Heidelberg–New York 1979.

R. und H. Sexl: Weiße Zwerge – Schwarze Löcher; rororo – Vieweg, Braunschweig 1975.

Glossar

Aerosol: Kleinste, in der Luft schwebende Staubteilchen.

Aphel: Sonnenfernster Punkt eines auf einer Ellipse die Sonne umlaufenden Körpers.

Äquinoktien: Tag- und Nachtgleiche, 21. März und 23. September. Die Sonne steht an diesen Tagen in der Äquatorebene, darum ist überall auf der Erde an diesen Tagen Sonnenaufgang morgens um 6 Uhr, Sonnenuntergang abends um 18 Uhr Ortszeit.

Astronomische Einheit (AE): Mittlerer Abstand Erde – Sonne, 149,5 Millionen Kilometer.

Basalt: Am weitesten verbreitete Gruppe von mineralischen Ergußgesteinen. Die dunkle Färbung wird durch feinverteilten Magnetit, Ilmenit und Pyroxen bewirkt.

Biosphäre: Der vom Leben geprägte bodennahe Bereich.

Chromosphäre (griech. Farbhülle): Die sich an die Photosphäre der Sonne nach außen anschließende Schicht von etwa 8000 km Dicke, in der die Gasdichte stark abnimmt, die Temperatur aber wieder zunimmt.

Deklination: Abstand eines Gestirns vom Himmelsäquator in Winkelgraden.

Differentiation: Beim Erstarrungsvorgang verändert sich die Schmelze ständig, da ihr durch die Kristallisation Stoffe entzogen werden, so daß beim weiteren Erstarrungsprozeß keine Mineralbildung mehr möglich ist.

Dipol (elektrischer Dipol) bzw. Elementarmagneten (magnetischer Dipol): Eine Struktur mit räumlich getrennten positiven und negativen Ladungen

Dipolmoment: Produkt aus Ladung (bzw. Polstärke) und Abstand derselben.

Dissoziation: Zerfall von Molekülen in bestimmte Bestandteile (Atome und/oder andere Moleküle).

Dopplerverschiebung: Ein gegenüber der Quelle einer Wellenstrahlung bewegter Beobachter bemerkt eine Erhöhung oder eine Erniedrigung der Wellenfrequenz, je nachdem ob er sich auf die Quelle zu oder von ihr weg bewegt.

Drehimpuls: Produkt aus Drehmoment und Trägheitsmoment. Im abgeschlossenen System gilt für den Drehimpuls ein Erhaltungssatz.

Drehmoment: Eine im Abstand L von einer Achse angreifende Kraft K übt um die Achse ein Drehmoment $M = K \cdot L$ aus, wobei K die Kraftkomponente in Drehrichtung ist.

Dynamo: Mechanische Strömungen im Kern eines Himmelskörpers können zu starken elektrischen Strömen führen, die ein Magnetfeld erzeugen, das nach außen nachweisbar ist.

Ekliptik: Die Ebene der Erdbahn um die Sonne. Ihr entspricht die scheinbare Bahn der Sonne am »Himmelsgewölbe«.

Exzentrizität: Verhältnis des Abstandes von Brennpunkt und Mittelpunkt einer Ellipse zur großen Halbachse.

Fluchtgeschwindigkeit: Die zum Entweichen aus einem Schwerefeld erforderliche Mindestgeschwindigkeit.

Gabbro: Basisches Tiefengestein (vgl. Granit).

Gezeitenreibung: Beim Umlauf eines Mondes um einen Planeten wirkt die Anziehungskraft des Planeten stärker auf die ihm zugewandte Seite ein. Wäre ein solcher Mond »weich«, würde er sich zu einer »Zigarre« verformen. Würde er rotieren, würde ein Flutberg immer auf der dem Planeten zugewandten Seite entstehen, also den Mond entgegen seiner Umdrehungsrichtung umlaufen. Die dabei zu leistende Verformungsarbeit wird durch Reibung letztlich in Wärme umgesetzt. Die Energie wird der Rotationsbewegung entzogen, die Umdrehungsgeschwindigkeit entsprechend verlangsamt, bis der Mond dem Planeten immer die gleiche Seite zuweist, so daß keine weitere Verformung mehr auftritt.

Gradient: Maß der Steigung einer Funktion.

Granit: Bei der Erstarrung der silikatischen Schmelze entsteht bei langsamer Abkühlung durch Kristallisation u. a. auch Granit. Granit ist ein typisches Tiefengestein.

Gravitationskollaps: Zusammensturz von Materie, wenn der innere Druck schlagartig auf Null absinkt (z. B. beim Ausbrennen eines Sterns). Die Kollapszeit hängt nur von der mittleren Dichte, nicht von der Größe des Objekts ab.

Halbwertszeit: Zeit, nach der eine exponentiell abklingende Größe auf ihren halben Wert abgesunken ist.

Impuls: Produkt aus Masse und Geschwindigkeit. Für den Impuls gibt es im abgeschlossenen System einen Erhaltungssatz.

Induktion (elektrisch): Durch Änderung des magnetischen Flusses entsteht in einer Stromleiterschleife eine Potentialdifferenz (Faradaysches Induktionsgesetz 1831).

Infrarot: Optischer Wellenlängenbereich, der sich an das rote Ende des sichtbaren Lichtwellenlängenbereichs nach langen Wellen anschließt.

Inklination: Neigung der Bahnebene eines Satelliten gegen die Äquatorebene.

Instabilität: Zusammenbruch eines Zustandes aufgrund einer Veränderung der äußeren Bedingungen.

Ionisation: Entfernung von einem oder mehreren Elektronen aus der Hülle eines Atoms oder Moleküls, wodurch dieses einfach oder mehrfach positiv geladen zurückbleibt.

Ionopause: Höhenbereich, in dem die Elektronendichte sprungartig abnimmt.

Ionosphäre: Durch hohe elektrische Leitfähigkeit ausgezeichneter Höhenbereich zwischen ca. 100 und 400 km Höhe.

Isotop: Verschiedene Isotope eines Elements unterscheiden sich in der Masse, nicht in der Kernladung, welche allein die Elektronenkonfiguration der Atomhülle bestimmt. Die chemischen Eigenschaften von Isotopen eines Elements sind daher gleich.

Kern: Das Zentrum eines Planeten. Nach der Kondensation sind einige Körper durch bei der Gravitationsschrumpfung freiwerdende Wärme und durch radioaktiven Zerfall erneut geschmolzen, wodurch sich Kerne hoher Dichte ausbilden konnten.

Kernfusion (Kernverschmelzung): Aufbau von Atomkernen aus deren leichteren Bestandteilen, z. B. aus Heliumkernen und Wasserstoff. Wegen der besonders starken Bindungskräfte, die die Kernbausteine aufeinander ausüben, wird dabei eine enorme Energiemenge freigesetzt. Die Sterne beziehen ihre Energie aus solchen Prozessen.

Kirkwood-Lücken: Körper, deren Abstand von der Sonne in bestimmten Bereichen liegt, haben Umlaufzeiten um die Sonne, die zu der des Jupiter im Verhältnis kleiner, ganzer Zahlen stehen. So entstehende Resonanzen führen zur Ausbildung von Störkräften, die z. B. Asteroiden aus ihrer Bahn werfen können. Im Bereich 2–3 AE-Abstand von der Sonne liegen die Resonanzen ¼, 2/7, ⅓, 2/5, 3/7 und ½, die entsprechend nicht mit Asteroiden besetzt sind.

Komet: Kleiner Körper, mit 1–10 km Durchmesser, vermutlich aus Staub und Eis aufgebaut (schmutziger »Schneeball«), der bei Annäherung an die Sonne Gas und Staub durch Erwärmung verliert.

Kondensationswärme: Bei der Kondensation von Dampf freiwerdende Wärme.

Konvektion: Wärmeres Gas steigt wegen seiner geringeren Dichte im Schwerefeld auf, so daß durch Wärmezufuhr in Gasen oder Flüssigkeiten eine Konvektionsbewegung in Gang gesetzt wird.

Korona: Äußere Hülle der Sonne, im Sonnenflecken-Minimum fast kreissymmetrisch, im Fleckenmaximum mit langen Ausläufern am Äquator, und radialen Büscheln an den Polen erscheinend.

Kosmische Strahlung: Praktisch vollständig ionisierte Atomkerne, deren Energie bis 10^{21} Elektronenvolt (eV) reicht. Zum Vergleich: Am großen Beschleuniger im CERN in Genf kann man einige 10^{10} eV »machen«. Die chemische Zusammensetzung der kosmischen Strahlung entspricht etwa der der Sonne oder der, die in nicht differenziertem Material gefunden wurde.

Kosmochemie: Untersuchung der chemischen Eigenschaften und Zusammensetzung von »kosmischer Materie«, d. h. von Meteoriten oder z. B. Mondgestein.

Kosmogonie: Erforschung der Entstehung des Weltalls.

Kosmologie: Beschreibung des Kosmos, des Weltalls. Derzeit am interessantesten ist die Urknall-Hypothese, die die Entwicklung des Kosmos von einem Zeitpunkt Null aus beschreibt.

Kristallisation, fraktionierte: Ausscheiden einer Kristallart aus einer Schmelze.

Kruste: Äußere, feste Schicht der inneren Planeten, des Mars und zahlreicher Monde. Die Erdkruste ist etwa 33 km dick.

Librationspunkte: Kräftefreie Punkte im Gravitationsfeld zweier Körper (vgl. Anhang 5.), auch Lagrange-Punkte genannt nach J.

L. Lagrange, dem französischen Mathematiker, der das Zweikörperproblem im 18. Jahrhundert erstmalig behandelt hat.

Lichtjahr: Entfernungsmaß, die vom Licht in einem Jahr zurückgelegte Entfernung, nämlich 9,46 Billionen km ($9{,}46 \times 10^{12}$ km).

Magnetopause: Die die Magnetosphäre umgebende Schicht, in der das Erdmagnetfeld auf den Wert des interplanetaren Magnetfeldes absinkt.

Magnetosphäre: Vom Erdmagnetfeld aus dem Sonnenwind ausgesparte »Höhlung«, deren Struktur von den Eigenschaften des Erdmagnetfeldes geprägt ist.

Mantel: Zwischen Kern und Kruste liegende Zwischenschicht.

Mesosphäre: An die Stratosphäre nach oben anschließender Höhenbereich, der sich bis zur Mesopause (auch Turbopause genannt) in etwa 90 km Höhe erstreckt.

Neutron: Elementarteilchen mit der Masse eines Wasserstoffkerns und der Ladung Null.

Neutronenstern: Endzustand eines Sterns mittlerer Größe.

Nova: Stern, dessen Helligkeit innerhalb weniger Stunden sehr stark ansteigt. Bei einem solchen »Ausbruch« wird vermutlich die Gashülle des Sterns abgestoßen. Er tritt wahrscheinlich als Folge plötzlich einsetzender Kernreaktionen auf, die zu Instabilitäten führen.

Nutation: Ein im Schwerpunkt unterstützter, sonst kräftefreier Kreisel hat einen bestimmten Drehimpuls; um die Drehimpulsachse beschreibt die »Figurenachse« (die Symmetrieachse des Körpers) den Nutationskegel. In der Geophysik bezeichnet man kleine kurzperiodische Schwankungen der Präzessionsbewegung (wegen der im Lauf der Zeit sich ändernden Kräfte) als Nutation der Präzessionsbewegung.

Parsec: In der Astronomie gebräuchliches Entfernungsmaß. Definiert als die Entfernung, von der aus gesehen der Erdbahnradius unter dem Winkel von einer Bogensekunde erscheint (1 parsec = 3,26 Lichtjahre).

Perihel: Der sonnennächste Punkt eines auf einer Ellipse die Sonne umlaufenden Körpers.

Photosphäre (griech.: Lichthülle): Die etwa 400 km dicke, im sichtbaren Licht leuchtende Hülle der Sonne, die an ihrem oberen Rand 4300 Grad, an ihrem unteren Rand 9000 Grad heiß ist.

Polarlicht: Leuchterscheinung der hohen Atmosphäre bei Bombardement mit Elektronen; tritt typischerweise während magnetischer Teilstürme in der Polarlichtzone auf; bei starken magnetischen Störungen auch in niedrigeren Breiten sichtbar.

Polymere: Aus vielen gleichartigen Grundmolekülen aufgebaute, durch Hauptvalenzen miteinander verbundene synthetisch hergestellte Stoffe.

Präzession: Die Achse eines rotierenden Kreisels führt im allgemeinen eine Präzessionsbewegung aus, wenn auf diesen Kreisel eine Kraft wirkt, weil durch das entstehende Drehmoment dem System Drehimpuls zugefügt wird. Ein Planet (oder Mond) ist im allgemeinen abgeplattet; daher ist er im Gravitationsfeld der Sonne (der Planeten) kein kräftefreier Kreisel: es kommt zu einer Präzessionsbewegung. Die Erdachse beschreibt deshalb in 25700 Jahren einen Kegel mit dem halben Öffnungswinkel 23,5 Grad (150 v. Chr. von Hipparch entdeckt).

Proton: Wasserstoffkern mit der elektrischen Ladung eins.

Pulsar: Kosmische Radioquelle, die sehr regelmäßig Strahlungsimpulse aussendet. Zur Zeit sind über 150 Pulsare bekannt. Wahrscheinlich sind Pulsare Überreste von Sternen, die einen Supernova-Ausbruch erlitten haben. Vermutlich sind Pulsare identisch mit Neutronensternen.

Radikal: Molekülbruchstück, das nicht nur aus einem Einzelatom besteht.

Radioaktiver Zerfall: Spontane Emission von Kernbausteinen aus dem Atomkern. Dadurch können sich die Masse und/oder die Kernladungszahl ändern, so daß der Kern hernach entweder zum Isomer (massegleiches anderes Element) oder zum Isotop (kernladungsgleicher Kern anderer Masse) des ursprünglichen Kerns wird.

Regolith: »Geröll«-Schicht von Gesteinsbrocken und von zerfallenem Gestein, z. B. auf der Mondoberfläche.

Resonanzen: Wenn die Umlaufbahnen von Planeten um die Sonne oder von Monden um Planeten im Verhältnis ganzer Zahlen zueinander stehen (kommensurabel sind), spricht man von Resonanz. Dabei führt die zeitweilig verstärkend, zeitweilig abschwächende Wirkung der Gravitationskräfte zu Störungen im Umlauf. Jupiter und Saturn haben Umlaufzeiten, die sich wie 2:5 verhalten; der

Resonanzeffekt hat eine Periode von 883 Jahren (besonders in der ekliptischen Länge als »Große Ungleichheit« bekannt). Ähnliche Resonanzeffekte kennt man von einigen Jupiter- und Saturnmonden.

Retrograde (rückläufige) Bahn: Alle Planeten bewegen sich um die Sonne im gleichen Drehsinn. Von der Erde aus beurteilt, durchlaufen sie aber Epizyklen, weshalb sie sich zeitweilig scheinbar in umgekehrter Richtung bewegen.

Riesensterne: Sterne großer Leuchtkraft und großer Dimension.

Schwarzer Körper: Ein Körper, der jegliche Strahlung absorbiert (idealisiert). Ein solcher Körper bestimmter Temperatur emittiert zugleich auch mehr Strahlung als irgendein anderer Körper gleicher Temperatur.

Schwarzes Loch: Ende der Entwicklung eines massereichen Sterns. Man nimmt an, daß in einem Schwarzen Loch die Gravitationskraft so groß ist, daß selbst elektromagnetische Strahlung nicht mehr entweichen kann.

Siderische Rotationsperiode: Dauer der Achsenumdrehung eines Körpers relativ zum Fixsternhimmel.

Sonnenflecken: Gegenüber ihrer Umgebung kühlere, daher dunkel erscheinende Gebiete der Photosphäre. Zu Beginn eines Fleckenzyklus treten sie in höheren Breiten auf; im Lauf des 11jährigen Zyklus bilden sie sich immer näher am Äquator aus. Ihre Lebensdauer ist unbestimmt und schwankt von Tagen bis zu mehreren Wochen.

Sonnenwind: Von der Sonne abströmendes Plasma.

Spin-Bahn-Kopplung: Kopplung von Rotationsperiode eines Körpers und Umlaufdauer um einen Zentralkörper. Gezeitenreibung z. B. hat dafür gesorgt, daß die Rotationsperiode des Mondes gleich seiner Umlaufdauer um die Erde wurde, so daß er uns immer die gleiche Seite zeigt. Sind die Hauptträgheitsmomente eines Körpers nicht gleich, hat also der Körper asymmetrische Massenverteilung um seine Rotationsachse, so kann diese der Gezeitenwirkung entgegenwirken, so daß sich am Ende nicht die synchrone Bewegung einstellt, sondern ein halbzahliges Vielfaches der Bahngeschwindigkeit (Resonanzwirkung). Bei Merkur z. B. haben wir eine $^3/_2$-Resonanz zwischen Spin- und Bahnumlaufperiode.

Stoßwelle: Vor einem mit Überschallgeschwindigkeit angeströmten Körper sich ausbildende Region, in der sich Umgebungsparameter sprunghaft ändern (Dichte, Druck, Temperatur, Magnetfeld). Eine Stoßwelle bildet sich ebenfalls aus, wenn eine Überschallströmung auf ein anderes Medium trifft.

Strahlungsdruck: Ein Körper, der Licht absorbiert, erfährt eine Kraft – den Strahlungsdruck (vgl. Anhang 2).

Strahlungsgleichgewicht: Wenn Körper ihre Temperatur nur durch Strahlungsaustausch ändern können, kühlt sich der wärmere ab; der kältere erwärmt sich solange, bis die bei beiden eingestrahlte und abgestrahlte Energie gleich ist.

Stratosphäre: Atmosphärenbereich zwischen Tropopause und etwa 50 km Höhe.

Sublimation: Übergang eines festen Stoffes unmittelbar in den gasförmigen Zustand und umgekehrt.

Supernova: Extrem starke Nova.

Synchrotronstrahlung: Von Elektronen, die in Magnetfeldern umlaufen, emittierte elektromagnetische Strahlung.

Synodische Rotationsperiode: Dauer der Achsenumdrehung eines Körpers relativ zum Zentralkörper.

Szintillationszähler: Wenn schnelle Teilchen in geeignetem Material Energie verlieren (z. B. durch Stöße), kann diese als Anregungsenergie für besondere Atome dienen und von diesen Atomen als Licht wieder abgestrahlt werden. Durch Nachweis des abgestrahlten Lichts ist es möglich, die im Material abgegebene Energie der Teilchen zu bestimmen.

Tektonik: Verschiebung von Teilen der Kruste eines Planeten gegeneinander.

Temperaturskala: Für Temperaturmessungen benutzt man eine Skala, die zwischen der Temperatur des schmelzenden Eises und der des kochenden Wassers (unter Normalbedingungen) 100 Skalenteile hat. Diese Skala nennt man »Grad Celsius«. Eine Skala gleicher Schrittweite, deren Nullpunkt aber der absolute Nullpunkt (−273,2 Grad Celsius) ist, nennt man »Grad Kelvin« – die sogenannte thermodynamische Temperaturskala, die in der Physik üblicherweise angewandt wird.

Thermische Hintergrundstrahlung: Wenn sich die Welt im »Urknall« gebildet hat, entstand auch elektromagnetische Strahlung, deren Energiedichte im Lauf der Zeit mit der Expansion des Kosmos abnahm. Durch Messungen von Penzias und Wilson wurde diese Strahlung, deren äquivalente Temperatur etwa 3 Grad Kelvin betragen sollte, nachgewiesen. Dies wird als erster experimenteller Beweis für die Urknallhypothese gewertet.

Thermosphäre: Von der Mesopause nach außen sich erstreckender Atmosphärenbereich.

Trägheitsmoment: Tritt bei der Rotationsbewegung an die Stelle der Masse.

Treibhauseffekt: Das Emissionsmaximum der Sonne (5780 Grad) liegt im gelben Spektralgebiet. Absorbiert ein Körper Energie, erwärmt er sich und strahlt seinerseits entsprechend seiner Temperatur. Den auf der Erdoberfläche typischerweise vorkommenden Temperaturen entspricht Strahlungsemission vorzugsweise im Infrarot-Bereich. Befinden sich in der Atmosphäre Gase, die in diesem Spektralbereich absorbieren, wird die Atmosphäre also für diese Strahlung undurchsichtig sein. Diese Oberfläche kann dann nicht abstrahlen, da sie die umgebende Atmosphäre aufheizt – damit auch sich selbst. Die Einstrahlung braucht dabei gar nicht behindert zu sein – solche Gase, z. B. Wasserdampf oder Kohlendioxyd, sind im sichtbaren Licht durchsichtig, wie jeder weiß.

Tropopause: Trennzone von Strato- und Troposphäre in etwa 10 km Höhe (18 km am Äquator, 8 km in Polnähe) in der die Temperatur ein Minimum erreicht hat (−40 bis −60 Grad).

Troposphäre: Atmosphärenbereich vom Boden bis zur Tropopause.

Turbopause: Obere Begrenzung des Teils einer Planetenatmosphäre, in der Turbulenz auftreten kann. Sie liegt in der Erdatmosphäre in 100 bis 110 km Höhe. Oberhalb der Turbopause (in der Thermosphäre) wächst die innere Reibung des Gases so stark an, daß nur noch laminare Strömung möglich ist.

Vektor: Größe, für die außer ihrem Betrag auch eine räumliche Richtung definiert ist.

Zodiakallicht: Symmetrisch zur Ekliptik auftretende Lichterscheinung, die durch Streuung von Sonnenlicht an Staub und Elektronen in der Sonnenumgebung entsteht.

Personenregister

Sachregister

Bildnachweis

Nachstehend genannte Bilder sind den aufgeführten Publikationen mit freundlicher Genehmigung entnommen:

Abb. 3.1: Association of Universities for Research in Astronomy, Inc., Sacramento Peak Observatory, Nr. 03100.

Abb. 3.4: The Kitt Peak National Observatory, Nr. 02100.

Abb. 3.5: Aus N. R. Sheely Jr., J. W. Harvey, W. C. Feldmann, Solar Physics *49*, 271, Fig. 1, 1976.

Abb. 3.6: Aus Y. Uchida, M. D. Altschuler, G. Newkirk Jr., Solar Physics *28*, 495, Fig. 11, 1973.

Abbn. 4.1, 4.2, 4.3, 4.6, 4.7, 6.1, 6.2, 6.4, 8.1, 8.2, 8.3, 8.4, 8.5, 8.6, 8.7, 8.8, 8.9, 8.10, 8.12, 12.7 wurden freundlicherweise von der amerikanischen Raumfahrtbehörde NASA zur Verfügung gestellt.

Abb. 4.4 wurde uns freundlicherweise vom Deutschen Bodenbetriebssystem GSOC der DFVLR in Oberpfaffenhofen zur Verfügung gestellt. Aufnahme: METEOSAT.

Abb. 5.1: Long Term Modulation of Cosmic Rav Intensity and Solar Activity Cycle, in 14. Intern. Cosmic Ray Conference 1975, München, Bd. 3, S. 995, von Y. C. Lin, C. Y. Fan, P. E. Damon, E. I. Wallick.

Abb. 5.2: EOS, Transactions, American Geophysical Union *61*, Nr. 19, S. 449, 1980.

Abb. 5.3: Aus »Die Bedeutung von Wasserstoff als zukünftiger umweltfreundlicher Sekundärenergieträger in der Energie- und Antriebstechnik« von W. Peschka, DFVLR Nachrichten *30*, S. 25, Fig. 1, Juni 1980.

Abb. 12.5: NASA-Handbuch »Jupiter«, NASA SP-3031, S. 81, 1967.

Abb. 14.3: Dr. R. Schwenn, Max-Planck-Institut für Aeronomie, Katlenburg-Lindau 3

Naturwissenschaft bei Piper

Harald Fritzsch
Quarks – Urstoff unserer Welt
Mit einem Vorwort von Herwig Schopper. 3. Aufl., 18. Tsd. 1981.
320 Seiten mit 91 Abb. Geb.
»Eine recht gute Einführung in das schwierige Feld der Elementarteilchen. Dem mit physikalischen Grundprinzipien vertrauten Leser wird dieses Buch eine Fülle neuer Einsichten vermitteln. Fachausdrücke werden in einem Glossar entschärft. Je tiefer der Autor in den Formalismus der Quarks vordringt, um so dankbarer wird der Leser für die anschaulichen Passagen.«
Süddeutsche Zeitung

Otto Heckmann
Sterne, Kosmos, Weltmodelle
Erlebte Astronomie. 2. Aufl., 5. Tsd. 1977. 353 Seiten. Geb.

Werner Heisenberg
Der Teil und das Ganze
Gespräche im Umkreis der Atomphysik. Sonderausgabe. 1981. 334 Seiten. Geb.

Horace Freeland Judson
Fahrplan für die Zukunft
Die Wissenschaft auf der Suche nach Lösungen. Einführung von Lewis Thomas.
Aus dem Amerikanischen von Hainer Kober. 1981. 240 Seiten mit 98 farbigen und 60 Schwarzweißabb. Geb.
»Wissenschaft belohnt auf die unterschiedlichste Weise, vor allem aber dadurch, daß sie die interessanteste, schwierigste, mitleidloseste, aufregendste und schönste Bestätigung ist, die wir bisher entdeckt haben. Wissenschaft ist die Kunst unseres Jahrhunderts.« Horace Freeland Judson

Rudolf Kippenhahn
Hundert Milliarden Sonnen
Geburt, Leben und Tod der Sterne. 3. Aufl., 17. Tsd. 1981. 276 Seiten mit 89 Abb. und 6 Farbtafeln. Geb.
»Das vorliegende Buch eröffnet dem interessierten Laien ganz neue Dimensionen.«
Neue Zürcher Zeitung

Edgar Lüscher
Pipers Buch der modernen Physik
Unter Mitarbeit von Ernst Hofmeister. Völlig überarbeitete Neuausgabe. 1980.
490 Seiten mit 330 farbigen Abb. und 50 Tabellen. Geb.

Emilio Segré
Die großen Physiker und ihre Entdeckungen
Von den Röntgenstrahlen zu den Quarks. Aus dem Amerikanischen von Siglinde Summerer und Gerda Kurz. Unter Mitarbeit von Rudolf Treumann. 1981. 358 Seiten mit 127 Abb. Geb.

Steven Weinberg
Die ersten drei Minuten
Der Ursprung des Universums. Mit einem Vorwort von Reinmar Lüst. Aus dem Amerikanischen von Friedrich Griese. 4. Aufl., 36. Tsd. 1979. 269 Seiten mit 21 Abb. Geb.
»Es ist kein Lehrbuch, aber es ist ein lehrreiches Buch, es lehrt uns, die Interpretation der modernen Naturwissenschaft vom Ursprung des Universums zu verstehen.«
Frankfurter Allgemeine Zeitung

Piper